ROBOT

机器人
现代法则
如何掌控人工智能

RULES

U0176036

［英］雅各布·特纳
（Jacob Turner）
著

朱体正
译

中国人民大学出版社
·北京·

中文版序

很荣幸《机器人现代法则：如何掌控人工智能》一书的中文版将与读者见面。

人工智能（AI）对全球经济、政府和社会各个领域都在产生深远影响。中国在人工智能领域成效显著，不仅技术研发世界领先，而且也走在相关法律和伦理标准制定的前沿。

人工智能是一种独特的技术，因为它能够在无须人类明确预先编程的情况下作出决策。几千年来，法律制度用以整饬社会秩序，保障民众安宁，促进商业繁荣，但迄今为止，其主体只有一个，那就是人类。人工智能的兴起提出了新的问题，目前的法律制度只有部分与之适配。我们若要与人工智能长期共存，就要解决这些问题，包括人工智能行为的责任承担，人工智能应该如何作出决定，以及是否有些事务不能让人工智能作出决定。

这些伦理难题可能并无正确与否的答案，但是，达致一种在任何采用人工智能的地区都具有正当性的解决方案，仍然必不可少。保持公众对所采用的新技术的信赖至关重要。

在我们制定法律之前，首先要设计出有资格制定法律并有能力执行的机构。中国的公职人员培训，历史悠久，堪为典范，既注重技术管理，也强调善政的哲学基础。为应对如何掌控人工智能所带来的挑战，这些技巧尤为需要。

人工智能是非自然实体通过评估作出选择的能力，简言之，就是指能够自主决策的系统。被称为"专家系统"或使用纯符号推理（即"若 X，则 Y"）的技术不属于这一定义，因为它们具有确定性，对于给定的输入，始终有给定的输出。

目前最突出、应用最广泛的人工智能技术是机器学习（也包括深度学习和强化学习）。然而，上述定义与技术无关，因为它不关注特定的人工智能或数据分析方法。明确这一点十分重要，因为中国采取的任何政策都要尽可能地面向未来，使其不仅适用于现在的技术，而且适用于未来几年可能会兴起的新技术。

由于目前的法律和伦理都是以人类决策作为前提条件的，所以人工智能系统产生了新的问题，这些问题包括：

如果人工智能造成损害，谁应当承担责任？

如果人工智能创造了有价值的产出，而这些产出可能受到知识产权法或言论自由条款的保护，那么这些产出应当归属于谁？

人工智能在存在竞争关系的价值之间进行权衡而作出决策时，应当考虑哪些因素？

某些领域是否应当禁止使用人工智能，或人类应当强行干预？

现在有许多组织都在使用人工智能。越来越先进和有意义的决策被委托给人工智能系统，有些人工智能受到规制，然而还有很多并未受到约束。各种人工智能伦理规范纷纷推出，而有约束力的法律近乎阙如。当前适用于人工智能的一些法律未经检验，效果如何尚不明确。

因此，包括政府在内的试图使用人工智能的组织如何去管理这项技术还存在一定的不确定性。这种不确定性会对企业产生消极影响：在监管形势明朗之前，它们可能会推迟投资。目前的情况也对广大民众不利：他们可能因未能利用人工智能的优势而落伍，或者可能因他人不道德地使用人工智能而受到损害，但却缺乏法律的援助或保护。因此，地区、国家和超国家组织必须在制定明确有效的人工智能监管政策方面发挥协调作用。

区分人工智能伦理和数据伦理很重要。人工智能伦理涉及设定人工智能决策及其后果的原则。数据伦理则涉及因数据（尤其是个人数据，即个人生物识别信息）的生成、记录、管理、处理、传播、共享和使用而引起的伦理问题。[1]因此，无论是否使用人工智能，都会出现数据伦理问题，即使所有处理均由人工完成，仍然涉及数据伦理。

数据伦理和人工智能伦理之间有一些重叠，因为目前使用的大多数人工智能系统都需要大量数据集才能正常工作。此外，各种机构越来越多地使用人工智能工具来处理大型数据集并从中获取价值。输入数据集的选择，以及系统的训练方式，都会对人工智能系统的输出产生重大影响。人工智能输出中的许多偏差问题都是由数据集的错误输入引起的。例如，2018年亚马逊公司被迫放弃了一种智能招聘工具，这种工具显示出男性比女性更受欢迎。这是因为其用以培训的数据集中男性比例过高。[2]现有的个人数据保护法和指令（其中最重要者当属欧盟的《一般数据保护条例》[3]）尚不足以解决人工智能提出的新的法律和伦理问题。

有人可能会认为监管与创新相悖，过多的监管会损害新技术的发展。这种观点过于简单化了。更为正确的立场应当是，经过妥当考量而制定的法律可以提供稳定连贯的法制环境，从而激励企业家以及成熟的全球公司在此落户。因此，对人工智能的良好监管不仅可以与其协力互动，增强对技术的信任，还可以带来经济效益。

人工智能的伦理规范并不匮乏。实际上，自2018年本书英文版首次出版以来，

---

[1] L. Floridi, M. Taddeo, "What is data ethics?", *Philosophical Transactions*, Royal Society (2016).

[2] BBC, "Amazon scrapped 'sexist AI' tool", 10 October 2018, at https://www.bbc.co.uk/news/technology-45809919, accessed 1 December 2019.

[3] Regulation on the protection of natural persons with regard to the processing of personal data and on the free movement of such data, and repealing Directive 95/46/EC (Data Protection Directive) 2016/679.

已有不少政府[1]、监管机构[2]、私人机构[3]、非政府组织[4]和国际组织[5]提出了人工智能伦理的高级别标准。人工智能伦理准则是人工智能监管生态系统发展中的重要基石，但仅凭这些还远远不够。这样的伦理准则缺乏法律效力，如何实施也含混不清。[6]

2021年，我们见证了全球不同国家和地区第一波人工智能专用法正在制定——从欧盟的《人工智能法（草案）》，到中国的《互联网信息服务算法推荐管理规定（征求意见稿）》。无论其内容如何，世界都会因将合乎伦理规范的人工智能准则付诸实践而受益。随着中国对人工智能发展的重大投资，专注于将深入研究、产业应用与教育、意识和伦理相结合，中国现在面临将准则转化为实践的机遇。

公众对任何新技术的信任是其在社会中被采用的基础。如果失去信任（无论是出于道德考虑、安全问题还是其他原因），那么该技术可能会被公众和企业拒之门外。[7] 中国以人工智能为重点的研究和学习中心，完全有能力在协调此类公众宣教、结果分析和提出对策等方面发挥宝贵作用。已经有一些世界领先的机构，如北京智源人工智能研究院，集合了来自公共部门、私营机构和学术界的智识。2019年6月，（中国）国家新一代人工智能治理委员会发布了《新一代人工智能治理原则》。这是发展具有中国特色的人工智能监管准则的里程碑。该委员会指出："全球人工智能发展进入新阶段，呈现出跨界融合、人机协同、群智开放等新特征，正在深刻改变人类社会生活、改变世界。"为促进新一代人工智能健康发展，更好协调发展与治理的关系，确保人工智能安全可靠可控，推动经济、社会及生态可持续发展，共建人类命运共同体，该委员会提出了人工智能治理的框架和行动指南，要求人工智能发展相关各方应遵循和谐友好、公平公正、包容共享、尊重隐私、安全可控、共担责任、

---

[1] Singapore Personal Data Protection Commission/ Infocomm Media Development Agency Proposed Model AI Governance Framework, at https://www.pdpc.gov.sg/Resources/Model-AI-Gov, accessed 1 December 2019.

[2] https://www.mas.gov.sg/news/media-releases/2018/mas-introduces-new-feat-principles-to-promote-responsible-use-of-ai-and-data-analytics, accessed 1 December 2019.

[3] Microsoft AI Principles, at https://www.microsoft.com/en-us/ai/our-approach-to-ai, accessed 1 December 2019.

[4] Partnership on AI, Tenets, at https://www.partnershiponai.org/tenets/, accessed 1 December 2019.

[5] OECD AI Principles, at https://www.oecd.org/going-digital/ai/principles/, accessed 1 December 2019.

[6] 即使有的组织已经开始为其伦理准则制定更为详细的指南，如欧盟人工智能高级别专家组和新加坡个人数据保护委员会。

[7] See the EU High Level Expert Group's Guidelines for Trustworthy AI, at https://ec.europa.eu/digital-single-market/en/news/ethics-guidelines-trustworthy-ai, accessed 1 December 2019; and All Party Parliamentary Group on Data Analytics, *Trust, Transparency and Tech: Building Ethical Data Policies for the Public Good* (2018).

开放协作、敏捷治理等八项原则。[1]

　　除这些卓越的研究中心之外，在中国开展人工智能公众教育计划还可以实现两个重要目标。首先是向人们普及有关人工智能技术的性质、优点和局限，以及如果滥用该技术可能带来的危险。其次，为那些现在的角色日后可能被人工智能所取代的人提供必要的培训，从而减少技术失业，并消除人们对技术的不合理的恐惧。

　　中国不仅在国内制定重要的标准，还利用自己的专业知识制定全球人工智能监管标准。国际标准化组织（ISO）新成立的人工智能监管委员会第一次会议在中国举行就证明了这一点，且该委员会的首任主席即是中国华为公司的雇员。[2]

　　所有的技术都可能被用于行善，也可能被用于作恶。人工智能也不例外。人类已知的最早的技术——火就是如此：它可以给家里带来温暖，但如果被滥用或失去控制，也可能会毁灭一个村庄。利用新技术的关键是对其加以提防和控制。人工智能可能引发的问题，包括决策系统中的隐形偏见，人工智能系统意外造成的人身和财产损害，以及破坏对权威的信任等，如用人工智能制作名人的虚假但超现实的视频（"深度伪造"）。中国大胆采取措施解决这一问题，制定了《网络音视频信息服务管理规定》，要求计算机生成的视频必须贴上相应的标签。[3]毫无疑问，今后还会出现其他问题和危险，各国政府必须跟上国际上技术和最佳做法的发展。

　　非常感谢本书的译者上海海事大学朱体正副教授，我们的合作十分愉快。2018年我有机会参访了上海海事大学，并与师生们讨论了人工智能的规制问题。在此前后我与朱体正副教授的通信以及当面交流都使我受益匪浅。

　　我要感谢上海国际问题研究院及陈东晓院长的盛情邀请，我参加了2018年的"人工智能——重塑国家安全"国际学术研讨会，很高兴有机会与政府、军队、非政府组织和学术界的代表就这些重要问题展开对话。这对我而言是一次十分有益的经历。

　　我还要感谢中国人民大学出版社对本书的信任，承担和支持本书中文版的翻译

---

[1] "Governance Principles for the New Generation Artificial Intelligence--Developing Responsible Artificial Intelligence", 17 June 2019, at https://www.chinadaily.com.cn/a/201906/17/WS5d07486ba3103dbf14328ab7.html?from=timeline&isappinstalled=0.

[2] ISO/IEC JTC 1/SC 42: Artificial intelligence, ISO Website, https://www.iso.org/committee/6794475.html.

[3] 参见《中国国家互联网信息办公室、文化和旅游部、国家广播电视总局关于印发〈网络音视频信息服务管理规定〉的通知》（国信办通字〔2019〕3号）。

和出版工作；感谢帕尔格雷夫·麦克米兰出版公司继续在世界上其他地方推广这本书。最后，我要感谢我的妻子乔安妮。

中国在商业、哲学和治理模式方面历史悠久，不断创新，故有能力在人工智能规制方面取得实质性进展。值此良机，衷心希望《机器人现代法则：如何掌控人工智能》中文版能为此作出有价值的贡献。

雅各布·特纳

2021 年 9 月于英国伦敦

序　言

　　这是一本十分及时、发人深省且意义非凡的著作。

　　如今，即使是不那么严肃的报纸也至少每周刊登一篇文章，有时几乎每天一篇文章，阐述人工智能或机器人对我们个人、社会和工作方式的改变，乃至即将给某些方面带来的根本性变化。与许多未来的发展一样，人工智能带来改变的确切性质和程度，以及发生变化的确切时间，在很大程度上还都是一种推测，因此存在相当大的合理预测的空间。但令人不安的是，有些观点对未来的预测越是极端，越是紧迫，越有把握（也可以说越不靠谱），往往越受大众媒体的追捧。不过，有一点是对的，那就是关于一项未来的重大发展所产生影响的任何讨论可以说都是值得欢迎的，因为它鼓励我们为即将到来的发展积极思考，做好准备。人工智能带来的潜在变化肯定会比智人进化以来的任何发展都更具革命性和广泛性，因而更需要深入讨论，集思广益。

　　话虽如此，但目前那些关于人工智能潜在影响的耸人听闻的报道，有些自相矛盾，似乎更多的是为了蒙蔽（mask）而不是让人们准备好去迎接人工智能将带来的巨变。我认为这部分地归咎于媒体那种花样翻新的声嘶力竭的警示，换句话说，大众媒体太频繁、太轻率、太大声地呼喊"狼来了"。但我认为，同样重要的原因是，人工智能对我们的身体、心理、社会以及道德生活各方面的潜在影响都是如此深远，大多数人发现这些变化太具有挑战性而难以以建设性或符合实际的方式加以思考。然而，我们必须在思想上和社会结构上为人工智能革命做好准备。这非常重要，也非常紧迫。

在所有耸人听闻的众声喧哗中，也有许多更加深思熟虑和更为专业的关于人工智能应对之策的著作和报告。因为人工智能几乎注定会影响深远，随着时间推移，诸多私人领域将被严重地中断、挑战、边缘化或者颠覆，所以特别需要深入而专业地研究其法律、道德和规制的意义。正如雅各布·特纳在本书中所说，面对被夸大其词（如果并非不确切的话）的机器人势不可挡的进军，世界需要也能够为此做好准备，而且越早越好。

本书分析了人工智能当前和未来发展的意义以及我们应当采取的应对计划，充满深思熟虑和真知灼见，必将受到读者的欢迎。写这样一本书需要综合多种能力，包括对计算机科学技术的性能、作用及局限的正确理解，将常识、想象力与对社会、人性、经济的认识融会贯通，以及对法律和伦理的深入洞察。拥有这种综合素养的人并不多见，但我想本书的读者将同意我的看法，雅各布·特纳已经证明，他具备这样的能力。

本书前面的章节基于设定的背景，讨论了人工智能将会带来的一系列重要的具有挑战性的理论和实践问题。这些章节涵盖了与人工智能相关的一些事实，这些事实不仅鲜为人知，也很有趣，有助于解释我们的现状。例如，如雅各布·特纳所述，人工智能已经伴随我们超过半个世纪，这意味着我们拥有经验和想象力来指导我们走向未来。他还解释说人工智能涉及不同的概念。如何确切界定人工智能的确存在争议，他给出了自己的定义。在我看来这个定义相当令人满意。

此外，在讨论概念时，雅各布·特纳追溯了人工智能的发展历史，提出了非常深刻的问题，对这个生活中可能较为枯燥的话题以简洁而富有启发性的方式进行了阐述。随后，在考虑机器人是否应该拥有权利的问题时，他回顾了动物权利的源流。在探讨机器人是否拥有感觉的争论时，他提出了一些深奥的形而上学的道德问题，其中包括意识和同情的本质问题。他甚至还探讨了性的问题，以及人类灵魂是否存在的问题。在讨论机器人是否应该具有法律人格时，他举了一些生动的例子，包括董事会中的机器人、随机暗网购物者机器人（Random Darknet Shopper）等。

接下来的两章，可能法律专业人士比较关注，不过法律专业以外的读者也会感兴趣：雅各布·特纳解释了为什么人工智能已经需要改变一些基本的法律概念，如行为能力（agency）和因果关系（causation）。他考虑了某些法律责任规则如何调整以便能够包容人工智能，如刑法，民法中的过错、产品责任、替代责任、合同、保险和知识产权。

本书进而解释了人工智能是如何以及为何是前所未有的技术发展，其中"无监督机器学习"的出现更能说明此点。所谓"无监督机器学习"，就是不需要人为输入的机器学习，比如著名的阿尔法狗（AlphaGo Zero）就是采用了这种算法。简而言之，这不仅仅是因为人工智能将影响深远，也因为它能够独立于人类并以人类不可预测的方式考虑和解决问题。这就产生了许多为本书所关注并展开启发性讨论的具体问题。实际上，正如雅各布·特纳所论，这些问题可以分为三类（不过我认为至少在谈到解决方案时这三类问题实际上是相互关联的）。

一是权利问题：我们是否应该像赋予公司法人资格一样，也赋予机器人法律人格？在我看来，肯定论在逻辑上更为引人入胜。公司不能自行其是，而只能通过人类来执行任务。相比之下，人工智能（即使可能只是间接地）虽然是由人类制成，却能够主动采取行动。公司只能通过人类行事才使其拥有法律人格和责任的概念不应干扰我们的正常观念。赋予机器人法律人格让我们认识到，至少在某些重要方面，它们真的像人造人。

二是责任问题：如果人工智能造成损害，谁来负责？谁拥有由人工智能创造的智力成果？如果机器人被赋予法律人格，答案可能很简单：机器人本身。否则这些问题就会变得非常棘手，但答案可能是其创建者或供应商，或者，是对其改造或不当维护的操作者。正如本书所论，一些法律人熟悉的问题，如可预见性（foreseeability）和（损害的）遥远性（remoteness），可能会以新的形式发挥作用。

三是伦理规范问题：人工智能应该如何作出选择，是否有些选择不应该由人工智能作出？这可能是最困难、最具有挑战性的问题，对政治和军事影响尤甚。雅各布·特纳说，最大的问题是人类应该如何与人工智能一起生活；一些专家认为人类的生存可能取决于如何解决这种问题。此外，关于人工智能问题的解决方案非常需要达成全球协议、保持协调一致以及有效的全球执法。

在提出这些问题之后，雅各布·特纳以通俗易懂而又发人深省的方式对它们进行了讨论，这表明他已经深入研究思考过其中的技术、理论和实践问题，但他的论述并未采用太多、太过于技术性的语言以免使读者如坠云雾或者望而却步。他非常正确地聚焦人工智能的理论和实践问题，但他并不认为有任何快捷简单的答案，而是非常明智地提出并讨论了各种选项，并清晰地分析各自的利弊。

在讨论了这些问题之后，本书对当前一些人工智能发展水平领先的国家发表了有趣的评论，讨论了人工智能的规制问题，强调需要制定全球规则而不是停留在国家层面。雅各布·特纳并未将这样问题留给私人团体、组织或者法官，而是令人信服地选择了立法，并以域名和空间法为例建议设立新的公共机构，跨越学科和国别制定或倡议规则和原则。因此，本书面向的是多学科的读者，无论是法律专业人士、政治家还是工程师或哲学家，不仅因为每个有思想和负责任的人都应该关注这个话题，也因为需要有不同专业知识和经验的人共同致力于解决人工智能引发的各类问题。

接着，本书又分两章分别考察了对机器人的创造者和机器人本身予以控制的程度和方式，并且举出了两个其他领域制定的规则及其获得认可的例子加以说明。正如雅各布·特纳所说，关于人工智能本身以及其影响的问题已经有了很多的著述，本书对此进行了明确犀利的总结和评价。这两章的内容可能看起来有点枯燥，但实际上对前述章节所讨论的基本问题提供了另外一种不同而有趣的视角。

本书可用三句话加以概括："为机器人制定规则无疑是一项挑战。解决问题的工具就在我们手上。因此，问题不在于我们能否解决，而是我们是否愿意解决。"感谢雅各布·特纳的著作，使这些工具现在更易于让每个人都可以使用，从而大大提高了成功制定规则的可能性。

戴维·纽伯格　勋爵

英国最高法院前院长（2012—2017 年）[1]

2018 年 8 月于英国伦敦

---

[1]　关于戴维·纽伯格（David Neuberger，又译"廖柏嘉"）大法官的相关中文介绍，可参见葛峰：《"百炼成钢"的首席大法官——英国最高法院院长戴维·埃德蒙德·纽伯格小传》，《人民法院报》2014 年 9 月 12 日第 8 版；廖柏嘉：《英国最高法院院长二十年的回顾与反思》，赵蕾、廖芷羽译，《中国应用法学》2017 年第 4 期。——译者注

致　谢

在本书写作期间我有幸获得很多人的帮助。

写作本书的想法源于 2016 年我协助英国最高法院前代理院长曼斯勋爵（Lord Mance）准备演讲稿。当时我是曼斯大法官的助理（Judicial Assistant）［法律秘书（Law Clerk）］。他当时应邀准备在"法律的未来"研讨会上发言。我们选择的发言主题是如何如何掌控人工智能。正是这 10 分钟的演讲稿在两年之后扩展成了这本几百页的著作。

罗布·皮尔格林（Rob Pilgrim）从一开始就与我一起兴奋而愉悦地讨论本书的理念。我要感谢所有读过本书初稿并提出有益评论的诸君，包括奥利弗·纳什（Oliver Nash）、詹姆斯·托比亚斯（James Tobias）、肖恩·莱加西克（Sean Legassick）、沙哈尔·阿文博士（Dr. Shahar Avin）、乔斯·赫恩·恩德斯·奥拉罗教授（Professor José Hernández-Orallo）、马修·费舍尔（Matthew Fisher）、尼古拉斯·佩斯纳（Nicholas Paisner）、雅各布·格雷姆（Jakob Gleim）、卡米拉·特纳（Camilla Turner）和加布里埃尔·特纳（Gabriel Turner），以及几位匿名评论者。

我还从与人工智能政策专家的交流中获益良多，其中包括哈尔·霍德森（Hal Hodson）、乔治亚·弗朗西斯·金（Georgia Frances King）、埃德·莱昂·克林格（Ed Leon Klinger）、塔尼亚·菲勒博士（Dr. Tanya Filer）、盖伊·科恩（Guy Cohen）、海顿·贝尔菲尔德（Haydn Bellfield）、罗伯·麦卡戈（Rob McCargow）、托比·沃尔什教授（Professor Toby Walsh）和斯图尔特·罗素教授（Professor Stuart Russell）。杰弗里·丁（Jeffrey Ding）对中国人工智能政策的洞察有助于本书相关章节的撰写，而新浦文雄教授则提供了关于日本的十分有用的信息。

我收到了来自剑桥大学法官商学院商业技术硕士课程（Masters in Business Techonlogy Course at the Judge Business School, Cambridge University）、剑桥大学未来智能研究中心（the Leverhulme Centre for the Future of Intelligence, Cambridge University）、加拿大皇后大学（Queen's University, Canada）、牛津大学计算机系和法学院（the Oxford University Computer Science and Law Faculties）以及牛津大学未来人类研究院（the Future of Human Institute, Oxford University）等机构的学生和研究人员的宝贵意见反馈。非常感谢这些课程、研讨会和讲座的召集人：塞缪尔·达汉助理教授（Assistant Professor Samuel Dahan）、亚伦·利比（Aavon Libbey）、贾迪普·普拉布教授（Professor Jaideep Prabhu）、尼尔·高夫（Neil Gough）、丽贝卡·威廉姆斯教授（Professor Rebecca Williams）、西夏康奈助理教授（Assistant Professor Konatsu Nishigai）、史蒂文·凯夫博士（Dr. Steven Cave）和坎塔·迪哈尔博士（Dr. Kanta Dihal）。此外，我还发现由比尔吉特·安德森教授（Professor Birgitte Andersen）和尼基·伊利亚迪斯（Niki Iliadis）组织的英国跨党派人工智能事务组相当出色，是诸多想法和论争得到展开的重要来源。我非常感谢英国最高法院前院长纽伯格（Neuberger）勋爵慨然应允为本书作序。

我由衷地感谢帕尔格雷夫·麦克米伦（斯普林格）出版社（Palgrave Macmillan / Springer）的优秀编辑团队，特别是凯拉·桑妮斯基（Kyra Saniewski）和瑞秋·克劳斯·丹尼尔（Rachel Krause Daniel），她们在受托、写作和编辑过程中惠助甚多。

我的父母乔纳森（Jonathan）和卡罗琳（Caroline）给我不断的激励，感谢他们在成书过程中对初稿提出改进意见。我还要感谢我的岳父马丁（Martin）、岳母苏珊·佩斯纳（Susan Paisner）对我的支持和款待：这本书的大部分都是在他们家里撰写而成的。最后，如果没有我妻子乔安妮（Joanne）的爱、耐心和校对，我不可能完成本书的写作。

雅各布・特纳
2018 年 8 月于英国伦敦

目　录

第 1 章

引 言

他没有一丝犹豫，抽出斧头，双臂抡起，几乎是下意识地，几乎毫不费力地，几乎是机械地，砸到了她的头上。当时他似乎没有一点力气。可是他刚把斧头砸下去，身上立刻又有了力气……这时他使出浑身气力，用斧背在她的头顶上砸了一下，两下，血，好像从翻倒的杯子里涌出来，她的身子仰面倒下。他往后一撤，让她摔在地上，然后马上俯身，看她的脸；她，已经死了。[1]

——［俄］费奥多尔·陀思妥耶夫斯基：《罪与罚》

读了上面一段文字，我们瞬间就会感到愤怒、恐惧和厌恶，紧接着就会展开推理：犯罪已经发生，凶手必将受到惩罚。

现在想象一下：如果凶手不是人，而是机器人，答案还一样吗？如果受害者是另一个机器人，又该怎么办呢？社会和法律对此应作何反应？

几千年来，法律制度用以整饬社会秩序，保障民众安宁，促进商业繁荣，但迄今为止，法律的主体只有一个，那就是人类。人工智能的兴起提出了新的问题，目前的法律制度只有部分与之适配。如果智能机器造成了人身或财产损害，谁应该承担责任？如果一个计算机程序写出畅销小说，谁拥有知识产权？破坏或摧毁机器人会不会有罪过？人工智能会遵循道德规则吗？

艾萨克·阿西莫夫（Isaac Asimov）自 1942 年起提出的"机器人法则"可谓是回答上述问题的最为人所知的答案：

第一法则：机器人不得伤害人类，或者坐视人类受到伤害。

第二法则：机器人必须遵守人类的命令，除非该命令与第一定律相冲突。

第三法则：机器人在不违背第一、第二法则的前提下，必须保护自己。

第四法则：机器人不得伤害人类，或者坐视人类受到伤害。[2]

阿西莫夫虽然制定了这些法则，但他从未打算将其作为人类与人工智能真实互动的蓝图。不仅如此，它们即使在科幻小说中，也总是用来制造麻烦的。阿西莫夫自己也说："这些法则含混不清，以至于我可以写一个又一个故事，故事中可以出现一些怪事，机器人可以行为异常，可以变得非常危险。"[3] 虽然阿西莫夫的规则比较简洁，看起来也很有吸引力，但其应对不足的情形也是不难想象的。比如说，如果不同的人向机器人发出相反的命令，机器人根据这些规则就不知道该何去何从。这些规则也不能解释那些不正义但并不需要机器人伤害人类的命令，比如让机器人实施偷窃。总之，阿西莫夫的机器人法则很难作为调整我们与人工智能之间的关系的完美准则。

本书为制定一套新的规章制度提供了一幅路线图，不仅探询应该制定什么样的规则，更重要的是叩问谁应该形塑这些规则以及如何加以维护。

围绕人工智能及计算机技术其他方面的发展，人们有一些恐惧和疑惑。关于数据隐私和技术失业等近期存在的问题，已经有很多这方面的文章加以探讨。[4] 许多作者也推测了遥远未来的情形,例如人工智能将带来灭顶之灾[5],或者是将带来和平与繁荣的新时代。[6] 所有这些问题都很重要,但它们并不是本书关注的重点。这里讨论的不是关于机器人怎样接管我们的工作,或者接管整个世界。我们的目的是阐明人类与人工智能如何共存。

1 人工智能的起源

现代人工智能研究始于 1956 年在新罕布什尔州达特茅斯学院(Dartmouth College)举办的夏季研讨会,当时一群学者和学生开始探索机器如何智能化思考。[7] 不过,关于人工智能的想法其实可以追溯得更远。[8] 人类最早的上古神话中就流传着用无生命材料创造智慧生命的故事。古代苏美尔人的创世神话里有用黏土和血液来创造神的仆人的故事。[9] 中国神话中有女娲抟土造人的传说。[10] 在犹太教和基督教所共同信奉的《圣经》中以及在《古兰经》中也都有类似的说法:"耶和华上帝用地上的尘土造人,将气息吹进他的鼻孔里,他就成了有灵的活人。"[11] 从某种意义上说,人类才是第一个"人工智能"。

在文学和艺术领域,利用技术为人类或神创造得力助手的想法已经存在了数千年。在公元前 8 世纪左右由诗人荷马(Homer)创作的史诗《伊利亚特》(*Iliad*)中,铁匠赫菲斯托斯(Hephaestus)"用黄金制作的侍女们来协助他"[12]。在东欧犹太民间传说中,流传着 16 世纪布拉格的拉比(rabbi,犹太教宗教领袖——译者注)的故事,他用黏土制成了巨型泥人高乐姆(Golem),以保护犹太人居民区免受反犹太人大屠杀的迫害。[13] 在 19 世纪,弗兰肯斯坦怪物将人类试图通过科学技术创造或重新创造智能的危险带到了大众的想象之中。到了 20 世纪,自从"机器人"一词被卡雷尔·恰佩克(Karel Čapek)的剧本《罗素姆的万能机器人》(*Rossum's Universal Robots*)传播以来[14],电影、电视和其他媒体中就出现了许多人工智能的例子。但是现在,人类历史上第一次不再把这些概念局限于书本的描绘中或讲故事者的想象中。

今天，我们对人工智能的许多印象来自科幻小说，它们常以拟人化形式出现，有的对人友好，但更多的并非如此，如电影《星球大战》（C-3PO）中笨拙的机器人 C-3PO，阿诺德·施瓦辛格（Arndel Schwarzenegger）出演的著名电影《终结者》（*Terminator*），以及电影《2001 太空遨游》（*2001: A Space Odyssey*）里的恶魔哈尔（HAL）等。

一方面，这些人形机器人是人工智能的一种简化的漫画表现形式——易于人们理解，但实际上它们几乎与人工智能技术无相似之处。另一方面，它们代表了一种影响和塑造人工智能的范例，因为一代代程序员从中受到启发，试图从书籍、电影和其他媒体中重新创建人工智能的实体版。文艺作品为人工智能的科学技术和现实生活提供了模仿的对象。2017 年，由著名技术企业家埃隆·马斯克（Elon Musk）支持的神经网络公司（Neuralink）宣布正在开发人脑组织和人工处理器之间的"神经花边"（"neural lace"）界面。[15] 马斯克自己承认，"神经花边"的想法深受科幻小说，特别是伊恩·M. 班克斯（Iain M. Banks）的《文明》（*Culture*）系列小说的影响。[16] 技术专家从宗教信仰和流行文化中发现的故事里汲取灵感：神学家罗伯特·M. 杰拉奇（Rober M. Geraci）认为，"理解机器人，我们必须了解宗教史和科学史之间相互缠绕的关系，它们经常朝着相同的结果而努力，并经常影响另一方的方法和目标"[17]。

虽然流行文化和宗教有助于塑造人工智能的发展，但这些描绘也在许多人的心目中产生了对人工智能的误导性印象。如果认为人工智能仅仅是指外观、声音和思维都像我们的人形机器人，那么这种想法其实是错误的。这种意义上的人工智能的出现似乎遥遥无期，因为目前没有一种技术能达到人们所熟悉的科幻小说中那种与人类功能相仿的水平。

缺乏对人工智能的通用定义意味着对人工智能的讨论可能最终会各说各话。因此，在人工智能有可能显示其广泛影响或对法律控制的需求之前，我们必须首先阐明这一术语的含义。

2 狭义人工智能和广义人工智能

一开始就区分开狭义人工智能和广义人工智能（Narrow and General AI）是有帮助的。狭义人工智能（或称"弱人工智能"）是指具有以通常需要人类智能的方式或技术来实现某个特定目标或一组目标的能力的人工智能。[18]这种有限性目标包括自然语言处理，比如翻译，或者是导航通过不熟悉的物理环境。狭义人工智能仅适用于完成其所设计的任务。当今世界上绝大多数人工智能系统都更接近这种狭义而有限的类型。

广义人工智能（或称"通用人工智能""强人工智能"）是指具有实现无限范围的目标，甚至在不确定或模糊情形中独立设定新目标的能力的人工智能。这种意义上的人工智能具有我们认为的属于人类智能的许多特性。事实上，我们上面讨论的流行文化中所描绘的机器人和人工智能就是广义人工智能。到目前为止，接近人类能力水平的广义人工智能尚不存在，有些人甚至怀疑这种目标是否有可能实现。[19]

狭义人工智能和广义人工智能并非相互隔离的两端，它们只是用以表征人工智能渐变（continuum）中的不同节点。随着人工智能变得更加先进，将越来越远离狭义范式，而接近广义范式。[20]同时，随着人工智能系统学会自我升级[21]并获得比初始编程更为强大的能力，这一趋势可能会被加快。[22]

3 人工智能之界定

"人工"（"artificial"）这个词相对来说没有争议，它是指在自然界中不会产生的合成物。难点在于"智能"（"intelligence"）这个词，它本身可以用来描述很多属性或能力。正如未来学家杰瑞·卡普兰（Jerry Kaplan）所说，"人工智能是什么"是一个"容易提出但难以回答的问题"，因为"对于什么是智能"几乎并未达成共识。[23]

有人认为，对人工智能缺乏普遍一致的定义是好的。斯坦福大学《人工智能百年研究》（*One Hundred Year Study on Artificial Intelligence*）的作者说：

> 奇怪的是，人工智能缺乏一个精确的、被普遍接受的定义，这或许有助于该领域的加速成长、繁荣以及前进。虽然人工智能的从业者、研究人员和开发人员由一种粗略的方向感和一个"与它相处"的命令所引导。[24]

界定人工智能可能就像追逐地平线一样：你到达了它的位置，它又会移动到远处。同样，许多人注意到人工智能是我们对所不理解的技术性程序的命名。[25] 当我们熟悉了一个程序，它就不再被称为人工智能，而只是变成了另一个聪明的计算机程序而已。这种现象被称为"人工智能效应"[26]（"AI effect"）。

我们最好从"为什么我们需要定义人工智能"而不是"什么叫人工智能"开始。许多关于能源、医学和其他一般概念的书籍的第一章也不是从这些术语的定义开始的。[27] 事实上，人们在生活中对许多抽象概念和想法有着功能性的理解，却不一定能够完美地将其描述出来。例如，对于"时间""讽刺""幸福"这几个概念，大多数人都能理解其含义，但却很难定义。美国最高法院大法官波特·斯图尔特（Potter Stewart）曾说，他无法确切地定义什么叫硬核色情（hardcore pornography），"但我一看便知"[28]。

然而，在考虑如何如何掌控人工智能时，按照波特法官的看法还是不够的。为了使法律体系有效地发挥作用，法律主体必须能够理解规则的适用范围以及如何加以应用。法学家朗·L. 富勒为此提出了法律体系满足某些基本道德规范的八个形式要件，其要旨是人们有机会参与这些规范，并据之形塑自己的行为，其中包括法律必须被颁布，以便公民知道他们所要遵守的标准，并且所颁布的法律应该是可以理解的。[29] 据此，法律制度在描述应受规制的行为和现象时，必须使用具体可行的定义。正如富勒所说："我们需要体会一下疲惫不堪的立法起草者的苦恼，他在凌晨两点时还在喃喃自语：'我知道这必须正确无虞，否则人们可能会因为我们原本无意涉及的事项而被揪上法庭。可我能有多少时间重写呢？'"[30]

简而言之，人们不能选择遵守他们不理解的规则。如果法律不能事先知道，那么即使没有被破坏，它在指导行动中的作用也会减弱。未知的法律除作为强权工具外啥也不是。它们最终会导致卡夫卡（Kafka）的《审判》（*The Trial*）中所设想的荒谬恐怖的场景出现：主角被指控，被谴责，并最终以一项从未向他解释过的罪行被处决。[31]

迄今为止人工智能的大多数普遍的定义可以被分为两类：人本主义式定义和理性主义式定义（human-centric and rationalist）。[32]

3.1 人本主义式定义

人类将自己命名为智人（*homo sapiens*）：智人（"wise man"），因此，首次尝试按人类的这一特质将其他事物界定为"智能"也就不足为奇了。以人为中心来定义人工智能，这方面最著名的例子莫过于通常所说的"图灵测试"（Turing Test）了。

艾伦·图灵（Alan Turing）在 1950 年发表的一篇具有开创意义的论文中，提出了机器是否可以思考的问题。他提出了一个名为"模仿游戏"的实验。[33]在这个实验中，人类鉴定者要用书面问题和答案来确定其他两个玩家中的哪一个是假扮成女性的男性。图灵提出了一个新的游戏版本，即用智能机器来取代男性受试者。如果机器能够成功地说服鉴定者，让其相信自己不仅是个人类玩家而且还是个女性玩家，那么就证明它有智能。[34]该游戏的现代简化版本是：让计算机程序与几个人类受试者分别与另一个房间里的人类鉴定小组进行五分钟的打字对话，再由鉴定小组判别其是人还是计算机；如果计算机可以骗过鉴定小组中一定比例（一个此类流行的竞赛中将其设定为 30%）的成员，它就算赢了。[35]

图灵"模仿游戏"存在的问题是，它只测试计算机模仿人类进行打字对话的能力，但是巧妙的模仿并不等同于智力。[36]事实上，在一些更为"成功"

的程序测试中，程序员们制造了一台能够显示出类似于人类弱点的计算机，如故意出现拼写错误，以便在模拟游戏中获胜。[37] 在现代图灵测试中，程序员们还喜欢用常备幽默回复策略，来转移人们对程序缺乏实质性答案的关注。[38]

为了避免图灵测试的不足，有人提出对智能的定义不必依赖复制人类某个方面的行为或思想，转而依附（parasitic）社会对人类智能成因的模糊和变化的概念。这种定义方式下通常会作出类似于如下形式的定义："人工智能是能够执行本来需要人类智能加以完成的任务的技术。"[39]

人工智能这一术语的发明者约翰·麦卡锡（John McCarthy）曾表示，还没有一个"不与人类智能联系起来的对智能的可靠的定义"[40]。同样，未来学家雷·库兹威尔（Ray Kurzweil）在 1992 年写道，人工智能最持久的定义是"创建能够执行需要人类智能才能完成的任务的机器的技术"[41]。这种寄生式定义（parasitic tests）的主要问题是其存在循环定义。库兹威尔也承认他自己的定义"……除'人工智能'这个词语之外，并没有说出太多东西"[42]。

2011 年，美国内华达州采用人本主义方式定义人工智能，旨在立法规制自动驾驶汽车："使用计算机和相关设备使机器能够复制或模仿人类的行为。"[43] 该定义于 2013 年被废止，取而代之的是更为详细的对"自动驾驶汽车"（"autonomous vehicle"）的定义，该定义与人类行为无关。[44]

美国内华达州 2011 年的立法定义虽然已不复存在，但仍然有助于说明为什么人本主义式的智能定义存在缺陷。像许多人本主义式的定义方法一样，这种定义既存在过于包容（over-inclusive）的问题，也存在包容性不足（under-inclusive）的问题。所谓过于包容，就是这个定义太宽泛了。一方面，人类也有许多不"智能"（"intelligent"）的表现，包括开车时感到倦怠或懊丧，也包括违规驾驶，如在变道时忘打转向灯。另一方面，许多汽车具有的功能虽然符合此定义，但不一定都是智能的。例如，汽车自动感应灯在行车光线变暗时会自动开启，这个功能虽然跟人类手动开灯相仿，但它并不复杂和神秘，就是个光线传感器连接个简易逻辑闸而已。[45]

美国内华达州对智能的定义也存在包容性不足的问题，因为计算机程序体现出来的各种新性能远超人类的能力。人类解决问题的方式受到我们的可用硬件——大脑的限制，人工智能则没有这样的限制。DeepMind 的 AlphaGo 仅用了几个小时就掌握了围棋的基本原理，实现了超出人的能力。DeepMind 的首席执行官德米斯·哈萨比斯（Demis Hassabis）解释说："它不像人类那样下棋，也不像一个程序在下棋，它是以第三种、几乎是外星人的方式在下棋。"[46] 一旦达到某个足够的推进节点，再把人工智能描述为复制或模仿人类的行为就不太准确了——它将超越我们。

3.2 理性主义式定义

最近关于人工智能的定义主要集中于理性（*rationally*）思维或行为，而不与人类相联系。理性思维意味着人工智能系统按照目标和原因去实现这些目标，理性行为是人工智能系统以目标为导向执行任务。[47] 计算机科学教授尼尔斯·尼尔森（Nils J. Nilsson）就此指出，智能是"使智能体正常运行并能根据所处环境作出预测的性能"[48]。

虽然理性主义式定义适于界定具有明确功能或目标的狭义人工智能系统，但以后的发展可能会出现问题。[49] 这是因为理性主义式定义通常以人工智能具有外部目标为前提，无论这种目标是隐性的还是显性的。而将此种定义适用于更高级的广义人工智能时可能会出现困难，因为后者一般没有固定目标（static goals），而通过固定目标可以评估该系统的行为或计算过程。事实上，固定目标可以说是广义人工智能的诅咒。"无监督机器学习"本质上并没有设定的目标，在一些高度抽象水平上才可能存在目标，比如"数据排序和模式识别"[50]（"sort data and recognise patterns"）。对于能够重写自己的源代码的人工智能系统也是如此。因此，虽然目前人工智能业界中许多人采用理性主义式定义智能，但这种定义方式可能并不适合明天的技术。

人工智能的另一种理性主义式定义，致力于"在对的时候做对的事"[51]

("doing the right thing at the right time")。这种定义方式实际上也有缺陷，因为拥有智能与在给定情形中作出被认为最聪明的选择有所不同。首先，如果缺乏一个绝对可靠的道德体系（这根本就不存在）以及对某种行为结果的洞察，就不可能知道怎样做才叫"对"。正如人类既聪明也容易犯错一样，拥有人工智能的系统也许并不总能选择最好的结果（无论"最好"意味着什么）。事实上，如果人工智能自动地具备了始终正确的能力，那么就没有必要对其进行规制。

其次，按照"在对的时候做对的事"的评价方法，实际上是把人类的意志和动机强加给计算机程序或智能体，这会导致评价结果过于包容（over-inclusive）。正如领先的人工智能著作作者罗素和诺威格（Peter Norvig）所指出的那样，如果戴表者到不同的时区手表都能自动更新时间，这样的手表设计可以说是一种"成功的行为"（或做对了），但它似乎缺乏真正的智能。罗素和诺威格解释说："……这样的智能属于手表的设计者，而不属于手表本身。"[52]

3.3 怀疑论

怀疑论者质疑给智能统一下定义的可能。据报道，心理学家罗伯特·斯滕伯格（Robert Sternberg）曾说，"专家想要多少，智能的定义就会有多少"[53]。另一位心理学家埃德温·G. 博林（Edwin G. Boring）写道："你咋评测它，智能就是啥。"[54]斯滕伯格和博林的观点乍一听有点油腔滑调，但事实上这些观点包含着重要的见解。博林的研究表明，智能的品质取决于定义者或评价标准的设定者追求的东西是什么。斯滕伯格对此也有类似的观察：不同的专家想要找的东西不一样，因而将他们的评价相提并论并无实益。

3.4 我们的定义

与上面的大多数例子不同，本书并不寻求达成一个适用于任何环境的通用的、全能的人工智能的定义——我们对此毫无野心，而只是想找到一个适合人工智能法律规制的定义。法律解释的主要原则之一是找到言说者的目的[55]，我们的目的是如何掌控人工智能，为此，我们必须要弄清需要规制的人工智能到底有何独特性?

依本书所见,智能就是作出选择的能力。决策的本质以及其对世界的影响是我们关注的主要问题。因此,我们对人工智能的定义如下:

> 人工智能是非自然实体通过评估作出选择的能力。(Artificial Intelligence is the ability of a non-natural entity to make choices by an evaluative process.)

我们用"机器人"("robot")一词指代使用人工智能的物理实体或系统。虽然机器人这个词经常用以描述任何类型的机器处理的自动化,但在这里我们要增加一个额外的条件:该行动(action)是由一个使用人工智能的实体来执行的。[56]

至于定义中的"人工"("artificial")部分,我们之所以采用"非自然"("non-natural")而非"人造"("man-made"),是因为人工智能具有设计和创建其他人工智能的性能。在某些时候,人类可能会从场景中隐退。这是人工智能的一个新的特性,这意味着它需要创新性的法律处理方式,因为人工智能与其人类"创造者"之间的因果链条无法再持续下去。[57]

上述定义中暗含了作出选择之义,即这些决定是自主的(autonomous)、自治(self-governing)的。[58] 自主("*autonomy*")[来自希腊语"*auto*"(自我)和"*nomos*"(法律)]与自动化("*automation*")有所不同,后者仅是机械重复的过程。自主性(autonomy)并不要求人工智能启用它自己的功能;它可以作出自主的选择,即使在作此决定时有人与之互动也是如此。例如,如果有人在搜索引擎中输入查询,确实会对人工智能的功能产生因果性的影响,人工智能可能会基于其过去的搜索以及其年龄或位置等其他变量考虑其这次搜索时的结果偏好,但最终显示的搜索结果,仍然是由搜索引擎加以"选择"而定。[59]

这一定义的最后一个方面,"评估"("evaluative process"),是指在得出结论之前在各项原则之间进行权衡的过程。规则适用于"全有或全无"的情形。[60]当有效规则适用于特定情形时,即可得出相应的结论。如果两个规则之间存在冲突，则其中之一失效。相反，原则为各种行动方案提供正当性支持，但其并不一定具有结论性意义。与规则不同，原则具有"权重"（"weight"）。当有效的原则之间发生冲突时，解决冲突的正确方法是选择具有最大总权重的原则所支持的做法。[61]

为了说明涉及原则（需要评估）和规则（不需评估）的系统之间的区别，有必要用非常简洁的术语描述传统上被称为智能的两种技术路线。

"符号人工智能"[62]（"symbolic AI"），其程序由逻辑决策树组成（格式为：如果 X，则 Y）。[63] 逻辑决策树是关于如何处理给定输入的一组规则或指令。"专家系统"（"expert systems"）就是一种较为复杂的例子，其基于数据集和规则集进行编程，通过一系列是或否的问答，以推理方式遵循逻辑决策树，从而获得预定的输出结果。[64] 决策过程是确定的，这就意味着，不管经过多少决策阶段，从理论上讲每一步都可以追溯到程序员所作的决策。

人工神经网络（artificial neural networks）是由大量互连单元组成的计算机系统，每个单元只能计算一件事。[65] 传统网络在开始训练之前确定架构，而人工神经网络使用"权重"（"weights"）来确定输入和输出之间的关联性。[66] 可以设计人工神经网络，使其通过改变连接上的权重来改变自身，这使在一个单元中的活动或多或少地会激发另一个单元中的活动。[67] 在一些"机器学习"系统中，经常采用被称为反向传播（backpropagation）的处理程序来重新校准权重，以便优化结果。[68]

一般说来，符号智能程序并不属于本书所定义的人工智能，而神经网络和机器学习系统则是。[69] 就像罗素和诺维格所举的时钟的例子，任何反映在符号系统中的智能都是程序员的智能，而不是系统本身的智能。[70] 相反，神经网络具有独立确定连接之间权重的能力，是评价其具有智能功能的特征。

神经网络和机器学习属于本书所定义的人工智能技术范围，但它们并不是唯一能够做到这一点的技术。本书对人工智能的定义有意涵盖神经网络，但也要有足够的灵活性，以涵盖将来可能会越来越流行的其他技术，例如全脑仿真

(试图映射和重现动物整个脑结构的科学)。

从那些试图给智能一个统一的评价标准的人的角度来看，本书的这一功能性定义可能包容性不足（under-inclusive）。与大多数其他定义不同，这一定义并不试图涵盖传统上被称为"智能"的所有技术。然而，如上所述，这样做只是为了涵盖从法律上看会引发突出问题的技术。第 2 章将讨论本书所定义的人工智能有何特质，从而使其成为一种独特的现象，而专家系统则不具有这些特性。

此外，功能性定义也可能被视为过于包容（over-inclusive）。虽然关于广义智能是否必须包括想象力、情感或意识等特质还存在争议，但其与人工智能需要监管的大多数方面并无关联。[71] 人工智能对世界产生影响，因而需要进行监管，但即使没有这些额外的特质也可以监管。[72]

功能性定义并未就某种技术是否具有智能，提供简单的"有或无"的答案。但是，任何立法的边缘都存在一些不确定性，这是很常见的。这本质上是由语言本身的不精确性造成的。[73] 例如，标志上规定"公园内不允许车辆通行"[74]，大多数人都同意这禁止汽车和摩托车通行，但仅从措辞来看并不清楚滑板、自行车或轮椅是否也被禁行。[75] 立法者可以通过列出允许和禁止的内容来避免不确定性，但使用列举清单会使法律僵化，并且可能难以更新，或者难以适用于起草清单时未考虑的情形。由于人工智能的高科技性质和快速发展，列举式规定并非一种适宜的方法。

一种替代性方法（也是此处所建议的方法）是设置一个能够抓住术语本质而不精确区分其边界的核心定义。[76] 通常，适用模糊不清的法律的任务会首先落在监管机构的肩上，如公园的管理者，其次是法官（如果公园管理者作出罚款的决定受到了质疑）。

随着人工智能的发展，关于其边界的确定（至少使用本书的定义）可能会变得不再那么困难。人工智能专家可能会指出，甚至涉及多层神经网络的深度学习系统也远非独立于人类的输入，而是受到人类的不断管控和推动。但是，本书认为，人工智能能力越得到提升，可供非专家使用的人工智能越能得到更多部署，这样人工输入就会减少，而实际决策程序离其最初设计者越远，智能体所作的选择就显得越清晰。

约瑟·何南德斯·奥洛（José Hernández-Orallo）教授提出了一种旨在覆盖整个"机器世界"的智能通用评测方法，评测对象不仅包括人造智能体，还包括动物、人类以及这些对象的混合体。[77] 他致力于研究智能评测的计算原理，对实体的智能程度进行评分。其检测的相关特征包括"组合性"（"compositionality"），即系统构建新的概念和技能的能力。[78] 如果人工智能确实需要与仅仅是自动化的机械和程序（automated machines and programs）分开进行监管，那么他所提出的评测方法，可能对于帮助监管方辨别智能和非智能的边界，以及通过人工智能功能的进步跟踪该领域的进展，具有非常重要的意义。

4 人工智能无处不在

有了人工智能的定义，现在可以去了解其目前的应用状况和发展趋势。

有人可能会说，下面举的一些例子并不符合上述对人工智能的功能性定义。这些例子的确可以在不使用人工智能的情况下实现某种目标，因为其可能采用的是确定性规则，或者实际上是由人类在作选择。在 18 世纪末、19 世纪初令观众惊叹不已的被称作"土耳其机器人"（"Mechanical Turk"）的国际象棋游戏机就是这样的例子。顾名思义，它就像一个戴着头巾坐在桌前的土耳其男子。其设计师冯·肯·佩伦（Baron von Kempelen）声称他能用一种神秘的智能机器击败国际象棋的人类棋手。事实上，"土耳其机器人"只是一个复杂的魔术而已：机器人面前的桌子内空间里隐藏了一个人类棋手，他可以控制机械臂来移动棋子。[79] 与"土耳其机器人"一样，要想知道一套程序是否采用了我们所定义的真正的人工智能，有必要检查一下盖子下面的装置究竟是如何作出选择的。比结果更重要的是其实现过程。

达特茅斯学院暑期学校的创始成员表示，希望"发现如何使机器使用语言，形成抽象和概念，解决人类现在未能解决的各种问题，改善自己"[80]。60多年后，我们每天都接触到这样的机器，智能手机即为适例。皮尤研究中心（Pew Research Centre）于 2016 年统计，全球 11 个最先进经济体中有 68% 的成年人拥有智能手机，这种设备可以即时访问互联网并具有机器学习的能力。[81] 智能手机上安装的各种应用程序（APP），包括基于过去收听历史的音乐库推荐，以及用于消息传递的预测文本建议，都是人工智能的应用范例。搜索引擎背后的复杂算法会根据我们的搜索和对结果的反应进行自我改进。我们每次用搜索引擎时，搜索引擎也在用我们。[82]

虚拟个人助理，包括苹果 Siri、谷歌助手、亚马逊的 Alexa 和微软的 Cortan，现在都已司空见惯。这种趋势与"物联网"（将家庭设备连接到互联网）的增长有关。[83] 无论是冰箱知道您何时需要鸡蛋并为您订购，还是可以分辨出地板哪些部分最需要清洁，人工智能将会充当以往由家庭佣人扮演的角色。[84]

人工智能作为人类判断和决策的助手，甚至可以替代人类的判断和决策，既可以做帮人选择下一首歌这样的生活小事，也可以承担一些比较重要的事务，如在 2017 年年初英国警方宣布正在试行一个名为"危害风险评估工具"（"Harm Assessment Risk Tool"）的程序，该程序可以基于各种数据作出是否应将犯罪嫌疑人予以羁押或保释的决策建议。[85]

自动驾驶汽车是众所周知的人工智能应用之一。目前，谷歌（Google）、优步等科技公司正在用先进的原型车进行道路测试，不仅如此，特斯拉、丰田等传统汽车制造商也加入了进来。[86] 人工智能也造成了首批致命性事故[87]：2017 年，一辆特斯拉 Model S 自动驾驶汽车与一辆卡车追尾，造成车上乘客死亡；2018 年，优步（Uber）的一辆处于自动驾驶模式的测试车在美国亚利桑那州撞死了一名女子。[88] 他们都不会是人工智能所导致的最后的遇难者。

从意外致害的人工智能到故意致害的人工智能：一些军队正在开发半自动，甚至是完全自主的武器系统。凌空飞行的智能无人机能够识别、跟踪并可能在不需要人类指令的情况下射杀目标。2016年美国国防部研究部门的一份报告探讨了人工智能成为美国国防政策基石的可能性。[89]2017年英国皇家国际事务研究所（Chatham House）发布的报告结论是，各国军方正在发展人工智能武器，"这使其能够独立完成任务"[90]。允许人工智能在无人干预的情况下摧毁目标仍然是其最具争议的潜在用途之一。在撰写本书之际，南非炮兵在实弹演习时高射炮发生故障，导致己方9名士兵死亡。这是近期发生的最致命的自动化地面武器致害事件。[91]如果这样的话，敌人不久以后也会成为它们的射杀目标。

机器人既可以用来杀人也可以用来照顾人。在以色列和日本，已经有越来越精密的人工智能系统被用来照料老年人的身心。[92]这一趋势肯定会在这些国家以及其他地方继续增长，因为越来越富裕的世界正在不断适应人口老龄化状况。人工智能还在医学上被用作临床决策的辅助手段，正在开发和运行的人工智能系统将使诊断和治疗完全自动化。[93]

在商业方面，美国国会研究服务中心（US Congressional Research Service）估计，算法程序承担了美国股票市场约55%、欧洲股票市场约40%的交易量。[94]按照我们对人工智能的定义，大多数算法交易还不涉及人工智能的使用。然而，人工智能拥有以超越人类推理的方式作出复杂战略决策的能力，使其似乎特别适合从事这项工作任务。[95]

即使是创意产业，也在使用人工智能。这方面的发展在音乐创作领域尤为突出。[96]1997年，《新科学家》（New Scientist）报道说，在美国加利福尼亚州，一台计算机创作出了莫扎特第42交响曲，这是连莫扎特自己都无法做到的壮举。[97]而一款名为"Mubert"的程序能够创作出全新的曲目。其创作者称，这些曲目的创作是"基于乐理、数学和创造性经验的规律"[98]。2016年，一位导演和一位纽约大学人工智能研究员合作创建了一个神经网络系统，这个智能系统在被"投喂"了几十个创作好了的剧本之后，创作出了一个新的恐怖电影剧本《阳春》（*Sunspring*），并在剧中突出了一些常见的主题。《卫报》（*Guardian*）形容这是"一部充满爱与绝望、怪异有趣、感人至深的黑暗主题的科幻故事"[99]。

人工智能目前也在尝试创作半抽象艺术作品，其中最著名的例子是谷歌的DeepDream：这是一个扫描数百万张图像的神经网络，可以根据需要生成合成作品。[100] 在 2017 年年初，中国的腾讯公司宣称已成功运用深度学习技术识别出千禧一代的时尚潮流，比如中国 1995 年后出生的这一代年轻人就特别喜欢浅黑色。[101]

人工智能更具道德挑战性的用途还在不断开发或使用中，其中包括旨在满足人类性欲的机器人（性爱机器人）[102]，以及利用人工智能装备实现人体增强，可能形成合成人（hybrids）或半机械人（cyborgs）。[103]

以上仅为人工智能研发应用的简要列举，绝非对其影响的详尽考察。尽管如此，可以明确的是，人工智能已然出现在我们的家庭、工作场所、医院、道路、城市和天空中。达特茅斯学院的研究小组最初申请资助的建议书认为，人工智能可以"解决目前困扰人类的各种问题……如果一组经过精心挑选的科学家花费一个夏天共同努力"[104]。最初的估计可能有些乐观，但将过去 60 年来人类在人工智能方面取得的成就与 20 万年前智人（*homo*）存在的历史相比，达特茅斯学院的研究小组的预测看起来并不疯狂。

5 超级智能

1965 年，数学家和二战密码破解专家 I.J. 古德曾经预测："……超级智能（ultraintelligent）机器可以设计更好的机器；毫无疑问，这将是一场'信息爆炸'，人类的智慧将被远远抛在后面。"[105] 这仍然是今天一些人工智能专家的假设。尼克·博斯特罗姆（Nick Bostrom）在其影响力著作《超级智能》（Superintelligence）一书中用戏剧性的语言描述了人工智能爆炸的后果，并解释认为，在某些模型中，初始的"种子"超级智能的发展可能只需要几天，而其再生体（spawn）将变得十分强大，以至于人力无法再将其控制："一旦人工智能达到人类水平，就会出现良性的反馈循环，从而进一步推动人工智能的发展。人工智能将有助于构建更好的人工智能，而更好的人工智能会反过来帮助构建更加好的人工智能，以此循环。"[106]

许多作者都提到过完全的广义人工智能，他们预测会出现一种被称为"奇点"（"the Singularity"）的现象。[107] "奇点"这个词语通常是用于描述人工智能达到足以与人类智能相媲美并且超越人类智能的时间点。然而，将"奇点"作为一个可以辨别的时刻的概念可能并不准确，就像从弱人工智能到广义人工智能智能的转变一样，"奇点"最好被看作是一个过程而不是单个事件。没有理由认为人工智能会同时与每个人的能力都能相提并论。事实上，在许多领域（例如进行复杂计算的能力），人工智能已经远远领先于人类，而在其他领域，例如识别人类情感的能力，它还比不上人类。

超级智能的支持者认为人工智能的发展近年来一再超过了之前的预期。在20世纪中后期，许多人认为计算机永远不会在国际象棋中击败人类棋手[108]，然而在1997年，IBM的深蓝（Deep Blue）计算机经过六场比赛击败了前世界冠军加里·卡斯帕罗夫（Garry Kasparov）。[109] 在21世纪初期，许多人认为计算机永远无法击败围棋的人类冠军，围棋是一款在亚洲流行的复杂的棋盘游戏。后来到了2013年，博斯特罗姆（Bostrom）也写道："近年来，围棋智能程序以每年约1个段位（棋手等级）的速度在提高。如果这样下去，它们差不多在十年内就可能击败人类世界冠军。"[110] 仅仅在三年之后的2016年3月，DeepMind的AlphaGo就以4比1击败了世界围棋冠军李世石（Lee Sedol），后者甚至放弃了最后一场比赛，他在战术上和情感上完全被击溃了。[111] AlphaGo之所以成功，恰恰是因为它采用的策略不同于人类所有的围棋传统思想流派。[112] 当然，赢得棋盘游戏是一回事，接管世界则是另一回事。

自身智能水平的提高并不意味着具备了解决其他问题的能力。尽管人类已经展示了数十万年的通用智能，但我们尚未能为自己设计出超级通用智能（superior general intelligence）。我们无法确定，人工智能技术即使在实现了通用智能之后是否也无法达到这样的高度。[113]

尽管存在这些限制，但人工智能近年来的确已经取得了一些重大进展。2017 年 1 月，谷歌大脑团队（Google Brain）宣布其技术人员已经创建了能够开发更多人工智能软件的人工智能软件。[114] 大概也是那个时候，OpenAI[115]、麻省理工学院（MIT）[116]、加州大学伯克利分校（the University of California, Berkeley）和 DeepMind 研究组也发布了类似的公告。[117] 这些只是我们所了解的情况。一些公司、政府，甚至一些独立的个人工程师可能正在研发远远超出已公开项目水平的人工智能。

6 乐观主义者、悲观主义者和实用主义者

关于人工智能的未来，相关的评论者可分为三派：乐观主义者、悲观主义者和实用主义者。

乐观主义者强调人工智能的好处并淡化任何危险。雷·库兹韦尔（Ray Kurzweil）认为："……我们遇到了类似的幽灵，就像生物恐怖分子可能制造出新的病毒，而人类却无法预防。技术一直是一把双刃剑，火给我们带来温暖，但也烧毁了我们的庄园。"[118] 同样，机器人伦理学教授艾伦·温菲尔德（Alan Winfield）在 2014 年的一篇文章中写道："如果我们成功创设了相当于人类的人工智能，那么它就会完全理解自身是如何工作的，如果它成功地自我改进而产生超级人工智能，并且如果超级人工智能出现意外或存有恶意，开始消耗资源，如果我们不能拔掉插头，那么，是的，我们可能会遇到问题。这种风险虽不能说完全没有可能，但可能性不是很大。"[119] 从根本上说，乐观主义

者认为人类能够而且将会克服人工智能带来的任何挑战。

悲观主义者，例如尼克·博斯特罗姆，他举了一个"回形针量产机"（"paperclip machine"）的例子（我们将在本书后面谈到这个例子），它设想了一种非常强大的超级智能，人类根本没有机会阻止它摧毁整个宇宙。同样，埃隆·马斯克说我们冒着"召唤恶魔"的风险，并称人工智能为"我们最大的生存威胁"[120]。

实用主义者承认乐观主义者预测的好处以及悲观主义者预测的潜在灾难。实用主义者主张应谨慎发展人工智能持并控制其风险。这种观点得到了2015年未来生活研究院组织数千名杰出业界人士联合签署的人工智能公开信的认可。[121]这封公开信指出：

> 现在人们普遍认为人工智能研究正在稳步发展，其对社会的影响与日俱增。它可能带来巨大的利益，因为文明所提供的一切都是人类智慧的产物；我们无法预测当人工智能可能提供的工具放大这种信息时我们可能取得的成就，但用它来消除疾病和贫困并非遥不可及。由于人工智能的巨大潜力，研究如何在避免潜在陷阱的同时获得收益非常重要。

斯蒂芬·霍金（Stephen Hawking）结合乐观主义和悲观主义两方面的观点，认为人工智能"可能是发生在人类身上最好同时也是最糟糕的事情"[122]。

最著名的未来学家倾向于重点关注可能出现的超级智能的长期影响，而这也许还需要几十年的时间。相比之下，许多立法者则专注于短期，甚至是过去的问题。通常，新技术的发展与其监管之间的时间间隔意味着法律需要过几年才能赶上。回想起来，过度热心的技术监管似乎很荒谬。我们不希望像19世纪第一批汽车司机那样，他们被要求在城市中以每小时不超过两英里（约3.22公里）的速度行驶，并雇人挥舞着红旗在车前行走。[123]

技术并非总是被不加批判地采用，大多数进步往往与既得利益发生冲突。在19世纪早期，"卢德派"（"Luddites"）——由内德·卢德（Ned Ludd）领导的受机械化影响的农业工人骚乱了几年，摧毁了威胁他们就业的机械化动力纺织机。今天，关于各国是否应该利用核技术来满足对能源的永不满足的需求的争论仍在继续。

我们有可能在乐观主义者的自满和悲观主义者的顾忌之间摇摆不定。人工智能为人类的利益提供了难以置信的机会，我们不希望不必要地束缚或阻挠这一进程。

关于超级智能或"奇点"时刻具有破坏性或有益潜力的预测常常成为头条新闻，这分散了公众对看起来更普通但却更为重要的问题的注意力：人类和人工智能现在应该如何进行互动？正如佩德罗·多明戈（Pedro Domingos）教授在 2015 年的一本书中所说："人们担心电脑会变得太聪明而占领世界，但真正的问题是它们太愚蠢却已经占领了世界。"[124]

7 此时不为，更待何时？

有人会说这本书还为时过早：尽管人工智能可能有一天需要改变我们的法律，但目前这是不必要的，通用人工智能尚不存在。在此之前，我们更应该把时间花在有成效的地方，而不是对一项可能永远无法实现的技术进行推测甚至漫无目的的立法。

这种态度过于自满，并且基于两个不正确的假设：首先，它低估了人工智能技术在当今世界中的渗透率；其次，它基于一种傲慢的信念，即人类的聪明才智将能够解决以后可能出现的任何问题，而无须花费额外的成本或克服更多的困难。

这并不奇怪，大多数人没有注意到人工智能的日益强大的影响。技术持续发展而我们甚至常常没有注意到它的进步。2016 年谷歌翻译项目（Google Translate）使用机器学习进行了重大升级，这是一个罕见的异类，因为它实际上被媒体接受了。[125] 公司通过软件补丁和升级小心地回避了新技术的发布，逐渐让用户沉浸在新技术中。尽管当时几乎看不到，但累积的差异可能是巨大的。[126] 由于人们不太注意一系列微小变化的自然的心理倾向，就有可能变得像温水里的青蛙，不知不觉地被煮死。

我们在两百年前的工业革命初期，会知道全球变暖的危险吗？如果我们当时就创建相关机构来研究人类对环境的影响，遵守相应的国家法律和国际条约，同意为了人类的利益而约束有害的活动，采取积极的行动，今天的世界将会有很大不同。我们可能会摆脱海平面上升和冰盖融化带来的灾难，可能会避免几十年来越来越难以预测的天气周期给数百万人带来的痛苦和破坏，也可能会公平和公正地解决富国和穷国之间的气候争端而受到所有人的尊敬和拥护。

相反，我们现今正在争先恐后地立法以遏制气候变化。碳排放交易[127] 和自我施加的温室气体限制[128] 有望对减少全球变暖产生一定影响，但气候科学家普遍认为，如果不采取更加严格的措施，我们的大气层将发生巨大的破坏性变化。

人类不太可能再等两个世纪才能看到人工智能的巨大后果。麦肯锡咨询公司（Mckinsey）预计，与工业革命相比，"这种转变速度上快 10 倍，规模大300 倍，影响几乎大 3 000 倍"[129]。

8 机器人法则

为什么法律与受人工智能影响的各个行业和社会方面有关这一点可能不是很明显。事实上，法律规制对于它们的顺利运作和我们生活中的其他每一个方面都至关重要。不能因为我们没有与律师、法官、法院或警察进行日常交流，就认为我们的法律制度不起作用。

即使法律没有被法庭用于给罪犯定罪量刑或向索赔人判决给付损害赔偿金，它也在"发挥作用"。事实上，当法律是一种无声的背景时，它才是最有效的，它让各方在公平和可预期的氛围中相互交往。法律制度就像氧气，只是我们每天可能都没有注意到它的存在；事实上，许多读者在读到本段之前可能都不会想到正在呼吸着氧气，然而，一旦空气中的氧气量即使有很少量的下降，也会很快令我们感到痛苦难耐。

法律在解决"协调问题"方面发挥着至关重要的作用，法律主体可以从几个选项中选择，其中没有一个明显是对的或错的，但是如果每个人都以类似的方式行事，那么整个系统就会正常运作。作为一般的道德命题，开车靠左行驶或靠右行驶并无大碍，但是根据英国交通法的规定，所有人必须靠左行车，否则如果允许人们自由选择，交通秩序必将混乱不堪。[130]

如果多个不同的人工智能系统采用各自的内部安全系统，可能会导致更多而不是更少的死亡事故，就像两辆逆向行驶的汽车，为了避免碰撞，一辆车右转，另一辆左转，那么它们就会发生碰撞。[131]

正如人工智能正在搅动（disrupting）市场和行业一样，它也将撬动（disrupt）法律规则和原则，这些规则和原则迄今为止支撑着这些行业的运作方式。人工智能主要在三个方面带来新的挑战：

（1）责任：如果人工智能造成伤害，或创造利益，谁应该为此担责或有权拥有？

（2）权利：是否有道德上的或务实的理由使人工智能获得法律的保护及承担相应的责任？

（3）伦理：人工智能应如何作出重要选择？是否有一些决策不应该让其作出？

以下章节将围绕这些主题展开讨论，揭示可能出现的问题类型以及目前的法律制度如何解决这些问题。本书的后半部分将继续研究如何设计新的制度和规则，以便以连贯、稳定和政治上合法的方式解决这些问题。

第 2 章将详细阐述为什么人工智能作为一种法律现象具有独特性，且对大多数（如果不是全部）法律制度的某些基本假设提出了挑战。第 3 章分析了当人工智能导致损害或创造利益时确定谁或什么应当负责的各种机制。第 4 章论述了为什么人工智能在某种程度上可以从道德角度获得法律权利。第5章考量了支持和反对授予人工智能法律资格的实际的理由。[132] 第6章阐述了我们如何设计国际制度来创建所需的新法律、法规。第7章讨论了如何对人工智能的人类创造者予以规制。最后，也就是第8章，探讨了为人工智能本身创建或传授规则的可能性。

未来10年到20年中最大的问题不是如何阻止人工智能摧毁人类，而是人类应该如何与人工智能生活在一起。今天的规制可能对形塑技术的发展方式产生影响。在建立中期有效的日常法律监管结构时，我们可以为出现的任何威胁做好准备。

注释

[1] Fyodor Dostoyevsky, *Crime and Punishment*, Constance Garnett trans. (Urbana, Illinois: Project Gutenberg, 2006), Chap. Ⅶ.

[2] Isaac Asimov, "Runaround", in *I, Robot* (London: HarperVoyager, 2013), 31. Runaround was originally published in *Astounding Science Fiction* (New York: Street & Smith, March 1942). 由于前三条法则存在一些缺陷，阿西莫夫后来又补充了第四法则，即第零法则。See Isaac Asimov, "The Evitable Conflict", *Astounding Science Fiction* (New York: Street & Smith, 1950).

[3] Isaac Asimov, "Interview with Isaac Asimov", interview on Horizon, BBC, 1965, at http://www.bbc.co.uk/sn/tvradio/programmes/horizon/broadband/archive/asimov/, accessed 1 June 2018. 阿西莫夫在其《机器人续篇》(*The Rest of Robots*) 一书的导言中也作了类似的表述："这三条法则中的模糊性足以为新的故事提供冲突和不确定性，而让我感到欣慰的是，似乎总是可以从这三条法则的61个字中找到一个新的角度。"Isaac Asimov, *The Rest of Robots* (New York: Doubleday, 1964), 43.

[4] 关于数据问题，see "Data Management and Use: Governance in the 21st Century A Joint Report by the British Academy and the Royal Society", *British Academy and the Royal Society*, June 2017, at https://royalsociety.org/ ~ /media/policy/projects/data-governance/data-management-governance.pdf, accessed 1 June 2018。关于失业问题，see Carl Benedikt Frey and Michael A. Osborne, *The Future of Employment: How Susceptible Are Jobs to Computerisation?*, Oxford Martin Programme on the Impacts of Future Technology Working Paper, September 2013, at http://www.oxfordmartin.ox.ac.uk/downloads/academic/future-of-employment.pdf, accessed 1 June 2018。See also Daniel Susskind and Richard Susskind, *The future of the professions: How technology will transform the work of human experts* (Oxford: Oxford University Press, 2015).

[5] See Nick Bostrom, *Superintelligence* (Oxford: Oxford University Press, 2014). (该书中文版：

[英] 尼克·博斯特罗姆著：《超级智能》，张体伟、张玉青译，北京，中信出版社，2015 年版。——译者注）

[6] Ray Kurzweil, *The Singularity is Near: When Humans Transcend Biology* (New York: Viking Press, 2005). (该书中文版：[美] 雷·库兹韦尔著：《奇点临近：当计算机智能超越人类》，李庆诚、董振华、田源译，北京，机械工业出版社，2011 年版。——译者注）

[7] 包括查尔斯·巴贝奇（Charles Babbage）和阿达·洛芙莱斯（Ada Lovelace）在内的几位 19 世纪的思想家已经预见到了人工智能的出现，甚至准备设计能够执行智能任务的机器。不过关于巴贝奇是否真的相信这种机器具有认知（cognition）能力，存在一些争议。See Christopher D. Green, "Charles Babbage, the Analytical Engine, and the Possibility of a 19th-Century Cognitive Science", in *The Transformation of Psychology,* edited by Christopher D. Green, Thomas Teo and Marlene Shore (Washington D.C.: American Psychological Association Press, 2001), 133-152. See also Ada Lovelace, "Notes by the Translator", reprinted in R. A. Hyman, ed., *Science and Reform: Selected Works of Charles Babbage* (Cambridge: Cambridge University Press, 1989), 267-311.

[8] 以下内容绝不是详尽无遗的。有关大众文化、宗教和科学中人工智能和机器人技术的更全面的考察，see George Zarkadakis, *In Our Image: Will Artificial Intelligence Save or Destroy Us?* (London: Rider, 2015). (该书中文版：[英] 乔治·扎卡达基斯著：《人类的终极命运：从旧石器时代到人工智能的未来》，北京，中信出版社，2017 年版。——译者注）

[9] T. Abusch, "Blood in Israel and Mesopotamia", in *Emanuel: Studies in the Hebrew Bible, the Septuagint, and the Dead Sea Scrolls in Honor of Emanuel Tov*, Shalom M. Paul, Robert A. Kraft, Eva Ben-David, Lawrence H. Schiffman, Weston W. Fieldsed. (Leiden, the Netherlands: Brill 2003), 675-684, especially at 682.

[10] New World Encyclopedia, Entry on Nuwa, quoting Qu Yuan（屈 原）, book: "Elegies of Chu"（楚辞, or Chuci), Chapter 3: "Asking Heaven"（天问）, at http://www.newworldencyclopedia.org/entry/Nuwa, accessed 1 June 2018.

[11] King James Bible, Genesis 2:7.

[12] Homer, *The Iliad*, trans. Herbert Jordan (Oklahoma: University of Oklahoma Press: Norman, 2008), 352. (该书中文版：[古希腊] 荷马著：《伊利亚特》，罗念生、王焕生译，北京，人民文学出版社，2003 年版，第 435 页。其中写道："黄金制作的侍女们，迅速跑向主人，少女般栩栩如生。"——译者注）

[13] Eden Dekel and David G. Gurley, "How the Golem Came to Prague", *The Jewish Quarterly Review*, Vol. 103, No. 2 (Spring 2013), 241–258.

[14] 捷克语为 "Rossumovi Univerzální Roboti"。"Roboti" 大致可译为 "奴隶"。本书第 4 章还将涉及此点。

[15] "Homepage", Neuralink Website, https://www.neuralink.com/, accessed 1 June 2018. Chantal Da Silva, "Elon Musk startup 'to spend £100m' linking human brains to computers", *The Independent,* 29 August 2017, at http://www.independent.co.uk/news/world/americas/elon-musk-neuralink-brain-computer-startup-a7916891.html, accessed 1 June 2018. For commentary on Neuralink see Tim Urban's provocative blog post "Neuralink and the Brain's Magical Future", *Wait But Why*, 20 April 2017, at https://waitbutwhy.com/2017/04/neuralink.html, accessed 1 June 2018.

[16] Tim Cross, "The novelist who inspired Elon Musk", *1843 Magazine,* 31 March 2017, at https://

www.1843magazine.com/culture/the-daily/the-novelist-who-inspired-elon-musk, accessed 1 June 2018.

[17]   Robert M. Geraci, *Apocalyptic AI: Visions of Heaven in Robotics, Artificial Intelligence, and Virtual Reality* (New York: Oxford University Press, 2010), 147.

[18]   关于二者的区分，see David Weinbaum, and Viktoras Veitas, "Open Ended Intelligence: The Individuation of Intelligent Agents", *Journal of Experimental & Theoretical Artificial Intelligence*, Vol. 29, No. 2 (2017), 371–396。

[19]   See Roger Penrose, *The Emperor's New Mind: Concerning Computers, Minds, and the Laws of Physics* (Oxford: Oxford University Press, 1989). 怀疑论者可能正在减少，正如沃勒克和艾伦所言："悲观主义者往往会被排除在这个行业之外" [Wendell Wallach and Colin Allen, *Moral Machines: Teaching Robots Right from Wrong* (Oxford: Oxford University Press, 2009) (以下简称"Wallach and Allen, M*oral Machines*"), 68]。

例如，玛格丽特·博登（Margaret Boden）是怀疑论观点最著名的支持者之一，尽管在她的最新著作《人工智能的本质与未来》[Margaret Boden, *AI: Its nature and Future* (Oxford: Oxford University Press) 2016, 119 *et seq*.] 中，她承认"真正的"人工智能的潜力，但仍然坚持认为，"……没有人确切知道，（通用人工智能）是否真能成为智能"。（该书中文版：[英] 玛格丽特·博登著：《AI：人工智能的本质与未来》，孙诗惠译，北京，中国人民大学出版社，2017 年版。——译者注）

[20]   参见本书第 3 章之 2.1.2。

[21]   关于人工智能系统正在发展自我完善的能力，see Barret Zoph and Quoc V. Le, "Neural Architecture Search with Reinforcement Learning", Cornell University Library Research Paper, 15 February 2017, at https://arxiv.org/abs/1611.01578, accessed 1 June 2018。See also Tom Simonite, "AI Software Learns to Make AI Software", *MIT Technology Review*, 17 January 2017, at https://www.technologyreview.com/s/603381/ai-software-learns-to-make-ai-software/, accessed 1 June 2018. 更一般意义上的论述参见第 2 章之 3.2。

[22]   我们推测，狭义人工智能逐渐接近广义人工智能的过程，与人类的进化过程相似。智人并不是像被施了魔法似的一夜之间就出现的，而是在我们不断试验和试错的基础上，在对我们的硬件（身体）和软件（心智）逐步进行迭代升级，也就是众所周知的自然选择中才形成的。

[23]   Jerry Kaplan, *Artificial Intelligence: What Everyone Needs to Know* (New York: Oxford University Press, 2016), 1. （该书中文版：[美] 杰瑞·卡普兰著：《人工智能时代》，李盼译，杭州，浙江人民出版社，2016 年版，第 1 页。——译者注）

[24]   Peter Stone, et al., "Defining AI", in *"Artificial Intelligence and Life in 2030". One Hundred Year Study on Artificial Intelligence: Report of the 2015-2016 Study Panel* (Stanford University, Stanford, CA, September 2016), at http://ai100.stanford.edu/2016-report, accessed 1 June 2018.

[25]   Pamela McCorduck, *Machines Who Think: A Personal Inquiry into the History and Prospects of Artificial Intelligence* (Natick, MA: A.K. Peters, 2004), 133.

[26]   Peter Stone, et al., "Defining AI", in *"Artificial Intelligence and Life in 2030". One Hundred Year Study on Artificial Intelligence: Report of the 2015-2016 Study Panel* (Stanford University, Stanford, CA, September 2016), at http://ai100.stanford.edu/2016-report, accessed 1 June 2018. See also Pamela McCorduck, *Machines Who Think: A Personal Inquiry into the History and Prospects of Artificial Intelligence* (Natick, MA: A.K. Peters, 2004), 204.

[27] 法学著作中也有类似的现象，see H.L.A. Hart, *The Concept of Law* (2nd ed., Oxford: Clarendon, 1997). （该书中文版：[英] 哈特著：《法律的概念》，张文显、郑成良、杜景义、宋金娜译，北京，中国大百科全书出版社，2003 年版。[英] 哈特著：《法律的概念》，第 3 版，许家馨、李冠宜译，北京，法律出版社，2018 年版。——译者注）

[28] *Jacobellis v. Ohio*, 378 U.S. 184 (1964), 197.

[29] Lon L. Fuller, *The Morality of Law* (New Haven, CT: Yale University Press, 1969). （该书中文版：[美] 富勒著：《法律的道德性》，郑戈译，北京，商务印书馆，2005 年版。——译者注）

[30] 同上，第 107 页。

[31] Franz Kafka, *The Trial*, trans. Idris Parry (London: Penguin Modern Classics, 2000). （该书中文版：[奥] 弗朗茨·卡夫卡著：《审判》，曹庸译，上海，上海文艺出版社，2006 年版。——译者注）

[32] 领先的人工智能教科书的作者斯塔特·罗素和彼得·诺威格将人工智能的定义分为四个部分：（1）类人思考：人工智能系统像人一样调整其思考过程；（2）类人行为：人工智能系统作出像人一样的行为；（3）理性思考：人工智能系统有目标并为达到目标进行推理；（4）理性行动：人工智能系统的行为被描述为目标导向性和目标获取性。See Stuart Russell and Peter Norvig, *Artificial Intelligence: International Version: A Modern Approach* (New Jersey: Prentice Hall, 2010), Section 1.1 (hereafter "Russell and Norvig, *Artificial Intelligence*"). （该书中文版：[美] 罗素、诺维格著：《人工智能：一种现代的方法》，第 3 版，殷建平、祝恩、刘越、陈跃新译，北京，清华大学出版社，2013 年版。——译者注）但是约翰·赛尔（John Searle）的"中文物屋"思想实验显示了区分思维和行动的困难。简言之，该实验告诉我们不能将罗素和诺威格所说的智能类型（1）和（2），或者智能类型（3）和（4）区分开来。See John R. Searle, "Minds, brains, and programs", *Behavioral and Brain Sciences* 3 (3) (1980), 417-457. 赛尔的实验得到了很多人的响应和批评，详见 The Chinese Room Argument, Stanford Encyclopedia of Philosophy, First published 19 March 2004; substantive revision 9 April 2014, at https://plato.stanford.edu/entries/chinese-room/, accessed 1 June 2018。

[33] Alan M. Turing, "Computing Machinery and Intelligence", *Mind: A Quarterly Review of Psychology and Philosophy*, (October 1950), Vol. 59, No. 236, 433-460, 460.

[34] 尤瓦尔·赫拉利（Yuval Harari）提出了一个有趣的解释，他认为图灵的"模仿游戏"可以部分地掩盖他本人的同性恋身份，以此蒙骗社会和政府，让他们觉得他不是同性恋。因此，在他提出的游戏模式中关注性别和花招也许并非偶然。Yuval Harari, *Homo Deus* (London: Harvill Secker, 2016), 120. （该书中文版：[以] 尤瓦尔·赫拉利著：《未来简史》，林俊宏译，北京，中信出版社，2017 年版，第 108 页。——译者注）

[35] See, for example, the website of The Loebner Prize in Artificial Intelligence, at http://www.loebner.net/Prizef/loebner-prize.html, accessed 1 June 2018.

[36] Jose Hernandez-Orallo, "Beyond the Turing Test", *Journal of Logic, Language and Information*, Vol. 9, No. 4 (2000), 447– 466.

[37] "Turing Test Transcripts Reveal How Chatbot 'Eugene' Duped the Judges", *Coventry University*, 30 June 2015, at http://www.coventry.ac.uk/primary-news/turing-test-transcripts-reveal-how-chatbot-eugene-duped-the-judges/, accessed 1 June 2018.

[38] 现在世界各地都在举行各种比赛，试图找到一种能够通过模拟游戏的"聊天机器人"（会话程序）。2014 年，一个名叫"尤金·古斯曼"（"Eugene Goostman"）的聊天机器人在雷丁大学举办的一场比赛中让 33% 的评委认为它是一个人。有助于古斯曼通过测试的因素

包括：英语（进行测试的语言）不是其第一语言，表现得明显像个孩子，用幽默的回答来转移提问者对回答准确性的注意力。毫不奇怪，世界并未因此就进入人工智能设计的新时代。对尤金·古斯曼"获得成功"的批评意见，see Celeste Biever, "No Skynet: Turing test 'success' isn't all it seems", *The New Scientist*, 9 June 2014, at http://www.newscientist.com/article/dn25692-no-skynet-turing-test-success-isnt-all-it-seems.html, accessed 1 June 2018。作家伊恩·麦克唐纳德（Ian McDonald），也发表了反对意见："任何一个聪明到能通过图灵测试的人工智能，都能聪明到知道怎样不能通过。"[Ian McDonald, *River of Gods* (London: Simon & Schuster, 2004), 42.]

[39] 该定义改编自英国商业、能源和工业战略部的报告，see UK Department for Business, Energy and Industrial Strategy, *Industrial Strategy: Building a Britain fit for the future* (November 2017), 37, at https://www.gov.uk/government/uploads/system/uploads/attachment_data/file/664563/industrial-strategy-white-paper-web-ready-version.pdf, accessed 1 June 2018。

[40] "What is Artificial Intelligence?", website of John McCarthy, last modified 12 November 2007, http://www-formal.stanford.edu/jmc/whatisai/node1.html, accessed 1 June 2018.

[41] Ray Kurzweil, *The Age of Intelligent Machines* (Cambridge, MA: MIT Press, 1992), Chapter 1.

[42] Ibid..

[43] NV Rev. Stat. §482A.020 (2011), at https://law.justia.com/codes/nevada/2011/chapter-482a/statute-482a.020/, accessed 1 June 2018.

[44] 关于新的立法，see NRS 482A.030. "自动驾驶汽车"（"autonomous vehicle"）目前是指配备自动驾驶技术的机动车 (Added to NRS by 2011, 2876; A 2013, 2010)。NRS 482A.025 "自动驾驶技术"（"autonomous technology"）是指安装在机动车辆上，能够在没有操作人员主动控制或监控的情况下驱动机动车辆的技术。该术语不包括主动式安全系统或驾驶员辅助系统，这类系统包括但不限于具有电子盲点检测、防撞、紧急制动、停车辅助、自适应巡航控制、车道保持辅助、车道偏离警告或交通堵塞和排队辅助等功能的系统，除非此类系统单独或与任何其他系统组合，使安装系统的车辆能够在无须人工操作员主动控制或监控的情况下正常行驶。(Added to NRS by 2013, 2009). Chapter 482A - Autonomous Vehicles, at https://www.leg.state.nv.us/NRS/NRS-482A.html, accessed 1 June 2018.

[45] Ryan Calo, "Nevada Bill Would Pave the Road to Autonomous Cars", *Centre For Internet and Society Blog,* 27 April 2011, at http://cyberlaw.stanford.edu/blog/2011/04/nevada-bill-would-pave-road-to-autonomous-cars, accessed 1 June 2018.

[46] Will Knight, "Alpha Zero's 'Alien' Chess Shows the Power, and the Peculiarity, of AI", *MIT Technology Review*, at https://www.technologyreview.com/s/609736/alpha-zeros-alien-chess-shows-the-power-and-the-peculiarity-of-ai/, accessed 1 June 2018. See for the academic paper: David Silver, Thomas Hubert, Julian Schrittwieser, Ioannis Antonoglou, Matthew Lai, Arthur Guez, Marc Lanctot, Laurent Sifre, Dharshan Kumaran, Thore Graepel, Timothy Lillicrap, Karen Simonyan, Demis Hassabis, "Mastering Chess and Shogi by Self-Play with a General Reinforcement Learning Algorithm", *Cornell University Library Research Paper*, 5 December 2017, at https://arxiv.org/abs/1712.01815, accessed 1 June 2018. See also Cade Metz, "What The Ai Behind Alphago Can Teach Us About Being Human", *Wired*, 19 May 2016, at https://www.wired.com/2016/05/google-alpha-go-ai/, accessed 1 June 2018.

[47] Russell and Norvig, *Artificial Intelligence*, para. 1.1.

[48] Nils J. Nilsson, *The Quest for Artificial Intelligence: A History of Ideas and Achievements*

(Cambridge, UK: Cambridge University Press, 2010), Preface. 同样，肖恩·莱格（Shane Legg，领先的人工智能公司 DeepMind 的联合创始人之一）与其博士研究生导师马库斯·哈特（Marcus Hutter）也支持对智能的理性主义式定义："智能是衡量智能体在各种环境中实现目标的能力。"[Shane Legg, "Machine Super Intelligence"（2008 年 6 月为获得哲学博士学位而提交给卢加诺大学信息学院的博士学位论文）].

[49] 另一种说法是，理性主义式定义适合狭义人工智能，但不适合广义人工智能。

[50] 关于无监督机器学习的讨论，参见本书第 2 章之 3.2.1。

[51] See, for example, Stuart Russell and Eric Wefald, *Do the Right Thing: Studies in Limited Rationality* (Cambridge, MA: MIT Press, 1991).

[52] Russell and Norvig, *Artificial Intelligence*, para. 2.3, 35.

[53] Robert Sternberg, quoted in Richard Langton Gregory, *The Oxford Companion to the Mind* (Oxford, UK: *Oxford University Press*, 2004), 472.

[54] Ernest G. Boring, "Intelligence as the Tests Test It", *New Republic*, (1923) 35:35–37.

[55] See, for example, Aharon Barak, *Purposive Interpretation in Law*, trans. Sari Bashi (Princeton, NJ: Princeton University Press, 2007).

[56] "机器人"（"robots" and "robotics"）这个词有时还用于描述一切自动化类型，无论是否涉及人工智能（如 Merriam-Webster 词典中对"机器人"的界定即是如此，参见 https://www.merriam-webster.com/dictionary/robot, accessed 1 June 2018。）本书对机器人的定义更接近于恰佩克最早使用"机器人"一词时的含义——智能仆人（intelligent servants）（参见本章脚注 [14]）。另一些人则持相反的看法：认为人工智能不能离开物理载体而存在，see Ryan Calo, "Robotics and the Lessons of Cyberlaw", *California Law Review,* 2015, Vol. 103:513-563, 529："世界上最强壮、最完美的机器人是能够支配自己身体的有形物体。"See also Jean-Christophe Baillie, "Why AlphaGo is not AI", *IEEE Spectrum*, 17 March 2016, at https://spectrum.ieee.org/automaton/robotics/artificial-intelligence/why-alphago-is-not-ai, accessed 1 June 2018.

[57] 关于人工智能这方面的特质，参见本书第 2 章。

[58] 美国汽车工程师协会（Society of Automobile Engineers，SAE）提供了自动驾驶汽车的 5 个自主级别：0 级（无自动驾驶功能）：驾驶员需要全过程掌握动态驾驶的各项任务，即使有警告或干预系统的辅助。1 级（协助驾驶）：一个驾驶员辅助系统在特定模式下利用驾驶环境的相关信息执行转向或加速 / 减速操作，并期望人类驾驶员执行动态驾驶的其他所有任务。2 级（部分自动驾驶）：一个或多个驾驶员辅助系统在特定模式下利用驾驶环境的相关信息执行转向和加速 / 减速操作，并期望人类驾驶员执行动态驾驶的其他所有任务。3 级（有条件自动驾驶）：自动驾驶系统在特定模式下执行所有动态驾驶任务，并期望人类驾驶员对自动驾驶系统的干预请求作出适当响应。4 级（高度自动驾驶）：自动驾驶系统在特定模式下执行动态驾驶的全部任务，即使人类驾驶员未能对干预请求作出适当响应。5 级（全自动驾驶）：由自动驾驶系统在所有道路和环境条件下执行所有可由人类驾驶员管理的动态驾驶任务。

将本书所定义的人工智能置于上述分级，即使在 1 级自动驾驶级别中亦可体现人工智能的作用——前提是，即使仅在这一狭小范围内，自动驾驶系统也是基于对原则的评估而作出选择的。当然，人类对这一过程的监控的可能性越大，就越不需要设立专门的法律制度，但相同的原则仍然适用。See SAE International, J3016, at https://www.sae.org/misc/pdfs/automated_driving.pdf, accessed 18 August 2017.

美国联邦运输部于 2016 年 9 月采用了这一分类法。SAE, "U.S. Department of Transportation's New Policy on Automated Vehicles Adopts SAE International's Levels of Automation for Defining Driving Automation in On-Road Motor Vehicles", SAE website, at https://www.sae.org/news/3544/, accessed 1 June 2018.

[59] 在讨论如何规制机器人时，伯托里尼（Bertolini）回避了对"机器人"进行定义，称这并无意义，而是将具有自主性（autonomy）作为证明其应当享有特殊法律待遇的相关标准。然而，在寻求描述自主性的过程中，伯托里尼仍然依赖未定义的、备受争议的概念，包括"促使具有自由意志，从而确立道德主体的自觉意识（self-awareness or self-consciousness）"，以及"在操作环境中智能交互的能力"。在此过程中，伯托里尼回避了一个关键问题，那就是应该规制什么。Andrea Bertolini, "Robots as Products: The Case for a Realistic Analysis of Robotic Applications and Liability Rules", *Law Innovation and Technology* (2013) Vol. 5, No. 2, 214–247, 217–221.

[60] Ronald Dworkin, "The Model of Rules", *The University of Chicago Law Review* (1967) Vol. 35:14, 14-46, 25.

[61] Ibid.. See also Scott Shapiro, "The Hart-Dworkin Debate: A Short Guide for the Perplexed", *Working Paper No. 77, University of Michigan Law School),* 9, at https://law.yale.edu/system/files/documents/pdf/Faculty/Shapiro_Hart_Dworkin_Debate.pdf, accessed 1 June 2018.

[62] 也被称为"古典人工智能"（"classical AI"）或"老牌人工智能"（"Good Old Fashioned AI"）。See Margaret Boden, *AI: Its nature and Future* (Oxford: Oxford University Press, 2016, 6-7. （"Good Old Fashioned AI"被译为"老牌人工智能"，参见李晓榕：《谈人工智能 8：深度学习对老牌 AI》，载李晓榕科学网博客：http://blog.sciencenet.cn/home.php?mod=space&uid=687793&do=blog&id=1300748，发布日期：2021-08-22。——译者注）

[63] 虽然不是完全匹配，基于"符号人工智能"的程序，较之于神经网络的程序（人工智能技术的另一个重要分支），其与决策树格式更为相似。

[64] 基于"老牌人工智能"与神经网络的系统之间区别的讨论，see L.H. Tsoukalas and R.E. Uhrig, *Fuzzy and neural approaches in engineering* (John Wiley & Sons, 1996)。

[65] 他们的灵感起初来自大脑的功能。

[66] Song Han, Jeff Pool, John Tran and William Dall, "Learning both weights and connections for efficient neural network", *Advances in neural information processing systems*, (2015) 1135-1143, at http://papers.nips.cc/paper/5784-learning-both-weights-and-connections-for-efficient-neural-network.pdf, accessed 1 June 2018.

[67] Margaret Boden, "On deep learning, artificial neural networks, artificial life, and good old-fashioned AI", Oxford University Press Website, 16 June 2016.

[68] David E. Rumelhart, Geoffrey E. Hinton & Ronald J. Williams, "Learning representations by back-propagating errors", *Nature,* Vol. 323: 533–536 (9 October 1986).

[69] 不可否认，明确区分符号人工智能和神经网络也许是错误的，因为有些系统是同时采用这两种元素。在此情况下，只要神经网络对作出的选择具有决定性影响，那么整个智能体都符合本书对智能的定义。

[70] 卡诺（Karnow）也类似地将"专家"（"expert"）系统与"流体"（"fluid"）系统区分开来，他认为后者因为具有不可预测性而需要被给予不同的法律待遇。Curtis E.A. Karnow, "Liability for Distributed Artificial Intelligences", *Berkeley Technology Law Journal* , Vol. 147 (1996), 11, at http://scholarship.law.berkeley.edu/btlj/vol11/iss1/3, accessed 1 June 2018.

[71] 但是，涉及人工智能的"权利"问题，情况略有不同，关于这点我们将在第 4 章予以讨论。正如我们在那里所解释的，某些权利最好保留给确有意识且能感受痛苦的人工智能。然而，回答这个问题的更好的答案，并不是一个实体只有能够感受痛苦才算是人工智能，而是对于能感受痛苦的人工智能体也应该额外为其赋予相应的权利或法律地位。参见本书第 4 章之 1.1。

[72] 确实，缺少诸如想象力、情感或意识之类的特质可能会使人工智能系统采取与人类不同的行为。例如，一个对人类痛苦缺乏同情能力的人工智能系统可能会比执行相同任务的人类给人们带来更多的危险。这种现象本身就是需要新的规则来指导和约束人工智能作出选择的原因之一。

[73] 刘易斯·卡罗尔（Lewis Carroll）的《艾莉丝镜中奇遇记》（*Through the Looking-Glass*）中的一段对话可谓适例："当我用一个词语的时候，"矮胖墩（Humpty Dumpty）轻蔑地说，"我想表达的就是词语的本意，没别的意思。""问题是，"爱丽丝说，"你是否能让词语代表这么多不同的事物。""问题是，"矮胖墩说，"那就去做主人——这就是全部。"See Lewis Carroll, *Through the Looking-Glass*, (Plain Label Books, 2007), 112 (originally published 1872). See also the UK House of Lords case, *Liversidge v. Anderson* [1942] A.C. 206, 245.

[74] H.L.A Hart, "Positivism and the Separation of Law and Morals", (1958) 71 *Harvard Law Review* 593, 607.

[75] See, for example, Ann Seidman, Robert B. Seidman, Nalin Abeyesekere, *Legislative Drafting for Democratic Social Change* (London: Kluwer Law International, 2001), 307.

[76] 核心定义的解释者可以通过各种方式，如该条款的立法史，它所针对的不法行为（mischief），甚至是社会规范的转变，来确定该条款的适用范围。See Ronald Dworkin, "Law as Interpretation", *University of Texas Law Review* 529 (1982), 60.

[77] José Hernández-Orallo, *The Measure of All Minds: Evaluating Natural and Artificial Intelligence*, (Cambridge: Cambridge University Press, 2017). See also José Hernández-Orallo, David L. Dowe, "Measuring universal intelligence: Towards an anytime intelligence test", *Artificial Intelligence* 174 (2010) 1508–1539. 关于算法信息理论（algorithmic information theory）和泛分布（universal distributions）的重要的早期检测，see Ray Solomonoff, "A formal theory of inductive inference. Part I", *Information and Control* 7 (1) (1964) 1–22。

[78] 参见第 5 章之 2.1，其中认为狭义人工智能和广义人工智能之间存在一些中间状态，以程序日益增强的显示组合性的能力为例。

[79] Discussed in Gerald M. Levitt, *The Turk, Chess Automaton* (Jefferson, NC: McFarland & Co., 2007).

[80] John McCarthy, Marvin L. Minsky, Nathaniel Rochester, Claude E. Shannon, "A Proposal for the Dartmouth Summer Research Project on Artificial Intelligence", 31 August 1955, at http://www-formal.stanford.edu/jmc/history/dartmouth/dartmouth.html, accessed 1 June 2018.

[81] Jacob Poushter, "Smartphone Ownership and Internet Usage Continues to Climb in Emerging Economies", Pew Research Centre, 22 February 2016, at http://www.pewglobal.org/2016/02/22/smartphone-ownership-and-internet-usage-continues-to-climb-in-emerging-economies/, accessed 1 June 2018. 调查中的全球中位数智能手机拥有者当时占比 43%，但在发展中国家这一比例攀升最快。

[82] 正如艾丽尔·埃兹拉奇和莫里斯·E.斯塔克在他们的著作《虚拟竞争》（Ariel Ezrachi, Maurice E. Stucke. *Virtual Competition*, Oxford: Oxford University Press, 2016）中所说的那样，

互联网站点能用越来越精细的数据集，包括采集用户将鼠标悬停在页面特定部分上的时间，来预测和形塑其喜好。

[83] 也许令人惊讶的是，将家用电器连接到互联网的想法其实由来已久。1990 年，据报道有一台烤面包机通过 TCP/IP 网络连接到当时刚刚起步的互联网上，电源可以对其远程控制，并允许用户确定烤面包的颜色。See http://www.livinginternet.com/i/ia_myths_toast.htm, accessed 1 June 2018。

[84] David Schatsky, Navya Kumar, Sourabh Bumb, Intelligent IoT: Bringing the power of AI to the Internet of Things, Deloitte, 12 December 2017, at https://www2.deloitte.com/insights/us/en/focus/signals-for-strategists/intelligent-iot-internet-of-things-artificial-intelligence.html, accessed 1 June 2018.

[85] Aatif Sulleyman, "Durham Police to Use AI to Predict Future Crimes of Suspects, Despite Racial Bias Concerns", Independent, 12 May 2017, at http://www.independent.co.uk/life-style/gadgets-and-tech/news/durham-police-ai-predict-crimes-artificial-intelligence-future-suspects-racial-bias-minoriy-report-a7732641.html, accessed 1 June 2018. 对于这种技术及其存在种族偏见倾向的批评，see Julia Angwin, Jeff Larson, Surya Mattu and Lauren Kirchner, "Machine Bias: There's Software Used Across the Country to Predict Future Criminals: And It's Biased Against Blacks", *ProPublica*, May 2016, at https://www.propublica.org/article/machine-bias-risk-assessments-incriminal-sentencing, accessed 1 June 2018。我们还将在第 8 章之 3.1 中讨论人工智能存在利用人类偏见作出决策的可能，以及阻止这种偏见的规制方式。

[86] See, for example, the U.S. Department of Transportation, "Federal Automated Vehicles Policy", September 2016, at https://www.transportation.gov/AV, accessed 1 June 2018, as well as the UK House of Lords Science and Technology Select Committee, 2nd Report of Session 2016–2017, "Connected and Autonomous Vehicles: The Future?",15 March 2017, at https://www.publications.parliament.uk/pa/ld201617/ldselect/ldsctech/115/115.pdf, accessed 1 June 2018.

[87] Gareth Corfield, "Tesla Death Smash Probe: Neither Driver nor Autopilot Saw the Truck", *The Register*, 20 July 2017, at https://www.theregister.co.uk/2017/06/20/tesla_death_crash_accident_report_ntsb/, accessed 1 June 2018.

[88] Sam Levin and Julia Carrie Wong, "Self-driving Uber Kills Arizona Woman in First Fatal Crash Involving Pedestrian", *The Guardian,* 19 March 2018, at https://www.theguardian.com/technology/2018/mar/19/uber-self-driving-car-kills-woman-arizona-tempe, accessed 1 June 2018.

[89] Department of Defense, "Defense Science Board, Office of the Under Secretary of Defense for Acquisition, Technology and Logistics, Summer Study on Autonomy", June 2016, at http://web.archive.org/web/20170113220254/, http://www.acq.osd.mil/dsb/reports/DSBSS15.pdf, accessed 1 June 2018.

[90] Mary L. Cummings, "Artificial Intelligence and the Future of Warfare", *Chatham House*, 26 January 2017, at https://www.chathamhouse.org/publication/artificial-intelligence-and-future-warfare, accessed 1 June 2018.

[91] 一些报告对于此故障是由软件还是人为错误引起质疑，see Tom Simonite, "'Robotic Rampage' unlikely reason for deaths", *New Scientist*, 19 October 2007, at https://www.newscientist.com/article/dn12812-robotic-rampage-unlikely-reason-for-deaths/, accessed 1 June 2018。

[92] 社交型护理机器人 Elli.Q 就是一例，它通过语音、光和运动或肢体语言来表达情感。

Darcie Thompson-Fields, "AI companion aims to improve life for the elderly", *Access AI*, 12 January 2017, at http://www.access-ai.com/news/511/ai-companion-aims-to-improve-life-for-the-elderly/, accessed 1 June 2018.

[93] Daniela Hernandez, "Artificial Intelligence is now telling doctors how to treat you", *Wired Business/ Kaiser Health News*, 2 June 2014, at https://www.wired.com/2014/06/ai-healthcare/. Alphabet 的研发者 DeepMind 一直在与包括 NHS 在内的医疗保健提供商合作，推出了一款名为 Streams 的应用程序，该应用程序能够分析病史和测试结果，提醒医生和护士注意可能未被发现的潜在危险，see "DeepMind - Health", at https://deepmind.com/applied/deepmind-health/, accessed 1 June 2018。

[94] Rena S. Miller and Gary Shoerter, "High Frequency Trading: Overview of Recent Developments", *US Congressional Research Service,* 4 April 2016, 1, at https://fas.org/sgp/crs/misc/R44443.pdf, accessed 1 June 2018.

[95] Laura Noonan, "ING launches artificial intelligence bond trading tool Katana", *Financial Times*, 12 December 2017, at https://www.ft.com/content/1c63c498-de79-11e7-a8a4-0a1e63a52f9c, accessed 1 June 2018.

[96] Alex Marshall, "From Jingles to Pop Hits, A.I. Is Music to Some Ears", *New York Times*, 22 January 2017, at https://www.nytimes.com/2017/01/22/arts/music/jukedeck-artificial-intelligence-songwriting.html, accessed 1 June 2018.

[97] Bob Holmes, "Requiem for the Soul", *New Scientist,* 9 August 1997, at https://www.newscientist.com/article/mg15520945-100-requiem-for-the-soul/, accessed 1 June 2018. For criticism, see Bayan Northcott, "But is it Mozart?", *Independent*, 4 September 1997, at http://www.independent.co.uk/arts-entertainment/music/but-is-it-mozart-1237509.html, accessed 1 June 2018.（莫扎特最后创作的三大交响曲共 41 首。——译者注）

[98] "Homepage", Mubert website, http://mubert.com/en/, accessed 1 June 2018.

[99] Hal 90210, "This is what happens when an AI-written screenplay is made into a film", *The Guardian*, 10 June 2016, at https://www.theguardian.com/technology/2016/jun/10/artificial-intelligence-screenplay-sunspring-silicon-valley-thomas-middleditch-ai, accessed 1 June 2018.

[100] 亚历山大·莫德温采夫（Alexander Mordvintsev）、克里斯托弗·奥拉（Christopher Olah）和迈克·泰卡（Mike Tyka）在 2015 年 6 月 17 日和 2015 年 7 月 1 日的两篇博客文章中首次揭示了创建此类视觉效果的过程，see "Inceptionism: Going Deeper into Neural Networks", *Google Research Blog*, 17 June 2015, at https://research.googleblog.com/2015/06/inceptionism-going-deeper-into-neural.html, accessed 1 June 2018。The name DeepDream was first used in the latter, at https://web.archive.org/web/20150708233542, http://googleresearch.blogspot.co.uk/2015/07/deepdream-code-example-for-visualizing.html, accessed 1 June 2018。像许多科学突破和创新一样，DeepDream 生成器的发现是采用神经网络进行其他研究的副产品，其设计师解释说："两周前，我们在博客上发布了一个可视化工具，旨在帮助我们了解神经网络的工作原理以及每一层所学到的知识。除获得关于这些网络如何执行分类任务的一些见解之外，我们发现在此过程中还产生了一些精美的艺术品。"用于创建可视化效果的程序现在可以在以下网址在线获得：https://deepdreamgenerator.com/, accessed 1 June 2018。也可参见 Cade Metz, "Google's Artificial brain Is Pumping Our Trippy - and Pricey - Art", *Wired*, 29 February 2016, at https://www.wired.com/2016/02/googles-artificial-intelligence-gets-first-art-show/, accessed 1 June 2018。

[101] Tencent, "Not Your Father's AI: Artificial Intelligence Hits the Catwalk at NYFW 2017", *PR Newswire,* at http://www.prnewswire.com/news-releases/not-your-fathers-ai-artificial-intelligence-hits-the-catwalk-at-nyfw-2017-300407584.html, accessed 1 June 2018.

[102] 关于人机之恋的深入探讨，see D. Levy, *Love and Sex with Robots* (Harper Perennial, 2004)。

[103] 参见本书第 4 章之 4.4。

[104] John McCarthy, Marvin L. Minsky, Nathaniel Rochester, Claude E. Shannon, "A Proposal for the Dartmouth Summer Research Project on Artificial Intelligence", 31 August 1955, at http://www-formal.stanford.edu/jmc/history/dartmouth/dartmouth.html, accessed 1 June 2018.

[105] Ian J. Good, "Speculations concerning the first ultraintelligent machine", in *Advances in Computers*, edited by F. Alt and M. Ruminoff, volume 6 (New York: Academic Press, 1965).

[106] Nick Bostrom, "How Long before Superintelligence?", *International Journal of Future Studies*, 1998, vol. 2.

[107] "奇点"是在现代人工智能研究出现后不久而被构思来的，由约翰·冯·诺依曼（John von Neumann）于 1958 年提出，并经弗诺·文奇（Vernor Vinge）的文章《即将到来的技术奇点》流传开来。See Vernor Vinge, "The Coming Technological Singularity: How to Survive in the Post-Human Era" (1993), at https://edoras.sdsu.edu/ ～ vinge/misc/singularity.html, accessed 22 June 2018 and subsequently by Ray Kurzweil, *The Singularity is Near: When Humans Transcend Biology* (New York: Viking Press, 2005).

[108] 1968 年，苏格兰国际象棋冠军利维（Levy）与人工智能先驱约翰·麦卡锡（John McCarthy）以 500 英镑打赌，说到 1979 年，计算机将无法击败他，利维赢了（尽管最终在 1989 年他还是被一台计算机打败了）。For an account, see Chris Baraniuk, "The Cyborg Chess Player Who Can't Be Beaten", BBC Website, 4 December 2015, at http://www.bbc.com/future/story/20151201-the-cyborg-chess-players-that-cant-be-beaten, accessed 1 June 2018.

[109] 情况有些复杂，因为卡斯帕罗夫（Kasparov）一直保持着其在国际棋联（FIDE）的世界称号，直到 1993 年，其与国际棋联发生争端，这促使他成立了一个与之相抗衡的组织——国际职业象棋协会（the Professional Chess Association）。

[110] Nick Bostrom, *Superintelligence: Paths, Dangers and Strategies* (Oxford: Oxford University Press, 2014), 16.

[111] 2017 年 5 月，该程序的后续版本"AlphaGo Master"以三场比赛击败了世界冠军围棋选手柯洁，比赛结果为 3：0。See "AlphaGo at The Future of Go Summit, 23–27 May 2017", DeepMind website, https://deepmind.com/research/alphago/alphago-china/, accessed 16 August 2018. 或许是为了控制那些认为顶级玩家是因为心理而不是基于技能而被人工智能系统打败的指控，DeepMind 最初秘密部署了 AlphaGo Master，其间它在网上以"Master"的化名击败了 50 名世界顶级玩家。See "Explore the AlphaGo Master Series", DeepMind Website, https://deepmind.com/research/alphago/match-archive/master/, accessed 16 August 2018. 而后，DeepMind 迅速宣布 AlphaGo 从游戏领域退出，以追逐其他利益。See Jon Russell, "After Beating the World's Elite Go Players, Google's AlphaGo AI Is Retiring", *Tech. Crunch*, 27 May 2017, at https://techcrunch.com/2017/05/27/googles-alphago-ai-is-retiring/ accessed 1 June 2018. 就像一位冠军拳击手退役后因为一场比赛而复出一样，AlphaGo（或至少有一个相似的叫 AlphaGo Zero 的新程序）在一年后回来面对新的挑战：AlphaGo Zero。第 2 章之 3.2.1 以及该章注释 [130] 和 [131] 中对此进行了讨论。

[112] Cade Metz, "In Two Moves, AlphaGo and Lee Sedol Redefined the Future", *Wired*, 16 March

2016, at https://www.wired.com/2016/03/two-moves-alphago-lee-sedol-redefined-future/, accessed 1 June 2018. 2017 年 10 月，DeepMind 宣布了另一项涉及围棋方面的突破：一款能够在不访问任何人类玩家生成的数据的情况下掌握游戏的电脑。相反，根据提供的规则，在几个小时内，它已经掌握了这个游戏，且以 100 比 0 的战绩击败之前版本的 AlphaGo。See "AlphaGo Zero: Learning from Scratch", DeepMind website, 18 October 2017, https://deepmind.com/blog/alphago-zero-learning-scratch/, accessed 1 June 2018. 亦可参见本书第 2 章之 3.2.1。

[113]　关于达致"奇点"的障碍的分析，see Toby Walsh, *Android Dreams* (London: Hurst & Co., 2017), 89-136。

[114]　Yan Duan, John Schulman, Xi Chen, Peter L. Bartlett, Ilya Sutskever, Pieter Abbeel, "RL2: Fast Reinforcement Learning via Slow Reinforcement Learning", *Cornell University Library Research Paper*, 10 November 2016, at https://arxiv.org/abs/1611.02779, accessed 1 June 2018.

[115]　Yan Duan, John Schulman, Xi Chen, Peter L. Bartlett, Ilya Sutskever, Pieter Abbeel, "RL2: Fast Reinforcement Learning via Slow Reinforcement Learning", *Cornell University Library Research Paper*, 10 November 2016, at https://arxiv.org/abs/1611.02779, accessed 1 June 2018.

[116]　Bowen Baker, Otkrist Gupta, Nikhil Naik, Ramesh Raskar, "Designing Neural Network Architectures using Reinforcement Learning", *Cornell University Library Research Paper*, 22 March 2017, at https://arxiv.org/abs/1611.02167, accessed 1 June 2018.

[117]　Jane X Wang, Zeb Kurth-Nelson, Dhruva Tirumala, Hubert Soyer, Joel Z Leibo, Remi Munos, Charles Blundell, Dharshan Kumaran, Matt Botvinick, "Learning to Reinforcement Learn", *Cornell University Library Research Paper*, 23 January 2017, at https://arxiv.org/abs/1611.05763, accessed 1 June 2018.

[118]　Ray Kurzweil, "Don't Fear Artificial Intelligence", *Time*, 19 December 2014, at http://time.com/3641921/dont-fear-artificial-intelligence/, accessed 1 June 2018.

[119]　Alan Winfield, "Artificial Intelligence will not Turn into a Frankenstein's Monster", *The Guardian*, 10 August 2014, at https://www.theguardian.com/technology/2014/aug/10/artificial-intelligence-will-not-become-a-frankensteins-monster-ian-winfield, accessed 1 June 2018.

[120]　Elon Musk, as quoted in S. Gibbs, "Elon Musk: artificial Intelligence is Our Biggest Existential Threat", *The Guardian*, 27 October 2014, at https://www.theguardian.com/technology/2014/oct/27/elon-musk-artificial-intelligence-ai-biggest-existential-threat, 1 June 2018.

[121]　"Open Letter", *Future of Life Institute*, at https://futureoflife.org/ai-open-letter/, accessed 1 June 2018.

[122]　Alex Hern, "Stephen Hawking: AI will be 'either Best or Worst Thing' for Humanity", *The Guardian,* 19 October 2016, at https://www.theguardian.com/science/2016/oct/19/stephen-hawking-ai-best-or-worst-thing-for-humanity-cambridge, accessed 1 June 2018.

[123]　See The Locomotives on Highways Act 1861, The Locomotive Act 1865 and the Highways and Locomotives (Amendment) Act 1878 (all UK legislation).

[124]　Pedro Domingos, *The Master Algorithm: How the Quest for the Ultimate Learning Machine Will Remake Our World* (New York: Allen Lane, 2015), 286.

[125]　这在很大程度上要归功于这篇文章的发表：Gideon Lewis-Kraus, "The Great A.I. Awakening", *The New York Times Magazine*, 14 December 2016, at https://www.nytimes.com/2016/12/14/magazine/the-great-ai-awakening.html, accessed 1 June 2018。

[126] 随着时间的推移，Facebook 界面的外观不断变化，这是一个很好的例子，说明一家科技公司利用细小的更新而作较大的改变。See Jenna Mullins, "This Is How Facebook Has Changed over the Past 12 Years", *ENews*, 4 February 2016, at http://www.eonline.com/uk/news/736977/this-is-how-facebook-has-changed-over-the-past-12-years, accessed 1 June 2018.

[127] 参见《联合国气候变化框架公约的京都议定书》（Kyoto Protocol to the United Nations Framework Convention on Climate Change, 1997）。

[128] 参见《巴黎气候协定》（Paris Climate Agreement, 2016）。

[129] Richard Dobbs, James Manyika, Jonathan Woetzel, "No Ordinary Disruption: The Four Global Forces Breaking all the Trends", *McKinsey Global Institute*, April 2015, at https://www.mckinsey.com/mgi/no-ordinary-disruption, accessed 1 June 2018.

[130] See Gerald Postema, "Coordination and Convention at the Foundations of Law", 11 *Journal of Legal Studies* 165 1982, 172 *et seq.*.

[131] 正如第 6 章进一步解释的那样，如果没有一个新的通用系统来确保所有人工智能车辆遵守相同的规则，它们在安全性和效率方面相对于人类驾驶员的许多潜在优势将会丧失。

[132] 在哲学术语上，有时会将一个依法享有权利和承担义务的实体称为"人格"（"personhood"），但法律上的首选术语是"法律人格"（"legal personality"），这里也将采此用法。有关法律人格含义的讨论，请参见本书第 4 章。为免生疑问，需要强调法律人格并不是指彰显个体心理特质的集合。

第 2 章

人工智能的独特性

数千年来，法律屡经修改，以调整世相万千。[1] 有些人说，人工智能的出现与其他的社会和技术发展并无二致，可以通过既有的法律框架加以解决。本章将解释为什么人工智能在法律监管方面存在特殊困难。我们不需要废除所有现有的法律重新开始，但是，某些基本原则需要重新考虑。

本章首先列举了几种主要的反对因人工智能发展而对现行法律进行重大修改的观点，接下来分析现行法律制度所依据的行为能力（agency）[2] 和因果关系的概念，最后将阐述人工智能不易融入既有法律结构的独特之处。

1 创新的怀疑论者："马法"（HORSES）与网络法

由于非人类智能生物的行为而引发法律责任问题，人工智能并非首例。一些世界上最古老的法律制度曾经解决了半自主车辆的责任问题，这种车辆比最先进的自动驾驶汽车计算能力更强，也更为复杂，那就是马车。[3] 有的法律对策是让动物自己对造成的损害负责，而有的法律制度则是将此类智能体的责任归咎于人类。事实证明，后者更具有生命力。

美国法官兼作家弗兰克·伊斯特布鲁克（Frank Easterbrook）在20世纪90年代曾说过："认为'网络法'是一套独立的规制互联网的规则的想法，无异于是说也应该有一门单独的'马法'。"[4] 他认为"学习适用于专门领域的法律的最好方法是研习一般性规则"，原因在于：

> 许多案件涉及马匹的买卖；其他案件则涉及马匹踢伤了人；还有不少案件分别涉及养马许可以及赛马，给马配备兽医，或者是马术表演的奖金问题。试图将这些汇集到一门所谓的"马法"（"The Law of the Horse"）的课程中注定是肤浅的，而且无法统一原则。[5]

当芝加哥大学"网络空间财产"法律论坛的主办方邀请伊斯特布鲁克法官发表主旨演讲时，他的结论可能让主办方感到惊讶：

> 立法出现错误是比较常见的，在技术飞速发展时期更是如此。我们不要苦于将不完善的法律制度与我们理解不足的不断发展的世界进行匹配。相反，让我们做一些必要的事情，使这个不断发展的世界的参与者能够作出自己的决定。这意味着需要做好三件事：明确规则；在现在没有产权的地方创建产权；促进谈判机制的形成。然后让网络空间世界随心所欲地发展，享受其中的好处。[6]

正如哈佛大学法学教授、网络法的倡导者劳伦斯·莱斯格（Lawrence Lessig）后来所说的那样，"实际上，伊斯特布鲁克法官的致辞是'回家吧'"[7]。与伊斯特布鲁克一样，不同意本书观点的人可能会说，当前的法律概念可以用来解决人工智能的问题。这种观点部分地受到"人工智能"和"机器人"这两个术语在含义上存在歧义和不确定性的影响。[8]

如果有人说人工智能不需要在法律上作任何改变，很有可能是因为他们所谈论的技术并不符合本书前面所述的标准，即人工智能是具有通过评估作出选择的能力的非自然实体。如果某个实体不符合这一门槛标准，那它不需要新的法律准则。

无奈的是，一些主张采用不同的法律来规范人工智能的人却没有定义需要监管的内容。例如，马修·谢勒（Matthew Scherer）在 2016 年的一篇文章中提倡新设一个监管人工智能的机构，他说："本文将以让人欣然接受的循环定义方式解决人工智能的界定问题：'人工智能'是指能够执行任务的机器，这些任务如果由人类执行，则被认为需要智能。"[9] 怀疑论者不大可能相信这种定义方法。

人工智能定义的不确定性，并非一些人认为它不值得专门立法加以处理的唯一原因。一种更根本的反对意见是，可以通过逐步发展现有法律原则来规范人工智能。在 2015 年英国广播公司（BBC）播出的一档以"法律与人工智能"为主题的节目中，当主持人问专家："我们需要在这一领域制定新的法律吗？"互联网法教授莉莲·爱德华兹（Lillian Edwards）总结了怀疑论的态度：

> 我认为我们不需要太多规范人工智能的新法律。我认为，法律专业外的大多数人不太了解，法律的本质是法律以原则为依据……关于责任制度的原则已经非常多了。你看，我们有过失规则，有产品责任规则，还有保险法中的风险分配规则……每当出现新技术时，我们都会遇到麻烦，我们在将法律应用于船舶时遇到了麻烦……我们在将法律应用于马匹时也有麻烦。所以，虽然说法律无须进行修改以及出现相关争议和诉讼的倾向并不明显，但我认为我们不需要太多基本的新法律。[10]

在该节目中，技术律师马克·蒂姆（Mark Deem）也同意爱德华兹的观点，并主张以渐进式发展（incremental development）来解决问题。他说，"……法律具有填补空白的能力，我们应该接受这一点"[11]。本章后文将会厘清这种渐进式方法所存在的问题。

2 基本法律概念

2.1 主体与行为人（Subjects and Agents）

人工智能要挑战的第一个重要的法律概念是行为能力（agency）。"Agency"这个词在法律上有多种含义，在这里我们指的不是委托代理关系，即一个实体（本人）指定另一个实体（代理人）代表其行事，相反，如下文所述，我们是在更广泛的哲学意义上使用这个词。

任何国家的法律制度，无论是属于普通法系抑或民法法系、国内法抑或国际法、世俗法抑或宗教法[12]，都会告诉人们哪些事情可以做哪些事情不能做。用更正式的法律术语来说，即法律制度是通过对那些（其行为受规制的）法律主体进行规定（stipulate）来规范其行为的。法律主体是在一定制度下拥有权利和承担义务的实体，其地位是法律强加（thrust）给人、动物或其他事物的。

法律上的行为人（legal agent）则是能够控制和改变其行为，理解其作为或不作为的法律后果的主体（subject）。[13] 行为能力要求行为人了解和参与相关行为规范。行为能力（agency）不只是简单地灌输给被动的接受者，而是一个互动的过程。[14] 所有的法律上的行为人都必定是主体（subject），但并非所有的主体都是行为人。尽管有许多类型的法律主体——包括自然人和非自然人，但目前的行为人仍然只是人类。人工智能的进展可能会打破这种垄断。

想让某些事物能够具备行为能力，需要满足几个前提条件。相关法律必须足够明确和公开颁布，以便人们能够据此规范自己的行为。[15] 并非所有人都可作为法律上的行为人，例如幼儿就没有能力理解法律并相应地改变其行为。不具备行为能力的人一般由其父母或医生等代为作出行为。[16] 对处于昏迷状态或类似情况的有认知障碍的人也是如此。行为能力本身实际上并非非此即彼的二元问题，它可以不同程度地存在。随着儿童不断成长和学习，他们会逐渐意识到自己的合法权利和义务，并到了某个（通常是一刀切的）节点，法律规定自然人须对自己的行为负法律责任。[17]

许多法律制度中都有"人格"（"personhood" or "personality"）的概念[18]，其可为自然人所拥有，也可能为非自然人实体所拥有。尽管法律人格在不同的法律制度中有不同的表现形式[19]，但它只涉及主体（subject）而不是行为人（agent）的地位。以下各小节将通过回顾历史，分析各种非人类的主体和法律上的人，以说明为什么它们都达不到上述行为人的基本条件。第 5 章将讨论另一个问题，即根据人工智能的法律行为能力（及其他特质），是否应赋予人工智能法律人格。

2.1.1　公司

公司（companies or corporations）是非人类法律主体（legal persons）中最古老，也是现今最常见的类别。[20] 公司是股东拥有的实体（股东本身可以是公司），由董事加以管理控制（董事也可以是公司）。公司可以起诉和应诉，甚至根据某些制度承担刑事责任。[21]

尽管人们常说公司以自己的名义行事，但正如 1915 年英国霍尔丹大法官（Lord Chancellor, Viscount Haldane）所言，事实上"……公司是一个抽象概念。它既没有自己的身体也没有自己的心智……"[22]。历史学家尤瓦尔·赫拉利（Yuval Harari）解释说，有限责任公司是人类最具独创性的发明，但只是作为"我们集体想象的虚构物"而存在。[23]

虽然我们觉得公司好像可以独立于其所有者、董事和雇员而行事，但实际上做不到。像通用汽车（General Motors）、荷兰皇家壳牌（Royal Dutch Shell）、腾讯（Tencent）、谷歌和苹果（Apple）这样的公司，虽然拥有巨大的权力和巨额的资产，但如果我们剥离其人员配置，这些公司将一无所有。诚然，这些公司作为银行账户持有人、纳税义务人和财产登记人，会以纸质形式和电子形式存在，但如果离开人，公司就无法作出决策，而正是基于公司决策，公司的权利和义务才有可能被变更、创设和终止。

我们不应该把公司与其外表混为一谈，包括公司在内的集体想象会对现实世界产生继发影响。我们可以建造高耸的公司总部大厦、宏伟的庙宇殿堂、庄严的法院大楼，但如果没有用以证明其建造合理性的虚构的集体信念，这些都不过是空洞的建筑物而已。开曼群岛的阿格兰大厦（Ugland House）体现了公司的虚构与现实之间的差异，那座大楼是 18 000 多家公司的注册地。[24] 奥巴马总统曾就阿格兰大厦指出："那不是世界上最大的办公楼，就是世界上最大的逃税大本营（tax scam）。"[25]

19 世纪的法律学者奥托·冯·基尔克（Otto von Gierke）则反驳认为，公司并非虚拟物，它实际上是一种"团体人格"[26]（"group-persons"）。这一概念可以解释这样一个事实，即公司经常作出的决议，并不是由单个的自然人为公司所作的决定，而是某种集体意志的表达，例如董事会成员的投票。在此语境中，冯·基尔克的论点是基于形而上学和社会建构（social constructs），而这种建构正是基于这种集体意志而将其变为了"现实"。但是，共同信念显然不同于客观现实。即使在中世纪许多人认为英国国王的触摸可以治愈让人备受折磨的淋巴结核病，但这并不意味着这种想法就是正确的。[27] 本书无意于全面批驳冯·基尔克的观点[28]，但就眼下而言，这足以说明团体人格最终取决于个人决策的集合。在此意义上，冯·基尔克的论文并没有解决法律制度如何适应非人类决策的问题。[29]

2.1.2 国家

甚至比法律制度承认公司的时间更长，国家也能够创设和变更法律关系，尽管其自身并无独立的指导思想。[30] 正如法学家曼恩（F. A. Mann）所论，在获得承认之前"……不被承认的国家并不存在。如果有人非要这样说，那也是无效的"[31]。与公司一样，国家被赋予法律人格，从而成为国际法和国家法的主体。历史学家和社会学家本尼迪克特·安德森（Benedict Anderson）在其《想象的共同体》（Imagined Communities）一书中，解释了国家是如何成为社会结构之外并不存在的客观现实的。安德森说，民族国家（nation）是"一个想象中的政治共同体……想象是因为即使是最小的民族的成员也从来不认识他们的大多数同胞，不曾与他们谋面，甚或都没有听说过，但他们所交流的意象却活在每个人的心目中"[32]。

就像公司一样，每当一个国家作出决定时，实际上并不是一个国家在采取行动，而是一个或多个被认为拥有相应权力的人——国王、女王、总统、总理或者大使等等，在作决定。[33] 各国可以通过政府及其部门等机构在法律和政治上采取行动，但除了带抬头的信纸和宏伟的建筑外，它们最终还是取决于人类的决策者。同样的原则既适用于成员国及其地方的政府实体，也适用于欧盟或石油输出国组织（OPEC）等超国家实体和集团。[34]

2.1.3 建筑物、物体、神灵和概念（Buildings, Objects, Deities and Concepts）

建筑物、物体、神灵乃至某些概念已经获得了法律权利。例如，英国法院审理的丰达发展有限公司诉大都会警察局长案[35]（Bumper Development Corporation Ltd. v. Commissioner of Police of the Metropolis，以下简称"丰达案"）中，上诉法院维持原审判决，认为在印度被公认拥有法人资格的一座寺庙可以主张权利并根据英国法律提出索赔。如果该寺庙是在英格兰和威尔士，则不具有诉讼当事人资格，但即便如此，根据国际礼让原则，这座寺庙仍然有权在英格兰起诉，要求归还据称遭到掠夺的雕像。同样，在美国法院审理的塞浦路斯希腊东正教教堂诉戈德伯格案[36]（Autocephalus Greek Orthodox Church of Cyprus v. Goldberg）中，美国联邦第七巡回上诉法院维持原审判决，认为应将马赛克拼图归还给被认为是其合法所有人的教堂。

在丰达案中，英国上诉法院对印度寺庙的意见与英国对公司法律地位的认可相似。[37] 但关键是，寺庙是通过其人类代表行事的，寺庙的建筑并未指示其律师，寺庙本身也无法起诉、举证以及进行维权所需的其他所有工作。[38] 在印度普拉玛莎·纳特·穆利克诉普拉迪亚马卡玛·穆利克（Pramatha Nath

Mullick v. Pradyumnakumar Mullick）的上诉案（也就是著名的印度教偶像案）中，大法官肖（Lord Shaw）在英国枢密院司法委员会（Judical Committee of the Privy Council）（也是当时印度的最高法院）的裁决中指出：

> 根据长期确立的权威，印度教的偶像（Hindu idol）建立在印度教的宗教习俗和法院承认的"法律实体"（"juristic entity"）的基础上，具有起诉和应诉的法律地位，其利益由被神明掌管且在法律上作为神像管理者的人掌控，在此情形下，其职权可类比未成年继承人的财产管理人的职权而定。[39]

也有一些可能是虚构的关于对物惩罚的历史记录，其中有个故事，讲述了雅典人为纪念来自塔索斯的著名运动员尼康（Nikon of Thasos）而为他竖立了一座雕像，雕像被嫉妒他的敌人从基座上推下时，将其中一名袭击者砸死了。雅典人既没有责怪暴徒的其他成员，也没有责怪不幸的受害者本人，而是将雕像提交法庭审理。这尊雕像被判有罪并被判投入大海。史料上没有记载是否允许它进行自卫。[40]

据悉，18 世纪的日本武士、法学家大冈忠相（Ōoka Tadasuke）亦曾认为寺庙中的一尊地藏菩萨（雕像）作为一块丝绸被盗的唯一证人，而未阻止该罪行，故将其用绳子绑起来作为惩罚。[41] 直到今天，东京业平山东泉寺（Tokyo's Narihira Temple）的雕像仍用很多绳子绑着，据说与大冈忠相裁决的惩罚有关。[42]

日本的例子很有启发性，因为在日本最大的宗教或信仰神道（Shintō）中 [43]，据说所有事物都具有"卡米"（kami，意为"精神"、"灵魂"或"能量"），包括人和动物，以及无生命的物体或自然特征，例如岩石、河流和场所。[44] 因此，对于日本人来说，物体拥有权利和责任的观念也许并不像在西方人看来那样牵强。[45]

最近，法律学者和政策制定者在认真考虑环境的某些组成部分（例如植物、树木或珊瑚礁）是否可能具有法律地位的问题。[46] 例如，2010 年玻利维亚通过了《地球母亲权利法》(Law of the Rights of Mother Earth)，其中第 5 条包括如下声明："为了保护和行使其权利，地球母亲具有集体公共利益的性质。地球母亲及其所有组成部分，包括人类，都有权享有该法所承认的所有固有权利。"[47] 根据类似的法律，2011 年一群厄瓜多尔公民代表周围的环境成功地发起了一场法律诉讼，要求洛哈省政府停止扩建一条公路。他们声称这条公路破坏了一条重要的分水岭。[48]

本书第 4 章将进一步讨论赋予非人类实体权利的问题，但就目前而言，只要注意一点，即使树木、河流、山脉，甚至整个环境等自然实体被准许起诉，事实上，仍然必须由人类决定进行追责。[49] 正如布赖森 (Bryson)、迪亚曼蒂斯 (Diamantis) 和格兰特 (Grant) 所说："大自然不能在法庭上保护自己。"[50]

2.1.4 动物

本部分考察历史上和目前适用于动物的法律制度。在此建议，尽管某些法律制度现在承认动物权利[51]，并且过去也认为动物应承担责任，但动物并未达到法律行为人 (legal agency) 的基本要求。

动物的历史法律待遇

爱德华·佩森·埃文斯 (Edward Payson Evans) 在其 1906 年出版的著作《动物公诉及其死刑》(*The Criminal Prosecution and Capital Punishment of Animals*) 中记载了各种因犯罪而被判刑的动物。[52] 对动物"犯错"的惩罚至少可以追溯到《旧约》："牛若戳死男人或女人，总要用石头砸死那牛，却不可吃它的肉，牛的主人可算无罪。"[53] 这头牛受到惩罚，它的主人幸免于难。然而，在之前的一个例子中，因损害具有可预见性而采用了替代责任。《旧约》下一节就此规定："倘若那牛素来是触人的，有人报告了牛主，他竟不把牛拴着，以致把男人或是女人触死，就要用石头打死那牛，牛主也必治死"[54]。

埃文斯列举了一系列被提起司法诉讼的动物，一位评论者称之为"名副其实的诺亚生物方舟"，其中包括"马蝇、西班牙苍蝇和牛虻、甲虫、蚱蜢、蝗虫、毛虫、白蚁、象鼻虫、吸血鬼、蜗牛、蠕虫、老鼠、鼹鼠、奶牛、母狗、母驴、马、骡子、公牛、猪、牛、山羊、公鸡、金龟子、狗、狼、蛇、鳗鱼、海豚和斑鸠"[55]。在动物被处死的罪行中，埃文斯指出："1394 年，一头猪偷食了一块供奉的薄饼，亵渎了神灵，而被绞死在法国的莫尔塔涅。"[56]

为什么不同的社会都认为动物应该对自己的行为负法律责任？埃文斯对此提出了各种理由予以解释，有一个理由仅仅依赖《出埃及记》中的上述章节，并从中类推，认为所有动物在造成伤害时都应受到惩罚。《旧约》本身并不清楚这种惩罚背后的原因，但似乎可以根据以下理由使之变得合理：（a）动物过去造成过损害，保护社会避免再受损害；或（b）对动物进行报复。

埃丝特·科恩（Ester Cohen）提出的惩罚动物的另一个理由是：中世纪社会认为动物在宇宙等级体系中不如人类，是为人类所用而创造的。因此，任何杀死人类的动物都破坏了宇宙秩序，得罪了上帝。[57]皮尔斯·贝恩斯（Piers Beirnes）认为，"并无确凿的证据表明，人们普遍认为动物的意志和意图与人类的意志和意图是相同的"[58]，但一般来说，追究动物责任的理由会因地点和时间而异。[59]此外，审判和惩罚兽类的表面理由很可能与实际原因不同。心理学家尼古拉斯·汉弗莱（Nicholas Humphrey）在回顾埃文斯的工作时总结道："总的来看，埃文斯提到的案例反复表明，审判（动物）的真正原因是心理上的。人们生活在充满不确定性的时代。"[60]

可以看出，与公司一样，对动物追究法律责任，进而使其成为法律主体的判决，与那种认为动物确实能意识到自己的义务而可以充当法律行为人的观点，大相径庭。

动物的现代法律待遇

也许有人会争辩说，动物表现出许多与人工智能相同的能力和倾向，因此我们应该对两者适用相同的法律原则。[61]从表面上看，动物与人工智能之间确实有一些相似之处：两者都可以被训练（至少在一定程度上），都可以遵循简单的指令，都可以根据所在的环境学习新技能，而且人类对两者的思维过程有时是难以理解的。

从广义上讲，必须在动物所有人所承担的责任（部分是动物的原因所致）和相称性原则（countervailing principle）之间取得平衡。所谓相称性原则是指"每个人都必须承担与该国通常所饲养的动物的一般特征相关的风险，这些风险是正常地给予和索取其生命的一部分"[62]。在英国，对动物的责任部分是由包括过失（negligence）在内的普通法判例所调整，部分是由根据 1971 年《动物法》制定的法律所调整[63]，后者规定了在某些特定情况下对动物"饲养者"[64] 的严格责任。

尽管动物责任的调整机制可以在设计人工智能制度方面提供一些帮助，但至少从长远来看，有几个因素使得很难将所有关于动物责任的法律适用于人工智能。

首先，许多法律对野生动物和驯养动物（wild and domesticated animals）存在某种形式的区别对待。就像麦奎克诉戈达德案（McQuaker v. Goddard）[65] 所显示的，这种关于动物的划分实际上并不精确。在该案中，切斯顿动物园（Chessington Zoological Garden）饲养的骆驼把喂它苹果的游客的手给咬伤了，责任应当如何承担？英格兰和威尔士上诉法院（The Court of Appeal of England and Wales）经过一番辩论后认为，骆驼应被视为"驯养"动物，亦即动物园的主人不应为其致害行为承担责任。斯科特大法官（Lord Justice Scott）解释道："野生动物被认为对人类是有危险的，因为它们没有被驯化，而驯养动物则不然。"另一方面，除非证明动物的所有者或饲养者明知其有危险倾向，否则可以认为驯养的动物是安全的。与野生动物不同，人工智能（按照定义）并不是自然地处于自由状态。假如人工智能体以某种方式从人类控制中"逃脱"并独立发展，才可能会出现上述情况。但就目前而言，动物法中关于驯养动物和野生动物的基本区分仍然难以适用于人工智能。

其次，动物受到其自然能力的限制。根据物种的不同，动物可以被训练来完成一系列的任务，但再复杂一些的技能它们就不大可能学会。[66] 比如可以教狗捡回一个球，但是不能教它驾驶飞机或做脑部手术。著名心理学家大卫·普雷马克（David Premack）写道："一个很好的经验法则是：黑猩猩永远无法掌握 3 岁以后儿童所习得的观念"[67]。而人工智能并不仅限于此。如本书第 1 章第 5 节所述，近年来，人工智能系统的能力有了显著的进步。即使其活动有高峰和低谷，仍然有理由相信，在未来几十年，这项技术将不断获得改进，从而被人类授权承担更重要的任务。因此，由人工智能的行为所引发的法律和道德问题与动物所引发的复杂程度不同。

跟人工智能一样，动物也不会总是像预期的那样进行活动。正如原告在麦奎克诉戈达德案中所阐明的那样，以前温顺的动物可能会突然冲向并撕咬路人，或者训练有素的马匹可能也会撞到路中间[68]，但是，动物会犯证券欺诈罪则是不可想象的。[69]动物的行动范围总体上是可预测的，这就是下面要讲的其与人工智能在实现目标的方式上存在差异。

最后，动物实现目标的方式在很大程度上是可以预测的，并且通常可归因于进化而不是个体的决策。动物"解决"问题的例子仅限于在狭窄的认知范围内完成相当初级的任务，例如猴子用棍子戳白蚁的巢穴，或鸟从高处啄掉蜗牛以便吃到壳里的肉，这些都很难与人工智能在扑克游戏中击败人类冠军相提并论。[70]

人工智能先驱马文·明斯基（Marvin Minsky）在谈到人类和人工实体所展示的智能与动物的所谓"智能"存在的不同时说：

> ……动物可以"解决"……问题，这只是一种错觉。没有一只鸟发现（discovers）怎么飞翔，相反，它们都是采用由无数爬行动物进化而来的解决方案。同样，尽管人可能会觉得设计黄鹂窝或海狸坝非常困难，但黄鹂或海狸根本不会觉得困难。这些动物本身并不能"解决"这些问题；它们只是利用了复杂的基因所构建的大脑中可用的程序而已。[71]

相比之下，人工智能不仅可以通过编程来运行，而且可以自学和学习。可能有人反对说，明斯基上面的话过于简单化，而且有些动物有能力自己学习和发展技能。这种认识可能反过来要求人类重新考虑与动物的关系以及动物被赋予的权利。[72] 此点已经超出了本书的讨论范围。也许更确切的说法是，人工智能和动物在决策上仅有程度上的差别而不是类型上的差别。

2.1.5　关于行为能力（*Agency*）的小结

尽管我们通常说一家公司或一个国家"决定"要做什么，但实际上是说控制这个实体的人类作出了这样的决定。在有限的意义上，动物可能会选择作出某种行为而不是其他行为，但它们缺乏法律行为能力（legal agency）的关键的第二部分，即理解法律制度并与之互动的能力。本章的最后一节认为人工智能不需要人类的输入即可满足这两个要求。下文将进一步讨论在法律因果关系上人工智能也可独立于人类。

2.2　因果关系

人工智能挑战的第二个基本原则是因果关系：一个事件与随后发生的其他事件之间的明显联系。

传统的因果关系观点认为事件可以通过因果关系联系起来加以表征。举例简要说明一下：如果将一块砖头扔到玻璃窗上，窗玻璃会碎，那么扔砖块就是造成窗玻璃碎裂这一后果的原因。对不同事件之间关系的这种解释，在哲学上[73]和科学上[74]都有不少异议，但是它仍然是大多数法律制度的基础。

没有因果关系的概念，法律行为能力（legal agency）就无法发挥作用。行为能力是一种理解其行为的法律后果并据此调整行为，从而引发或避免某些事件的能力。因果关系提供了作为或不作为与其后果之间的联系。

在法律上，事件原因的认定不仅是客观事实的问题，还是政策和价值判断的问题。目前的关键问题是，我们迄今为止所认为的因果关系能否经得起人工智能的冲击。

2.2.1 事实因果关系

至少在分配损害赔偿责任方面，因果关系包括两个独立的要素：事实和法律。多纳·诺兰（Donal Nolan）解释说，事实因果关系是"被告的不法行为与索赔人遭受的损害之间是否存在历史联系"，这与法律因果关系或"近因"有"分析上的区别"，即"被告的不法行为与索赔人遭受的损害之间的历史联系是否足够强有力，以证明对行为人施加赔偿责任的正当性"[75]。

事实因果关系最常见的表达方式是，通过询问"若无"（"but for"）某种事件是否会发生相关后果，从而构建一个假设的相反事实。[76]正如韦克斯·马龙（Wex Malone）所指出的，"若无"检验法是人为构建的："……这是一种法律政策的表述。它标志着努力指出施加责任的最低要求。"[77]

如果杀人犯刺死了受害者，极端一些可能会说杀人犯的父母是谋杀的原因，因为如果没有他们，杀人犯就不会被生养下来而去谋杀他人。确实，运用这种推理可以无限追溯，说祖父母、曾祖父母等等都是谋杀的事实原因。

事实因果关系乍一看可能只是一个科学证据问题（"他自己跳下去的还是被推下去的？"），但是以下两个例子表明，法律制度在实践中是基于政策进行考量的。

"不充分决定"（"Under-determination"）是指没有足够的证据确定某个事件是否属于导致损害的"若无"原因。[78]严格来说，这是证据的充分性问题，而不是原则上反对但要进行检测的问题。就是说，在现实世界中，即使在人们（通常如此）对所发生的事情缺乏完全了解的情况下，也必须使用因果关系原理。

从20世纪后期开始，出现了一些某些细微的致癌颗粒导致疾病而引发的责任诉讼。[79]这些致癌物（主要是石棉）在采矿业和制造业中存在了很多年。科学证据表明，仅暴露于一种相关致癌物分子就有可能导致致命性癌症。在相关行业的职业生涯中，受害者往往不止为一名雇主工作。许多年后，当受害者不幸染病时，到底哪个雇主的作为或不作为是造成其受损的原因？[80]在这种情况下，法官不得不舍弃通常的"若无"检测法为受害者提供救济，因为根据常规原则无法通过检测。[81]

"多因决定"（"Over-determination"）是指存在两个或两个以上致害原因，每个单一原因足以造成损害后果的情形。例如，假设 A 点燃了房屋一侧的火，而与之无意思联络的 B 点燃房屋的另一侧，从而导致房屋被烧毁。若无 A 或者 B 的行动，房屋还是会被烧毁。在这种情况下，法院就会放松对"若无"检测的严格解释，否则 A 和 B 都可以逃避责任。[82]

2.2.2 法律因果关系

确定事实因果关系后，下一步要问该事实是否也构成近因或法律上的原因。事实因果关系是法律因果关系的必要但非充分的因素。[83] 在法律因果关系中，问题不只是事件的起因是什么，而是：相关的原因是什么？

为了避免法律因果关系问题简单地成为循环操作（就好比说"选择具有法律意义的事物是因为它具有法律意义"），对于某种损害结果，一些元规范（meta-norms）阐明了法律制度如何追究行为人的责任。[84] 这在不同法律体系以及不同语境（例如刑法和私法）之间会有所不同。

造成损害的法律因果关系的主要组成部分包括：（a）法律主体的自由、故意、知情的作为或不作为；（b）法律主体知道或应当知道这种作为或不作为的潜在后果；（c）不存在将（a）和（b）与最终结果相互分离的干预行为（在拉丁语中称为"新的干预行为"）。[85]

（b）部分有时被称为某些损害后果的"可预见性"（"foreseeability"）或"遥远性"（"remoteness"）。根据这一原则，如果从一个行为到损害后果，存在一个不幸但不可预测的事件链，那么最初造成损害的人可以免除责任。1928年帕尔斯格拉芙诉长岛铁路公司案（Palsgraf v. Long Island Railroad Co.）是美国的一个开创性案例[86]：一名铁路员工把一个包裹扔到站台上，包裹里装的烟花爆炸了，爆炸的冲击力击倒了安装在站台另一侧的投币秤，投币秤砸中了在站台上候车的帕尔斯格拉芙女士，造成了她的精神损害。铁路公司最后被判决不承担责任，因为这一连串的事件不可能被预见到。帕尔斯格拉芙女士不属于"依一般的注意标准是显而易见的危险"而受保护的群体的范围，因此被告并未对其实施可起诉的过失行为（actionable wrong）。

法律因果关系的三个要素反过来支持法律行为能力的基本原理，即人类理解其行为后果并相应地调整其行为的能力。如果一个人的行为是被迫的，如受到武力威胁，则不能认为具备相应的行为能力。同样，如果一个人的行为是自由的，但其后果是不可预见的，也不能说其对结果的发生具备了充分的行为能力，因为行为能力要求至少可以合理地预测其行为后果。行为人不仅需对产生损害的因果关系具有自由意志，而且还具有自由订立法律协议的能力。如果一个人的选择自由受到胁迫，甚至是作了虚假陈述，那么即使是已经达成的协议也可能无效 。[87] 最后，对干预行为的强调是对行为能力的总体维护，因为它使第三人的自由且故意的行为产生法律效力。[88]

上面的分析主要集中在因果关系与人身或财产损害之关系方面，但是因果关系在确定利益归属方面也起着重要作用，例如发明和设计中的知识产权的创建（通常具有多个来源）。[89] 例如，当一个人工智能系统编写一本畅销书或创作一件有价值的艺术品时，就会出现谁拥有相关财产的问题。[90] 知识产权的创造和归属在一定程度上是一个事实问题（如"这幅画是马蒂斯（Matisse）的绘画吗"），但在很大程度上也是一个政策问题（"如果纺织品的设计明显受到马蒂斯绘画的影响，应该在多大程度上保护纺织品的设计"）。[91]

相关的法律制度可能会促进一系列目标的实现，包括为自身利益培养创造力，以及增加经济产出。[92]

2.2.3 因果关系小结

无论是据以确定损害赔偿责任还是据以确定利益归属，因果关系都不仅仅是一个客观事实问题，还是一个经济、社会和法律政策问题。[93] 上述分析或明或暗地包括了我们对想要促进或阻止哪种行为的判断，也包括了我们对正义和分配问题的判断。从这个角度可以清晰地发现，找到每个人工智能行为背后的自然人，甚至是法律拟制的公司，只是解决问题的诸多对策的选项之一。[94]

3 挑战基本法律概念的人工智能的特质

人工智能法律专家瑞安·卡洛（Ryan Calo）在一篇论文中主张"评估机器人技术，应当温和对待对法律上的例外主义"[95]，"当一种技术日益成为主流，而法律（law or legal institutions）需要作系统性改变时"，这项技术非同寻常。[96]

本节将阐释人工智能之所以异乎寻常的两个原因：它能作出道德选择；它可以独立发展。这些特征可能会突破行为能力和因果关系这两个（至少目前以人为中心的）基本法律概念的临界点。[97]

3.1 人工智能作出道德选择

人工智能的精髓（essence）是其具有自主选择（autonomous choice-making）功能，因而其与现有技术存在质的（qualitatively）区别，它有时必须作出独立的"道德"决策。这对既有法律体系来说是一个挑战，因为在历史上第一次出现一种技术可以介入人类与其行为的最终结果之间。与其试图定义道德的含义（道德本身就是很多争论的主题）[98]，其实我们只需说，人工智能作出的选择如果由人类来承担，将被视为存在道德品质问题或出现道德后果。[99]

生活中充满了道德选择，如果这些选择特别重要，法律往往会给出答案——使每个公民免于陷入作决策的可怕困境。例如，在大多数国家，自愿安乐死（协助自杀）是非法的，然而，在荷兰、比利时、加拿大和瑞士，在严格控制的情况下则是允许的。

可能有的人认为人工智能不需要新的法律，只需遵循既有的适用于人类的法律制度即可。[100] 比如，瑞士的机器人可以给事先征得同意的病人注射致命剂量的药物（实施安乐死），但跨入法国境内这样做就是非法的。然而，法律并没有剥夺所有的道德选择。

首先，在许多情况下，法律并未规定正确或错误的答案，这便为自由裁量权留下了空间。

其次，即使法律确实规定了道德选择的结果，但在某些情况下，法律（或具体的执法）也可能出于其他考量而被推翻。例如，虽然协助自杀在英国是非法的，但皇家检察署（Crown Prosecution Service）发布的指导意见中规定，如果"嫌疑人完全出于同情"，则有可能不被起诉。[101]

最后，将人类道德要求应用于人工智能可能不合适，因为人工智能在功能上与人类思维不同。法律为人类设定了某些最低道德标准，但也考虑了人类的弱点。人工智能的许多好处源于其不同于人类的运作方式，从而避免了可能蒙蔽我们判断的无意识的启发式（heuristics）和偏见。[102]牛津大学数字伦理实验室（Digital Ethics Lab at Oxford University）主任卢西亚诺·弗洛里迪（Luciano Floridi）写道：

> 人工智能通过其他手段实现智力的延续……正是由于这种脱钩，人工智能可以在缺乏理解、意识、敏感性、预感、经验甚至智慧的情况下完成任务。简而言之，正是当我们停止试图复制人类智能时，我们才能成功地取代人类智能。否则，AlphaGo下围棋永远不会比人好。[103]

在哲学家菲利帕·福特（Philippa Foot）著名的"电车难题"（"Trolley Problem"）思想实验中[104]，参与者被问道：如果他们看到电车沿着铁轨向五名在火车轨道上却不能在被火车撞上之前躲开的工人开去，他们会怎么做？如果参与者什么都不做，电车就会撞到五个工人。轨道旁边有个开关，可以将电车转向另一条轨道。不幸的是，在第二个轨道上也有一个工人，如果改变电车轨道，这个人就会被撞死。参与者可以选择立即改变电车走向，撞死一个人，也可以选择什么都不做，让电车撞死五个人。[105]

与"电车难题"一样，人工智能中自动驾驶汽车的程序设计同样面临着

"电车难题"[106]，例如：如果马路上闯入一个孩子，智能汽车是应该继续前行撞到那个孩子，还是转向路边的障碍物，但可能会将乘客撞死？如果马路上闯入的是一名罪犯，怎么办？[107] 参数可以不停地调整，但基本的选项只能是两个或多个同样不愉快或不完美的结果，应该选择哪一个？"电车难题"绝非自动驾驶汽车所独有。例如，当乘客乘坐出租车时，他们就把这样的决定权委付给了司机。此外，车辆的设计通常在保护行人及其他道路使用者与车辆内乘客的安全之间进行平衡，例如引擎盖撞到行人会瞬间弹升以减轻对行人的撞击，但对车内人不利。[108] 但是，尽管确实有时会将决定权委托给人类服务提供者，并且在设计的其他领域也存在权衡（trade-offs）之处，但人工智能的独特之处在于，它将一些重要的权衡委托给非人类的决策者。[109]

德国认识到人工智能提出了新的道德问题，并成为第一个制定适用于自动驾驶汽车的伦理规范的国家。在德国交通运输部伦理委员会（German Ministry of Transport's Ethics Commission）发布的关于自动网联驾驶的报告的引言中，对此问题进行了这样的概括：

> 人类社会将个人及其发展自由，身心健康以及获得社会尊重的权利置于法律制度的核心，需要哪些技术发展指南来确保我们不会抹杀人类社会的这些界限（contours）呢？[110]

该委员会设定了 15 条"自动网联汽车通行伦理规则"，其中包括以下要求："保护人类优先于所有其他功利性考虑"，与德国《宪法》第 1 条第 1 款规定的对人的尊严的态度一致。第 9 条规定："在不可避免的事故情况下，任何基于个人特征（年龄、性别、身体或精神状况）的区别对待（distinction）都是严格禁止的，也禁止在受害者之间相互比较（offset）。"[111]

道德问题不仅在自动驾驶汽车上存在，在人工智能的其他诸多应用场景中也会出现。帮助急诊室对患者进行分类和优先级排序的人工智能系统，可能要作道德选择，例如是否应优先救治老幼患者。实际上，人工智能在竞争性需求之间进行的任何资源分配都会引发类似问题。当敌人被平民包围时，自主武器可能不得不决定是否要冒着造成附带损害的风险向敌人发射武器以摧毁目标。[112]

对于将"电车难题"或其变体应用于人工智能的一个普遍异议是，人们很少会遇到那样的极端情况，例如决策者必须在杀害 5 名学童或自己的家庭成员之间进行选择。但是，这种异议将个别示例与其隐含的哲学困境混为一谈。道德困境不仅发生在生死攸关的情形。依此而论，"电车难题"具有误导性，因为它可能诱导人们认为，人工智能的道德选择虽然严肃但却很少出现。实际上，所有涉及选择和自由裁量权的决定都将在一个或多个相近或相反的价值之间进行权衡才能得出答案。[113] 决定做此事而非他事将不可避免地对各项准则进行优劣排序。例如，对智能汽车进行编程时，有可能使汽车在将乘客从 A 地运送到 B 地时避开某些区域，从而导致事实上的社会排斥和边缘化。这是我们授权人工智能进行选择时一个更为微妙的方面，但却会带来显著影响。

当人工智能推荐新闻故事、书籍、歌曲或电影时，可能会涉及道德因素，因为这些东西塑造了我们看待世界的方式和我们所采取的行动。如果向一个易怒或心怀不满的人反复推荐观看暴力电影，可能会刺激他去实施暴力行为；如果向一个有种族主义倾向的人展示支持这种世界观的信息源，可能会加剧他的这种种族主义倾向。[114] 诸如 2016 年美国大选和英国"脱欧"公投等政治进程中的争议表明，社交媒体上的信息形成了一股增强各种偏好和偏见及其反馈循环的潜在力量。这样的信息越来越多的是由人工智能加以选择，甚至由其生成的。

人工智能势必要遵循不那么明确的法律规定，并在存在竞争关系的多项原则之间进行权衡，从而作出道德选择，且知晓作出选择的法律后果。这是作为一个道德行动者和（更为重要的）法律行动者（legal agent）的本质。如下文所述，人工智能将越来越难以预测，也就越来越难以按照传统的因果关系链条将其所作的每一个决定都与人类联系起来。

3.2 人工智能的独立发展

在本书中，能够"独立发展"的人工智能是指至少具备以下素质之一的系统：（a）以人工智能系统设计者未计划的方式从数据集中学习的能力；以及（b）人工智能系统自身开发新的和改进的人工智能系统的能力，而这些能力不仅仅是原始"种子"程序的复制品。[115]

3.2.1 机器学习与适应性

只要机器改变自己的结构、程序或数据，就可以进行学习，从而提高其预期的未来性能。[116] 据说人工智能和计算机游戏的先驱亚瑟·塞缪尔（Arthur Samuel）在 1959 年将机器学习定义为"使计算机能够在没有明确编程的情况下即可学习的学习领域"[117]。

"可进化硬件"（"evolvable hardware"）领域专家阿德里安·汤普森（Adrian Thompson），在 20 世纪 90 年代利用一个相当于今天机器学习人工智能雏形的程序设计出了一种可以区分两种音调的电路，他惊奇地发现该电路所用的元器件比他预设的要少。自适应技术发展的早期还有一个引人注目的例子：一个电路居然能够利用几乎无法感知的电磁干扰，而这些电磁干扰原本只是相邻组件之间产生的副作用。[118]

现今，机器学习大致可以分为有监督学习、无监督学习和强化学习。在有监督学习中，会为该算法提供训练数据，其中包含每个示例的"正确答案"[119]。用于信用卡欺诈检测的监督学习算法可以将一组记录下来的交易以及每个单独的数据（每笔交易）作为输入项，训练的数据将标示出是否存在欺诈。[120] 在有监督学习中，能够显示特定的错误警示信息至关重要，而不只是反馈系统存在错误。作为反馈的结果，系统生成有关如何对未来未标记数据进行分类的假设，并根据每次给出的反馈对其进行更新。尽管需要人工输入来监视和提供反馈，但是监督学习系统的新颖之处在于，它对数据的假设及其随时改进并未预先编程。

在无监督学习中，该算法仅显示数据，但不给出任何标签或反馈。无监督学习系统通过将数据分组到具有相似特征的群集来发挥作用。从独立发展的角度来看，无监督学习特别令人振奋，用著名认知科学家玛格丽特·博登（Margaret Boden）的话来说，无监督学习可以"用来发现知识"：程序员不需要了解任何有关数据模式的知识，系统可以自行找到这些信息并进行推理。[121] 优步首席科学家邹宾·格哈拉玛尼（Zoubin Ghahramani）解释说：

> 假设机器没有从环境中获得任何反馈，那么想象一下机器可能会学到什么，似乎有些神秘。但是，有可能基于以下概念来开发无监督学习的正式框架：机器的目标是建立可用于决策、预测未来输入、将输入有效地传达给另一台机器等的表征。在某种意义上，无监督学习可以被认为是在数据中发现高于或超出纯粹非结构化噪声的模式。[122]

无监督学习的一个特别生动的例子是，将整个 YouTube 数据库曝光给一个程序后，即使没有标签数据，该程序也能够识别出猫脸图像。[123] 这个程序并不局限于猫脸识别这样搞笑的用途，更可应用于包括基因组学以及社交网络分析在内的重要领域。[124]

强化学习，也被称为"弱监督"，是一种可映射情境和行动以使奖励信号最大化的机器学习。程序被告知要采取哪些行动，但必须通过迭代过程来发现哪些行动产生的回报最大，换句话说，它是通过尝试不同的事情来学习的。[125] 强化学习的一种用法是要求程序达到某个目标，但并不告知它如何实现。

2014 年，蒙特利尔大学（University of Montreal）的伊恩·古德费罗（Ian Goodfellow）与其同事约书亚·本吉奥（Yoshua Bengio）等人开发了一种几乎不需要人为干预的新的机器学习技术：生成式对抗网络（GANs）。该团队的洞见在于创建了两个相互对立的神经网络，其中一个创建新的数据实例，另一个评估其真实性。

古德费罗等人将这一新技术概括为："……类似于有一组造假的人试图制

造假币并在未经检测的情况下加以使用，而区分模型则类似于警察，设法查出假币。在这个游戏中，竞争驱使双方改进各自的方法，直到赝品与真品无法区分为止。"[126] Facebook 人工智能研究总监杨立昆（Yann LeCun）将生成式对抗网络（GANs）描述为"过去 10 年中（机器学习领域）最有趣的想法"，并将其描述为"打开所有可能性之门"的技术。[127]

上述形式的机器学习，特别是那些完全无监督的机器学习，表明人工智能系统拥有独立于人类输入进行发展并实现复杂目标的能力。[128] 采用机器学习技术的程序在操作和解决问题的方式上可以不受人类的直接控制。事实上，这种人工智能的最大优势在于它不像人类那样处理问题。这种不仅会思考而且思维方式都与我们不同的能力，可能是人工智能最大的好处之一。

本书第 1 章曾介绍了开创性程序 AlphaGo 如何通过强化学习在围棋这种众所周知的复杂游戏中击败了人类冠军棋手。2017 年 10 月，DeepMind 宣布了另一个里程碑事件：研究人员已经创建了一个人工智能系统，能够在不获取任何人类游戏数据的情况下掌握围棋下法。之前的围棋软件迭代，包括 2016 年击败围棋大师李世石的程序，都是通过扫描和分析人类所玩游戏的大量数据集包含的数百万个动作来学习其技能的。[129] AlphaGo Zero，也就是 2017 年开发的新程序，却有一种不同的方法：它完全不用人工输入，而仅需提供游戏规则，它花几个小时就能掌握这款游戏的玩法，以至于仅仅经过三天的自我训练，就能够以 100 比 0 的战绩击败之前版本的 AlphaGo。DeepMind 对这种新方法进行了如下解释：

> 它能够通过使用一种新的强化学习形式来做到这一点，可以说 AlphaGo Zero 无师自通。系统从一个对围棋游戏一无所知的神经网络开始，然后通过将神经网络与强大的搜索算法相结合，自己跟自己下棋。当它下棋时，神经网络会进行调整和更新，以预测下一步的走法以及最终谁会赢。[130]

AlphaGo Zero 是人工智能具有独立发展能力的一个典范。虽然其他版本的 AlphaGo 能够创造出不同于人类玩家使用的新策略，但程序都是基于人类提供的数据。通过完全从第一原理开始学习，AlphaGo Zero 表明，人类可以在程序启动后不久完全脱离程序循环。初始的人工输入和程序的最终输出之间的因果关系被进一步削弱了。

DeepMind 的研发团队对 AlphaGo Zero 的意外举动和策略评价指出："这些创新性成果使我们深信，人工智能将成为人类创造力的倍增器，帮助我们解决人类面临的一些最重要的挑战。"[131] 也许的确如此。但是，伴随着这种创造力和不可预测性的，是其对人类的危险以及对我们的法律制度提出的挑战。

3.2.2 人工智能生成新的人工智能

某些人工智能系统能够编辑自己的代码，相当于生物实体能够更改其 DNA。例如，由微软公司和剑桥大学组成的一个研究小组在 2016 年创建了一个程序，可以利用神经网络和机器学习来不断增强其以更加巧妙的方式解决数学问题的能力。[132]

这一程序是从多个来源（包括其他程序）获取数据，有评论者称其是"窃取"代码。[133] 这种方法已在其他实例中得到应用，如 Prophet，作为一个补丁生成系统，它"与从开源软件存储库中获得的一组成功的人类补丁一起工作，以学习概率性的、与应用无关的正确代码模型"[134]。当人工智能用于学习和发展的来源是其他人工智能时，其生成的任何新代码的因果关系和作者身份可能会变得更加模糊。

2016 年发表的几篇论文表明，可以训练一个人工智能网络来学习"学习"，这个过程被称为"元学习"（"meta-learning"）。具体来说，人工智能工程师创建神经网络，让其独立学习以执行一项复杂的技术：随机梯度下降（SGD）。[135] SGD 在机器学习中特别有用，因为它提升了系统仅用少量训练样本即可执行任务的能力，从而使系统不必扫描训练全部的可用数据。[136]

"元学习"的出现意义重大，因为它表明一开始只需极少的人工输入，人工智能就可以自己获得技术，从而使人工智能得以继续学习、改进和适应。科技记者和作家卡洛斯·E.佩雷斯（Carlos E. Perez）对这些发展总结道：

> 这不仅使那些靠手工优化梯度下降解决方案的研究人员，同时也让以设计神经架构为生的人退出了市场！这实际上只是深度学习系统自我引导的开始……这绝对令人震惊，而且深度学习算法将以多快的速度改进还真没有止境。这个元功能允许您将其应用于自身，以递归方式创建越来越好的系统。[137]

如第 1 章所述，2017 年，多家公司和研究人员宣布他们已经创建了可以自行开发更多人工智能软件的人工智能软件。[138]

2017 年 5 月，谷歌展示了一种名为自动机器学习（AutoML）的元学习技术。谷歌首席执行官桑达尔·皮查伊（Sundar Pichai）在一次演讲中解释说："我们采用了一组候选神经网络，将其视为婴儿神经网络，并且我们实际上在用一个神经网络来迭代它们，直到得到最好的神经网络。"[139]

关于人工智能的独立发展能力，最后强调两点：第一，以上所列的成就具有一定的时效性。即使在机器学习领域，这项技术在本书出版后无疑还将持续发展。第二，尽管本节主要关注了机器学习，但这仅仅是因为它们是撰写本书时的主要技术。如第 1 章所述，未来其他人工智能技术可能会具有更大的独立性。可以确定的是：人工智能自动化发展每前进一步，都将越来越减少人类的输入。[140]

3.3 为什么人工智能不像化学品或生物制品

可能有人反对认为，人工智能并不是唯一能够独立发展的人造实体。在实验室中产生的细菌会适应不同的环境（例如寄宿在人体或动物体内），并且可能还会随着时间的推移改变形态，以应对新的抗生素等外来刺激。

目前的法律制度有关于此类化学或生物产品引起的责任的处理方案，即使这些制品离开实验室继续发展也可适用。在欧盟，可以通过《欧盟产品责任指令》解决这一问题，该指令对缺陷产品的"生产者"[141]规定了严格的责任制度。[142]欧盟还利用一系列预防性和持续性程序来监测此类产品的安全使用和开发。[143]如果一个法律主体做了不该做的事或未做该做的事（包括无所顾忌地将危险物质释放到环境中），可以适用过失规则等更一般的规则令其担责。

但是，人工智能与其他可以开发和改造的产品之间的重大区别在于，人工智能在进行此类改变时能够考虑法律法规并与之相互作用。细菌和病毒不是法律上的行为主体（legal agents），因为它们无法与规则进行相互作用，而这些规则具有比繁殖更为根本的作用。尽管目前人工智能可能是采用比人类推理简单得多的，甚或接近细菌的奖罚机制进行运作的，但从理论上讲，人工智能可以实现无限数量的目标并在各种参数和约束下运行。一个实体拥有决策能力，并能基于规则和规范系统的预测效果进行决策，从而成为一个行为主体。

4 本章小结

人工智能不同于其他技术，后者在人类输入结束后基本上是固定、静止的：自行车不会重新设计让自己变得更快，棒球棍不会自行决定击球或敲碎窗玻璃。

法律制度不会将因个人行为而应负的责任完全让其父母、老师或雇主承担——至少对于具有正常心智的成年人是这样的。到了一定年龄或智力达到一定水平，人类将作为独立的个体对自己的行为负责。一个人的行为倾向可能受其成长过程影响，但这并不意味着父母永远被子女所束缚。在发展心理学中，这个节点被称为"理性年龄"（"age of reason"），在法律上则被称为"成年年龄"（"age of majority"）。[144]对于人工智能而言，我们正在接近这个拐点。[145]

注释

[1]　See John H. Farrar and Anthony M. Dugdale, *Introduction to Legal Method* (2nd edn. London: Sweet & Maxwell, 1982).

[2]　关于行为能力（agency）和受动能力（patiency）的区别，参见本章注释 [16]。

[3]　D.I.C. Ashton-Cross, "Liability in Roman Law for Damage Caused by Animals", *The Cambridge Law Journal*, Vol. 11, No. 3 (1953), 395–403.

[4]　Judge Frank H. Easterbrook, quoting Gerhard Casper, former Dean of the University of Chicago, in Frank H. Easterbrook, "Cyberspace and the Law of the Horse", *University of Chicago Legal Forum* (1996), 207–215, 207.

[5]　Ibid..

[6]　Ibid., 215.

[7]　Lawrence Lessig, "The Law of the Horse: What Cyberlaw Might Teach", *Harvard Law Review*, Vol. 113, 501.

[8]　关于从法律视角定义人工智能存在的疑难，see Matthew Scherer, "Regulating Artificial Intelligence Systems: Risks, Challenges, Competencies and Strategies", *Harvard Journal of Law & Technology*, Vol. 29, No. 2 (Spring 2016), 354–398, 359。该作者关于人工智能的定义已在本书第 1 章之 3.4 中列出。

[9]　Matthew Scherer, "Regulating Artificial Intelligence Systems: Risks, Challenges, Competencies and Strategies", *Harvard Journal of Law & Technology*, Vol. 29, No. 2(Spring 2016), 354–398, 362.

[10]　Lillian Edwards, "The Law and Artificial Intelligence", *Unreliable Evidence*, interview by Clive Anderson on BBC Radio 4, first broadcast 10 January 2015, at http://www.bbc.co.uk/programmes/b04wwgz9, accessed 1 June 2018.

[11]　Ibid..

[12]　关于这些制度之间的差异及各自应对变化的能力，参见本书第 6 章。所谓 "law"，在这里指的是社会科学中的法律规定，而不是指牛顿物理学定律、热力学定律等自然科学定律。

[13]　这个定义借鉴了布鲁诺·拉图尔（Bruno Latour）对 "行动者"（"actants"）的描述："通过有所作为（making a difference）而调整（modifies）状态的任何事物……"[Bruno Latour, *Reassembling the Social: An Introduction to Actor-Network Theory* (Oxford: Oxford University Press, 2005), 71.] 与此不同的观点，see Jack M. Balkin, "Understanding Legal Understanding: The Legal Subject and the Problem of Legal Coherence", *The Yale Law Journal*, Vol. 103 (1993), 105, 106–166, 106，后者对法律主体的定义被扩展到包括这里论及的 "行为人"（"agency"）。也可参见 Lassa Oppenheim, *International Law: A Treatise* (1st edn., London: Longmans, Green and Co.), 18–19。拉萨·奥本海姆 (Lassa Oppenheim) 解释说："由于国际法 (the Law of Nations) 是基于国家而非个人的共同同意，因此国家是国际法唯一的主体。"这意味着国际法是针对国家而不是其公民的国际行为的法律。国际法所产生的权利和义务的主体是 "唯一和排他性的国家"。尽管这不再是对国际公法中的立场的准确表述，但是，关于何谓法律主体的区分和用语仍具有启发意义。

[14]　行为能力关涉法律的 "内部方面"，其中法律制度的参与者将法律视为其行为规范。See H.L.A. Hart, in *The Concept of Law* (2nd edn. Oxford: Clarendon, 1972); Scott J. Shapiro, "What

Is the Internal Point of View?", *Yale Faculty Scholarship Series* (2006), Paper 1336, at http://digitalcommons.law.yale.edu/fss_papers/1336, accessed 1 June 2018.

[15] 富勒提出的关于法律制度应具备的八项原则可作为一种合理的指南，see Lon L. Fuller, *The Morality of Law* (Yale University Press, 1969)，本书第 1 章之 3.1 对此进行了讨论。概括起来，这些原则是：（1）法律应具有普遍性；（2）法律应具有公开性，使守法者知悉其遵循标准；（3）应尽量减少追溯规则的制定和适用；（4）法律应易于理解；（5）法律不应自相矛盾；（6）法律不应要求受影响者实施超出其能力范围的行为；（7）法律应保持相对稳定性；（8）执法方式应与法律所宣布和表述的方式相一致。

[16] 关于（父母和医生）双方在为未成年人行使行为能力的恰当方式上产生分歧的最新案例，可参见查理·加德案〔In the matter of Charlie Gard [2017] EWHC 972 (Fam)〕。在该案中，一个身患绝症的孩子的父母不同意医方作出的拒绝将孩子送到国外接受实验性治疗的决定。从法律上讲，该患儿被其"诉讼监护人"（"guardian *ad litem*"）卷入了针对医方的法律诉讼，医方则是"为儿童的最大利益"而行事的第三方。不过，从某种意义上说，诉讼的每一方当事人都声称是在儿童没有能力行使自己权利的情况下才这样做的。

[17] 儿童成熟快慢有别，但这并没有妨碍许多法律制度一刀切地规定"成年"年龄和为自己的行为承担刑事责任的年龄。因此，正如第 3 章进一步讨论的那样，我们不应反对为人工智能的责任设定一个门槛。同样重要的是，在一开始就要区分行为能力和"权利能力"（agency and "patiency"）。权利主体（patients）是道德权利和义务的承担者，而行为能力（agency）则是享有权利和承担义务的能力。并非所有的道德上的权利主体都是道德上的行为人（moral agents）。如上所述，幼儿不具有完全行为能力，但却具有权利能力，因为成年行为人对他们负有责任。本章关注的是行为能力而非权利能力（patiency），对于人工智能是否符合后者（至少在道德方面）将在第 4 章中予以讨论。

[18] 霍布斯写道："他是，一个人，他的言行被认为是他自己的，或者是他所代表的另一个人的，或者是（以真实或虚拟的方式属于他的）任何其他事物的。"[Thomas Hobbes, *Leviathan: Or, The Matter, Forme, & Power of a Common-Wealth Ecclesiasticall and Civill* (London: Andrew Crooke, 1651),80.] 在本节中，我们避免使用"法律上的人"（"legal persons"）来进行分类，因为"人格"（"personality"）本身的哲学意蕴可能会掩盖我们所赋予主体（subject）和行为人（agent）的各种特征而导致二者混淆。See Rodney Brooks, *Robot: The Future of Flesh and Machines* (London: Allen Lane/Penguin Press, 2002), 194–195; Benjamin Allgrove, *Legal Personality for Artificial Intellects: Pragmatic Solution or Science Fiction* (DPhil Dissertation, University of Oxford, 2004).

[19] See Shawn Bayern, Thomas Burri, Thomas D. Grant, Daniel M. H.usermann, Florian M.slein, and Richard Williams, "Company Law and Autonomous Systems: A Blueprint for Lawyers, Entrepreneurs, and Regulators", *Hastings Science and Technology Law Journal*, Vol. 9, No. 2 (Summer 2017), 135–161, 其中讨论了人工智能以不同形式融入各种制度，从而被认可为一个法律主体。本书第 5 章将对上述建议进行分析。

[20] 关于公司法的历史，请参阅 Lorraine Talbot, *Critical Company Law* (Abingdon, UK: Routledge-Cavendish, 2007)。本书中"companies"与"corporations"可以互用，泛指由人员集合组成的所有形式的法律实体。

[21] 英国最高法院萨姆欣大法官（Lord Sumption）在审理彼得德尔资源有限公司诉普雷斯特案（Petrodel Resources Ltd.v.Prest [2013]UKSC 34, at 8）时认为："公司的独立人格和独立财产有时在某种意义上被认为是虚构的，但虚构恰是英国公司和破产法的全部基础。正如罗

伯特戈夫 L.J.（Robert Goff L. J.）曾指出的，在这个领域，'我们关注的不是经济意义，而是其法律意义，两者之间的区别在法律上具有基础性意义'：Bank of Tokyo Ltd v. Karoon (Note) [1987] AC 45, 64。其他本可以更为公允地补充：这不仅在法律上而且在经济上也具有根本性意义，因为一个多世纪以来，有限公司一直是商业生活的主要单位。公司的独立人格和财产是第三方与之打交道，且通常是与他们做生意的基础"。

[22]　Lennard's Carrying Co. Ltd. v. Asiatic Petroleum Co. Ltd. [1915] AC 705, 713.

[23]　Yuval Harari, *Sapiens: A Brief History of Humankind* (London: Random House, 2015), 19 and 363.

[24]　"Frequently Asked Questions", website of Ugland House, https://www.uglandhouse.ky/faqs.html, accessed 1 June 2018.

[25]　Nick Davis, "Tax Spotlight Worries Cayman Islands", BBC News website, 31 March 2009, http://news.bbc.co.uk/1/hi/world/americas/7972695.stm, accessed 1 June 2018.

[26]　See, for example, Otto von Gierke, *Political Theories of the Middle Age*, edited and translated by F.W. Maitland (Cambridge: Cambridge University Press, 1927); Otto von Gierke, *Natural Law and the Theory of Society*, edited and translated by Ernest Baker (Cambridge: Cambridge University Press, 1934).

[27]　See, for example, David J. Sturdy, "The Royal Touch in England", in *European Monarchy: Its Evolution and Practice from Roman Antiquity to Modern Times*, edited by Heinz Duchhardt, Richard A. Jackson, and David J. Sturdy (Stuttgart: Franz Steiner Verlag, 1992), 171–184.

[28]　关于法人拟制说（fiction theorists）和实在说（corporate realists）之间争论的讨论，see S.J. Stoljar, *Groups and Entities: An Inquiry into Corporate Theory* (Canberra: Australian National University Press, 1973), 182–186; Gunther Teubner, "Enterprise Corporatism: New Industrial Policy and the 'Essence' of the Legal Person", in *A Reader on the Law of Business Enterprise, edited by Sally Wheeler* (Oxford: Oxford University Press, 1994).

[29]　正如在第 3 章和第 5 章中将进一步探讨的那样，在类似于公司的法律结构中，人工智能的"容身之所"（"housing"）是解决其法律责任和权利的一种解决方案。See also Shawn Bayern, Thomas Burri, Thomas D. Grant, Daniel M.H.usermann, Florian M.slein, and Richard Williams, "Company Law and Autonomous Systems: A Blueprint for Lawyers, Entrepreneurs, and Regulators", *Hastings Science and Technology Law Journal*, Vol. 9, No. 2 (Summer 2017), 135–161.

[30]　对于不同形式的法律人格之比较，see Katsuhito Iwai, "Persons, Things and Corporations: Corporate Personality Controversy and Comparative Corporate Governance", *The American Journal of Comparative Law*, Vol. 47 (1999), 583–632。

[31]　F.A. Mann, "The Judicial Recognition of an Unrecognised State", *International and Comparative Law Quarterly*, Vol. 36, No. 2 (1987), 348–350.

[32]　Benedict Anderson, Imagined Communities: Reflections on the Origin and Spread of Nationalism (London: Verso, 1991), 6. 尤瓦尔·赫拉利（Yuval Harari）以同样的方式，将国家、法律、公司和宗教与必要的"神话"组合在一起。Yuval Harari, *Sapiens: A Brief History of Humankind* (London: Random House, 2015).

[33]　有关个人代表国家建立法律关系的权限的讨论，see Donegal International Ltd. v. Zambia [2007] 1 Lloyd's Rep. 397。更为哲学化的讨论，see Quentin Skinner, "Hobbes and the Purely Artificial Person of the State", *The Journal of Political Philosophy*, Vol. 7, No. 1 (1999), 1–29,

and David Runciman, "What Kind of Person Is Hobbes's State? A Reply to Skinner", *The Journal of Political Philosophy*, Vol. 8, No 2 (2000), 268–278。

[34] 《欧盟条约》（TEU）第 47 条规定，欧盟本身具有法律人格，这使其（至少根据欧盟法律）有权作为一个独立实体。最好将这看成是会员国在此范围内集合各国主权而订立的集体协议。至少根据欧盟官方法律网站，授予欧盟法人资格意味着它具有以下能力：根据其对外承诺，缔结和谈判国际协议；成为国际组织的成员；加入《欧洲人权公约》等国际公约。See Glossary of Summaries, "Eur-Lex: Access to European Union Law", at http://eur-lex. europa.eu/summary/glossary/union_legal_personality. html, accessed 1 June 2018.

[35] [1991] 1 WLR 1362.

[36] 917 F. 2d 278 (7th Cir., 1990).

[37] 关于丰达案的讨论，see Mira T. Sundara Rajan, *Moral Rights: Principles, Practice and New Technology* (New York: Oxford University Press, 2011), 468–476。

[38] 在莎士比亚的戏剧《麦克白》（*Macbeth*）中，有人预言森林会移动："麦克白永远不会被征服，除非 / 大伯南姆·伍德登（Great Birnam）上高高的邓西纳内山（Dunsinane）/ 与之对抗。"（第 1 幕第 4 场）在这场战争中，森林中的树木并非自动"拔掉他的根"（第 1 幕第 4 场），而是马尔科姆军队的士兵在攻打麦克白的城堡时砍倒了这些树木用作伪装。

[39] (1925) 52 Ind. App. 245, at 250.

[40] Evans, *Animals*, 172. 另一个类似的故事发生在公元 2 世纪希腊旅行家和地理学家波萨尼亚斯（Pausanias）的作品中。See Pausanias, *Description of Greece*, translated by William H.S. Jones, D. Litt, and Henry A. Ormerod (Cambridge, MA: Harvard University Press; London, William Heinemann Ltd., 1918), 6.6.9–11. See also John Chipman Gray, *The Nature and Sources of the Law*, edited by Roland Gray (London: MacMillan, 1921), 46. 至于对无生命物体进行"惩罚"的心理上的原因，参见本书第 8 章之 5.3。

[41] Pascal Fauliot, *Samurai Wisdom Stories: Tales from the Golden Age of Bushido* (Boulder, CO: Shambhala Publications, 2017), 119–120. 福里奥特（Fauliot）写道，事实上，"惩罚"雕像是聪明的法官精心策划的一个计谋：当有些人群起嘲笑这一荒唐的判决时，他们每个人都因藐视法庭而被罚缴一块丝绸。一旦收集了所有的丝绸，受害者就能够指认出被盗的那块丝绸，进而找出罪犯。

[42] Pictures of this can be seen at Muza-chan's Gate to Japan website, http://muza-chan.net/japan/ index.php/blog/unique-tradition-rope-wrapped-jizo-statue, accessed 1 June 2018.

[43] 根据《美国中央情报局世界概况》（CIA World Factbook）的数据，大约 80% 的日本人都在练习神道。See "Entry on Japan", CIA World Fact Book, at https://www.cia.gov/library/ publications/the-world-factbook/geos/ja.html, accessed 1 June 2018.

[44] "Shinto at a Glance", *BBC Religions*, last updated 10 July 2011, at http://www.bbc.co.uk/ religion/religions/shinto/ataglance/glance.shtml, accessed 1 June 2018. See also Encyclopedia of Shinto, at http://eos.kokugakuin.ac.jp/modules/xwords/, accessed 1 June 2018.

[45] 我们将在本书第 4 章讨论人工智能应否拥有权利。

[46] Christopher Stone, "Should Trees Have Standing?-Toward Legal Rights for Natural Objects", *Southern California Law Review*, Vol. 45 (1972), 450, 453–457.

[47] "Law of Mother Earth: The Rights of Our Planet. A Vision from Bolivia", World Future Fund, at http://www.worldfuturefund.org/Projects/Indicators/motherearthbolivia.html, accessed 18 July 2017. See also John Vidal, "Bolivia Enshrines Natural World's Rights with Equal

Status for Mother Earth", *The Guardian*, 10 April 2011, at https://www. theguardian.com/ environment/2011/apr/10/bolivia-enshrines-natural-worlds-rights, accessed 1 June 2018.

[48]　Natalia Greene, "The First Successful Case of the Rights of Nature Implementation in Ecuador", *The Rights of Nature* (2011), at http://therightsofnature.org/first-ron-case-ecuador/, accessed 1 June 2018.

[49]　Lawrence B. Solum, "Legal Personhood for Artificial Intelligences", *North Carolina Law Review*, Vol. 70, 1231–1287, 1239–1240.

[50]　Joanna J. Bryson, Mihailis E. Diamantis, and Thomas D. Grant, "Of, for, and by the People: The Legal Lacuna of Synthetic Persons", *Artificial Intelligence and Law*, Vol. 25, No. 3 (September 2017), 273–291.

[51]　参见本书第 4 章之 4.2。

[52]　Edward Payson Evans, *The Criminal Prosecution and Capital Punishment of Animals* (London: William Heinemann, 1906). 以下简称 "Evans, *Animals*"。

[53]　《詹姆斯国王圣经·出埃及记》第 21 章第 28 节（Exodus 21:28, King James Bible）。（此处《旧约》中的译文参考了基督教中文网所载《旧约》相应内容，网址：http://sj.jidujiao.com/ Exodus_2_21.html。——译者注）

　　　　相比之下，罗马法似乎不允许让动物承担任何责任或接受任何惩罚。See, for example, D.I.C. Ashton-Cross, "Liability in Roman Law for Damage Caused by Animals", *The Cambridge Law Journal*, Vol. 11, No. 3 (1953), 395–403.

[54]　《詹姆斯国王圣经·出埃及记》第 21 章第 29 节（正文斜体字意为本书所强调）。

[55]　Piers Beirnes, "The Law Is an Ass: Reading E.P. Evans' The Medieval Prosecution and Capital Punishment of Animals", *Society and Animals*, Vol 2, No. 1, 27–46, 31–32.

[56]　Evans, *Animals*, 156.

[57]　Esther Cohen, "Animals in Medieval Perceptions: The Image of the Ubiquitous Other", *Animals and Human Society: Changing Perspectives*, edited by Aubrey Manning and James Serpell (London and New York: Routledge, 2002), 59–80.

[58]　Piers Beirnes, "The Law Is an Ass: Reading E.P. Evans' The Medieval Prosecution and Capital Punishment of Animals", *Society and Animals,* Vol. 2, No. 1, 27– 46, 29.

[59]　参见 Coustumes et stilles de Bourgogne（《勃艮第服饰及风格法》），这是一部在 1270 年至 1360 年间制定的非同寻常的法律文本。它将两类凶杀案区别对待：一类是由牛或马造成的（动物将被赦免），另一类则是由其他动物 "或犹太人" 造成的（行凶者将被 "吊起来"）。转引自 Esther Cohen, "Animals in Medieval Perceptions: The Image of the Ubiquitous Other", *Animals and Human Society: Changing Perspectives*, edited by Aubrey Manning and James Serpell (London and New York: Routledge, 2002), 59–80。

[60]　Nicholas Humphrey, "Bugs and Beasts Before the Law", *The Public Domain Review*, at http:// publicdomainreview.org/2011/03/27/bugs-and-beasts-before-the-law/, accessed 1 June 2018.

[61]　See, for example, Matthew Scherer, "Digital Analogues (Intro): Artificial Intelligence Systems Should Be Treated Like…", *Law and AI Blog*, 8 June 2016, at http://www.lawandai. com/2016/06/08/digital-analogues/, accessed 1 June 2018.

[62]　Mirvahedy v. Henley [2003] UKHL 16; [2003] 2 AC 491 [6].

[63]　相关讨论，See Rachael Mulheron, *Principles of Tort Law* (Cambridge: Cambridge University Press, 2016)。

[64] UK Animals Act 1971, s. 6(3).

[65] [1940] 1 KN 687.

[66] Dorothy L. Cheney, "Extent and Limits of Cooperation in Animals", Proceedings of the National Academy of Sciences, Vol. 108, No. Supplement 2 (2011), 10902–10909; David Premack, "Human and Animal Cognition: Continuity and Discontinuity", *Proceedings of the National Academy of Sciences,* Vol. 104, No. 35 (2007), 13861–13867.

[67] David Premack, "Human and Animal Cognition: Continuity and Discontinuity", *Proceedings of the National Academy of Sciences*, Vol. 104, No. 35 (2007), 13861–13867.

[68] 这也出现在西尔诉沃班克案（Searle v. Wallbank [1947] AC 341; [1947] 1 All ER 12）中。

[69] John Markoff, "As Artificial Intelligence Evolves, So Does Its Criminal Potential", 23 October 2016, at https://www.nytimes.com/2016/10/24/technology/artificial-intelligence-evolves-with-its-criminal-potential.html, accessed 1 June 2018.

[70] 正如托比·沃尔什教授（Professor Toby Walsh）指出的，"扑克提供了一些有趣的挑战……一是它是一个信息不完全的游戏……扑克的另一个挑战是它是一个心理学的游戏，需要你了解对手的策略……尽管有这些挑战，计算机现在非常擅长玩扑克"[Toby Walsh, *Android Dreams* (London: Hurst & Co., 2017), 85]。

[71] Marvin Minsky, *The Society of Mind* (London: Picador/Heinemann, 1987), para. 7.1.（该书中文版：[美] 马文·明斯基著：《心智社会》，任楠译，北京，机械工业出版社，2016 年版。）

[72] See, for instance, Yuval Harari, "Industrial Farming Is One of the Worst Crimes in History", *The Guardian,* 25 September 2015, at https://www.theguardian.com/books/2015/sep/25/industrial-farming-one-worst-crimes-history-ethical-question, accessed 1 June 2018.

[73] 关于哲学上讨论之总结，see Jonathan Schaffer, "The Metaphysics of Causation", *The Stanford Encyclopaedia of Philosophy* (Fall 2016 Edition), edited by Edward N. Zalta, at https://plato.stanford.edu/archives/fall2016/entries/causation-metaphysics/, accessed 1 June 2018。

[74] 对因果关系最有影响力的批评者之一是物理学家尼尔斯·玻尔（Niels Bohr），他在 1948 年指出量子理论"与因果关系的概念不可调和"[Niels Bohr, "On the Notions of Causality and Complementarity", *Dialectica*, Vol. 2, No. 3–4 (1948), 312–319]。

[75] Donal Nolan, "Causation and the Goals of Tort Law", in *The Goals of Private Law*, edited by Andrew Robertson and Hang Wu Tang (Oxford: Hart Publishing, 2009), 165–190, 165.

[76] 休谟（Hume）对这种检验方法提出了批评，最早在其著作《人类理解研究》（*An Enquiry Concerning Human Understanding, V, Pt. I*）中进行了论述；see also Loewenberg, "The Elasticity of the Idea of Causality", *University of California Publications in Philosophy*, Vol. 15, No. 3 (1932)。

[77] Wex S. Malone, "Ruminations on Cause-in-Fact", *Stanford Law Review*, Vol. 9, No. 1 (December 1956), 60–99, 66.

[78] 几乎没有法律制度要求对所发生的事情有完全的了解，通常情况下会设定一个较低的标准。在英国，法院在民事案件中要求的举证责任相当于能够证明一个事件基于"盖然性权衡"（"on the balance of probabilities"）而导致了另一事件，这意味着第一个事件有超过50%的可能性导致了第二个事件的发生。如果连相对较低标准也没达到，就会导致"证据不足"。

[79] For discussion, see Jane Stapleton, "Factual Causation, Mesothelioma and Statistical Validity", *Law Quarterly Review*, Vol. 128 (April 2012), 221–231; John G. Fleming, "Probabilistic

Causation in Tort Law", *The Canadian Bar Review*, Vol. 68, No. 4 (December 1989), 661–681.

[80] 这是英国案例中的事实，如 McGhee v. National Coal Board [1973] 1 WLR 1 (HL); Fairchild v. Glenhaven Funeral Services Ltd. [2003] 1 AC 32; and Barker v. Corus (UK) Ltd. [2006] UKHL 20; [2006] 2 AC 572。加拿大关于因果关系原则的讨论，see Cook v. Lewis [1951] SCR 830, Lawson v. Laferriere (1991) 78 DLR (4th) 609。澳大利亚关于此的讨论，see Rufo v. Hosking [2004] NSWCA 391。

[81] 在具有影响力的美国案件辛德尔案 [Sindell v. Abbott Laboratories 607 P. 2d 924 (Cal., 1980)] 中，法院抛开通常的概率平衡检验法，即被告是"若无"损害的原因，而是根据原告从所购买造成伤害的可替代商品的多个被告的市场份额来分摊责任。辛德尔将举证责任转移给了被告，但它们仍然可以证明自己的产品不对伤害负责。另见维吉图诉约翰 - 曼威尔公司案 [Vigioltou v. Johns-Manville Corp., 543 F. Supp. 1454, 1460–1461 (W.D. Pa. 1986)]。

[82] 例如，在加拿大最高法院审理的"两猎人"案（Cook v. Lewis [1951] SCR 830）中，两名猎人同时朝一只松鸡开枪，未击中松鸡却把一名同伙给击伤了。兰德法官在这种情况下选择的解决办法是将举证责任从受害者转移给猎人，以证明他们没有造成伤害。乔布林诉联合乳品公司案（Jobling v. Associated Dairies [1982] AC 794）中也发生了类似的问题，其中一起事件造成了伤害，但随后在第一次审判之前又发生了另一起会造成同样的伤害的事件。英国上议院威尔伯福斯勋爵承认，为了司法公正，他被迫放弃正常的"若无"检验法，否则无法阐明另一种选择。他说："本案的结果可能缺乏精确合理的理由，但只要我们满足于住在这么多不同架构的公寓中，这就是不可避免的"。

[83] 应当指出的是，被视为对事件的发生有法定原因的人通常负有责任，在某些情况下，包括在严格责任或替代责任的情况下，当事人对其没有造成的后果负有责任。我们将在第 3 章再讨论这些法律机制。

[84] 侵权法语境中对于此类元规范的讨论，see Allen Linden, *Canadian Tort Law* (5th edn., Toronto: Butterworths, 1993), Chapter 1。

[85] 在《美国侵权法第三次重述》[The US Restatement (Third) of Torts]（American Law Institute, 2010）第 34 段关于身体和精神损害的规定中，替代性原因（superseding cause）是指，"即使行为人的侵权行为是导致损害的事实原因，但足以阻却其承担侵权责任的干预力量或行为"。有关因果关系及其潜在道德和法律原则的广泛讨论，see H.L.A. Hart and Anthony M. Honor., *Causation in the Law* (2nd edn., Oxford: Clarendon Press, 1988) , 111–131。

[86] 248 N.Y. 339, 162 N.E. 99 (1928).

[87] See, for example, Pau On v. Lau Yiu Long [1980] AC 614.

[88] 尽管法律因果关系的三个要素通常会产生符合常识的答案，但在某些情况下，采用不同的法律表述，可能会导致令人惊讶的结果。2012 年发生在南非的一个案件即属此例：当时数百名矿工被指控谋杀了在暴乱中被警察枪杀的其他矿工。南非检察官认为，由于警察在自卫时对矿工人群开枪，因此警察的行为未被视为足够自由、自愿和知情，不能打破因果关系链。警察开枪是骚乱的可预见后果，因此，所有参与的矿工都被指控谋杀了他们的矿工同伴。一些英国报纸称此为"种族隔离"法所导致的后果，但实际上，该案至少部分是适用了在英国同样适用的法律因果关系标准所导致的结果。See Jacob Turner, "Do the English and South African Criminal Justice Systems Share a 'Common Purpose'?", *African Journal of International and Comparative Law*, Vol. 21, No. 2 (2013), 295–300。美国的类似案件，see People v. Caldwell, 681 P. 2d 274 (Cal.,1984)。

[89] 参见英国上议院审理的开创性案例——设计师协会有限公司诉罗素·威廉姆斯纺织品公司

案〔Designers Guild Ltd. v. Russell Williams (Textiles) Ltd. (t/a Washington DC) [2000] 1 WLR 2416〕，其中涉及怎样属于构成复制他人设计的"实质性部分"的问题。

[90]　关于此问题将在第3章第4节详细讨论。

[91]　关于相关政策的启发性讨论，参见霍夫曼勋爵（Lard Hoffmann）在上议院关于设计师协会有限公司诉罗素·威廉姆斯纺织品公司案中的判决意见，他认为："著作权法对狐狸的保护比对刺猬的保护更好"。他的意思是说，英国对拥有许多个小创意的人的著作权保护比对拥有一个大创意的人的保护更好。此引自古希腊哲学家阿基洛丘斯（Archilochus）语：狐狸多技巧，刺猬一绝招（The fox knows many things, but the hedgehog knows one big thing）。关键是，目前其他国家和地区的法律制度会为刺猬提供更大的支持。

[92]　See, for example, Jane C. Ginsburg, "The Concept of Authorship in Comparative Copyright Law", *DePaul Law Review*, Vol. 52 (2003), 1063. 我们将在第4章中介绍确定此类设计和产品的权属的方法。

[93]　Curtis E.A. Karnow, "Liability for Distributed Artificial Intelligences", *Berkeley Technology Law Journal*, Vol. 11 (1996), 147, 191–192, at http://scholarship.law.berkeley.edu/btlj/vol11/iss1/3, accessed 1 June 2018.

[94]　在第3章中，我们将进一步详细介绍有关人工智能行为后果责任的其他选项。

[95]　Ryan Calo, "Robotics and the Lessons of Cyberlaw", *California Law Review*, Vol.103, 513–563. 巴尔金对卡罗的观点提出了正确的批评，认为其过于强调机器人而非人工智能，see Jack B. Balkin, "The Path of Robotics Law", *The Circuit* (2015), Paper 72, Berkeley Law Scholarship Repository, at http://scholarship.law.berkeley.edu/clrcircuit/72, accessed 1 June 2018："如果我们坚持明显地区分机器人技术和人工智能系统，我们可能会被误导，因为我们还不知道开发和部署技术的所有方法"。

[96]　卡洛还认为，"机器人技术"具有独特的法律属性。但是，他的分析主要集中在具身技术（embodied technologie）上。卡洛指出："最好将机器人视为在某种程度上可以感知、处理和作用于世界的人造物体或系统"。在我们的分析中，人工智能是起点，而机器人是其子集。因此，本书对人工智能之独特功能的处理与卡洛有所不同。See also Jack B. Balkin, "The Path of Robotics Law", *The Circuit* (2015), Paper 72, Berkeley Law Scholarship Repository, at http://scholarship.law.berkeley.edu/clrcircuit/72, accessed 1 June 2018.

[97]　关于人工智能为什么会挑战侵权法中可预见性这一基本概念，see Curtis E.A. Karnow, "The Application of Traditional Tort Theory to Embodied Machine Intelligence", in *Robot Law*, edited by Ryan Calo, Michael Froomkin, and Ian Kerr (Cheltenham and Northampton, MA: Edward Elgar, 2015), 53，也可参见本书第3章之2.1.3。

[98]　Bernard Gert and Joshua Gert, "The Definition of Morality", *The Stanford Encyclopaedia of Philosophy* (Spring 2016 edition), edited by Edward N. Zalta, at https://plato.stanford.edu/archives/spr2016/entries/morality-definition/, accessed 1 June 2018.

[99]　例如，如果由人执行谋杀对手的子女的决定，其将被视为应受谴责。这种行为在动物世界中经常发生，很少被认为会招致道德谴责。See Anna-Louise Taylor, "Why Infanticide Can Benefit Animals", *BBC Nature*, 21 March 2012, at http://www.bbc.co.uk/nature/18035811, accessed 1 June 2018.

[100]　关于这方面的建议，see Oren Etzioni, "How to Regulate Artificial Intelligence", *The New York Times*, 1 September 2017, at https://www.nytimes.com/2017/09/01/opinion/artificial-intelligence-regulations-rules.html, accessed 1 June 2018。

[101]　Director of Public Prosecutions, "Suicide: Policy for Prosecutors in Respect of Cases of Encouraging or Assisting Suicide", February 2010, updated October 2014, at https://www.cps.gov.uk/legal-guidance/suicide-policy-prosecutors-respect-cases-encouraging-or-assisting-suicide, accessed 1 June 2018.

[102]　正如我们将在后面的章节中探讨的那样，人工智能理论上能够避免人为偏见，但并不能确保那些最初对人工智能进行编程或提供其种子数据集的人不会意外地或故意使人工智能受到人类谬误或偏见的影响。["启发法"或"启发式"（"heuristics"）在心理学上是指人们根据经验而非系统地推理就能够快捷地作出判断和决策的思考方法或模式。本书多处提及该词，人工智能中亦有类似的启发式算法。——译者注]

[103]　Luciano Floridi, "A Fallacy that Will Hinder Advances in Artificial Intelligence", *The Financial Times*, 1 June 2017, at https://www.ft.com/content/ee996846-4626-11e7-8d27-59b4dd6296b8, accessed 1 June 2018. See also Nate Silver, *The Signal and the Noise: Why So Many Predictions Fail—But Some Don't* (London: Penguin, 2012), 287–288.

[104]　Philippa Foot, *The Problem of Abortion and the Doctrine of the Double Effect in Virtues and Vices* (Oxford: Basil Blackwell, 1978) (the article originally appeared in the *Oxford Review*, Number 5, 1967).

[105]　See Judith Jarvis Thompson, "The Trolley Problem", *Yale Law Journal*, Vol. 94, No. 6 (May, 1985), 1395–1415.

[106]　在本书中，与车辆有关的"自动驾驶"（"self-driving" and "autonomous"）是指由人类授权行使的某些决策功能，从广义可分为三个方面：（1）决定行驶目的地；（2）决定行驶路线；（3）决定道路上行驶的具体情形，例如对路上障碍物的反应，以何种速度行驶，何时超车，等等。目前，自动驾驶类型（1）不会出现，但是，类型（2）和（3）可以实现。尽管如下所述，某些"道德"上的权衡可能会涉及如何决定行驶路线［类型（2）］，但电车问题的困境在类型（3）中表现得最为突出。另外，单个自动驾驶汽车可能会遵循既定说明，而不会作出任何选择，但只要车辆中的软件（可能来自一个中央枢纽并通过互联网发送到各个车辆）包含在本书定义的可视为人工智能的功能，它们在相关意义上就是自主的。See Joel Achenbach, "Driverless Cars Are Colliding with the Creepy Trolley Problem", *Washington Post*, 29 December 2015, at https://www.washingtonpost.com/news/innovations/wp/2015/12/29/will-self-driving-cars-ever-solve-the-famous-and-creepy-trolley-problem/?utm_term=.30f91abdad96, accessed 1 June 2018; Jean-François Bonnefon, Azim Shariff, and Iyad Rahwan, "The Social Dilemma of Autonomous Vehicles", Cornell University Library Working Paper, 4 July 2016, at https://arxiv.org/abs/1510.03346, accessed 1 June 2018.

[107]　麻省理工学院的研究人员开发的"道德机器"游戏中出现了一种针对行人的犯罪场景，该游戏的设计师将其描述为"一个用于收集人类对机器智能作出的道德决策（例如自动驾驶汽车）的观点的平台。我们向您展示了无人驾驶汽车必须在两种罪恶中选择一种罪行较小的道德困境，例如杀死两名乘客或五名行人。作为外部观察者，您可以判断认为哪个结果更可接受"（"Moral Machine", MIT website, http://moralmachine.mit.edu/, accessed 1 June 2018）。

[108]　Tso Liang Teng and V.L. Ngo, "Redesign of the Vehicle Bonnet Structure for Pedestrian Safety", *Proceedings of the Institution of Mechanical Engineers,* Part D: Journal of Automobile Engineering, Vol. 226, No. 1 (2012), 70–84.

[109]　许多评论者指出了"电车难题"在无人驾驶汽车上的适用性，但是除明确说明这一问题

外，很少有人提出法律或道德上的答案。See, for example, Matt Simon, "To Make Us All Safer, Robocars Will Sometimes Have to Kill", *Wired*, 17 March 2017, at https://www.wired.com/2017/03/make-us-safer-robocars-will-sometimes-kill/, accessed 1 June 2018; Alex Hern, "Self-Driving Cars Don't Care About Your Moral Dilemmas", *The Guardian*, 22 August 2016, at https://www.theguardian.com/technology/2016/aug/22/self-driving-cars-moral-dilemmas, accessed 1 June 2018; Jean-François Bonnefon, Azim Shariff, and Iyad Rahwan, "The Social Dilemma of Autonomous Vehicles", *Science*, Vol. 352, No. 6293 (2016), 1573–1576; Noah J. Goodall, "Machine Ethics and Automated Vehicles", in *Road Vehicle Automation*, edited by Gereon Meyer and Sven Beiker (New York: Springer, 2014), 93–102.

[110] "Ethics Commission at the German Ministry of Transport and Digital Infrastructure", 5 June 2017, at https://www.bmvi.de/SharedDocs/EN/Documents/G/ethic-commissionreport.pdf?__blob=publicationFile, accessed 1 June 2018.

[111] 本书第7章将详细讨论设计此类道德规则的适当机制。

[112] See Kenneth Anderson and Matthew Waxman, "Law and Ethics for Robot Soldiers", Columbia Public Law Research Paper, No. 12-313, American University WCL Research Paper, No. 2012-32 (2012), at http://papers.ssrn.com/sol3/papers.cfm?abstract_id=2046375, accessed 1 June 2018.

[113] See, for example, Ugo Pagallo, *The Law of Robots: Crimes, Contracts and Torts* (New York: Springer, 2013), "such as autonomous lethal weapons or certain types of robo-traders, truly challenge basic pillars of today's legal systems", xiii.

[114] 这些问题还涉及第3章中讨论的人工智能的言论自由保护问题。

[115] 需要明确的是，本书所界定的人工智能的性质并不是其固有的，还应允许其独立发展上述特性。但若人工智能技术中期沿着近年趋势发展下去，则融合了独立发展能力的技术（如深度学习）仍将成为人工智能的特性。而独立适应性（adapting independently）是其他人界定的人工智能的关键部分。例如，王培（Pei Wang）认为智能是"一个系统在缺乏足够知识和资源的情况下适应环境的能力"，"具有根据经验行事的自适应方法，这样的系统可能会在设计者无法预先确定其行为的情况下发挥效用"。(Pei Wang, "The Risk and Safety of AI", *NARS: An AGI Project*, at https://sites.google.com/site/narswang/EBook/topic-list/the-risk-and-safety-of-ai, accessed 1 June 2018.)。See also Pei Wang, *Rigid Flexibility: The Logic of Intelligence* (New York: Springer, 2006).

[116] Nils J. Nilsson, *Introduction to Machine Learning: An Early Draft of a Proposed Textbook* (2015), at https://ai.stanford.edu/~nilsson/MLBOOK.pdf, accessed 1 June 2018.

[117] 很多人引用说是塞缪尔给出了这个定义，但他在何处、何时、何地以及实际上是否曾写过或说过这句话，并不明确。See, for example, Andres Munoz, "Machine Learning and Optimization", *Courant Institute of Mathematical Sciences* (2014),1, at https://www.cims.nyu.edu/~munoz/files/ml_optimization.pdf, accessed 1 June 2018.

[118] "Report: Evolvable hardware, 'Machines with Minds of Their Own'", *The Economist*, 22 May 2001, at http://www.economist.com/node/539808, accessed 1 June 2018.

[119] Andrew Ng, "CS229 Lecture Notes: Supervised Learning", Stanford University, at http://cs229.stanford.edu/notes/cs229-notes1.pdf, accessed 1 June 2018. 半监督学习类似于监督学习，只是并不是所有的训练数据都有标签。

[120] Jean Francois Puget, "What Is Machine Learning?", IBM Developer Works, 18 May 2016,

at https://www.ibm.com/developerworks/community/blogs/jfp/entry/What_Is_Machine_Learning?lang=en, accessed 1 June 2018.

[121] Margaret Boden, *AI: Its Nature and Future*, (Oxford: OUP, 2016), 47. Emphasis original. See also Zoubin Ghahramani, "Unsupervised Learning", *Gatsby Computational Neuroscience Unit, University College London*, 16 September 2004, at http://mlg.eng.cam.ac.uk/zoubin/papers/ul.pdf, accessed 1 June 2018.

[122] Ibid., Ghahramani, 3.

[123] Quoc V. Le, et al., "Building High-Level Features Using Large Scale Unsupervised Learning", in *Acoustics, Speech and Signal Processing (ICASSP)*, 2013 IEEE International Conference, 2013. 底层神经元是用"模型并行"和异步 SGD（定义如下）技术来训练的。作者总结道："我们的研究表明，利用完全未标记的数据，训练神经元对高级概念具有选择性是可能的。在我们的实验中，我们通过在 YouTube 视频的随机帧上训练，获得了具有人脸、人体和猫脸探测器功能的神经元。这些神经元自然地捕捉复杂的不变性，如面外不变性和尺度不变性。"

[124] Andrew Ng, "Unsupervised Learning", Coursera Stanford University Lecture Series on Machine Learning, at https://www.coursera.org/learn/machine-learning/lecture/olRZo/unsupervised-learning, accessed 1 June 2018.

[125] Richard S. Sutton and Andrew G. Barto, *Reinforcement Learning: An Introduction*, Vol. 1, No. 1 (Cambridge, MA: MIT Press, 1998), 4.

[126] Ian J. Goodfellow, Jean Pouget-Abadie, Mehdi Mirza, Bing Xu, David Warde- Farley, Sherjil Ozair, Aaron Courville, Yoshua Bengio, "Generative Adversarial Nets", ar. Xiv:1406.2661v1 [stat.ML] 10 Jun 2014, accessed 16 August 2018. 古德费罗后来解释说，他的洞察力是在和同事酒后争吵产生的。See Cade Metz, "Google's Dueling Neural Networks Spar to Get Smarter, No Humans Required", *Wired*, 4 November 2017, at https://www.wired.com/2017/04/googlesdueling-neural-networks-spar-get-smarter-no-humans-required/, accessed 16 August 2018。

[127] Yann LeCun, "Answer to Question: What are Some Recent and Potentially Upcoming Breakthroughs in Deep Learning?", *Quora*, 28 July 2016, at https://www.quora.com/What-are-some-recent-and-potentially-upcoming-breakthroughs-in-deep-learning, accessed 16 August 2018.

[128] Andrea Bertolini, "Robots as Products: The Case for a Realistic Analysis of Robotic Applications and Liability Rules", *Law Innovation and Technology*, Vol. 5, No. 2 (2013), 214–247, 234–235.

[129] 参见第 1 章之 1.5 及注释 [111]. AlphaGo 的升级版 "AlphaGo Master" 在 2017 年 5 月以三局之利击败了当时世界排名第一的人类选手柯洁。See "AlphaGo at the Future of Go Summit, 23–27 May 2017", DeepMind website, https://deepmind.com/research/alphago/alphago-china/, accessed 16 August 2018.

[130] Silver, et al., "AlphaGo Zero: Learning from Scratch", DeepMind website, 18 October 2017, https://deepmind.com/blog/alphago-zero-learning-scratch/, accessed 1 June 2018. See also the paper published by the DeepMind team: David Silver, Julian Schrittwieser, Karen Simonyan, Ioannis Antonoglou, Aja Huang, Arthur Guez, Thomas Hubert, Lucas Baker, Matthew Lai, Adrian Bolton, Yutian Chen, Timothy Lillicrap, Fan Hui, Laurent Sifre, George van den Driessche, Thore Graepel and Demis Hassabis, "Mastering the Game of Go Without Human

Knowledge", *Nature*, Vol. 550 (19 October 2017), 354–359, at https://doi.org/10.1038/nature24270, accessed 1 June 2018.

[131] Silver, et al., "AlphaGo Zero: Learning from Scratch", DeepMind website, 18 October 2017, https://deepmind.com/blog/alphago-zero-learning-scratch/, accessed 1 June 2018.

[132] Matej Balog, Alexander L. Gaunt, Marc Brockschmidt, Sebastian Nowozin, and Daniel Tarlow, "Deepcoder: Learning to Write Programs", Conference Paper, International Conference on Learning Representations 2017, at https://openreview.net/pdf?id=ByldLrqlx, accessed 1 June 2018. See also Alexander L. Gaunt, Marc Brockschmidt, Rishabh Singh, Nate Kushman, Pushmeet Kohli, Jonathan Taylor, and Daniel T. Terpret, "A Probabilistic Programming Language for Program Induction", Cornell University Library working paper, abs/1608.04428, 2016, at http://arxiv.org/abs/1608.04428, accessed 1 June 2018。

[133] Matt Reynolds, "AI Learns to Write Its Own Code by Stealing from Other Programs", *New Scientist*, 22 February 2017, at https://www.newscientist.com/article/mg23331144-500-ai-learns-to-write-its-own-code-by-stealing-from-other-programs/, accessed 1 June 2018. 也有人反对使用"窃取"这样的表述，see Dave Gershgorn, "Microsoft's AI Is Learning to Write Code by Itself, Not Steal It", *Quartz*, 1 May 2017, at https://qz.com/920468/artificial-intelligence-created-by-microsoft-and-university-of-cambridge-islearning-to-write-code-by-itself-not-steal-it/, accessed 1 June 2018.

[134] Fan Long and Martin Rinard, "Automatic Patch Generation by Learning Correct Code", in *Proceedings of the 43rd Annual ACM SIGPLAN-SIGACT Symposium on Principles of Programming Languages*, 298–312, at http://people.csail.mit.edu/rinard/paper/popl16.pdf, accessed 1 June 2018.

[135] Marcin Andrychowicz, Misha Denil, Sergio Gomez, Matthew W. Hoffman, David Pfau, Tom Schaul, Brendan Shillingford and Nando de Freitas, "Learning to Learn by Gradient Descent by Gradient Descent", ar. Xiv:1606.04474v2 [cs.NE], at https://arxiv.org/abs/1606.04474, accessed 1 June 2018. See also Sachin Ravi and Hugo Larochelle, Twitter, "Optimisation as a Model for Few-Shot Learning", *Published as a Conference Paper at ICLR 2017*, at https://openreview.net/pdf?id=rJY0-Kcll, accessed 1 June 2018.

[136] Andrew Ng, Jiquan Ngiam, Chuan Yu Foo, Yifan Mai, Caroline Suen, Adam Coates, Andrew Maas, Awni Hannun, Brody Huval, Tao Wang and Sameep Tando, "Optimization: Stochastic Gradient Descent", Stanford UFLDL Tutorial, at http://ufldl.stanford.edu/tutorial/supervised/OptimizationStochasticGradientDescent/, accessed 1 June 2018.

[137] Carlos E. Perez, "Deep Learning: The Unreasonable Effectiveness of Randomness", *Medium*, 6 November 2016, at https://medium.com/intuitionmachine/deep-learning-theunreasonable-effectiveness-of-randomness-14d5aef13f87, accessed 1 June 2018.

[138] 参见本书第 1 章之 1.5。

[139] See also Sundar Pichai, "Making AI Work for Everyone", Google Blog, 17 May 2017, at https://blog.google/topics/machine-learning/making-ai-work-for-everyone/, accessed 1 June 2018.

[140] 目前，许多人工智能系统还需要进行大量的人工微调，许多在此领域致力于取得重大成果的公司为此耗费巨大。因此，减少人类参与的哲学范式可能会因实际和经济限制而放缓。

[141] 根据《欧盟产品责任指令》（EU Product Liability Directive 85/374/EC）第 3 条的规定，"生

产者"的定义十分广泛，包括任何通过在产品上标上自己的姓名、商标或其他区别性特征来表明自己是生产者的人；任何将有缺陷的产品、组件或原材料进口到欧盟市场的进口商；无法确定生产商的任何供应商（例如零售商、分销商或批发商）。

[142]　有关此类产品责任制度作为确立人工智能责任的可能方式，本书第 3 章之 2.2 将作进一步讨论。

[143]　See, for a summary, European Medicines Agency, "The European Regulatory System for Medicines: A Consistent Approach to Medicines Regulation Across the European Union" (2014), at http://www.ema.europa.eu/docs/en_GB/document_library/ Leaflet/2014/08/WC500171674. pdf, accessed 1 June 2018.

[144]　See T.E. James, "The Age of Majority", *American Journal of Legal History*, Vol. 4, No. 1 (1960), 22, 33, which notes that this concept has been applied across different cultures for millennia.

[145]　换句话说，这是人工智能实体成为"权利人"（Tr.ger von Rechten）的时刻。See Andreas Matthias, Automaten als Träger von Rechten (Berlin: Logos, 2010); Andrea Bertolini, "Robots as Products: The Case for a Realistic Analysis of Robotic Applications and Liability Rules", *Law, Innovation and Technology*, Vol. 5, No. 2 (2013), 214–247, 223. See also Peter M. Asaro, "The Liability Problem for Autonomous Artificial Agents", Ethical and Moral Considerations in Non-human Agents, 2016 AAAI Spring Symposium Series. See also David C. Vladeck, "Machines Without Principals: Liability Rules and Artificial Intelligence", *Washington Law Review*, Vol. 89 (2014), 117–150, esp. at 124–129.

第 3 章

人工智能的责任

如果说人工智能是一种独一无二的法律现象，那么接下来的问题就是我们应该如何加以应对。本章及后面两章将分三步作出回应。本章从损害赔偿责任以及如何归置人工智能产出积极成果（例如创意作品的著作权）来讨论人工智能的责任问题。第 4 章将讨论赋予人工智能权利的潜在的道德依据。第 5 章将结合第 3 章和第 4 章所提出的共同问题，论证法律上的人（a legal person）是由"一束权利和义务"组成的，从而为人工智能提出的法律人格问题提供一个圆满务实的解决方案。

当人工智能造成损害或创造价值时，可以采用各种法律机制来确定由谁负责，并无统一的"标准"答案（"silver bullet" answer）。本章将探讨世界各国现行法律如何适用于人工智能，以及可能需要做哪些优化。

1 私法和刑法

大多数法律体系区分刑法和私法，将二者适用于人工智能均会产生相应的法律后果。

　　私法调整人与人之间的法律关系，涉及权利的产生、变更与消灭。[1] 许多私法关系都具有自愿性。例如，人们通常可以选择是否签订合同，但是一旦签约，它就会具有法律约束力。

　　在私法中，权利和义务通常成对出现，例如一方的债务就是另一方的债权。[2] 威慑不法行为是私法和刑法的共同目的，私法的另一个目的是确保权利得到保护，当事方获得损害赔偿。[3] 私法中通常的救济方式是向无辜方支付赔偿款，其他救济方式还包括要求被告方实施或停止某种行为等。[4]

　　刑法可以说是社会对付违法者的最强大武器。刑法通常由国家强制执行，无论犯罪者个人是否明确同意受刑法约束，刑法对其都予以适用。刑法有多种目的，包括表明国家不赞成某些行为，报复、威慑犯罪行为，保护整个社会。[5] 如果一个人犯罪，通常会受到监禁和（或）罚金刑等惩罚。有些法律制度仍然实行"体罚"，包括让罪犯感到疼痛、令其致残，甚至将其杀死。[6]

　　被认定为犯罪是社会对某种行为最严厉的谴责。[7] 因此，在个人罪责或应受责罚方面，认定有罪的条件往往比私法的要求更为严格。在刑法中，可能还需要更高的举证责任来证明有罪。与民事侵权责任或合同责任不同，被认定有罪通常会对个人产生持久的影响。定罪会导致社会污名化和永久性地失去行为能力（legal disabilities）。在一些国家和地区，罪犯被禁止参加投票和行使其他的公民基本权利。[8] 实际上，美国在其宪法第十三修正案中虽然从整体上废除了奴隶制和强迫劳役制度，但仍然将其"作为对犯罪行为的惩罚措施"。

2 私　法

　　与人工智能有关的私法义务最有可能有两个来源 [9]：民事不法行为 [10]（civil wrongs）和合同。[11] 民事不法行为是指一方的合法权利受到了另一方的侵害。[12] 如果戴米恩（Damien）从酒店房间的窗户扔出一台电视，不幸砸伤了大街上的行人查尔斯（Charles），戴米恩侵犯了查尔斯在街上和平行走的权利和（或）他的身体健康权，这是对查尔斯实施的不法侵害。根据私法，查尔斯可以要求戴米恩赔偿损害。[13]

合同则是以协议为基础的。假如伊夫林（Evelyn）同意向弗雷德里卡（Frederica）出售一辆新车，但交付了一辆二手车，那么弗雷德里卡可能会起诉伊夫林违反了他们之间的协议。反之，如果伊夫林如约交付新车，但弗雷德里卡拒绝付款，那么伊夫林也可根据他们之间交易的承诺起诉弗雷德里卡。

在民事不法侵害中，责任主要包括过失责任（negligence liability）、严格责任（strict liability）、产品责任（product liability）以及替代责任（vicarious liability）等类型。我们将依次讨论这些问题。

2.1 过失责任

过失行为是指不合规定标准的行为。[14] 在英国著名的多诺霍诉史蒂文森（Donoghue v. Stevenson）案中，瓶装姜汁啤酒的生产商被要求向一名女士支付赔偿金，因为她喝了一瓶被告生产的啤酒，结果发现瓶内有一只死蜗牛，而后她就病倒了。[15] 生产商被认为对任何可能合理预期打开瓶子的人都负有照顾责任，即使他们之间并无直接的合同关系。[16] 判决解释说："……当你可以合理地预见你的作为或不作为将损及邻人时，你应采取合理的注意措施，以避免造成损害。""邻人"（"neighbours"）被界定为"受我的行为的影响如此密切和直接的人，以至于我应该合理地虑及他们"[17]。

法国[18]、德国[19]和中国[20]等诸多不同的法律体系中也都存在类似的规则。

2.1.1 过失法（Law of Negligence）如何适用于人工智能

如果造成了损害，第一个问题就是，是否有人有义务不造成损害或防止这种损害的发生。割草机器人的所有者可能对割草机附近的任何人都有责任，比如有义务确保人工智能割草机不会误入邻居家的花园割掉他们家种植的玫瑰花。

第二个问题是，是否违反了这种义务。如果割草机的所有者在这种情况下采取了合理的预防措施，那么即使割草机造成了损害，他也将被免除责任。比如，邻居在未经割草机所有者许可的情况下，在自家花园中使用时造成了损害，那么所有者就有足够的理由认为，该损害并非由他违反了任何义务引起的。

第三个问题是，违反了这种义务是否造成了损害。如果割草机是由于所有者的疏忽而滚向邻居的花园，但在花朵受损前，一辆汽车突然从道路上冲出，撞坏了邻居的玫瑰花坛，那么割草机的所有者虽然可能违反了保持机器受控的注意义务，但是由于驾车者的介入行为，该损失并不是由割草机的所有者违反义务造成的。

在有些法律体系中，还存在第四个问题，即损害是否属于可以合理预见的类型或程度。重新栽植玫瑰的成本一般是可以预见的，应当获赔，但如果邻居因此而错过了奖金丰厚的玫瑰种植大赛，则奖金损失可能不会获赔。

在上述情况下，所有者也许并非唯一承担注意义务的人。这也适用于人工智能的设计者，或者是人工智能的教育者或培训者（如果有的话）。例如，如果人工智能的设计存在根本性缺陷（比如将儿童当作要铲除的杂草），那么设计师可能就违反了安全设计机器人的义务。

2.1.2 过失责任的优点

注意义务可依具体情形而调整

注意义务可以根据具体情形而提高或降低。[21] 这意味着过失法则可以考虑适用于人工智能不断变化的应用场景。[22] 当我们沿着单一功用的狭义人工智能向广义人工智能不断推进时，过失法则的这一功能将变得越来越有用。

根据经验法则（rule of thumb），可以将发生损害的概率乘以潜在损害的严重性，从而计算出应采取的预防措施。[23] 例如在运输核废料时，应采取高度的预防措施，因为尽管核泄漏的可能性非常低，但危险性极高。有时法院还会考虑某项活动可能给社会带来的好处：与没有公共利益的危险活动相比，有益但有风险的活动可能会得到更宽容的对待。例如，警察追捕逃犯时承担过失责任的可能性要比窃车兜风的人承担过失责任的可能性要小得多，因为前者的活动对社会有益，而后者没有。[24]

过失责任的这些功能很有帮助，可以促使带来巨大危害的人工智能系统的生产者、经营者和所有者采取最大的预防措施。因此，过失责任（至少在理论上）可以避免产生不必要地抑制创新和发展的限制性规则。

谁有注意义务具有灵活性

谁可能存在过失，并没有一个固定的名单。认识到这一点很有用，因为与人工智能互动的人可能会因时而异，并且可能一开始就无法预测。此外，许多可能受到人工智能所作所为影响的人与人工智能的创建者、所有者或控制者事先并无合同关系。[25] 例如，具有智能功能的配送无人机（delivery drone）在前往目的地过程中可能会接触到各种各样的人和物，如果它能够设计自己的飞行路线并在无须人工干预的情况下进行调整，情况会更加复杂。

注意义务可以是自愿的，也可以是非自愿的

引起潜在责任的义务可能是故意履行的，也可能是由人的危险活动引起的。假如有个叫胡安（Juan）的人在街上一边行走一边耍刀，那么无论他是否愿意，他对路人都负有注意义务。

如上所述，合同责任要求当事人同意承担责任。如果人们只在决定要对人工智能负责时才对其负责，这将不能为受人工智能活动影响的第三人提供保护。过失责任的非自愿性是有益的，因为它鼓励任何特定法律体系中的主体对所有其他参与者给予更多的关注，而不是单纯追求利益最大化。换言之，承担过失责任的可能性会促使主体考虑其行为的外部性，并确实将这些外部性纳入成本计算（至少在能够准确计算此类风险的情况下）。

2.1.3 过失责任的缺点

我们如何为人工智能的行为设定标准

过失法的关键问题通常是被告在这种情况下的行为是否符合该种情形中一个普通的理性人的行为标准。在旧时的英国案例中，法官通过探究一个虚构的"克拉帕姆公共马车上的人"（"man on the Clapham Omnibus"）是否会做同样的事情来阐明这一思想。[26]

然而，当将理性人标准适用于使用人工智能的人时，就会有问题产生，适用于人工智能本身更是如此。

一个办法是，弄清在这种情况下，人工智能的理性设计者或用户可能做了些什么。[27]例如，将自动驾驶汽车设置为在比较通畅的高速公路上以完全自主模式运行，而不是在繁忙的城市环境中行驶，可能是理性的。[28]设计者可能会给人工智能配备"健康警示"（"health warnings"），规定哪些操作是不可取的。[29]这也许是一个不错的短期解决办法。但是，当人工智能处于无人操作的情况下时，责任认定就比较困难。此外，以错误的方式使用人工智能可能是导致损害的唯一因素。一个为特定目的而设计的人工智能体，即使在该领域使用，也可能由于某种形式的不可预见的发展而造成损害。人工智能试图实现既定目标而造成损害的一个设想例是，智能烤面包机为了尽可能多地烤面包而烧毁一栋房子。[30]导致失败的方式越是不可预测，就越难抛开严格责任形式追究人工智能用户或设计师的责任。

为了解决这些问题，瑞安·艾博特（Ryan Abbot）提出，如果制造商或零售商能够证明，自主的计算机、机器人或机器比理性人更安全，那么，供应商只应承担过失责任，而不是对自主性实体（autonomous entity）造成的损害承担严格责任。[31]艾博特将判断过失的重点放在人工智能的"行为而不是其设计上，从某种意义上讲，是把计算机侵权行为人视为人而不是产品"[32]。艾博特认为，过失将根据"理性计算机"（"reasonable computer"）标准来确定，即"在某种特定情况下，确定计算机有多大可能去做什么"[33]。艾博特建议通过

"考虑行业惯用的、平均的或最安全的技术"来确立该标准。[34]

在实践中，适用"理性计算机"标准可能会非常困难。一个通情达理的人是很容易想象的，法律设定客观行为标准是以所有人都持相似的观点为出发点的。更确切地说，法律假定我们具有共同的生理机制，因此具有一定的能力和局限性。有些人可能比其他人更勇敢、更聪明或更强壮，但在制定过失标准时，这些差异并不重要。另外，人工智能存在异质性（heterogeneous）：创建人工智能有许多不同的技术，而且未来还会出现更多的新技术。对所有这些非常不同的人工智能实体适用相同的标准可能是不合适的。

最后，过失法中对某些理性标准的判断与人类的操作方式相关联，而这种方式可能并不适用于人工实体。例如，在英国法律中，如果一名医生采用了当时被医学鉴定机构认为适当的治疗方法，即使其他医疗专业人员不同意，她也不必承担过失责任。[35] 这种判断是否适用于医学人工智能，是一个悬而未决的问题，我们可以合理地预期，它不仅可以像医生一样安全，而且甚至更安全，就像我们预期的自动驾驶汽车比人类驾驶的汽车更安全一样。[36]

依赖可预见性

过失法则依赖可预见性（foreseeability）这一概念，它通过查问"是否可预见此人会受到伤害"来确定潜在的索赔人的范围，通过查问"什么类型的损害是可预见的"来确定可填补的损害范围。如第 2 章所述，人工智能的行为可能变得越来越不可预见，除非其可能达到了非常高的抽象和通用水平。[37] 因此，让一个人对人工智能的任何和所有的行为负责，而不那么关注人的过错（通常是过失），这更像是一个严格责任或产品责任制度。下文将进一步讨论。

2.2 严格责任和产品责任

严格责任是指不论当事人有无过错都须负责。这当然是有争议的，它放弃了对责任承担的任何心理要求，削弱了人的能动性的基本观念——理解行为后果并规划其行为的能力。[38] 严格责任确立的理由包括：确保受害者得到适当赔偿，鼓励从事危险活动的人采取预防措施[39]，并将此类活动的成本交由那些对此获益最多的人承担。[40]

"产品责任"是指当某一产品造成损害时确定谁承担责任的制度。通常，被追究责任的一方是该产品的"生产者"，但也可能包括中间供应商。[41] 重点是产品的缺陷，而不是个人的过失。[42] 这些制度在 20 世纪下半叶开始流行[43]，特别是为了应对日益复杂的供应链以及涉及大规模生产的有缺陷产品的丑闻，其中最著名的是治疗孕妇"晨吐"的药物沙利度胺（Thalidomide），它对新生儿造成了严重的身体残疾。[44]

这里着重介绍两个最成熟的产品责任制度[45]：欧盟 1985 年《产品责任指令》[46] 和《美国侵权法第三次重述：产品责任》。[47]

在欧盟，缺陷的判断标准在某种程度上是开放的。判断一种产品存在缺陷，需要考察以下所有情况，"包括（a）产品说明；（b）产品能够投入合理预期的使用；（c）产品投入流通的时间"，从而认定"产品不能给人可以期待的安全性"[48]。《美国侵权法第三次重述：产品责任》采用了一种稍微结构化的方法。[49] 该制度规定的缺陷必须至少属于以下三种类别之一[50]：（a）设计缺陷，（b）说明或警示缺陷，和 / 或（c）制造缺陷。

这些规则绝不是美国和欧洲独有的。例如，1993 年《中华人民共和国产品质量法》（2018 年修订）同样规定，产品不得有任何危及人身和财产安全的不合理的危险。[51] 另一个例子是日本的《产品责任法》（1994 年第 85 号法律）。[52]

2.2.1　产品责任如何适用于人工智能

假设阿尔法有限责任公司（Alpha Ltd.）为自动驾驶汽车设计了人工智能光学识别技术，并将该技术提供给布拉沃股份有限公司（Bravo Plc.），后者将其用于汽车制造。各方都不知道的是，该技术无法将蓝漆和近似的天空颜色区分开来。查理（Charlie）以自动驾驶模式驾驶着新购的布拉沃牌汽车，途中一辆天蓝色的卡车迎面驶来，而车辆无法识别该障碍物。两车相撞，查理当场身亡。[53] 查理的家人可以向人工智能的原始生产者阿尔法有限责任公司提出索赔（除布拉沃有限责任公司外，阿尔法有限责任公司是更直接的供应商）。实际上，只要是不合格产品的一部分，查理的家人就可以向供应链上任何环节的供应商包括零部件或原材料的供应商索赔。

2.2.2 产品责任的优点

确定性

产品责任制度预先规定了由哪一方负责。这对受害者很有帮助，受害者不必根据各方当事人的相应过失而寻求赔偿，相反，一旦找到了人工智能的供应商或生产商，它们将对受害者承担100%的赔偿责任。供应商或生产商有责任寻找其他责任方，并向其追偿相应的责任份额。

从人工智能的供应商或生产商的角度来看，确定令其承担主要责任，可以使其进行更精确的计算。因此，损害风险可以计入产品的最终成本，也可以在公司的会计预算和投资者的信息披露（如招股说明书中的"风险因素"）中予以提供。

鼓励谨慎、安全地开发人工智能

严格的产品责任可以鼓励人工智能开发者设计出具有严格的安全和控制机制的产品。即使在人工智能将以不可预见的方式发展的情况下，人工智能的设计者或生产者仍然可能会被认为是理解和控制风险的最佳人选。[54]

迈克尔·吉米尼亚尼（Michael Gemignani）在1981年写了以下关于计算机的文字，可以说，同样的道理对于人工智能而言甚至更为合适：

> 当计算机刚开始发展时，它被证明与原子能一样，既对人类有益，也可能存在潜在危害。如果严格的侵权责任会使计算机硬件和软件制造商在开发最终产品的竞争中更加谨慎和周全，仅此即可证明其适用的合理性。[55]

2.2.3　产品责任的不足

人工智能是产品还是服务

产品责任制度之名是因为其与产品而非服务有关。许多论者认为，产品责任制度将适用于人工智能，而无须审查其是一种商品还是一种服务这一重要的先决问题。[56] 在欧盟，1985 年《产品责任指令》第 2 条将产品定义为"所有动产"，这表明该制度仅适用于实物类商品，因此，（产品）可能会包括机器人，但可能不会包括某些基于云的人工智能。

就产品责任而言，是否将书籍或地图等媒体中包含的信息视为"产品"？对此过去一直存在争议。在美国 1991 年温特诉普特南之子案[57]（Winter v. G. P. Putnam's Sons）中，被告出版了一部《蘑菇百科全书》（*The Encyclopedia of Mushrooms*），书中将一种有毒蘑菇错误地介绍为可以食用。结果果然有人吃了这种蘑菇，而且病得很重。美国联邦第九巡回上诉法院对此审理认为，就产品责任制度的立法目的而言，书中的信息不是产品。虽然法院确实没有顺便说将"无法产生其设计结果的计算机软件"视为一种产品而受产品责任法的约束，但是，该判决是在 1991 年作出的，因此可以合理地假设，法院如果说了，那其所指的也是传统的计算机程序，而不包括具有人工智能功能的程序。

将人工智能纳入产品责任制度适用对象的问题在欧盟和美国以外的国家（地区）同样存在。日本政府内阁办公室人工智能咨询委员会（Japanese Government's Cabinet Office Advisory Board on AI）成员新波文雄（Fumio Shimpo）写道："作为当前法律困境的一个例子，我将向读者介绍一个由不准确信息或软件缺陷导致的机器人事故。目前，对信息本身的产品责任的质疑，是造成这起事故的主要原因，因其不在日本现行《产品责任法》的范围之内。"[58]

在某种程度上，人工智能根据用户的个性化输入生成定制的建议或输出，看起来更像是服务的范例，而不是产品。鉴于这种不确定性，欧盟委员会（欧盟管理机构内的三个立法机构之一）公布了一项《产品责任指令》评估项目。该项目于 2017 年 7 月完成，评估目标包括"……评估该指令是否适合物联网和自治系统等新技术的发展"[59]。它调查的问题包括"应用程序和非嵌入式软件或基于物联网的产品是否被视为符合指令目的的'产品'"，以及"根据指令，先进机器人的非预先设定的自主行为（an unintended, autonomous behaviour）是否可以被视为'缺陷'"。

受访者包括消费者、生产者、公共当局、律师事务所、学术界和专业协会。[60] 调查结果于 2017 年 5 月公布。[61] 对于"根据您的经验，关于缺陷产品责任，在适用《产品责任指令》时是否存在不确定性和（或）成问题"，35.42% 的受访者回答说，"是的，在很大程度上"，另有 22.92% 的受访者说，"是的，在中等程度上"。当被问及可能引起此类问题的产品的名称时，有 35.42% 的受访者同时提到了那些"基于算法和数据分析执行自动任务（如具有泊车辅助功能的汽车）"和"基于自主学习算法执行自动任务（人工智能）"的事物。[62] 在撰写本书时，欧盟委员会仍在准备回应这一问题 [63]，但从目前的情况来看，似乎越来越清楚的是，如果《产品责任指令》的覆盖范围要以可预测的方式扩展到人工智能领域，或实际上完全扩展到人工智能领域，则需要对其进行改革。

假设产品一经发布即为静态

产品责任制度的假设是，产品一旦离开生产线，就不会以不可预测的方式继续发生变化。人工智能并不遵循这种范例。基于产品是静态的假设，美国和欧盟的产品责任制度受到多种抗辩事由的限制，但当这些抗辩事由适用于人工智能时，可能会被证明对人工智能的生产者过于纵容。在欧盟，对责任的免除情形包括：

> ……考虑到当时的情况，造成损害的缺陷很可能在他将产品投入流通时尚不存在，或者在他将产品投入流通时的科学技术知识状况尚不足以发现存在的缺陷……[64]

如果产品责任完全适用于人工智能，那么生产者很可能会越来越多地利用上述避风港来减少对消费者的保护。[65]

2.3　替代责任

法律制度有多种机制，可为一个人（"principal"，责任人）对另一个人（"agent"，行为人）的行为创设责任。[66] 在古代，一些文明区域已经设立了高度发达的标准来判定主人应对其奴隶的行为担责。[67] 随着 18 世纪后期奴隶制的消亡和工业经济的兴起，起初为奴隶制而发展起来的一些法律关系经过改造后重新适用。[68]

今天，替代责任也存在于雇主与雇员之间（有时仍被称为主仆关系）。[69] 当父母或老师等对子女或学生的行为负责时，也适用替代责任。[70]《法国民法典》第 1384 条规定的概括性条款对于调整自然人之间以及自然人与非自然人之间的关系十分恰切："任何人不仅对自己的行为造成的损害负赔偿责任，而且对应由其负责的人的行为或在其照管之下的物造成的损害负赔偿责任。"[71]

法律责任的范式是每个人都要为自己实施的自由、自愿和知情的行为负责。替代责任是该标准的例外，因为是行为人造成损害，却要其他人为此负责。这并不意味着行为人完全免责。通常情况下，行为人也应对其加害行为负责，但受害人可能会以责任人的财力雄厚为由，选择向责任人索赔。在向受害人支付了赔偿费用之后，责任人通常可以按照责任份额向行为人进行追偿。[72]

替代责任与严格责任这两个概念尽管相似，但也有明显不同，因为并非行为人的每项行为都会使责任人承担责任。就替代责任而言，首先必须是在责任人和行为人之间存在上述公认的某种特定关系（如雇佣关系）。其次，不法侵害行为通常必须发生在这种关系的范围内。[73] 英国最高法院最近在穆罕默德诉威廉莫里森超市连锁公司案 [74]（Mohamud v. WM Morrison Supermarkets Plc.）中作出判决，认为加油站所有者对其雇员的行为负替代责任：该雇员在客户要求使用打印机之后，对其进行恶性的种族主义袭击，使顾客遭受了损害。对于超市的这一责任，至关重要的是，尽管该袭击显然违反了雇佣合同的条款，但袭击与雇员的工作之间存在着"密切的联系"[75]。

此外，有些国家（如德国）的法律还要求，如果要承担替代责任，行为人必须采取了不法行为。因此，如果行为人并未实施不法行为（例如，加害行为因为缺乏可预见性而并不属于不法行为），则责任人不承担任何替代责任。

2.3.1 替代责任如何适用于人工智能

如果巡逻机器人在巡逻过程中袭击无辜公众，则使用巡逻机器人的警察可能会承担相应的责任。[76] 即使他们没有创建该机器人的智能系统，也会被认为是最应立即对机器人的行为负责和（或）从机器人那里受益的责任主体。警方可能不希望或不允许机器人发起袭击，但袭击发生在机器人的指定角色范围内。在某种意义上，机器人处于与奴隶类似的境遇——智能体的行为归属于责任人，智能体自身并不被视为具有完全的法律人格。

2.3.2 替代责任的优点

认可人工智能的行为人地位（Recognition of AI Agency）

替代责任在承认人工智能作为独立行为人与让当前公认的法律主体对其行为承担责任之间取得平衡。过失责任和产品责任往往将人工智能表征为客体（object）而非行为人（agent），替代责任却与此相反。因此，人类无法预见的人工智能的单方行为或自主行为（unilateral or autonomous actions），未必会切断责任人与损害之间的因果关系链。替代责任模式能将人工智能与其他人为形成的实体区分开来，因而与其独特功能更相适应。

2.3.3 替代责任的不足

未能澄清需要澄清的关系（No Clarity on the Relationship Needed）

替代责任通常仅限于行为人所从事的某一活动领域，这既是一个优点，也是一个缺点。这意味着，并非人工智能的每一个行为都必然要归咎于人工智能的所有者或操作者。因此，人工智能越是偏离其预定的任务，就越有可能责任落空。不过从中短期来看，人工智能（主要是狭义人工智能）将继续在严格限制的范围内运行，故这种担忧并不那么紧迫。

人工智能可以被视为"学生"、"儿童"、"雇员"或者"仆人"，而人类（或其他法律主体）可以被视为"教师"、"家长"、"雇主"或者"主人"。每一种关系模式在一方对另一方的责任范围和限度方面都有特殊的细微差别。然而，正如本书第 2 章末尾所指出的，到了某一个节点，侵权行为人（比如说孩子）不再需要其责任人（父母）为其行为承担责任了。我们需要弄清楚，人工智能何时从法律上与人类发生分离。

2.4 无过错事故赔偿计划

无过错事故赔偿计划（No-Fault Accident Compensation Scheme）向事故受害者支付赔偿金，无论其他人是否有过错。作为这种损害赔偿保障的必然结果，受害者通常将失去起诉任何可能造成其损害的人的权利。[77]

新西兰是唯一对所有事故实施这种制度的国家。[78]自 1974 年以来，新西兰一直这样做，从而取消了作为受害者赔偿和威慑加害行为的手段的侵权责任制度。新西兰计划的资金来源于不同"账户"中的一系列专项征税：工作、收入者、非收入者、机动车和（医疗）损害。通过征收或征税（levies or taxes）从每个相关选区筹集资金。[79]

负责该计划的政府机构新西兰事故赔偿公司解释说："您的征费用于支付治疗费、看病的医疗保健人员、康复计划和可能有助于您康复的设备……我们利用征费为您每天的生活提供帮助。这可能对在家中保育儿童或到学校和工作地点的交通运输提供帮助。这对您在家养育孩子或把他们送到学校以及您的工作都有帮助。"

对于习惯了造成伤害就要向受害者支付损害赔偿金的人来说，没有人要对人身伤害承担责任的想法似乎是违反直觉的，甚至是反常的。然而，至少在一些实施强制性保险的行业中，从经济效果来看，新西兰计划与传统侵权制度相比并无太大的差异。例如，在许多国家和地区，机动车驾驶员需要购买某种形式的第三方保险。这意味着，如果其他人受到驾驶员的伤害，则驾驶员的保险公司将支付驾驶员应承担的任何相关损害赔偿金。赔付的是保险人，而不是驾驶员个人，而保险公司支付的费用来自该国所有驾驶员提供的资金，从而将事故的费用分摊到整个社会。

2.4.1 无过错事故赔偿如何适用于人工智能

在新西兰，如果人工智能导致或促成了一场事故，将以与任何其他事故完全相同的方式受到对待：不需要向与人工智能有关的人提出索赔。相反，受害者会去医疗机构接受治疗。事故赔偿公司将为受害者提供支持和赔偿。在创收方面，对人工智能采取无过错赔偿的制度可能会对人工智能行业征收特别税（尽管界定此类行业可能存在困难）。

2.4.2 无过错赔偿的优点

激励安全操作

对新西兰计划的一个主要反对意见是，鉴于致害原因与支付方之间并无关联，该计划可能不足以阻止危险行为。尽管这种批评乍一听很有吸引力，但几乎没有证据表明新西兰计划导致了更多的侵权行为。[80] 在实践中，人们有动力去避免由纯粹经济因素以外的一系列社会因素对他人造成伤害。在"海法幼儿园"的实验中，一组家长因未能按时到日托中心接孩子而受到处罚，每次家长迟到都会被处以小额罚款。罚款一执行，家长的缺勤率不低反高。人们认为，造成这种令人惊讶的现象的原因是，按时接孩子的强烈的道德诱因被较弱的经济诱因取代了。[81]

事故赔偿公司力图在预防的基础上形塑人们的行为，以免造成伤害。它没有采取损害赔偿作为威慑手段，而是采取了一系列预防措施，包括与学校合作教给儿童急救和安全知识，以及采取措施改善工作场所的健康环境和提高生产力。

避免法律责任问题

无过错赔偿计划完全回避人工智能行为的因果关系和可预见性，绕开了本章中强调的这些复杂法律问题。如果不需要任何个人或组织承担责任，那么就不需要任何法律理论将其与事故联系起来。无过错赔偿结合了产品责任或纯严格责任的简单性和确定性，且通过排除让个人承担损害来避免其任意性（arbitrary nature）。相反，这是由整个社会（或者至少是相关行业）集体负担。

2.4.3　无过错补偿的缺点

难以扩大规模

需要说明一下新西兰计划在规模上的意义。新西兰是一个只有大约 470 万人口的国家[82]，在 2016 年共有 170 万起索赔案件，通过该计划花费了 23 亿新西兰元（约合 11.6 亿美元）。[83]

对于像新西兰这样的小国而言，这套体系是可以管理的。规模经济不是没有可能，"大数据"处理技术的出现可能使执行这种工作任务变得更加容易。然而，将这一方案扩大到拥有千万甚或上亿公民的国家是否可行，则不无疑问。

政治异议

即使在逻辑上和经济上都可以实行无过错赔偿计划，那些出于意识形态考虑而热衷于看到一个小国而不是一个大国的政客和公众，也可能强烈反对建立如此庞大而强有力的政府管理项目的想法。因而，尽管新西兰已开先河，但 40 多年来只有少数其他国家采取了类似的制度。[84]

是否仅限于人身损害赔偿

新西兰计划的一个主要限制是，它只对人身损害（及一些精神损害）进行补偿，而遗漏了两个重要方面：第一，对财产损害的补偿；第二，对与人身伤害没有直接关系的经济损失（"纯经济损失"）的补偿。人工智能的应用范围越来越广，这意味着它所造成的危害将不限于人身损害。如果一个人工智能交易程序将一家公司的所有资金投资于一种不稳定的商品或金融工具，比如比特币（Bitcoin），那么根据新西兰计划，受害者将得不到任何赔偿，他们将不得不通过以上及以下论及的过失责任、产品责任或合同等其他机制进行索赔。

2.5 合　同

合同是一个具有法律约束力的协议（agreement），或一系列的允诺（promises）。[85] 并非所有的允诺在法律上都是可执行的，比如约朋友吃饭的承诺不可能具有合同效力。为了区分单纯的允诺和合同，法律制度规定了一系列要求。这些规定有的要求以书面形式订立合同[86]，有的要求交换有价值的物品。[87]

2.5.1 合同如何适用于人工智能

确定由谁负责

典型的情况是，两个或两个以上的当事人签订正式协议，以确定谁将对人工智能的相关行为承担法律责任。通常，作为对付款的回报，产品或服务的销售者将对其销售内容作出一系列允诺（有时称为陈述和担保）。[88]

合同可以减少也可以增加一方的责任。协议中的条款可以排除针对所有或某些类型损害的责任，也可以限制赔偿金额。如果人工智能误诊造成了病人损害，医疗人工智能诊断程序的销售者可以据此免除向购买该软件的医院的赔偿责任。反过来，人工智能的卖方可以同意支付买方因使用人工智能造成的损害赔偿。2015 年，沃尔沃公司的首席执行官宣布，公司将对其生产的汽车在自动驾驶时所造成的损害承担全部责任。[89] 很难说首席执行官的声明是否意在产生合同效力。不过，在英国的一个开创性的案例卡利尔诉卡波利烟丸公司案[90]（Carlill v. Carbolic Smoke Ball Company）中，被告公司在一张宣传海报上宣称，它将向任何使用其药丸但未治愈流感的人支付 100 英镑。这种宣传即被认定是有约束力的。准此以解，沃尔沃公司最终可能会兑现承诺。

人工智能有权自己订立合同吗

假设你在网上准备买一套新沙发，看到一家名为"SOFASELLER1"的供应商在出售一套你喜欢的沙发，你付了钱款，沙发就送来了。但是，如果"SOFASELLER1"是一个人工智能系统，又会怎样呢？

如果人工智能系统以代理人的身份代表委托人订立合同，那么在许多情况下，合同似乎会生效。事实上，这就是大量存在的在线交易，自动化程序代表个人和公司进行买卖。新波文雄指出，并非所有此类合同都受日本法律的约束；如果人工智能在未表明自己的身份的情况下诱使他人订立合同，则该合同可被视为"相当于要素错误"（《日本民法典》第 95 条），并有可能导致合同无效。[91]

如今，从日用消费品的买卖到金融工具的高频交易，已经有不少自动化合同系统在运行，这些目前都可以代表公认的法律主体签订合同。但也并非总是如此。区块链技术是一种自动记录系统，称为分布式分类账本。它的用途包括"自动执行"合同链，这些合同可以在不需要人工输入的情况下执行。这项技术已经由此产生了新的不确定问题，即相互连接的区块链系统中特定部分产生的责任应当如何承担。[92] 在没有委托人直接或间接指示而订立合同的情况下，法律制度如何处理此类协议所产生的责任尚不清楚；人工智能将会被要求具有法律人格以使法院能够执行此类合同，关于这种可能性将在本书第 5 章进一步讨论。

《联合国国际合同使用电子通信公约》（ United Nations Convention on the Use of Electronic Communications in International Contracts ）

已经有一些制定特别法律的尝试来解释计算机在订立合同中的作用，2005年《联合国国际合同使用电子通信公约》第 12 条规定：

> 通过自动电文系统与自然人之间的交互动作或者通过若干自动电文系统之间的交互动作订立的合同，不得仅仅因为无自然人复查或干预这些系统进行的每一动作或由此产生的合同而否定其效力或可执行性。

法律评论者乔尔卡（Čerkaa）、格里金阿（Grigienėa）和西尔比基特（Sirbikytė）则争辩说，该公约第 12 条"规定了以计算机的名义为计算机编程的人（无论是自然人还是法人）最终应对计算机生成的任何信息负责"。在此基础上，他们认为，在没有其他直接规定的情况下，该公约是确定人工智能责任的适当工具，因为"如此解释符合一项一般规则，即工具的主体对使用该工具所获得的结果负责，因为工具本身没有独立意志"[93]。

然而，第12条并不支持上述学术见解。[94]第12条表达的是一个否定性主张：不能仅仅因为缺乏审查而否定计算机生成合同的有效性。有学者提出了一个肯定性主张，要求每台计算机都有一个负责人，这样就改变了第12条的含义。即使第12条确实将人工智能的责任确定在"为其编程的人"身上，但如果人工智能能够独立于其初始阶段而学习和发展，从而以其自身的权利作为行为人，则这一规定的适用可能越来越成问题。[95]

2.5.2 合同责任的优点

尊重当事人的意思自治

合同为人类的行为主体及其选择提供了法律表达。因此，在许多经济体和法律体系中，合同自由被视为至高无上的价值。[96]

与上文所述的由法官或立法者作出风险分配政策决定的各种其他方案不同，合同允许当事人行使其自主权，以便在他们之间分配风险。可以对风险进行定价，这个价格可以反映在交易中。从理论上讲，这将导致根据市场力量最有效地分配资源。

2.5.3 合同责任的不足

合同只适用于有限的一组当事人

仅靠合同来规范人工智能责任存在的主要问题是，合同所调整的主体范围十分有限（这也被称为合同的"私密性"[97]）。合同仅在缔约双方之间或偶尔在有第三方受益人的情况下建立权利和义务。因此，在没有事先签订协议的情况下，无法用合同来确定责任问题。例如，在机动车道旁的人行道上行走而被无人驾驶汽车撞伤的行人，并未与过往车辆的设计者、所有者或经营者达成协议。

保密

合同当事人可以约定合同的内容，甚至对合同的存在加以保密。这有利于商家保护其交易免受竞争对手或公众的影响，不过，合同的私密性也有消极作用，它会使此类协议传递给其他市场参与者的信号效应最小化。[98] 如果缺乏某些当事人正在从事何种行为的确切信息，其他当事人将难以规制自己的行为。保密会阻碍发展协调一致的市场行为，每份赔偿协议都得当事人从头谈判，从而增加了成本。

人工智能公司会有强烈的动机来隐瞒有关损害赔偿责任的协议。如果被媒体报道存在这样的协议，可能暗示人工智能在某种程度上是不安全的。许多制度要求将某些交易例如与土地有关的交易，记录在公共登记簿上。解决保密问题的方法之一是公开有关人工智能责任的合同。对此的明显反对意见是，将这样的详细信息存储在公共登记簿上将是非常官僚主义的做法，而商业团体可能根据公认的法律原则（包括保密性和隐私权）拒绝这样做。区块链等分布式分类账本技术为如何将与人工智能相关的合同变成公共记录提供了一种选择。但是，除非法律要求，否则许多市场参与者似乎不太可能同意这种程度的公开监督。

准隐藏合同（Quasi-Hidden Contracts）

有关人工智能的合同在双方之间安排好的情况下最为有效，因为双方能够理解对自己具有约束力的义务，并能够权衡所采取立场的利弊。实际上，情况往往并非如此。

公众在没有意识到或有意识地同意这些条款的情况下，每天签订了许多不同的合同，例如我们乘坐公共汽车或地铁时所接受的运输条件 [99]，或者移动手机 APP 的用户在点击对话框表示他们接受之前通常会跳过的终端用户许可协议。许多表面上"免费"的服务是基于准隐藏合同而提供的。用户可能会使用诸如在线地图服务之类的实用程序，作为回报，他们通过合同表示同意服务提供者记录并使用其位置和搜索数据。当越来越多的此类个人数据协议引起消费者的注意时，他们有时会感到不安。如 2018 年 Facebook 的数据被剑桥分析公司（Cambridge Analytica）等第三方收集和使用的丑闻被曝光，引发各界关注。[100] 尽管媒体上有些人为制造的愤怒，但在大多数情况下，用户在多大程度上放弃了对其数据保密的权利，对于任何已经足够仔细地审视了他们同意的条款和交换条件的用户来说，都是可以发现的。

即使普通消费者没有时间或兴趣翻阅几十页措辞严密的法律文件，也往往存在保障消费者的权利不受剥削或不公平合同影响的"安全网"，这包括禁止不公平合同条款的立法[101]，或者要求消费者特别注意那些极其复杂的条款。[102] 如果与人工智能有关的合同对非专家公众的影响如此广泛，法律可能有必要对人们在不知不觉中签字放弃的权利加以限制或保障。

语言的局限性

使用合同管理人工智能责任的另一个缺点是，尽管此类法律协议对于计划在双方预测的情况下发生的事情非常有用，但对于确定在合同约定不明或未约定的情况下发生的事情没有多大帮助。由于双方没有就争议条款的含义达成共识，需要单独对其进行谈判，结果往往是当事人之间就此相互妥协。

至少对于书面协议而言，创新性的起草也许能够满足某些不确定性，但合同的刚性很可能难以适应人工智能的不可预测性。何况，解释合同措辞本身就是一项不确定性的作业。[103] 合同纠纷可以由法院去解决，但在作出裁决之前，都存在一定的不确定性。

2.6 保　险

保险是一种特殊类型的合同，当事人一方（保险人）同意支付一定数额的保险金；在较为罕见的情况下，如果发生某些事件，一方需采取措施以其他方式补偿另一方（被保险人）。通常，作为交换，被保险人将在指定的时间（如每月或每年）支付保费。保险是风险管理的一种形式，保险人借此承担某些事件发生的风险以换取保费。[104] 被保险人通常会支付相对于全部赔偿款而言较小的保费。事件发生的可能性越小，保费与支出的比率越低。一位住户每年可能要为一栋建筑物支付 500 美元的保险费，而如果该建筑物被诸如火灾之类的风险摧毁，则可能要损失 50 万美元。保险公司之所以受益是因为——假设他们计算准确——收入的保费净额会超过其支付给被保险人的金额。[105]

2.6.1 保险如何适用于人工智能

美国法官兼作家柯蒂斯·卡诺（Curtis Karnow）建议，处理人工智能责任的最佳方式是制订一项保险计划：

> 正如保险公司审查和验证人寿保险、汽车保险等的投保人一样，寻求智能体保险的开发商也可以将其提交给审核程序，如果审核成功，将根据智能体可能带来的风险进行报价。这种风险将通过一系列自动化技术进行评估：智能越高，风险就越高，保费也就越高，反之亦然。[106]

保险公司可以向潜在的被索赔者出售"第三方"保险（"third-party" policies），以保护其免受人工智能对他人造成损害之后的赔偿问题。他们还可以向潜在的受害者出售"第一方"保险（"first-party" policies），以确保其在受到人工智能伤害时获得赔偿。

在大多数活动和行业中，投保都是自愿的，而未投保的一方造成损害，然后逃逸或无法满足对其索赔的要求时，保险人不会对其进行赔偿。但也有一些明显的例外，例如强制性汽车保险[107]，这是法律根据汽车使用者人数多、汽车事故频发和决策者希望确保受害者能够获得迅速和确定的赔偿而规定的，在有过失的司机经济拮据的情况下尤为重要。[108]类似的政策考量很可能会使某种形式的人工智能保险，至少是覆盖第三人的风险，成为强制性保险。

2.6.2 个案研究：英国 2018 年《自动和电动汽车法》（UK Automated and Electric Vehicles Act 2018）

英国议会于 2018 年 7 月颁布了《自动和电动汽车法》。[109]该法将英国普通道路车辆的强制保险方案扩展到了自动驾驶汽车。该法第 2 节规定：

> （1）当——（a）由自动驾驶汽车引起的事故……（b）事故发生时该车辆被投保，并且（c）事故造成了被保险人或任何其他人的损害，保险

人应当承担赔偿责任。

该法第 2 节第 1 条的要点是明确规定，如果车辆已经投保，保险人将被要求为车辆在自动驾驶模式下驾驶时造成的事故提供保险。该法还将强制性保险从只涵盖对第三人的损害扩大到包括被保险人（通常是汽车驾驶员）的损害。这有助于增强法律的确定性，也会鼓励英国自动驾驶汽车产业的发展。但是，该法并未解决最终责任的基本法律问题。第 5 节第 1 条规定："因事故而对受害人负有责任的任何其他人，对保险人或车主负有同样的责任。"没有迹象表明这些其他责任人可能是谁。其结果是，谁对人工智能负有最终责任的难题被搁置了起来（"kicked down the road"）。

2.6.3 保险的优点

不可预测性风险的部分解决方案

保险法的实质是因应不确定情形。保险单保障当事方抗击自然灾害、无法治愈或使人衰弱的疾病之类的普遍性问题，以及故意破坏或恐怖袭击等人为事件。[110] 人工智能的不可预测性使它在其他法律领域很成问题，但对保险公司来说可能不成问题。通过以固定价格将损害成本转移给保险公司，当事人可以更加确定地规划未知风险。因此，保险单的成本可以写入投资者的财务预算中，并以其支付的价格传递给商品或服务的最终用户，从而将负担分散给整个市场参与者。

行为引导

保险通常对被保险人的行为具有引导作用，因为保险人有兴趣将损害风险降到最低。保险人可能要求被保险人采取某些行为，以使其保单保持有效。例如，财产保险中的保险人可能坚持要求门窗上有锁。关于人工智能，保险公司可以要求被保险方在设计和实施过程中遵守某些最低标准。[111]

2.6.4 保险的不足

依赖潜在的责任

保险并不改变潜在的法律责任，它只不过是将赔偿责任从加害人（如果有的话）那里转移到了保险人身上而已。[112]

如果人工智能的受害者对于被保险人没有索赔权，那么保险人就没有理由向受害者赔钱。保险只能通过前述关于责任和赔偿的其他各种私法理论（或者通过特定的立法介入——如英国 2018 年《自动和电动汽车法》）而确定的责任进行操作。一方当事人可能因其过失造成的损害或对其负有严格责任而被保险。这意味着，从受害者的角度来看，人工智能的所有者（控制者）购买的保险单只有在受害者能够向被保险人主张权利的情况下才有帮助。

一种解决办法是让不同的候选人分别为自己投保。因此，对于自动驾驶汽车，保险可能会由生产该汽车的公司（为方便起见，我们假设该公司是汽车人工智能系统的设计者）以及车主来承担。这样，如果一名驾乘人或另一名道路使用者因人工智能造成的撞车而受损，那么受害者至少可以确定他们将获得赔付，并且还可以进一步确定，被保险人只支付保险费。但是，这不能防止不同的保险人之间就赔偿责任产生龃龉，如果一家保险公司全额赔偿后又向其他保险公司进行追偿——比如根据英国 2018 年《自动和电动汽车法》第 5 节第 1 条之规定，可能就会出现这样的问题。

免责（Exceptions and Exclusions）

审慎的保险人会为其责任设定界限，它不会对由被保险人的故意或恶意行为（deliberate or wilful act）造成的损害承担赔偿责任。如果所有者故意将其建筑物点燃，建筑物的保险人将不会赔付。[113]

如果人工智能从事超出设定范围的活动（例如使用送货机器人从事礼宾服务），保险人可能会寻求免除责任。被保险人的人工智能越不可预测，保险人就越难以评估和确定可能造成的损害价额。这是否会使保险价格过高，尚待观察。正如美国最近推行的医疗保险交易实践所表明的那样，政府要迫使保险人进入它们认为在经济上不可行的市场，是极其困难的。[114]

3 刑 法

一种行为可能同时导致民事责任和刑事责任。一般而言，刑法规定更严格的惩罚措施，要求行为人具有更高程度的过错。刑事责任通常不仅要求实施了某种应受惩罚的行为（犯罪行为），而且还需要被告具有犯罪心态（guilty mind or mens rea）。①这与侵权法有所不同：侵权法通常采用客观的心智标准（一个理性人会怎样做）来判断过错，而在刑法中，一般把重点放在被告的主观心理状态上——行为人确信（*actually* believe）并打算做什么。

不同的法律体系以及不同的犯罪对实施犯罪所必需的心理状态的要求是不一样的。有时候，这种犯罪心态不仅要求被告人预见到其行为的后果，还会要求其确实蓄意、期望或愿意（actually intended, desired or willed）发生这种后果。[115]根据英国法律，除非其想要（*intended*）造成死亡或严重伤害的后果，否则从阳台上扔砖块的人不太可能被判定为要谋杀被砖块砸中的人。[116]

3.1 如何将适用于人类的刑法适用于人工智能的行为

3.1.1 人工智能作为无辜的行为者（Innocent Agent）

假如认为人工智能按照人类的指示实施了某种行为，这种行为如果是由人类实施将构成犯罪，那么该人工智能的行为后果通常应归于人类。[117]如果人类具有必需的心理状态，将会构成犯罪，而人工智能在法律上则是无关紧要的。[118]它不过是凶手手中的工具而已，就像凶手使用的刀具一样。正如美国

---

① 在普通法上，"犯罪心态"（mens rea）与犯罪行为（actus reus）是犯罪主、客观方面的两个基本要素。犯罪心态是指行为人在实施社会危害行为时应受社会谴责的心理状态，包括蓄意（intention）、明知（knowledge）、轻率（recklessness）和疏忽（negligence）。参见薛波主编：《元照英美法辞典（缩印版）》，北京，北京大学出版社，2013年版，第908页，（mens rea）条释义。一译者注

加利福尼亚州最高法院在人民诉戴维斯案（People v. Davis）中所指出的："除传统的入室盗窃工具外，其他工具当然可以用来实施入室盗窃罪……机器人可以用来进入建筑物。"[119]

无辜的行为人并不局限于无生命物，被认为具有一定智能的实体也可以是无辜的行为人。如果一个成年人让一个孩子在别人不注意的时候把有毒液体倒进另一个人的饮料里，即使这个孩子没有这样做，给孩子提供毒药并指挥其作案的成年人也很可能被判有罪。本节将探讨人类对人工智能行为的刑事责任。第 5 章之 4.5 将探讨人工智能本身承担刑事责任的可能性。

3.1.2　人类的替代刑事责任

刑法中的替代责任在很大程度上与私法相似，并且同样受到上述限制。两者之间的一个主要区别是，私法上的替代责任不关注责任人的行为方式，而是侧重于责任人和行为人之间的关系。相比之下，在刑法中，责任人通常必须具有针对相关犯罪所必需的犯罪心态。[120] 如果法律所要求的犯罪心态仅是责任人对危害后果存在过失（而非故意伤害），那么这对于检察官而言可能并非多大的困难。

假设一位人工智能工程师创建了一个烤面包的人工智能系统，这台机器烧毁了一栋房子，把屋里的人全烧死了，理由是"所有的面包都要烤熟"，那么程序员将会为在创建这样一个程序时的轻率行为承担刑事责任后果。法律学者加布里埃尔·哈雷维（Gabriel Hallevy）将此描述为"自然而可能的后果"（"natural-probable-consequence"）而导致的责任，虽然"从法律上看好像是程序员或用户对智能体所实施的犯罪行为不知情、不愿意也未参与"[121]。

3.2　让人类对人工智能负刑事责任的优点

刑法若与社会道德规范一致，能够最大限度地发挥其作用。[122] 若非一个政体认定某种行为为犯罪行为，刑法制度就不能得到有效的实施。心理学研究表明，人类是天生的报应主义者：如果一个人造成了伤害，我们的自然反应就是寻找到一个应当遭受痛苦的责任人。[123]

3.3 让人类对人工智能负刑事责任的不足

3.3.1 报应缺失

刑法是一种严重且往往持久的制裁，因而其所适用的对象只应是犯罪嫌疑人实施的特别应受谴责的不法行为。人工智能面临的最大挑战是，它越先进，就越难让一个人对它的行为负责，更不用说在不扩张公认的因果关系概念的情形下认为其行为具有可责难性的情形了。一方面从人性上期待某种行为应被追责，另一方面我们目前无法将刑法适用于人工智能。对于二者之间的差距，法哲学家约翰·达纳赫（John Danaher）称为"报应缺失"（"Retribution Gap"）。[124]

尽管如上文所论，在私法语境中下将责任分配功能与赔付功能分开是完全有可能的，但在刑法中，如果将责任与惩罚分开则会引发很多问题。报复性惩罚与道德应得（moral desert）有关，而不仅仅是出于实用性的考虑。[125]达纳赫警告说："……我注意到，关于责任或重大过失的原理可能会被不公平地扩张适用，以使制造商和程序员能够担责，而这并不妥当。任何关注报应正义或者更普遍的正义的严格要件的人，都应该关心道德替罪羊所存在的风险。"[126]

对于上述问题，有两个选项：要么将人工智能的行为视为没有法律后果的"上帝的行为"，要么以某种方式找到一个"负责任"（"responsible"）的人。与地震或洪水不同，人工智能的行为不太可能被视为一种不幸的而在道德上中立的自然灾害。

3.3.2 过度威慑（Over-Deterrence）

如果程序员受到刑事制裁，严重的刑事责任可能会对更新、更强的人工智能的发展和进步产生寒蝉效应。向人工智能造成的损害的受害者支付赔偿金的经济负担可以转嫁给雇主或保险公司，甚至可以简单地视其为一种商业风险。相比之下，刑事责任通常是由个人承担的，个人很难以他只是服从上级命令为由免于受罚。此外，犯罪行为有一定的社会成本，这种成本未必能用金钱来代替或消除。如果程序员被这种威胁的氛围所笼罩，那么他们就会不太情愿发明或公布其他有用的技术。[127]

4 有益行为的责任：人工智能和知识产权

本章前几节以及实际上学术界进行的大多数争论，都集中在人工智能造成损害的责任上，本节将讨论人工智能的有益行为或创作引发的责任。当一个人画画、写书、发明新药或设计桥梁时，大多数国家和地区的法律体系都提供了确定作品所有权和保护作者未经其授权不得复制该作品的法律结构，另外还有其他的法律保护商业信誉。这些法律就是所谓的"知识产权法"。

无论是在工程和建筑等技术领域[128]，还是在美术或音乐制作等行业[129]，人工智能已经创作出了创新性的产品和设计。

人工智能系统可以比拷贝一个人的风格更进一步。来自罗格斯大学（Rutgers University）、查尔斯顿学院（the College of Charleston）和 Facebook 的人工智能实验室的研究人员已经创造出了能够进行抽象艺术创作的人工智能，其创作的作品竟然使人类专家无法分辨出哪些是人工智能创作的、哪些是人类艺术家创作的。[130] 怀疑论者可能争辩说，人工智能永远不可能具有哲学意义上的真正的"创造性"，而且这样的程序仅仅是合成和复制现有的作品而已。这种观点本身就有问题，因为人类的艺术或文学创作实际上也都存在这种现象。这一点其实正好说明人工智能比人类更有创造力，因为人类往往受制于生物能力，而人工智能能以完全不同的方式进行"思考"和操作。不管一个人对此问题的哲学立场如何，已经有充分的证据表明，人工智能创作出的作品达到了知识产权法所保护的人类直接创作的作品的水平。[131]

尽管创新技术取得了这些进步，但是保护创作的法律结构仍然远远落后。

4.1 著作权

著作权制度是对原创作品的一种保护制度，着重保护创作者在创作作品时所进行的创造性活动。其他知识产权大多侧重于保护标的物的客观特征，而不管它是如何产生的。因而，假设文森特（Vincent）的绘画作品并非从他人的图画或设计中复制而来，那么即使他所绘的内容与他人所绘的图景相同（文森特并不知道），他的作品也很可能获得著作权保护。著作权重在保护创作过程，而不是作品客观上的新颖性。

根据欧盟法，原创的文学和艺术作品受到各种著作权保护，从而赋予作者一定的权利。[132] 如果一部作品或作品的一部分是作者自己的智力创作[133]，通过自由而富有创造性的选择性表达来反映作者的风格，则该作品或作品的一部分应当被视为原创作品。[134]

虽然词语、图形或数学概念本身不符合原创作品的要求，但如果句子或短语通过选择、排序和组合构成作者智力创作的表达，则可以受到保护。[135] 如前所述，人工智能能够创作出符合该定义的原创作品。根据欧盟法，著作权的第一拥有者是作者。[136] 相关的制定法和判例法含蓄地假定作者也可以是法人（legal person），对原创作品的所有权可以通过雇佣关系或其他合同关系进行调整，但关键在于，在法律上，通常认为著作权的所有者是一个有资格拥有权利的实体。[137]

一般来说，法律制度并不规定非人类创作的受著作权保护的作品。安德列斯·瓜达穆兹（Andres Guadamuz）在《世界知识产权组织》杂志上写道："创意作品如果是原创作品，就有资格获得著作权保护，其中对于原创性的界定多要求是人类作者。包括西班牙和德国在内的一些国家或地区的立法似乎表明，只有人类创作的作品才能受到著作权保护。"[138] 美国版权局宣布它将"对原创作品进行登记，但前提是该作品是由人类创作的"[139]，并援引 1884 年布罗 - 吉尔斯平版印刷公司诉萨隆案（Burrow -Giles Lithographic Co. v. Sarony）加以说明。[140]

在美国财政部诉家庭娱乐中心案[141]（Comptroller of the Treasury v. Family Entertainment Centers）中，关于在餐馆跳舞、唱歌的电子动画木偶是否应当缴纳"带演出"食品税（tax on food "where there is furnished a performance"），马里兰州一家法院判决认为，这些电子动画偶人并未实施表演：

预先编程的机器人可以执行简单的任务，但是，由于其没有"技能"，因此不会像人一样存在演出纰漏，它不能"表演"一首乐曲……就像发条玩具不能按照立法目的进行表演一样，预先编程的机械机器人也不能。[142]

虽然这是一起税务案件，但关于表演的创造性问题的讨论也许与著作权有关。家庭娱乐中心的木偶并不是本书所论的机器人，正如法院所指出的那样，它们是预先编程的确定性的自动装置，它们的表演不存在任意性或不可预测性。据此推论，如果这些木偶使用人工智能来调整和完善它们的表演，那么家庭娱乐中心案的判决结果可能有所不同。

一些法律体系试图在关于知识产权的规定范围内容纳人工智能，或至少容纳计算机的产生物（computer-generations）。[143] 例如，英国、爱尔兰和新西兰承认，人工智能需要不同于人类直接创造者的原则，尽管如此，它们仍力求在最终创造者和人类最初输入之间建立起因果关系。1988 年英国《著作权、外观设计和专利法》（CDPA）第 9 节第 3 条规定：

> 由计算机独立生成的文学、戏剧、音乐或艺术等作品，作者应当是在作品创作过程中所必需的人（In the case of a literary, dramatic, musical or artistic work which is computer-generated, the author shall be taken to be the person by whom the arrangements necessary for the creation of the work are undertaken）。[144]

《著作权、外观设计和专利法》（CDPA）第 178 节规定，计算机生成的作品是"在没有人类作者的情况下由计算机生成的作品"。这一规定不允许人工智能本身被视为作者。相反，它分两步进行分析：第一步是确定是否有人类作者。如果找不到人类作者，第二步确定"谁是创作作品所必需"的人。如果工作是由人工智能体完成的，那么在这两个阶段都可能引发争议。

关于第一步，可能存在的问题包括：输入必须与输出有多大的关联，才能将提供这些输入的人认定为作者。至于第二步，目前尚不清楚如何确定"所必需"的人，可能是系统创建者、系统培训者，也可能是输入者。[145] 如果这些参与方中的一个或多个是另一个人工智能体，则问题将变得更为复杂。

4.2 个案研究："猴子自拍"案

2014 年，一只黑冠猕猴（更确切地说是一家声称代表这只猴子的慈善组织）要求获得其"自拍照"的著作权，该自拍照是这只猴子用一位专业摄影师的相机拍摄的。[146] 这只猴子名叫"鸣人"（Naruto）[与电视动画《火影忍者》中主角的名字相同]，是美国加利福尼亚州北区联邦地方法院审理的起诉摄影师大卫·斯莱特（David Slater）案（以下简称"鸣人"案）的原告。[147] 据报道，在 2017 年年末该摄影师与猴子的代表达成和解[148]，至此双方已缠讼两载有余，耗费不菲[149]，斯莱特说这场官司让他破了产。[150] 据报道，按照动物慈善组织的说法，根据和解协议，斯莱特将捐出其摄影集著作权收入的 25%，以"保护'鸣人'及印度尼西亚其他黑冠猕猴的栖息地"[151]。

2018 年 4 月，尽管双方已达成庭外和解，但美国联邦第九巡回上诉法院还是对此作出判决，认定相关的《著作权法》并未规定动物可以起诉。"鸣人"的自拍照著作权索赔案到此为止。有趣的是，在先前一个涉及海豚和鲸鱼的案例中，上诉法院对动物在其他情况下"主张"宪法权利的可能性则持开放态度，指出：动物仍然具有宪法地位，可以在联邦法院提出索赔。[152]

"鸣人"案说明了非人类实体实施"创造性"行为时所引发的法律难题。虽然法院的最终结论是，有关规定没有将知识产权保护的主体扩大到动物或其他没有法律人格的实体，但更深一层的问题是，法律是否应当这样规定。

4.3 专利权和其他保护

著作权并不是唯一受到人工智能挑战的知识产权。专利权是授予发明的一种地方性垄断形式。受专利权保护的发明的经典范例是新型药物。与著作权强调创作者的思想状态不同，专利权保护所需的标准在不同法律体系之间有所不同，但一般来说，申请的发明如果是新的、非显而易见的（non-obvious）和具有某种潜在用途的，将被授予专利，而不论其产生的过程如何。[153] 不过，与"创作"问题一样，现行法律并未将人工智能作为专利的发明人。[154]

在涉及人工智能的情况下，著作权保护和专利权保护之间的区别尤为重要。人工智能创作受专利保护的主题（尽管不持有专利）可能比创作受著作权保护的主题更为容易。

此外，还有关于创建和实施商标权（保护商标）与设计（保护产品外观）的知识产权。与专利一样，保护这两种知识产权也是基于客观特征。在获取其他公司的许多家具（以及自然或艺术等其他灵感来源）的数据集后，可以想象，人工智能系统可能创作出一个全新的设计，比如说设计一把新型的椅子。人工智能系统甚或在制作创新家具方面博得美名。从理论上讲，以上两种方法至少在涉及人类的创造或发展时都能够受到知识产权法的保护。

如果没有将人工智能的作品或发现归属于现有法律主体（如自然人或公司）的新规则，现行法律显然不适合容纳和保护人工智能的创作。这种法律保护上的空缺反过来可能会阻碍创造性人工智能的发展，因为在这种情况下，最初的开发人员不确定谁（如果有的话）会拥有自己的创作。

5 言论自由和仇恨言论

在一定范围内表达思想的自由受许多法律制度的保护。美国有宪法第一修正案，欧洲有《欧洲人权公约》（European Convention on Human Rights）第 10 条。南非[155]、印度[156]和其他国家的宪法也规定了类似的保护措施。

如果人工智能能够生成由人类说出或写出的内容，就有资格获得言论自由保护，那么问题就来了：人工智能的言论是否也应该获得同样的保护？为了解决这个问题，首先必须弄清支持对言论自由进行法律保护的原因。托妮·马萨罗（Toni Masaro）和海伦·诺顿（Helen Norton）概括了（在美国）保护言论自由的理由：

……关于宪法第一修正案并没有统一的理论基础。最具影响力的理论基础被概括为民主和自治（democracy and self-governance）、思想市场（a marketplace of ideas model）、人身自由（autonomy）。[157]

诸如"人身自由"之类的动机似乎与个人尊严有关，目前并不适用于人工智能。[158]然而，对于工具主义的价值，例如"思想市场"，似乎并没有理由阐明，社会从人工智能产生的新想法中获得的收益，比从人类所产生的新想法中的获益要少。[159]

并非所有的言论都受保护，并且在大多数法律体系中，某些言论是被禁止的。如果言论被认为对他人有害，则可能导致文字或口头诽谤（libel or slander）的私法责任。在被认为它对宗教有害的国家或地区，可能还会招致亵渎犯罪的指控。在某些国家，侮辱王室成员或国家元首的言论可能会被认定为违法行为而受到指控。[160]此外还有法律可能禁止发表煽动暴力的言论。简而言之，全世界有无数复杂的法律原则都在保护和限制个人说话。在某些国家，其保护对象并不限于人类。美国最高法院已确认公司享有法律保护的言论自由。[161]此类权利和限制如何适用于人工智能，仍然悬而未决。

这些不仅仅是假设的问题。喜剧演员斯蒂芬·科尔伯特（Stephen Colbert）帮助设计了一个名为"真正的人类赞美"（"@realhumanpraise"）的 Twitter 机器人：该程序将电影评论网站上的绰号与美国有线电视福克斯新闻频道的知名人物结合起来，有时会生成一些侮辱性言论。[162]尽管该程序可能并未使用人工智能，但可以肯定的是，人工智能驱动的程序可能会产生类似，甚至更具攻击性的效果。在相关法律要求某种形式的意图以及有害言论的情况下，似乎很难使人对人工智能系统的"言论"负责，在无法预见其所使用的文字和思想结合在一起的情况下更是如此。

科尔伯特的计划本来是讽刺性的，但许多人担心自动生成的互联网内容可能会影响人类的意见，甚至影响选举。一个典型的例子是，有个人和组织涉嫌使用 Twitter 机器人在 2016 年美国大选[163]和英国"脱欧"投票等事务中影响公众意见。[164] 目前尚不清楚人工智能是否在产生分化选民的信息方面发挥了什么作用，但这种可能性是显而易见的。

2015 年 11 月，维克多·柯林斯（Victor Collins）被发现死于另一名男子詹姆斯·贝茨（James Bates）的热水浴缸中。贝茨被指控犯有谋杀罪。他的 Amazon Echo 是一款融合了人工智能虚拟技术的家用智能音箱，可能是涉嫌犯罪的关键"证人"。美国阿肯色州当地警方发布了一份搜查令，要求亚马逊公司披露当时的数据。在 2017 年 2 月的一份法庭文件中，亚马逊引用了美国宪法第一修正案的言论自由条款，用以保护人工智能设备可能听到的人类语音指令以及对该指令的响应。亚马逊在一个月后放弃了这种主张，但这一事件再次让人追问人工智能是否也拥有受保护的言论自由。[165]

正如对言论自由的保护一样，发表"有害"言论者的意图甚至身份可能远不如内容重要。如果不是由人类发出而是由人工智能发出的种族主义信息会不会产生的问题小一些呢？微软旗下名为"Tay"的人工智能聊天机器人，在发出有关种族主义、新纳粹、阴谋论和性的信息后，又在学着未成年少女的样子说话，造成了一场众人关注的公关灾难，因而很快就被停用了。[166]

因为目前保护和禁止言论的规则都集中在塑造人类的行为上，所以在如何规范人工智能的言论方面仍然存在空白。如何掌控人工智能产生仇恨言论的方案之一是严格追究发布者（如 Facebook、Instagram 或 Twitter 等公共社交网络）的责任。德国颁布的一项针对社交媒体仇恨言论（无论出自哪里）的法律已经被一些人批评为越界。[167] 此外，并不总是确定人工智能言论将通过这样一个提供者的媒介进行。无论如何，在选择解决方案之前，法律规定仍不明确，关于有害言论的潜在法律漏洞仍然存在。[168]

6 本章小结

本章旨在说明既有的法律机制是如何处理人工智能的责任问题的。人工智能究竟应该被视为一个客体、一个主体、一个东西还是一个人，这种张力贯穿于讨论的始终。现行法律可以而且将在短期内继续以上述方式确定对人工智能的责任。如果脑洞开大一点，以更激进的方式重新调整我们与人工智能的关系，是否会更好地服务于社会的目标？以下章节将讨论我们可以进行的一些改变。

注释

[1] 私法（private law）有时也被称为"民法"（civil law），但后者可能令人困惑，因为它也可用于描述建立在伟大法典（如《法国民法典》或《德国民法典》）基础上的法系，在民法法系中，司法先例并不像其在普通法法系中那样发挥同样关键的作用。详见第 6 章之 3.1 和 6.3.2。

[2] 此种模式详见本书第 4 章之 1.1 关于霍费尔德权利分类法（Hohfeld's incidents）的讨论。

[3] Gary Slapper and David Kelly, *The English Legal System* (6th edn., London: Cavendish Publishing), 6.

[4] 法院可以责令当事人做或不做某事，例如，要求一家公司停止生产盗用了另一家公司的技术的手机。

[5] 相关讨论，see H.L.A. Hart, *Punishment and Responsibility: Essays in the Philosophy of Law* (Oxford: Oxford University Press, 2008); see also *American Legal Institute Model Penal Code*, as Adopted at the 1962 Annual Meeting of The American Law Institute at Washington, DC, 24 May 1962, para. 1.02(2), 其中所列的刑法的目的略有扩大但大致相同。

[6] John H. Farrar and Anthony M. Dugdale, *Introduction to Legal Method* (London: Sweet & Maxwell, 1984), 37.

[7] "Evidence of Lord Denning", Report of the Royal Commission on Capital Punishment, 1949–1953 (Cmd. 8932, 1953), s.53.

[8] See, for example, "Felon Voting Rights", *National Conference of State Legislatures*, at http://www.ncsl.org/research/elections-and-campaigns/felon-voting-rights.aspx, accessed 1 June 2018. Hanna Kozlowska, "What would happen if felons could vote in the US?", Quartz, 6 October 2017, at https://qz.com/784503/what-would-happen-if-felonscould-vote/, accessed 1 June 2018.

[9] *English Private Law*, edited by Andrew Burrows (3rd edn., Oxford: Oxford University Press, 2017). 其试图对英国法中的义务进行的系统分类。

[10] 相关的经典说明，see Frederick Pollock, *The Law of Torts: A Treatise on the Principles of Obligations Arising from Civil Wrongs in the Common Law* (5th edn. London: Stevens & Sons, 1897), 3–4。

[11] 侵权责任和合同责任之间的区别至少可以追溯到罗马法。盖尤斯所著《法学阶梯》（约于公元 170 年编写）规定，债务分为私犯之债和契约之债（*ex delicto* and *ex contracto*）。查士丁尼编纂的同名法典《法学阶梯》（于公元 6 世纪汇编）又增加了准私犯和准契约。相关讨论，see Lord Justice Jackson, "Concurrent Liability: Where Have Things Gone Wrong?", *Lecture to the Technology & Construction Bar Association and the Society of Construction Law*, 30 October 2014, at

https://www.judiciary.gov.uk/wp-content/uploads/2014/10/tecbarpaper.pdf, accessed 1 June 2018。

[12] 民事不法行为（civil wrongs）在某些制度中被称为"不法侵害"或"侵权"（"delicts" or "torts"），后者的词源是拉丁语 *torquere*（扭曲），在中世纪的拉丁语中变成了"tortum"，意为不法侵害或不公正（wrong or injustice）。在《法国民法典》中，相关章节的标题是：侵权和准侵权（*Des délits et des quasi-délits*）。[《元照英美法词典》解释"wrong"为不法行为，是指侵害他人权利、致人损害的行为，尤指侵权行为（tort），但还包括违约、违反信托、违反法定义务、不当履行公职、犯罪等。不法行为通常分为两类：侵犯个人的不法行为（private wrong）和公共不法行为（public wrong）。参见薛波主编：《元照英美法词典》（缩印版），北京，北京大学出版社，2013 年版，第 1429 页。——译者注]

[13] 在这种情况下也可能产生刑事责任。

[14] Donal Nolan and John Davies, "Torts and Equitable Wrongs", in *English Private Law*, edited by Burrows (3rd edn., Oxford: Oxford University Press, 2017), 934.

[15] [1932] A.C. 562. See also Percy Winfield, "The History of Negligence in the Law of Torts", *Law Quarterly Review*, Vol. 42 (1926), 184, an art. 后者比多诺霍案（Donoghue）的判决早了 6 年。

[16] 但是，合同法上的义务和侵权法上的义务可以并存（exist concurrently），see the judgement of the UK House of Lords in Henderson v. Merrett Syndicates [1994] UKHL 5。

[17] Ibid., 580–581.

[18] 《法国民法典》第 1382 条规定，"人的任何行为给他人造成损害时，因其过错致该行为发生之人有义务赔偿损害"。第 1383 条规定："任何人不仅对其行为造成的损害负赔偿责任，而且对因其懈怠或疏忽大意造成的损害负赔偿责任"。（此处及他处关于《法国民法典》相关条款译文，参照罗结珍译：《法国民法典》，北京，北京大学出版社，2010 年版，第 351 页。）关于过错（fault）的判断标准并未明定，但与普通法的过失判断标准相似，过失是一种行为错误，是以理性人的标准来衡量的。British Institute of International and Comparative Law, "Introduction to French Tort Law", at https://www.biicl.org/files/730_introduction_to_french_tort_law.pdf, accessed 1 June 2018. 此处所引《法国民法典》的所有英语译文都是乔治·鲁埃特教授（Prof. Georges Rouhette）在安妮·鲁埃特·伯顿博士（Dr. Anne Rouhette-Berton）的协助下进行翻译的，参见 http://www.fd.ulisboa.pt/wp-content/uploads/2014/12/Codigo-Civil-Frances-French-Civil-Codeenglish-version.pdf, accessed 1 June 2018。

[19] 德国法中也有类似的规定，《德国民法典》第 823 条规定："任何人故意或过失地非法侵害他人的生命、身体、健康、自由、财产或其他权利，均应对此损害赔偿他人。"https://www.gesetze-im-internet.de/bgb/__823.html, accessed 1 June 2018.

[20] 参见《中华人民共和国民法典》侵权责任编。相关讨论，see Ellen M. Bublick, "China's New Tort Law: The Promise of Reasonable Care", *Asian-Pacific Law & Policy Journal*, Vol. 13, No. 1 (2011), 36–53, 44. 巴布利克（Bublick）写道："对于局外人而言，美国社会中合理保护他人安全的观念似乎与中国的'和谐'理念相吻合，特别是如果把法律对合理保护他人安全的照顾义务视为一种规范，这本身就具有道德和文化的力量，而不仅仅是在违约后实施制裁的时候"。

[21] 参见英国 Bolton v. Stone [1951] AC 850, HL 案，其中法院列举了责任认定的考量因素。

[22] 为避免对他人造成损害，要求一个人采取何种程度的预防措施因法律体系而异。在英国，这种方法的机械性稍差一些，因为某些其他因素可能会影响到对注意义务的调整。英国法院考虑到了危险行为产生的积极外部性以及潜在的消极外部性。如果一种行为是合乎社会需要的，即使这样做可能会造成损害，也可能会降低采取预防措施的义务的程度。See

Watt v. Hertfordshire CC [1954] 1 WLR 835. See also the US Court of Appeals in United States v. Carroll Towing Co. 159 F.2d 169 (2d. Cir., 1947).

[23] See, for example, United States v. Carroll Towing Co. 159 F.2d 169 (2d. Cir., 1947).

[24] See, for example, the judgment of the UK Supreme Court in Robinson v. Chief Constable of West Yorkshire Police [2018] UKSC 4.

[25] 有的法律体系允许违约责任与侵权责任竞合（concurrent），如英国法院在审理 Henderson v. Merrett [1995] 2 AC 145 案时即持此种立场；而在法国，不允许违约责任请求权和侵权责任请求权并存（non-cumulative），根据《法国民法典》第 1792 条仅在专家过失（professional negligence）情形中其才可并存，see Simon Whittaker, "Privity of Contract and the Law of Tort: The French Experience", *Oxford Journal of Legal Studies*, Vol. 16 (1996), 327, 333–334。在德国，违约责任与侵权责任是可以竞合的，see Lord Justice Jackson, "Concurrent Liability: Where Have Things Gone Wrong?", *Lecture to the Technology & Construction Bar Association and the Society of Construction Law*, 30 October 2014, at https://www.judiciary.gov.uk/wp-content/uploads/2014/10/tecbarpaper.pdf, accessed 1 June 2018, 6 and the sources cited therein。[各国对于责任竞合有禁止、允许和限制三种法律对策，它们的区别可被形象地比喻为："法国法的回答是，原告只有一个通行证，并且通行的途径是既定的；德国法的回答是，原告有两个可以自由选择的通行证；而英美法的回答是，原告可以有两个通行证，但在入口处必须交出一个，有时法律还指令他必须交出哪一个。"（张新宝著：《侵权责任法》，4 版，北京，中国人民大学出版社，2016 年版，第 55 页。）——译者注]

[26] McQuire v. Western Morning News [1903] 2 KB 100 at 109 per Lord Collins MR.

[27] Ryan Abbot, "The Reasonable Computer: Disrupting the Paradigm of Tort Liability", *The George Washington Law Review*, Vol. 86, No. 1 (January 2017), 101–143, 138–139.

[28] See, for example, s. 3(2) of the UK Automated and Electric Vehicles Act 2018.

[29] 这是哈伯德尝试提出的解决办法，see F. Patrick Hubbard, "'Sophisticated Robots': Balancing Liability, Regulation, and Innovation", *Florida Law Review*, Vol. 66 (2015), 1803, 1861–1862。

[30] 也可参见本书第 1 章之 1.6 讨论的尼克·博斯特罗姆的"回形针量产机"（"paperclip machine"）思想实验。

[31] 关于严格责任，请见下节。就目前而言，我们假设艾博特对"自主性"（"autonomous"）的定义涵盖了与本书所论基本相同的人工智能实体。

[32] Ryan Abbot, "The Reasonable Computer: Disrupting the Paradigm of Tort Liability", *The George Washington Law Review*, Vol. 86, No. 1 (January 2017), 101–143, 101.

[33] Ibid..

[34] Ibid., 140. 目前在国际标准组织等标准制定机构层面上正在进行一些努力，以针对这些特质制定通用规则，因此，至少要达成协议并明确阐述这些标准将是瑞安·艾博特的构想奏效的先决条件。这些方面的新进展，see International Standards Organisation proposal: "ISO/IEC JTC 1/SC 42: Artificial Intelligence", Website of the ISO, at https://www.iso.org/committee/6794475.html, accessed 1 June 2018. See also Chapter 7, s. 3.5。

[35] 参见博拉姆诉弗里恩医院管理委员会案（Bolam v. Friern Hospital Management Committee [1957] 2 All ER 118），其审理意见被后来的博利索 [帕特里克·奈杰尔·博利索遗产管理机构（已终止）] 诉市和哈克尼卫生局案〔Bolitho [Administratrix of the Estate of Patrick Nigel Bolitho (deceased)] v. City and Hackney Health Authority [1997] 4 All ER 771〕所修

正。除被一些医生接受外，这种做法还必须不能被法院认为是不合理、不合逻辑或不可辩驳的。

[36] 关于这种医疗责任的探讨，see Shailin Thomas, "Artificial Intelligence, Medical Malpractice, and the End of Defensive Medicine", Harvard Law Bill of Health blog, 26 January 2017, at http://blogs.harvard.edu/billofhealth/2017/01/26/artificial-intelligence-medical-malpractice-and-the-end-of-defensive-medicine/ (Part I), http://blogs.harvard.edu/billofhealth/2017/02/10/artificial-intelligence-and-medical-liability-part-ii/ (Part II), accessed 1 June 2018。

[37] See Curtis E.A. Karnow, "The Application of Traditional Tort Theory to Embodied Machine Intelligence", in *Robot Law*, edited by Ryan Calo, Michael Froomkin, and Ian Kerr (Cheltenham and Northampton, MA: Edward Elgar, 2015), 53.

[38] See, for example, H.L.A. Hart, "Legal Responsibility and Excuses", in *Determinism and Freedom in the Age of Modern Science*, edited by Sidney Hook (New York: New York University Press, 1958). 哈特这里是对刑法严格责任的批评，但对民法同样适用。

[39] 在英国法中，关于这种严格责任的典型判例是莱兰兹诉弗莱彻案 [Rylands v. Fletcher (1866) L.R. 1 Ex. 265; (1868) L.R. 3 H.L. 330]。

[40] 参见弗兰克福特大法官（Justice Frankfurter）在美国诉道特威治案 [United States v. Dotterweich, 320 U.S. 277 (1943)] 中所作的判决："难点无疑在于，尽管完全没有不法行为的意识，也要根据法律规定而惩罚此种交易。为了平衡相对的困难，国会宁愿让那些至少有机会在参与非法商业活动之前告知自己存在保护消费者的条件的人承担责任，而不是让完全无助的无辜公众承担风险。"严格责任的另一个理由是，为了生活在一个普遍公平的社会中，逐利者必须承担与该利益相关的潜在风险的代价。托尼·霍诺尔称之为"结果责任"（"outcome responsibility"）。See Tony Hono, "Responsibility and Luck: The Moral Basis of Strict Liability", *Law Quarterly Review*, Vol. 104 (October 1988), 530–553, 553, 斯台普顿（Stapleton）对此指出："也许（严格责任）只能用易于裁决来加以解释，因为要实现这种目标只能要求所有单位都采用（不可能的）完美无缺的生产线操作规范，不过如此广泛的共识似乎也仅仅具有道德层面的可能性，亦即，即使不可避免，企业也应为这种厄运付出自己的努力。" [Jane Stapleton, *Product Liability* (London: Butterworths, 1994), 189.]

[41] 根据欧盟《产品责任指令》（Products Liability Directive）第 21 条第 1 款之规定，生产者是"……成品制造者、任何原材料制造者或零部件制造者，以及通过在产品上标明其名称、商标或其他显著特征而自称为其生产者的人"。

[42] 参见欧盟《产品责任指令》第 1 条。

[43] 实际上在 20 世纪早期就有一些司法行动朝着这一立场迈进，美国大法官特拉纳（Justice Trayno）在埃斯科拉诉可口可乐装瓶公司案 [Escola v. Coca Cola Bottling Co. 24 Cal. 2d 453, 461, 150 P.2d 436, 440 (1944)] 中的附议即为著例。1931 年，卡多佐大法官（Justice Cardozo）曾指出，"对秘密堡垒的袭击在这些日子里正在迅速进行" [Ultramares Corp. v. Touche, 255 N.Y. 170, 180, 174 N.E. 441, 445 (1931)]。

[44] 参见英国对这一问题的调查："（上议院）大法官部：皇家民事责任和人身伤害赔偿委员会"（"Lord Chancellor's Department: Royal Commission on Civil Liability and Compensation for Personal Injury"），俗称"皮尔逊委员会"（"Pearson Commission" LCO 20），于 1973 年成立，在 1978 年发布调查报告（Cmnd. 7054, Vol. I, Chapter 22），其职权范围包括考察"……制造、供应或使用货物或服务"造成的死亡或人身伤害责任。另见法律委员会和苏格兰法律委员会于 1977 年 6 月发布的《缺陷产品责任》（Cmnd. 6831），欧洲委员会于 1977 年 1 月 27 日

发布的《斯特拉斯堡人身伤亡产品责任公约》(Strasbourg Convention on Liability in Regard to Personal Injury and Death)。另见加拿大安大略省法律改革委员会总检察署于 1979 发布的《产品责任报告》(Report on Product Liability)。

[45] 它们之间存在一些差异，但以下分析将集中于这些功能以及基于这些功能的全世界其他法律体系似乎共有的特点。此种比较，see Lord Griffiths, Peter de Val, and R.J. Dormer, "Developments in English Product Liability Law: A Comparison with the American System", *Tulane Law Review*, Vol. 62 (1987–1988), 354。

[46] 欧盟《产品责任指令》近似于成员国关于有缺陷产品的责任的法律、法规和行政规定。作为一项指令，该立法并不直接对个人产生拘束力，而必须经由各成员国转化为国内法后才对个人产生拘束力。参见英国 1987 年《消费品法》(Consumer Products Act 1987)，《法国民法典》第 1386-1 条至第 1386-18 条。

[47] 《美国侵权法第三次重述：产品责任》[Restatement (Third) of Torts: Products Liability paras. 12–14, at 206, 221, 227 (1997)]。美国没有联邦层面的产品责任法，这些问题是由各州分别处理的，《产品责任重述》是美国法学会试图将各州法理编纂为统一法典的成果。See Mark Shifton, "The Restatement (Third) of Torts: Products Liability-The Alps Cure for Prescription Drug Design Liability", *Fordham Urban Law Journal*, Vol. 29, No. 6 (2001), 2343–2386。相关研讨，see Lawrence B. Levy and Suzanne Y. Bell, "Software Product Liability: Understanding and Minimizing the Risks", *Berkeley Tech. L.J.*, Vol. 5, No. 1 (1990), 2–6; Michael C. Gemignani, "Product Liability and Software", *8 Rutgers Computer & Tech. L.J.*, Vol. 173, (1981), 204, esp. at 199 et seq.. and at FN 70。

[48] Ibid., art 6(1).

[49] David G. Owen, *Products Liability Law* (2nd edn., St. Paul, MN: Thompson West, 2008), 332 et seq..

[50] 在实施《缺陷产品指令》(Defective Products Directive) [1987 年《消费者保护法》(Consumer Protection Act 1987)] 之前，由两名英国法律专员所作的报告建议英国法院对缺陷可采取类似的三分法。See Lord Griffiths, Peter de Val, and R.J. Dormer, "Developments in English Product Liability Law: A Comparison with the American System", *Tulane Law Review*, Vol. 62 (1987–1988), 354. 不过，英国法院对于采用美国的方式更为谨慎：在 A and Others v. National Blood Authority and another [2001] 3 All ER 289 案中，伯顿大法官青睐的术语是 "标准" 和 "非标准" ("standard" and "non-standard")，而不是 "制造缺陷" 和 "设计缺陷"。这种术语改变在实践中究竟有多大作用，令人不无怀疑。

[51] Ellen Wang and Yu Du, "Product Recall: China", *Getting the Deal Through*, November 2017, at https://gettingthedealthrough.com/area/31/jurisdiction/27/product-recall-china/, accessed 1 June 2018. (参见《中华人民共和国产品质量法》第 26 条。——译者注)

[52] 相关讨论，see Fumio Shimpo, "The Principal Japanese AI and Robot Strategy and Research Toward Establishing Basic Principles", *Journal of Law and Information Systems*, Vol. 3 (May 2018)。

[53] 现实生活中也有类似的事实，see Danny Yadron and Dan Tynan, "Tesla Driver Dies in First Fatal Crash While Using Autopilot Mode", *The Guardian*, 1 July 2016, at https://www.theguardian.com/technology/2016/jun/30/tesla-autopilot-death-self-driving-car-elon-musk, accessed 1 June 2018。

[54] Horst Eidenmüller, "The Rise of Robots and the Law of Humans", Oxford Legal Studies

Research Paper, No. 27/2017, 8.

[55]　Michael C. Gemignani, "Product Liability and Software", *Rutgers Computer & Technology Law Journal*, Vol. 173, 204 (1981), 204.

[56]　See, for instance, Andrea Bertolini, "Robots as Products: The Case for a Realistic Analysis of Robotic Applications and Liability Rules", *Law Innovation and Technology*, Vol. 5, No. 2 (2013), 214–247, 238–239; Jeffrey K. Gurney, "Sue My Car Not Me: Products Liability and Accidents Involving Autonomous Vehicles", *University of Illinois Journal of Technology Law and Policy* (2013), 247–277, 257; and Horst Eidenmüller, "The Rise of Robots and the Law of Humans", Oxford Legal Studies Research Paper, No. 27/2017, 8.

[57]　938 F.2d 1033 (9th Cir. 1991). Also see Alm v. Van Nostrand Reinhold, Co., 480 N.E.2d 1263 (Ill. App. Ct., 1985): a book on construction that led to injuries. In Brocklesby v. United States 767 F.2d 1288 (9th Cir., 1985)，法院要求飞行仪表进近程序（instrument approach procedure for aircraft）的发布者对其错误信息所造成的损害承担严格责任。

[58]　Fumio Shimpo, "The Principal Japanese AI and Robot Strategy and Research Toward Establishing Basic Principles", *Journal of Law and Information Systems*, Vol. 3 (May 2018).

[59]　European Commission, "Evaluation of the Directive 85/374/EEC concerning Liability for Defective Products", at http://ec.europa.eu/smart-regulation/roadmaps/docs/2016_grow_027_evaluation_defective_products_en.pdf, accessed 1 June 2018.

[60]　"Results of the Public Consultation on the Rules on Producer Liability for Damage Caused by a Defective Product", 29 April 2017, at http://ec.europa.eu/docsroom/documents/23470, accessed 1 June 2018.

[61]　"Brief Factual Summary on the Results of the Public Consultation on the Rules on Producer Liability for Damage Caused by a Defective Product", 30 May 2017, GROW/B1/HI/sv(2017) 3054035, at http://ec.europa.eu/docsroom/documents/23471, accessed 1 June 2018.

[62]　Ibid., 26–27.

[63]　欧盟委员会已宣布，"2019 年年中，欧盟委员会还将根据技术发展发布关于《产品责任指令》解释的指导意见，以确保消费者和生产商在出现缺陷产品的情况下获得法律上的明确性"（European Commission, "Press Release: Artificial Intelligence: Commission Outlines a European Approach to Boost Investment and Set Ethical Guidelines", website of the European Commission, 25 April 2018, http://europa.eu/rapid/press-release_IP-18-3362_en.htm, accessed 1 June 2018）。

[64]　欧盟《产品责任指令》第 7 条。关于这些抗辩事由与美国制度中可用的抗辩事由的关系，see Lord Griffiths, Peter de Val, and R.J. Dormer, "Developments in English Product Liability Law: A Comparison with the American System", *Tulane Law Review*, Vol. 62 (1987–1988), 354, 383–385。

[65]　也可参见欧盟《产品责任指令》第 6 条第 2 款的规定："产品不能仅因其后有更好的产品投入流通而被视为存在缺陷。"对于传统的工业产品而言，这可能是一个合理的规则，但似乎不适用于每个人都正确地期望不断进行安全更新、打补丁、修复错误等的软件。这不是人工智能特有的问题，但与程序特别相关。从本质上说，这些程序会随着时间的推移而学习和改进。

[66]　这种法律技术根据不同情形可被称为"代理责任""雇佣责任"或"替代责任"，但从广义而言，它们反映了相同的核心思想。为保持一致性，本书统称为"替代责任"。（据此，

"principal"可分别被译为"被代理人"或"本人"、"雇主"或"雇佣人"、"委托人"等，为行文一致，本书将其统一译为"责任人"，将"agent"统一译为"行为人"。——译者注）

[67] 关于罗马法，see William Buckland, *The Roman Law of Slavery: The Condition of the Slave in Private Law from Augustus to Justinian* (Cambridge: Cambridge University Press, 1908)。关于伊斯兰法，see the discussion in Muhammad Taqi Uusmani, *An Introduction to Islamic Finance* (London: Kluwer Law International, 2002), 108。

[68] See Evelyn Atkinson, "Out of the Household: Master-Servant Relations and Employer Liability Law", *Yale Journal of Law & the Humanities*, Vol. 25, No. 2, art. 2 (2013).

[69] 参见李斯特诉赫斯利·霍尔有限公司案（Lister v. Hesley Hall Ltd. [2001] UKHL 22）。在该案中，一家儿童寄宿所被判定对其一名雇员虐待儿童的行为承担替代责任。

[70] 参见《法国民法典》第 1384 条。

[71] 法语原文如下："On est responsable non seulement du dommage que l'on cause par son propre fait, mais encore de celui qui est causé par le fait des personnes dont on doit répondre, ou des choses que l'on a sous sa garde."

[72] 在英国，这类索赔依据是 1978 年《民事责任（分担）法》[Civil Liability (Contribution) Act 1978]。

[73] 这甚至适用于父母和孩子之间。《法国民法典》第 1384 条规定："（1937 年 4 月 5 日法案）存在上述责任，除非父母或工匠证明他们不能阻止引起该责任的行为。"

[74] [2016] UKSC 11.

[75] Ibid., [45]–[47].

[76] 这并不遥远。据报道，2017 年 6 月，迪拜警方使用了一个机器人执行任务。See Agence France-Presse, "First Robotic Cop joins Dubai police", 1 June 2017, at http://www.telegraph.co.uk/news/2017/06/01/first-roboticcop-joins-dubai-police/, accessed 1 June 2018. 实际上，"机器人"似乎并没有采用人工智能，而是更多地充当了移动计算机界面，使人们能够寻求信息并举报犯罪。但是，从诸如此类的例子中可以明显看出，人们正越来越多地接受人工智能或机器人充当警察等角色的前景。

[77] 受害者很可能因此失去起诉肇事者的权利，以防止受害者因同一损害获双重赔偿。相应地，对于惩罚性损害赔偿（针对故意伤害和报复性伤害等极端行为），这一原则可能存在例外，即赔偿计划没有规定此类额外损害赔偿。

[78] 一种更为有限的方案是德国《社会法典》第二部第 104、105 条（ÅòÅò 104, 105 Sozialgesetzbuch VI）。《社会法典》第二部引入和规定了一种为工作场所发生的意外事故而设的强制性公共保险制度。该保险由所有雇主通过强制性缴款提供资金。如果雇员遭遇工伤事故（"Arbeitsunfall"），该雇员（或其家人）将从强制性保险计划中获得赔偿。雇主和其他可能因疏忽而造成事故的同事，则无须承担责任（除非他们是故意的）。

[79] "The levy setting process", website of the Accident Compensation Scheme, https://www.acc.co.nz/about-us/how-levies-work/the-levy-setting-process/?smooth-scroll=content-after-navs, accessed 1 June 2018.

[80] Donald Harris, "Evaluating the Goals of Personal Injury Law: Some Empirical Evidence", in *Essays for Patrick Atiyah*, edited by Cane and Stapleton (Oxford: Clarendon Press, 1991). 尽管哈里斯（Donald Harris）主张用无过错赔偿制度代替人身伤害的侵权责任制度，但他承认支持损害赔偿责任与威慑之间有联系的证据尚无定论。哈里斯就此指出："侵权法的象征作用可能远远超过其实际影响"。

[81] See Uri Gneezy and Aldo Rustichini, "A Fine is a Price", *The Journal of Legal Studies*, Vol. 29, No. 1 (2000).

[82] "Population", Government of New Zealand website, https://www.stats.govt.nz/topics/ population?url=/browse_for_stats/population.aspx, accessed 1 June 2018.

[83] "Keeping You Safe", website of the Accident Compensation Scheme, https://www.acc.co.nz/ preventing-injury/keeping-you-safe/, accessed 1 June 2018.

[84] 关于无过错赔偿制度的贡献和不足的更为广泛的讨论，see Geoffrey Palmer, "The Design of Compensation Systems: Tort Principles Rule, OK?", *Valparaiso University Law Review*, Vol. 29 (1995), 1115; Michael J. Saks, "Do We Really Know Anything About the Behavior of the Tort Litigation System—and Why Not?", *University of Pennsylvania Law Review*, Vol. 140 (1992), 1147; Carolyn Sappideen, "No Fault Compensation for Medical Misadventure-Australian Expression of Interest", *Journal of Contemporary Health Law and Policy*, Vol. 9 (1993), 311; Stephen D. Sugarman, "Doing Away with Tort Law", *California Law Review*, Vol. 73 (1985), 555, 558; Paul C. Weiler, "The Case for No-Fault Medical Liability", *Maryland Law Review*, Vol. 52 (1993), 908; and David M. Studdert, Eric J. Thomas, Brett I.W. Zbar, Joseph P. Newhouse, Paul C. Weiler, Jonathon Bayuk, and Troyen A. Brennan, "Can the United States Afford a "No-Fault" System of Compensation for Medical Injury?", *Law & Contemporary Problems*, Vol. 60 (1997), 1。

[85] 关于合同是否仅以协议或承诺的形式予以界定，学术界存在一些争论，但这不在本书的讨论范围之内。相关讨论，see *Chitty on Contracts*, edited by Hugh Beale (32nd edn., London: Sweet & Maxwell Ltd., 2015), 1-014–1-024。《欧洲议会和欧盟理事会关于〈欧洲共同买卖法〉的提案》[Proposal for a Regulation of the European Parliament and of the Council on a Common European Sales, Law Com (2011) 635 final, art. 2 (a)] 将合同定义为"旨在引起义务或其他法律效力的协议"。

[86] 从历史上看，这种情况更为普遍，但现在已经被抛弃。其他要求可能还包括有关合同的语言和管辖权的规定。See Mark Anderson and Victor Warner, *Drafting and Negotiating Commercial Contracts* (Haywards Heath: Bloomsbury Professional, 2016), 18.

[87] 在有些制度中，交付有价值的物品被称为"对价"（"consideration"）。

[88] 但也可能是这样的情况，即合同，实际上是合同条款，将被视为双方当事人因其关系而达成的协议。当一个人买一箱苹果时，通常存在某种不言自明的条款，例如那些苹果不会生虫。

[89] Kirsten Korosec, "Volvo CEO: We Will Accept All Liability When Our Cars Are in Autonomous Mode", *Fortune*, 7 October 2015, at http://fortune.com/2015/10/07/volvo-liability-self-driving-cars/, accessed 1 June 2018.

[90] [1892] EWCA Civ. 1.

[91] Fumio Shimpo, "The Principal Japanese AI and Robot Strategy and Research toward Establishing Basic Principles", *Journal of Law and Information Systems*, Vol. 3 (May 2018).

[92] Dirk A. Zetzsche, Ross P. Buckley, and Douglas W. Arner, "The Distributed Liability of Distributed Ledgers: Legal Risks of Blockchain", *EBI Working Paper Series* (2017), No.14; "Blockchain & Liability", Oxford Business Law Blog, 28 September 2017, at https://www.law.ox.ac.uk/business-law-blog/blog/2017/09/blockchain-liability, accessed 1 June 2018.

[93] Paulius Čerkaa, Jurgita Grigienėa, Gintarė Sirbikytėb, "Liability for Damages Caused By

Artificial Intelligence", *Computer Law & Security Review*, Vol. 31, No. 3 (June 2015), 376–389.

[94]   然而，它们所指的结论显然是贸易法委员会在审议中得出的，尽管这并不是公约的正式组成部分。公约出版版本所附的材料中指出了这一点，其中第 70 条规定："贸易法委员会还认为，作为一项一般原则，为计算机编写程序的人（无论是自然人还是法人实体）最终应对计算机生成的任何信息负责（See A/CN.9/484, paras. 106 and 107）"。See http://www.uncitral.org/pdf/english/texts/electcom/06-57452_Ebook.pdf, accessed 1 June 2018.

[95]   参见英国《著作权、设计和专利法》第 9 节第 3 款、第 4 节第 1 条两部分的讨论，其中含有类似的表述。

[96]   See, for example, Robert Joseph Pothier, *Treatise on Obligations, or Contracts*, translated by William David Evans (London: Joseph Butterworths, 1806); James Gordley, *The Philosophical Origins of Modern Contract Doctrine* (Oxford: Clarendon Press, 1993), Chapter 6.

[97]   "privity"，该词来源于拉丁文 *"privatus"*（"私有的"）。

[98]   关于劳动力市场的显著影响的有影响力的分析，see Michael Spence, "Signaling, Screening and Information", in Studies in Labor Markets, edited by Sherwin Rosen (Chicago: University of Chicago Press, 1981), 319–358。

[99]   See, for instance, Parker v. South Eastern Railway Co. (1877) 2 CPD 41.

[100]   Dylan Curran, "Are You Ready? Here Is All the Data Facebook and Google Have on You", The Guardian, 30 March 2018, at https://www.theguardian.com/commentisfree/2018/mar/28/all-the-data-facebook-google-has-on-you-privacy, accessed 1 June 2018.

[101]   在欧盟国家，参见《关于消费者合同中不公平条款的指令》[The Unfair Terms in Consumer Contracts Directive (93/13/EC)]。

[102]   各种政府和非政府机构［如美国联邦贸易委员会（the Federal Trade Commission in the USA）、英国消费者保护协会（the Consumer Protection Association in the UK）或印度消费者权益组织（the Consumer Rights Organization in India）］提供了此类保护，这些机构负责审查公司在合同协议的保护下所采取的特别恶劣或有害的行为，并定期提高人们对此类行为的识别能力。

[103]   See Jacob Turner, "Return of the Literal Dead: An Unintended Consequence of Rainy Sky v. Kookmin on Interpretation?", *European Journal of Commercial Contract Law*, Vol. 1 (2013).

[104]   See, generally, Kenneth S. Abraham, "Distributing Risk: Insurance", *Legal Theory, and Public Policy*, Vol. 48 (1986).

[105]   "基础"保险人（"primary layer" insurers）通常会将部分风险，甚至超过一定条件的全部风险，转嫁给再保险人，再保险人也可以这样做，从而通过市场进一步分散这种风险。

[106]   Curtis E.A. Karnow, "Liability for Distributed Artificial Intelligences", *Berkeley Technology Law Journal*, Vol. 11, No. 1 (1996), 147–204, 176. 卡诺的评估可能不正确，他认为高智商会带来更多风险；实际上，至少人工智能使用中的一些风险是它没有足够的智商来识别其行为的代价或其更广泛的影响所造成的。可以更正确地说，人工智能承担的责任越高，风险就越大。更智能的人工智能很可能被赋予更多的责任，从而在智能和风险之间建立联系（尽管是间接的，但也要注意聪明的人工智能可能更安全）。

[107]   在美国，消费者网站上提供了各州强制性汽车保险要求的清单。The Balance, "Understanding Minimum Car Insurance Requirements", 18 May 2017, at https://www.thebalance.com/understanding-minimum-car-insurance-requirements-2645473, accessed 1 June 2018. 英国的立场，see "Vehicle Insurance", UK Government, at https://www.gov.uk/vehicle-

insurance, accessed 1 June 2018。

[108] 在汽车驾驶还处于初级阶段的时候，为支持这一规则而进行的早期争论，see Wayland H. Elsbree and Harold Cooper Roberts, "Compulsory Insurance Against Motor Accidents", *University of Pennsylvania Law Review*, Vol. 76 (1927–1928), 690; Robert S. Marx "Compulsory Compensation Insurance", *Columbia Law Review*, Vol. 25, No. 2 (February 1925), 164–193。基于较为现代视角的讨论，see Harvey Rosenfield, "Auto Insurance: Crisis and Reform", *University of Memphis Law Review*, Vol.29 (1998), 69, 72, 86–87。

[109] 关于立法起草的过程，see "Automated and Electric Vehicles Act", Parliament website, https://services.parliament.uk/bills/2017-19/automatedandelectricvehicles.html, accessed 1 June 2018。也可参见本书第 8 章之 5.3.3。

[110] 恐怖主义行为通常被排除在主要条款之外，而附加保险条款中则规定有自己的保险费。

[111] 本书第 7、8 章列出了这些可能的最低要求。

[112] Curtis E.A. Karnow, "Liability for Distributed Artificial Intelligences", *Berkeley Technology Law Journal,* Vol. 11, No. 1 (1996), 147–204, 196.

[113] 实际上，有些国家或地区的法律明确禁止将故意行为纳入保险范围，如美国《加利福尼亚保险法》（California Insurance Code）第 533 节；James M. Fischer, "Accidental or Willful?: The California Insurance Conundrum", *Santa Clara Law Review*, Vol. 54 (2014), 69, at http://digitalcommons.law.scu.edu/lawreview/vol54/iss1/3, accessed 1 June 2018。

[114] Olga Khazan, "Why So Many Insurers Are Leaving Obamacare: How Rejecting Medicaid and Other Government Decisions Have Hurt Insurance Markets", *The Atlantic*, 11 May 2017, at https://www.theatlantic.com/health/archive/2017/05/why-so-many-insurers-are-leaving-obamacare/526137/, accessed 1 June 2018.

[115] J.Ll.J. Edwards, "The Criminal Degrees of Knowledge", *Modern Law Review*, Vol. 17 (1954), 294.

[116] 极端的粗心大意尽管对于"过失杀人"这一较轻的罪行来说可能已经足够了，但并不足以构成谋杀罪。"Homicide: Murder and Manslaughter", website of the UK Crown Prosecution Service, http://www.cps.gov.uk/legal/h_to_k/homicide_murder_and_manslaughter/#intent, accessed 1 June 2018.

[117] 关于无辜行为者（Innocent Agent）的探讨，see Peter Alldridge, "The Doctrine of Innocent Agency", *Criminal Law Forum*, Autumn 1990, 45。

[118] 这种分析遵循了加布里埃尔·哈雷维提出的结构，see Gabriel Hallevy, "The Criminal Liability of Artificial Intelligence Entities—From Science Fiction to Legal Social Control", *Akron Intellectual Property Journal*, Vol. 4, No. 2, art. 1. 哈雷维后来在两本书中详细阐述了这些想法：*Liability for Crimes Involving Artificial Intelligence Systems* (Springer, 2015), and *When Robots Kill: Artificial Intelligence Under Criminal Law* (Boston: Northeastern University Press, 2013).

[119] 958 P.2d 1083 (Cal., 1998).

[120] 英国合资企业刑事责任关于这一原则的最近重述，see the joint decision of the UK Supreme Court and Judicial Committee of the Privy Council in R v. Jogee, Ruddock v. the Queen [2016] UKSC 8, [2016] UKPC 7。

[121] Gabriel Hallevy, "The Criminal Liability of Artificial Intelligence Entities—From Science Fiction to Legal Social Control", *Akron Intellectual Property Journal*, Vol. 4, No. 2, art. 1, 13.

[122] See generally, Roger Cotterell, *Emile Durkheim: Law in a Moral Domain* (*Jurists: Profiles in Legal Theory*) (Edinburgh: Edinburgh University Press, 1999).

[123] See, for example, Carlsmith and Darley, "Psychological Aspects of Retributive Justice", in *Advances in Experimental Social Psychology*, edited by Mark Zanna (San Diego, CA: Elsevier, 2008).

[124] John Danaher, "Robots, Law and the Retribution Gap", *Ethics and Information Technology*, Vol. 18, No. 4 (December 2016), 299–309.

[125] Anthony Duff, *Answering for Crime: Responsibility and Liability in Criminal Law* (Oxford: Hart Publishing, 2007).

[126] John Danaher, "Robots, Law and the Retribution Gap", *Ethics and Information Technology*, Vol. 18, No. 4 (December 2016), 299–309.

[127] 亦可参见本书第 5 章之 4.5，这一因素是赋予人工智能法律人格的一个潜在动机。

[128] See *Artificial Intelligence in Engineering Design*, edited by Duvvuru Siriam and Christopher Tong (New York: Elsevier, 2012).

[129] Bartu Kaleagasi, "A New AI Composer Can Write Music as well as a Human Composer", *Futurism*, 9 March 2017, at https://futurism.com/a-new-ai-can-write-music-aswell-as-a-human-composer/, accessed 1 June 2018.

[130] Elgammal, et al., "CAN: Creative Adversarial Networks Generating 'Art' by Learning about Styles and Deviating from Style Norms", paper published on the eighth International Conference on Computational Creativity (ICCC), held in Atlanta, GA, 20–22 June 2017 arXiv:1706.07068v1 [cs.AI], 21 June 2017, at https://arxiv.org/pdf/1706.07068.pdf, accessed 1 June 2018.

[131] For examples, see Ryan Abbott, "I Think, Therefore I Invent: Creative Computers and the Future of Patent Law", *Boston College Law Review*, Vol. 57 (2016), 1079, at http://lawdigitalcommons.bc.edu/bclr/vol57/iss4/2, accessed 1 June 2018. See in particular FN 23–138 and accompanying text.

[132] Jonathan Turner, *Intellectual Property and EU Competition Law* (2nd edn., Oxford: Oxford University Press, 2015), at para. 6.03 et seq..

[133] C-5/08 Infopaq International v. Danske Dagblades judgment, paras. 34–39, CJ; C-403, 429/08 FAPL v. QC Leisure judgment, paras. 155–156.

[134] Eva-Maria Painer v. Standard VerlagsGmbH, Axel Springer AG, Süddeutsche Zeitung GmbH, Spiegel-Verlag Rudolf Augstein GmbH & Co. KG, Verlag M. DuMont Schauberg Expedition der Kölnischen Zeitung GmbH & Co. KG (Case C-145/10).

[135] Ibid., see also SAS Institute v. World Programming judgement, paras. 65–67, CJ. 37C-393/09 Bezpe nostní softwarová asociace v. Ministerstvo kultury judgment, paras. 48–50, CJ.

[136] Directive 2001/29, Arts. 2–4; Directive 2006/115, Arts. 3(1), 7, and 9(1).

[137] 第 2006/116/EC 号指令中关于著作权和某些相关权利的保护条款的序言部分提到了"一个或多个自然人被认定为作者"的情况，这大概是为了区别该指令中其他地方提到的"人"（其中也包括法人）。

[138] Andres Guadamuz, "Artificial Intelligence and Copyright", *WIPO Magazine*, October 2017, at http://www.wipo.int/wipo_magazine/en/2017/05/article_0003.html, accessed 1 June 2018. 关于西班牙，请参见 1987 年 11 月 11 日通过的关于知识产权的第 22/1987 号法律；关于德国，

参见《著作权法》第一章"著作权"第三节"作者"第 7 条 [Urheberrechtsgesetz Teil 1 -
Urheberrecht (ÅòÅò 1–69g), Abschnitt 3 - Der Urheber (Åò 7)]。第 7 条并未明确规定获得著
作权保护的作品的作者必须是人类，它只是规定："作品的创作者是作者。"["The creator
('Sch.pfer') is the author."] 不过，人们普遍认为，法律假定只有人类才能"创作"，从而
成为"创作者"。

[139]　The Compendium of U.S. Copyright Office Practices, Chapter 300, at https://copyright.gov/
comp3/chap300/ch300-copyrightable-authorship.pdf, accessed 1 June 2018.

[140]　111 U.S. 53, 58 (1884). 这一立场后被美国判例法所支持 [如 Feist Publications v. Rural
Telephone Service Company, Inc., 499 U.S. 340 (1991)]，其中专门规定版权法仅保护"基于
心智创造力"的"智力劳动成果"（"the fruits of intellectual labor" that "are founded in the
creative powers of the mind"）。

[141]　519 A.2d 1337, 1338 (Md. 1987)，这一判决意见在 318 North Market Street, Inc. et al. v.
Comptroller of the Treasury, 554 A.2d 453 (Md. 1989) 案中以其他理由被推翻。

[142]　Ibid., p. 1339.

[143]　关于在美国版权法中如何解决计算机生成的作品的讨论，以及关于适用于人工智能生
成作品的总体方案的建议，see Annemarie Bridy, "Coding Creativity: Copyright and the
Artificially Intelligent Author", Stanford Technology Law Review (2012), 1。See also Ralph
D. Clifford, "Intellectual Property in the Era of the Creative Computer Program: Will the True
Creator Please Stand Up?", Tulane Law Review, Vol. 71 (1997), 1675, 1696–1697; and Pamela
Samuelson, "Allocating Ownership Rights in Computer-Generated Works", University of
Pittsburgh Law Review, Vol. 47 (1985), 1185.

[144]　新西兰法和爱尔兰法采用了与英国法相同的表述。See Copyright Act of 1994, 2 (New
Zealand); Copyright and Related Rights Act 2000, Part I, 2 (Act. No. 28/2000) (Ireland)。

[145]　Toby Bond, "How Artificial Intelligence Is Set to Disrupt Our Legal Framework for Intellectual
Property Rights", IP Watchdog, 18 June 2017, at http://www.ipwatchdog.com/2017/06/18/
artificial-intelligence-disrupt-legal-framework-intellectual-property-rights/id=84319/, accessed
1 June 2018. See also Burkhard Schafer, et al., "A Fourth Law of Robotics? Copyright and
the Law and Ethics of Machine Coproduction", Artificial Intelligence and Law, Vol. 23
(2015), 217–240; Burkhard Schafer, "Editorial: The Future of IP Law in an Age of Artificial
Intelligence", SCRIPTed, Vol. 13, No. 3 (December 2016), at https://script-ed.org/wp-content/
uploads/2016/12/13-3-schafer.pdf, accessed 1 June 2018.

[146]　Guadamuz, Andres, "The Monkey Selfie: Copyright Lessons for Originality in Photographs
and Internet Jurisdiction", Internet Policy Review, Vol. 5, No. 1 (2016), at https://doi.
org/10.14763/2016.1.398. http://policyreview.info/articles/analysis/monkey-selfie-copyright-
lessons-originality-photographs-and-internet-jurisdiction, accessed 1 June 2018.

[147]　NARUTO, a Crested Macaque, by and through his Next Friends, People for the Ethical
Treatment of Animals, Inc., Plaintiff-Appellant, v. DAVID JOHN SLATER; BLURB, INC.,
a Delaware corporation; Wildlife Personalities, ltd., a United Kingdom private limited
company, No. 16-15469 D.C. No. 3:15-cv-04324- WHO, at https://assets.documentcloud.org/
documents/2700588/Gov-Uscourts-Cand-291324-45-0.pdf, accessed 1 June 2018.

[148]　Jason Slotkin, "'Monkey Selfie' Lawsuit Ends with Settlement between PETA, Photographer",
NPR, 12 September 2017, at https://www.npr.org/sections/thetwoway/2017/09/12/550417823/-

animal-rights-advocates-photographer-compromise-overownership-of-monkey-selfie, accessed 1 June 2018.

[149] "Monkey Selfie Case: Judge Rules Animal Cannot Own His Photo Copyright", *The Guardian*, 7 January 2016, at https://www.theguardian.com/world/2016/jan/06/monkey-selfie-case-animal-photo-copyright, accessed 1 June 2018. 大卫·斯莱特 (David Slater) 于 2017 年宣称，尽管最终胜诉了，但他还是因为这个案子而陷入"破产"。Julia Carrie Wong, "Monkey Selfie Photographer Says He's Broke: I'm Thinking of Dog Walking", *The Guardian*, 13 July 2017, at https://www.theguardian.com/environment/2017/jul/12/monkey-selfie-macaque-copyright-court-david-slater, accessed 1 June 2018.

[150] Ibid..

[151] Meagan Flyn, "Monkey Loses Selfie Copyright Case. Maybe Monkey Should Sue PETA, Appeals Court Suggests", *The Washington Post*, 24 April 2018, at https://www.washingtonpost.com/news/morning-mix/wp/2018/04/24/monkey-loses-selfie-copyrightcase-maybe-monkey-should-sue-peta-appeals-court-suggests/?utm_term=.afe1b1b181d6, accessed 1 June 2018.

[152] *NARUTO, a Crested Macaque, by and through his Next Friends, People for the Ethical Treatment of Animals, Inc., Plaintiff-Appellant, v. DAVID JOHN SLATER; BLURB, INC., a Delaware corporation; WILDLIFE PERSONALITIES, LTD., a United Kingdom private limited company*, No. 16-15469 D.C. No. 3:15-cv-04324- WHO, at http://cdn.ca9.uscourts.gov/datastore/opinions/2018/04/23/16-15469.pdf, accessed 1 June 2018, at p. 11; *Cetacean Community*, 386 F.3d, at 1171.

[153] 关于美国规则，see 35 U.S.C., paras. 101–02, 112 (2000)。在欧盟的制度中，发明的判断标准必须是"新颖的，涉及创造性的步骤并且易于工业应用"。See Art. 52 European Patent Convention.

[154] Ryan Abbot, "Everything is Obvious", 22 October 2017, at https://papers.ssrn.com/sol3/papers.cfm?abstract_id=3056915, accessed 1 June 2018.

[155] 《南非宪法》第 16 节。

[156] 《印度宪法》第 19 条。

[157] Toni M. Massaro and Helen Norton, "Siri-ously? Free Speech Rights and Artificial Intelligence", *Northwestern University Law Review*, Vol. 110, No. 5, 1175, citations omitted.

[158] 但是可参阅第 4 章关于人工智能何时可以自己证明这种保护是合理的讨论。

[159] 目前，人工智能缺乏被认为值得非工具主义保护的意识，但是，如第 4 章所示，情况并非总是如此。

[160] "Lese-majeste Explained: How Thailand Forbids Insult of Its Royalty", BBC Website, http://www.bbc.co.uk/news/world-asia-29628191, accessed 1 June 2018.

[161] Citizens United v. Federal Election Commission, 558 U.S. 310 (2010).

[162] Ross Luipold, "Colbert Trolls Fox News by Offering @RealHumanPraise On Twitter, and It's Brilliant", *Huffington Post*, 5 November 2013, at http://www.huffingtonpost.co.uk/entry/colbert-trolls-fox-news-realhumanpraise_n_4218078, accessed 1 June 2018.

[163] Samuel C. Woolley, "Automating Power: Social Bot Interference in Global Politics", *First Monday*, Vol. 21, No. 4 (2016).

[164] Alexei Nikolsky and Ria Novosti, "Russia Used Twitter Bots and Trolls 'to Disrupt' Brexit Vote", *The Times*, 15 November 2017. See also Brundage, Avin, et al., *The Malicious Use of*

Artificial Intelligence: Forecasting, Prevention, and Mitigation, February 2018,

[165]　Rich McCormick, "Amazon Gives up Fight for Alexa's First Amendment Rights after Defendant Hands over Data", *The Verge*, 7 March 2017, at https://www.theverge.com/2017/3/7/14839684/ amazon-alexa-firstamendment-case, accessed 20 August 2018. The case was State of Arkansas v. James A. Bates, Case No. CR-2016-370-2.

[166]　Helena Horton, "Microsoft Deletes 'Teen Girl' AI after It Became a Hitler-Loving Sex Robot Within 24 hours", *The Telegraph*, 24 March 2016, at http://www.telegraph.co.uk/ technology/2016/03/24/microsofts-teen-girl-ai-turns-into-a-hitler-loving-sex-robot-wit/, accessed 1 June 2018. 应当指出的是，Tay 不会生成未提示的内容；计算机程序员很快就发现了如何运用其算法来使其产生令人反感的内容的方法。参见本书第 8 章之 3.2.2 讨论程序是如何被攻陷的。

[167]　Yascha Mounk, "Verboten: Germany's Risky Law for Stopping Hate Speech on Facebook and Twitter", *New Republic*, 3 April 2018, at https://newrepublic.com/article/147364/verboten-germany-law-stopping-hate-speech-facebook-twitter, accessed 1 June 2018.

[168]　Toni M. Massaro and Helen Norton, "Siri-ously? Free Speech Rights and Artificial Intelligence", *Northwestern University Law Review*, Vol. 110, No. 5.

第 4 章

人工智能的权利

我们为什么要保护他者（others）的权利？道德论（moral arguments）主要认为，损害相关实体终归是"错误的"[1]。务实论（pragmatic arguments）则认为保护他者有助于防止其受到伤害。道德论的根据本身就是目的，而务实论则是达到目的的手段。这两个理由可以彼此独立适用，但并非相互排斥。例如，在没有正当理由的情况下伤害另一个人在道德上是不可接受的；此外，不肆意害人也是明智的，以免遭到受害人（或其亲友）的报复。

本章主要关注道德上的原因，即为什么某些人工智能系统总有一天会被认为是值得保护的。道德权利问题应该是在法律权利问题之前解决的，因为，正如下面所建议的那样，对前者的承认往往早于（实际上是促成）对后者的承认。第 5 章将讨论保护人工智能的权利以及课予其责任的其他实际的理由。总之，这些理由可能构成赋予人工智能法律人格的基础，尽管这远非保护人工智能的道德权利的唯一途径。

赋予机器人权利听起来很荒谬，但是，以这种方式保护人工智能可能符合公认的道德准则。本章拟回答三个问题：我们所说的权利究竟是什么？我们为什么要赋予其他实体权利？人工智能和机器人是否可以根据相同的原则获得权利？在此过程中，我们将试图挑战这样一种普遍存在的成见：为什么某些实体应当享有权利而其他实体却不可以？

1 权利是什么？

1.1 权利的社会性：霍菲尔德的权利理论（Hohfeld's Incidents）

"权利"一词会在许多不同的语境中使用，如工人的权利、动物权利、人权、生命权、水权、言论自由权、平等待遇权、隐私权、财产权，等等。但是，如果不弄清"权利"的含义，我们在讨论时可能各说各话。

本书采用法学家韦斯利·霍菲尔德（Wesley Hohfeld）的分类法，他将权利（rights）分为四类，或者说四个"事件"（incidents）：特权（privileges）、能力（powers）、请求权（claims）和豁免权（immunities）。[2] 除区分不同类型的权利外，霍菲尔德的另一个重要见解是将每一类权利与另一人所拥有的权利建立互惠关系。上述四种权利分别对应的是：义务（duty）、无请求权（no-claim）、责任（liability）和无能力（disability）。因此，如果 A 对某物有请求权（claim），则 B 必须承担向 A 提供该物的责任（liability）。

霍菲尔德的权利分类有三个优点。首先，它详尽地列举了常见用语和法律条款中提到的各种不同的"权利"。其次，它承认各种权利之间的差异。[3] 最后，霍菲尔德的分类模型解释了不同类别的权利之间以及与他人的权利之间如何相互作用。霍菲尔德的理论框架表明：权利是社会性的结构。每一项权利的相关关系表明它们并不存在于真空中。相反，它们是相对于其他个人或实体的。例如，一个被独自困在荒岛上的人声称她有生命权是没有意义的，因为她不能向其他任何人主张生命权。因此，拥有权利就意味着必须与其他可能维护或侵犯这些权利的人在一起共存。

权利的这一社会性（social）特征，在人工智能越来越普遍的情况下，提示人类（以及其他已经获得权利的实体，如公司和动物）需要认真考虑如何与之共存。正如科学记者兼作家约翰·马尔科夫（John Markoff）所写，我们需要自问：机器人是要成为"我们的主人、奴隶还是伙伴"[4]？

顺着马尔科夫的问题，本章将探讨人工智能可否或应否被视为"道德上的受动者"（"moral patient"），即在某些方面为"道德行为人"（"moral agents"）的行为所保护的主体。如第 2 章之 2.1 所述，行为人（agent）是能够理解某些规则和原则并据此采取行动的一方。从道德上讲，在一个人心智成熟之前，一般认为其行为是不应受责备的。尽管如此，一个缺乏道德能动性（moral agency）的幼儿仍然有权作为道德上的受动者（moral patiency）而受到保护。道德主体和道德受体（受动者）可以同时存在，但这不是必须的。[5]

1.2 权利的虚构性（Rights as Fictions）

权利的社会性与另一个特质有关：它们属于公共发明，并无任何超出我们集体想象的独立的客观的存在。与公司、国家和法律本身一样，权利是集体的虚构，或者像赫拉利所说的属于一种"神话"[6]。权利的形式因语境不同而不同。当然，有些权利被认为比其他权利更有价值，对这些权利的信仰会得到更广泛的认同（shared），但在权利问题上并无限额，既不妨碍创设新的权利，也不会将旧的权利束之高阁。

詹娜·赖因博尔德（Jenna Reinbold）在谈到《世界人权宣言》的起草时说："……第一届人权委员会以一种带有悠久的编造神话的逻辑的方式进行其工作。在这种逻辑里，语言的任务是明确地呈现对世界的看法以及适合于维护这个世界的一系列指令。"[7]

这些并不意味着权利不重要。相反，权利使生活富有意义，使社会有效运作。将权利描述为虚构或建构绝非贬义，在此语境下使用"权利"一词，不会造成表里不一，也不会引发错误[8]，而仅仅意味着其具有延展性，可以根据新的情况加以形塑。[9]

道德权利不等同于法律权利。在道德关系中，比如，说真话的义务及与之对应的不撒谎的请求权，往往不受法律的保护。[10] 如果阿尔弗雷德（Alfred）问玛丽安（Marianne），穿上这条花了高价买来的新裤子是否看起来很胖，玛丽安未如实相告，但并不承担法律责任。一般而言，法律反映并支持社会的道德价值观，但两者并不完全一致。

目前的讨论主要涉及人类现在以及过去所承认的权利。这是一项社会学研究，因此可以进行客观的验证。这里需要指出的是，如果我们承认某些道德和法律权利，那么从逻辑的一致性来讲，我们也应该承认类似情形下的其他权利。

机器人的权利观念之所以会引起一些人本能的消极反应[11]，其中一个原因可能是存在一种不言而喻的假设，即权利有一个固定的数量，就像写在石板上的戒律不可改变一样。尽管权利对社会运作是有价值的，但是如果人们承认权利是虚构的，那么这种反对意见就会消失，也就为承认机器人权利扫清了道路。

2 动物：人类最好的朋友？

人类对动物态度的变化，为我们如何看待人工智能提供了一个很好的类比。与动物权利的比较说明两个问题：第一，动物权利在文化上是相对的；第二，动物权利随着时间的推移发生了很大变化。

2.1 不同文化对动物的态度

保护动物的规则并不是一个新概念。在诺亚方舟的故事（《古兰经》中也有，并且早在犹太教—基督教的《圣经》之前就已经有几千年的历史了）中[12]，诺亚从大洪水中拯救了每个物种中的两个。可以说这是保护生物多样性的一个警示性的故事。[13]《箴言集》中说，"义士尊重兽的生命"[14]。然而，更普遍地说，在犹太教—基督教传统中，人类似乎享有支配一切其他造物的地位。在《旧约》创世记第1章第26节中，神说："我们要照自己的形象造人，让他们管理海里的鱼，空中的飞鸟，牲畜，整个大地，和地上一切爬行物。"[15]

而在其他文化和宗教中，似乎动物被置于更为重要的地位。例如，泛灵论认为天下万物皆有灵魂，无论是有感知的（包括动物和昆虫）、有生命的（包括植物、地衣和珊瑚）还是无生命的（包括山、河和湖）。[16]例如，印度教教义中规定，灵魂（atman or soul）可以以多种不同的形式转世，不仅可以是人类，也可以是各种动物。[17]事实上，一些印度教中的神就具有动物的特征。[18]此外，牛被视为圣物。在印度，有18个州禁止屠宰奶牛[19]，甚至有民间社团（vigilante groups）试图通过法外暴力保护奶牛。[20]如本书第2章所述，在日本的神道教（Shintō）中，许多不同的生物和物体都有神灵，翻译过来就是"精灵"（"spirit"）、"灵魂"（"soul"）或"能量"（"energy"）的意思。[21]

从上面可以清楚地看出，动物权利在文化上是相对的。对于那些对动物和物体的权利更加开放的文化来说，人工智能权利（Rights for AI）这一概念，比起那些只关注或主要关注人类精神福利的文化而言，算不上太大的哲学意义上的飞跃。一些作家注意到了日本公众比西方（民众）更愿意接受人工智能和人形机器人。实际上，欧洲议会在2016年委托发布的一份政策文件指出：

> ……在远东地区，人们并不害怕机器人。二战后日本诞生了《铁臂阿童木》（Astro Boy），这是一部以机器人为特色的系列漫画，它向社会灌输了一种非常积极的机器人形象。此外，根据日本神道教对机器人的看法，机器人和其他东西一样，都有灵魂。与西方不同，机器人并不被看作是危险的人造物，而是与人类社会和谐相处。[22]

2.2　动物的权利史

人们越来越接受这样一种主张，即给动物造成不必要的痛苦是错误的。但也并非总是如此。[23] 在全球范围内，动物权利法至多在 200 年前还很少见：动物被视为主人的财产，而不是拥有权利的实体。[24] 在 1793 年英格兰的一个案件中，一个叫约翰·科尼什（John Cornish）的人将他人的马的舌头拔掉了，结果被判无罪。法院认为，只有在有证据表明科尼什对马的主人存在恶意（malice）的情况下，他才能被起诉。[25]

笛卡尔（Déscartes）写道：动物只是"兽机器"（"beast-machines"）和"自动机"（"automata"）[26]，没有灵魂，没有头脑，也没有推理能力。[27] 因而，我们不必再去关心动物痛苦的尖叫，那只不过是机器的吱吱声和撞击声而已。从道德上讲，伤害他们与撕毁一张纸或切碎一块木头并无不同。现代哲学家诺曼·肯普·史密斯（Norman Kemp Smith）指出，笛卡尔认为"动物没有任何感觉或意识"是一种"骇人的"观点。[28]

然而，17 世纪以降，动物权利逐渐得到保护。[29]1641 年，美国马萨诸塞州议会（General Court of Massachusetts）通过了《自由法典》（Body of Liberties）。这是一个早期的基本权利宪章，其中关于动物的一节规定："任何人不得对任何通常为人所用而饲养的动物实施任何暴力或残忍的行为"[30]。1821 年，英国一位政治家理查德·马丁上校（Colonel Richard Martin）首次提议制定保护马匹的法律时，遭到议会的嘲讽，甚至引起哄堂大笑。[31] 但情况很快发生了改变：第二年，议会应马丁上校的要求颁布了《1822 年虐待马和牛法》。1824 年，防止虐待动物协会在伦敦成立，这是第一个这样的组织。[32] 1840 年，它获得了维多利亚女王的皇家特许。

在整个 19 世纪和 20 世纪，世界各国对动物的保护力度越来越大。[33] 美国于 1866 年成立了防止虐待动物协会；英国在 1822 年以后颁布的主要动物权利立法包括《1876 年虐待动物法》和《1911 年动物保护法》；印度于 1960 年通过了《防止虐待动物法》。[34]

动物保护的倡导者们继续通过支持立法上的改变或判例法的发展，不断扩大保护动物的范围。2004 年，美国一家上诉法院判令，根据美国宪法第 3 条，"世界上所有的鲸鱼和海豚"都可因美国海军使用声呐所造成的损害提出索赔。[35] 关于鲸鱼和海豚的索赔被驳回了，因为他们的法律依据中并不包含他们所主张的任何实质性的保护性规定。不过，这扇门是敞开的，法律可以提供这样的保护。上诉法院判决指出：

> "（如果）国会和总统打算采取非同寻常的措施，准予动物像人和法人一样起诉，他们可以，而且也应该明确地说明"，在（相关法律法规）缺乏这种规定的情况下，我们的结论是鲸目动物没有起诉的法定资格。[36]

动物权利法的扩展可能会引起争议。正如霍菲尔德的权利结构所示，赋予一个群体（在这种情况下为动物）的权利会限制另一个群体（通常是人类）的权利，因而那些失利者往往会出来阻挠。2004 年英国政府出台了禁止携犬猎狐的法案，许多农村居民对此表示反对，他们认为这是城市居民对其生活方式的攻击。这反过来又引发了一场宪政危机，在那场危机中，立法机关中民选产生的下议院，启动了一种很少使用的机制 [37]，未经非民选的上议院批准通过了该法案。[38] 大约有 20 万人在伦敦示威，反对拟议的猎狐禁令。[39]

从这一简短的历史回顾可以看出，人类对动物权利的态度随着时间的推移有很大变化，并且还在不断发展。

3 人类是如何取得权利的

我们现在称之为基本人权的那些权利并不总是被认为是无可争议的。普世性人权（universal human rights）的理念，甚至人权概念本身，都是相对比较晚的发明。

奴隶制是对人权最极端的侵犯之一，它可以为改变我们对人工智能权利的看法提供一个有用的样本研究。奴隶制的类比也很有启发性，因为人们可以很容易地将其与我们对待机器人的方式进行比较。事实上，在卡雷尔·恰佩克（Karel Capek）创作的科幻剧本中，主人公罗素姆研制出了一个"万能机器人"（Universal Robots）中，恰佩克用"机器人"（roboti）（捷克语，意为"奴隶"）来指称那些最终站起来反抗人类主人的智能机械仆人，这绝非巧合。[40]

至少 150 年前，在世界上大部分地区，奴隶制还是合法的。奴隶的地位跟动物差不多，基本上都被视为财产。在 19 世纪初，奴隶制在国际法中是被允许的。英国于 1807 年废除了整个殖民地的奴隶贩运，并于 1814 年促使法国也采取了类似举措。1815 年，欧洲"列强"（"Powers"）在维也纳会议上集体谴责奴隶制。[41]

然而，废除奴隶制并非朝夕之功。在臭名昭著的 1857 年德雷德·斯科特诉桑福德案（Dred Scott v. Sandford）中，美国最高法院判决奴隶制是合法的，认为美国宪法起草时，"无论是作为奴隶输入的那一类人，还是他们的后代，无论他们是否获得自由，都不被承认是人民的一部分"[42]。

如今，很少会有人不同意奴隶制是不道德的。[43] 禁止奴隶制是现代国际法的核心原则之一，具有强制法的地位：该规范对所有国家都具有约束力，无论它们是否明确表示同意，并且不允许克减。[44]1948 年《世界人权宣言》规定："任何人不得使为奴隶或奴役；一切形式的奴隶制度和奴隶买卖，均应予以禁止。"[45]

即使撇开奴隶制，几个世纪以来，在许多文化中，以包括性别、宗教、种族、国籍甚至社会阶级在内的特征来划分人类同胞的价值也被视为完全合法的。因此，在整个 20 世纪，大量的人口被视为牺牲品。这导致了极大的恶意行为，如二战期间的犹太人大屠杀、1994 年卢旺达种族灭绝以及其他诸如此类蓄意的种族屠杀。而某些种族优越论者也以冷漠之心助长了许多死亡和痛苦，某些群体由此被认为可以为实现更大的目标而献身。

在乔治·奥威尔（George Orwell）的《动物庄园》（*Animal Farm*）里，一匹马名叫"拳击手"（Boxer），它的生活信条是"我要更努力地干活"，但终因劳累过度被送到了屠宰场。[46] 今天，我们用同样的方式对待机器，当它们破损或过时时，我们将其丢弃一旁，拆卸后当作废品卖掉。

奴隶制的支持者提出了一些伪科学观点，认为某些种族在生物学上就比其他种族低劣。[47] 这种种族优劣论现在已经被揭穿了，但现代进化生物学表明，种族之间事实上的确存在着细微但很重要的遗传差异。[48] 但这些发现并没有使世人质疑我们应该赋予所有族裔的人民同样的人权。这些发现说明，不能说我们没有差异就不必保护人权，相反，尽管我们存在一些差异，我们才更需要保护人权。

尽管在过去几千年中，人类在基因方面并没有发生重大变化，但在这一时期，我们对人类权利的态度发生了重大变化（在某些方面，这一趋势与上述对待动物的方式类似）。相比之下，人工智能的出现相当晚，只是在过去 10 年里才取得了重大进展。因此，随着人工智能不断拥有新的性能，社会对其态度可能会有大的变化。尽管目前我们的直觉可能对此会有消极的暗示，但人类对动物的态度以及人权的发展历程表明，社会观念可能会转而支持赋予人工智能权利。接下来的问题就是，是否以及何时赋予人工智能权利。以下各节将探究并确定人类认为值得保护的特质。

4 为什么要赋予机器人权利？

为何要保护他者的权利？一般有三个原因，这些原因至少对于某些类型的人工智能和机器人也可适用：第一，感受痛苦的能力；第二，同情心；第三，对人类有价值。保护机器人的权利还有第四个特殊的原因：人与人工智能的结合体。

4.1 痛苦论："受苦的小机器人"

4.1.1 意识和感受质（Consciousness and Qualia）
保护他者权利的原因之一是能够增加幸福，减少痛苦。这就是功利主义哲学家约翰·斯图尔特·密尔所说的"幸福计算"（"felicific calculus"）。这不仅适用于人类，而且适用于其他任何实体。正如杰里米·边沁（Jeremy Bentham）在 1789 年所述：

> "总有一天，其他动物也会获得只有暴君才会剥夺的那些权利……一个人不能因为皮肤黑就要遭受任意的折磨而得不到救助……问题不在于'它们能推理吗？'，也不在于'它们能说话吗？'，而在于'它们会感受到痛苦吗？'"[49]

认为一个实体因其可能遭受痛苦而应享有权利，这种观点似乎是假设该实体能够知道或意识到自己遭受痛苦，否则就谈不上其是否会遭受痛苦。因此，具有感受痛苦的意识能力是对其加以保护的先决条件。为免生疑问，本节并不想说所有甚或某些人工智能具有意识，故而值得保护，重要的是，如果一个人工智能系统具备这种资质，那么它就应该具备一些道德权利。

给意识下一个统一的定义对于哲学家、神经学家和计算机科学家而言是个难题。本书采用一个较为流行的定义，认为意识描述了"在我们看来的事物的样子"（"the way things seem to us"），这种体验被更正式地称为"感受质"（"Qualia"）。[50] 本书认为作为感受质的意识可分为以下三个阶段：

一个有意识的实体，它必须能够（i）感觉（*sensing stimuli*），（ii）感知（*perceiving sensations*），以及（iii）具有自我感（*sense of self*），即具有对自己在空间和时间中存在的观念。

感觉（sensations）是某个实体能够观察或感觉到的外部世界的原始数据。第一阶段通过甚至算不上人工智能的基本技术就可以实现。任何传感器（无论是光、热、湿、电磁信号还是任何其他刺激）都可以达到此较低层次的阈值。显然，当今的人工智能系统和机器人都可以接收此类原始数据。

第二层次是感知（perception），意味着将数据采用某种形式的分析或依某种规则加以处理，以使其能够被合理地解释。当我们看到某些视觉图案，进而推断出存在某个三维物体时，就会产生从感觉到感知的飞跃。一个人可能会感觉到一系列的线条以各种方式彼此连接，但是他能感觉到自己是在看一张桌子。[51]感知不一定等于现实。别人以为她在看桌子，实际上她是在观察一种视力错觉。同样，我们可能感觉到太阳在"升起"，但实际上，我们观察到的是当地球绕着太阳公转时的我们所能意识到的视野。科技记者哈尔·霍德森（Hal Hodson）总结了意识的第一和第二层次之间的区别：

> 尽管相机可以捕捉到的场景数据要比人眼多得多，但机器人技术人员对于如何将所有这些信息拼接在一起以构建一个具有凝聚力的世界图景仍然感到困惑。[52]

意识的感知阶段似乎出现在人工智能的各种实例中。正如美国田纳西大学电气工程与计算机科学系的布鲁斯·麦克伦南博士（Dr. Bruce MacLennan）所解释的：

> 在机器人中，就像在动物中一样，情感（emotion）的主要功能是快速评估外部或内部情况，并准备使机器人通过动作或信息处理对其作出反应……该过程将互感器（内部传感器）对这些数据和其他物理属性（位置、角度、推力、压强、流量、能量值、能耗、温度、物理损伤等）进行监测，并将信号发送给更高层级的认知流程，以进行监督和控制。[53]

当人工智能系统使用规则或原则从数据中得出结论时，无论它采用了何种启发式（heuristic）①，都可以说它"理解"了数据。这一过程能够从根本上简化大量信息，方法是将其分类为"集群"功能组，其方式与人类和（可能）动物的思维在试图理解世界时的工作方式类似。

人工智能中意识感知阶段的另一个示例是使用人工"神经网络"，其中原始数据在一个层次上被接受，刺激思维细胞或神经元的"输入"层。这些神经

---

① 参见本书第 2 章注释 [102]。——译者注

元反过来刺激另一层，这一层能够进行更抽象的思维过程。如此延续下去遍历整个系统，使人工智能系统在输出结果之前得出复杂的结论。在 20 世纪 50 年代发展起来的最基本的神经网络被开发人员称为"感知器"（"perceptrons"），能够发展概念的内部"表现形式"（"representations"）。这绝非巧合。[54]

第三个也是最后一个阶段，有一个实体知道它正在体验感觉。这是"我在感觉……"中的"我"。在德语中，这被称为"ich-gefühl"，字面意思是"我感觉"（"I-feeling"）。[55] 对于人工智能以及某些生物而言，"我"也可能是"我们"。意识可以通过集体经验而不是个人经验来形成。蜜蜂对遭受痛苦的单一自我可能没有特别强烈的概念，但它显然知道它所属的更大的自我，即它所属的蜂群或蜂巢，它们从而可以共同感受苦难，共同茁壮成长。在流行文化中，科幻影视作品《星际迷航》中的外星人种族博格（Borg）就是这种集体意识的例子：每个博格人被称作无人机（drone），大量的博格人与一个被称为"集合体"的巢心（hive mind）连接在一起。[56] 一些基于大量个体"机器人"共同展示出群体智能的实验性人工智能系统最终可能发展出群体意识。[57] 没有我或我们，就谈不上遭受痛苦。心理学家丹尼尔·卡尼曼（Daniel Kahneman）和杰森·里斯（Jason Riis）提出，人的思维包括"体验自我"（"experiencing self"）和"评价自我"（"evaluating self"）。体验自我就是每时每刻的生命存在（lives life），而评价自我是通过各种不同的捷径或启发式（shortcuts or heuristics），理解这些时刻的意义。[58] 评价自我对随着时间的流逝而存在的独特"自我"的描述以及对过去经验的记忆，是其具备意识第三阶段要素的例证。

一般来说，人工智能是否具有第三阶段的意识尚不明确。一些与人工智能的关闭按钮或死亡开关相关的实验和理论可能提供一些有关人工智能如何获得"自我"感觉的证据。[59] 尽管大多数人工智能执行特定任务，但这些实验考虑了如何促使人工智能允许人类将其关闭（此过程称为安全中断）。[60] 此点之所以对意识很重要，是因为人工智能可能有自身存在的观念，从而可以抵抗或愿意终止其存在。

在 2016 年的一篇文章中，由斯图尔特·罗素领导的加州大学伯克利分校的研究人员发布了一项名为"开关游戏"（The Off-Switch Game）的实验。[61]该游戏的起点是，人工智能可以拥有超出其最初编程目的的工具主义目标，其中包括自我保护。[62]

如果人工智能决定采取措施防止人类将其禁用，则自我保护可能会成问题。罗素等人提供了一种新颖的解决方案，该解决方案不仅对人工智能的控制而且对其作为潜在意识实体的性质也具有重要影响：

> 我们的主要观点是，R 想要保留其关闭开关，则需要将与结果关联的效用设定为不确定状态，并将 H 的动作视为对该效用的重要观察项。（在此设置中，R 亦无自行关闭之诱因。）我们的结论是，为机器提供适当程度的目标的不确定性，会导向更加安全的设计，我们认为这种设置是对理性智能体的经典人工智能范式的有用概括。[63]

罗素等人用正式的数学证据证明，只要人工智能实体不确定自己是否在做人类想要的事情，它将始终允许其自身关闭。人工智能可以起作用，但是在每个决策点，它都必须询问自己是否在做正确的事情，否则，就该询问它是否应该被"杀死"以作为对其执行任务失败的制裁。换句话说，建模的人工智能必须问自己："是还是否？"[64]尽管这并非罗素等人的研究重点，但该实验可以说是人工智能显示具有上述第三项意识的一条途径。[65]

通往意识第三要素的途径不止一条，另一条途径或许是霍德·利普森（Hod Lipson）和他的同事在 2006 年发表在《科学》（Science）杂志上的一篇论文中所建议的。利普森和他的同事展示了一个四肢机器人，该机器人对自己的外观或功能缺乏事先的认知，但却能够通过持续的自我建模学会移动。[66]

不少人可能会提出反对意见，认为上述两例中的任何一个都无法从形而上的意义，甚至在本书定义的（人工智能）下真正表明其具有意识。但是，只要承认以下两点，(a) 意识是能够被定义和观察的客观特性，(b) 意识不仅限于人类，那么，就可以认为，仍然有可能开发出具有意识的人工智能。[67]

如果人工智能变得有意识，那么最后的问题就是，有意识的人工智能是否会遭受痛苦。今天的人工智能技术似乎有能力实现这一结果，即使它还没有意识到。强化学习包括分析数据、作出决策，然后通过反馈机制告知这些决策是否正确。反馈机制依决策的理想程度给结果评分，从而对结果予以限定。每次执行此过程时，计算机都会了解与其任务和环境相关的更多信息，逐步磨炼和完善其性能。在人类中，大多数小孩儿有时会忽然发现，如果触摸到尖锐的东西，自己可能会受伤。类似地，如果疼痛会促使机器人避免收到不想要的事情的信号，那么就不难承认机器人也可以感受到疼痛。2016 年，德国研究人员发表了一篇论文，指出：他们创建了一个机器人，当用针刺破它的皮肤时，该机器人可以"感觉"到身体上的疼痛。[68]

4.1.2　意识的程度

意识并非或有或无，而是以不同程度的形式存在。[69] 它至少存在三种变化。首先，在某个生物体内，存在从最低状态（如深度睡眠）到完全清醒的意识。例如，2013 年 10 月，由艾琳·特蕾西（Irene Tracey）领导的牛津大学研究团队在人类受试者麻醉期间能够检测到不同程度的意识。[70] 其次，在某一物种（特别是出生之后继续发育的哺乳动物）中，新生物种的意识似乎比完全发育的成年物种的意识要弱。[71] 最后，不同物种之间的意识可能有所不同。[72]

如果存在不同程度的意识，那么从逻辑上讲，没有理由认为处于正常清醒状态的人类必定处于意识体验的顶端。事实上，我们知道某些动物有能力感知，甚至理解人类感官范围之外的现象。人们普遍认为，人类只能通过五种感官——味觉、视觉、触觉、嗅觉和听觉来体验世界[73]，而蝙蝠可以通过声呐体验世界，其他动物可以根据电磁波来感知和行动。虽然人类可以通过其他媒介如电脑屏幕上的视觉显示来观察这些性能，但我们无法知道，甚至无法准确地想象这样的直接体验到底会怎么样。[74] 基于这些超出人类的独特感觉，可以说有些动物比我们更有意识，或者至少有不同于人类的意识。[75]

与人类不同，人工智能不受生物大脑所能占据的有限物理空间及其所能容纳的神经元数量的限制。正如一台比较简单的计算机在给定时间内可以做出比最伟大的人类数学家还要多的计算一样，我们不能排除人工智能有一天可能会获得比人类更高水平的意识，能够感受更大程度的痛苦。

康涅狄格大学（University of Connecticut）的苏珊·施耐德（Susan Schneider）认为，人工智能可能绕过我们所认为的意识，发展出一种完全不同的运作方式。第一，她指出"在人类中，意识与需要集中精力进行学习的新任务相关，当一个想法成为我们关注的焦点时，它就会以一种缓慢、连续的方式进行处理……超智能将超越各个领域的专家级知识，并在涵盖整个互联网的庞大数据库中进行快速计算。它可能不需要与人类有意识经验相关联的精神能力。"施耐德的第二个论点是基于物理性质。她提出这样的假想：

> ……意识可能仅限于碳基质。碳分子形成的化学键比硅更牢固、更稳定，这使碳能够形成大量的化合物，而不像硅，碳有能力更容易形成双键……如果碳和硅之间的化学差异影响生命本身，我们不应排除这些化学差异也会影响硅是否会引起意识的可能性，即使它们并不妨碍硅以更优越的方式处理信息的能力。[76]

4.1.3 怀疑论的作用

我们对人类心智（mind）的了解还十分有限，更不用说对动物，甚至是人造物了。我们可以询问他人的感受，也可以观察大脑的扫描情况，但这些都不等于确切地知道他本人的体验。[77] 大卫·查默斯（David Chalmers）将其称为"意识难题"（"the hard problem of consciousness"）。[78]

同样的问题对于动物而言更是如此。在关于意识的有影响力的论文中，哲学家托马斯·纳格尔（Thomas Nagel）问"蝙蝠是什么"，结论是不可能对主观体验进行"还原论"式的客观描述。[79] 狗可能看起来很悲伤，黑猩猩往后退缩好像痛苦的样子，但是我们无法真正要求它们加以描述，即使可以，我们也无法真正知道狗、黑猩猩或者蝙蝠自身的感觉。尽管如此，我们仍然表现得好像人类和动物都是有意识的，并且都会感受痛苦。

这种对意识持怀疑态度的观点很重要，因为它表明，即使我们假设我们是基于他人具有承受痛苦的能力而赋予其权利，我们也无法真正确定他们的感受。因此，似乎我们保护他人的权利不是基于他们自己的实际感受，而是基于我们认为他们有感受。下一节将详细说明我们为什么这样做，以及类似的动机是否适用于机器人和人工智能。

4.2 同情论（The Argument from Compassion）

4.2.1 进化与直觉（Evolutionary Programming and Intuition）

我们保护某些东西是因为我们对它们受到伤害有一种情感上的反应。我们如果看到一个孩子拎着小猫的尾巴将其提起来，会本能地同情小猫。人权问题之所以从直觉上就能引人关注，是因为其他人看着另一个人受苦也会感到很难受。类似地——如果不是相同地，我们之所以支持动物权利，也是因为我们会对虐待动物产生一种自然而然的反应。为什么看到别人受苦（或看起来受苦）会令人沮丧？理解他人的感受是人类建立价值观和信仰体系的最有力的工具之一，而这些价值观和信仰体系可以将社会联系在一起。因此，同理心是创造权利的另一个原因。这是伊曼纽尔·康德（Immanuel Kant）的观点：

> 如果一个人开枪打死了他的狗，因为它不能再为他效力了，尽管他并未违反对狗的任何义务，因为狗并没有判断力，他却因此而破坏了自己善良和人道的品质，而他本应基于对人类的责任彰显这种品质…… 一个对动物如此残酷的人对其他人也不会有什么做不出来的。[80]

康德甚至将此理论扩展到"对无生命物的责任"，并解释说，"这些间接地暗示了我们对人的责任。人类消灭仍然可以使用的东西的冲动是很不道德的……人类毁坏仍然可用的东西的冲动是很不道德的……因此，所有与动物、其他生物和物品有关的责任都间接地指向我们对人类自身的责任"[81]。

不保护他人的权利会损害一个社会的道德纤维，它否认我们对他人所遭受的痛苦的基本情感反应。同样的情感反应也支配着我们对动物的感受，尽管这种程度较小。如果我们轻视动物，那么我们也会这样对待人类。这两者之间存在联系，因为我们认为动物有需求和感觉，即使它们没有和我们一样复杂的思维过程。从本质上说，动物表现出与人类相似的特征，而我们在生物学上被设定为对任何具有这些特征的事物都有同理心。这种现象也解释了为什么我们对哺乳动物有更大的同情心，哺乳动物在解剖学上比爬行动物、两栖动物、昆虫或鱼类更接近人类。例如，出生不久的哺乳动物的脑袋和眼睛通常都比较大，这点跟人类婴儿很像。[82]

同理心是一种成功的进化技术，它使我们能够与同物种中的其他人进行合作，因为我们可以想象出他们的感受。这种合作（不同于其他物种）可以超越家庭、部落或殖民地，是促使人类成功的因素之一。[83]尽管我们在进化中对受伤的动物的同情心并未像对人的一样强烈，但当我们看到动物处于痛苦中时，同样的神经通路（neural pathways）似乎也会被激活。[84]

有时我们对动物的同情甚至超过了对其他人类的同情。2013年，奥古斯塔摄政大学（Regent's University Augusta）和恐惧角社区学院（Cape Fear Community College）的科学家进行了一项研究：如果自己的宠物和一个外国人同时面临被公交车撞到的危险，40%的参与者表示会先救自己的宠物。[85]另一个例子是，雄性大猩猩哈兰贝（Harambe）抓走了一名闯入围栏的3岁男孩而被动物园管理员射杀后，引发了来自世界各地的强烈抗议。[86]

4.2.2 性、机器人和权利

关于为性活动设计的机器人的道德论争可能为人工智能的社会意义提供一

些启示。如果我们认为使用机器人进行某些行为是不可接受的，我们必须扪心自问为什么会这样。

恰佩克（Capek）的电影《罗素姆的万能机器人》（*Rossum's Universal Robots*）中就曾质疑，高级的机器人奴仆是否应该享有某种形式的公民权利，或者他们是否仅仅是可以随意被伤害或摧毁而不会产生任何道德后果的机器。[87]

在《与机器人的爱与性：人机关系的演变》（*Love and Sex with Robots: The Evolution of Human-robot Relationships*）中，戴维·莱维（David Levy）推测："到本世纪中叶，机器人并不会与我们完全相像，但将与我们十分接近"，并且，"当机器人发展到一定精密的程度时，他们将在与人类的互动中产生并维持浪漫爱情的感觉……社交和心理上的好处将是巨大的"[88]。他的理由是："几乎每个人都想爱一个人，但很多人缺乏这种爱。如果每个有能力爱的人都能满足这种人类的自然欲望，那么这个世界肯定会更加幸福。"

可能有人反对认为，当把这种感觉转移到人造实体上时，这种无形的东西便会消失。乔安娜·布赖森（Joanna Bryson）指出，人类具有对看似有意识的事物产生情感的心理倾向，但她的建议是我们因此应该避免造出具有意识倾向的机器人："如果机器人也需要权利，那么我们对它的设计可能就是不公正的。"[89]

应否允许人类对机器人做出某些在人类之间禁止实施的举动？这类问题处理起来更加棘手：允许一个人把机器人当作性侵对象是错的吗？这种事情若发生在人身上，无异于道德败坏。如果机器人也知道这一点，情况会有什么不同吗？[90]

关于性机器人的争论表明，我们可能觉得这项技术令人厌恶，这里有两个原因：一是对性机器人实施有辱人格的行为对机器人本身有害。这取决于上述基于痛苦的论点。另一个（也是更流行的）论点是，用机器人模拟一种不道德的或非法的行为，纵容或宣扬一种令人不快的行为，在某种程度上有害于人类社会。这是一种工具意义上的辩解。这与儿童色情动漫经常被禁的原因是相似的——尽管在此过程中并无儿童受到直接的伤害。麻省理工学院媒体实验室的机器人伦理学家埃文·达舍夫斯基（Evan Dashevsky）对康德的观点进行了现代式的改编，对第二个论点进行了总结：

> 比如说，你是宁愿生活在一个充斥着可以随意强奸和残害公园里的机修工的人类的《西部世界》（*Westworld*），还是愿意生活在《星际迷航：下一代》（*Star Trek: The Next Generation*）的甲板上——在那里高级机器人被平等对待？一个世界的人类看起来比另一个世界的更为友好，不是吗？[91]

4.2.3 物种主义

一些作者和学者认为，在赋予权利方面因物种不同而区别对待，这在道德上可能是错误的。心理学家和动物权利活动家理查德·赖德（Richard D. Ryder）斥之为"物种主义"，刻意与种族主义相提并论：

> ……科学家一致认为，从生物学角度讲，人类和其他动物之间并没有什么"神秘莫测"的本质区别。那么，我们为什么要在道德上作出几乎彻底的区分呢？如果所有的有机体在物理上都处于同一个渐变体（continuum），那么我们在道德上也应如此。[92]

没有必要像赖德那样呼吁动物或人工智能拥有与人类同样的权利，但他的有些极端的观点中包含了一个十分重要的见解：人类在某些方面并不像我们想象的那样独一无二。当然，人工智能和机器人与人类在生理上有所不同，但值得提醒的是，种族主义者和优生学的拥护者也都试图用科学"证据"来支持他们关于种族差异的观点。这门科学的正当性（probity）固然值得怀疑，但更重要的问题似乎不是实体之间是否存在物理上的差异，而是这些差异是否被社会认为是重要的。

4.2.4 机器人与其身体的作用

读者可能已经注意到在本章中"机器人"（人工智能的物理载体）一词比

书中其他地方使用得更为频繁。尽管本书中讨论的其他问题同样适用于实体化或非实体化的人工智能，但赋予实体权利不仅取决于该实体自身的意识或其他方面，还取决于人类对该实体的态度。基于上述原因，实体的物理形式和外观会形塑这些态度。

迄今为止，大量关于人工智能伦理的公开讨论都集中在机器人身上，因为与无实体的计算机程序不同，机器人很容易被刻画（picture）出来。[93] 尽管在大多数法律背景下 [94]，更多地强调对机器人而非对更具普遍意义的人工智能是不适当的，但在权利问题上，立场略有不同。这种心理倾向已经在关于人类对机器人的反应的各种研究中得到确认。[95] 瑞安·卡洛（Ryan Calo）写道，正是这一特质使机器人（与非实体的人工智能相对）因其"社会价值"而应受到不同的法律待遇。卡洛说，机器人"……对我们来说感觉与众不同，更像是活生生的个体（living agents）"[96]。

现实生活中的例子也可说明这种心理倾向。阿富汗士兵用来拆除简易爆炸装置的遥控机器被昵称为"塔隆中士"（"Sergeant Talon"），他们甚至还非正式地"授予"它三枚紫心勋章，而这种勋章本是颁发给在服役期间负伤的美军士兵的。[97] "塔隆中士"实际上并非这里所讲的"机器人"，它没有使用任何人工智能，而完全是在人类操作员的控制之下 [98]，然而，其所产生的生理和心理价值显然得到了与之合作的人的认可。

类似地，美国洛斯阿拉莫斯国家实验室（US Los Alamos National Laboratory）研发的自动扫雷艇类似于一只巨大的千足虫，其设计目的是在扫雷过程中踩中地雷，炸掉自身一两条腿，从而将地雷摧毁。当这台机器再次在战场上爬行被炸掉一条腿时，一名负责监督其工作的上校要求停止演习，因为这种测试是"不人道的"[99]。

需要注意的是，人工智能不是物理机器产生人类情感的必要条件。上述两个例子表明，人类对于完全没有独立智能的遥控机械实体，也可能产生这种情感反应。不过，有人认为，人工智能实体由于具有学习并改善其行为以增加人类同理心的能力，因而会更易使人产生这种反应。

机器人变得越像生物，我们对它们的反应似乎就越多，就好像它们有感觉一样。律师和人工智能伦理学家凯特·达林（Kate Darling）开展了一项实验，研究人员让人们玩一款名为"普廖斯"（"Pleos"）的机械恐龙玩具。玩了一个小时的游戏后，研究人员要求参与者用他们拿到的武器杀害他们的恐龙玩具，但所有参与者都拒绝了，即使告诉他们可以通过"杀死"别人的恐龙玩具来保住自己的这种机器人玩具，他们仍然拒绝。最后，研究人员告诉参与者，除非有人"杀死"他们的恐龙玩具，否则所有机器人都会被摧毁。即使这样，也只有一位参与者愿意这样做。[100]达林根据这项实验的结果，支持基于康德主义而赋予人工智能权利，既是出于情感考虑，也是为了"促进社会期望的行为"[101]。

4.2.5 逃离恐怖谷（Uncanny Valley）

在机器人学中，有一种现象被称为"恐怖谷"，最初是由机器人专家森正弘（Masahiro Mori）发现的。[102]恐怖谷是说，随着机器人变得更像人类，人们对它的亲近感会缓慢上升，再急剧下降，然后又相对急剧地上升。恐怖谷说明当人类观察者遇到一个外观和行为都像人类但并不十分准确的机器人时，他们会感到不安。这可能是机器人身上各种细微瑕疵，比如生涩的动作，令人不安的面部表情，无法完全捕捉人的情感变化的单调平淡的声音，等等，所导致的结果。关键是，当我们看到看起来很像我们但绝对不是人类的东西时，我们会感到有些奇怪，我们知道我们被欺骗了。

有可能创制出专门为避免这种现象而设计的机器人，部分原因是害怕跌入恐怖谷，大多数机器人的设计并不具备精确的人类特征（尽管有sexpots这样的例外）。在20世纪90年代末，由麻省理工学院人工智能实验室辛西娅·布雷泽尔（Cynthia Breazeal）领导的研究人员建造了一个名为"Kismet"的机器人，该机器人通过操纵其机械的眼睛、嘴和耳朵来识别和模拟人的情绪。[103]

Kismet 的外观与人类相去甚远，相反，其建造者选择了人类的某些特征，我们的大脑将这些特征识别为发出某种信号的情感，但这些特征被故意做成夸张的机械形式。[104]Kismet 的大眼睛以及其他特征，使我们自然地将其与婴儿和幼小的动物联系在一起，这也促使我们对机器人产生同情。[105]

也许有人反对我们主动设计机器人，以免产生同情心。如上所述，这是乔安娜·布赖森提出的避免机器人权利的解决方案。但是，机器人引起人类的关爱之情似乎非常容易。在电影《星球大战》中，最受欢迎的角色之一是R2-D2。这个机器人看起来只不过是一个带轮子的喷了漆的金属垃圾桶，上面有一个圆顶的漏勺，而不是盖子。但不知怎的，通过它的哔哔声、颤音和灵巧的动作，R2-D2 在观众心目中形成了鲜明的个性，当然也能引起同情。[106]

4.3 价值与人性论

4.3.1 相互尊重

对机器人的不尊重有朝一日会危及人类。如果我们认为，世界上占主导地位的物种或实体为自己的利益考虑，有权改变它认为合适的所有其他物种的权利，那么可以肯定的是，如果有一天人工智能对人类拥有同样的权利，我们就不会有道德上的抱怨。著名小说家、学者 C.S. 刘易斯（Lewis）在其论文《活体切片》（"Vivisection"）中提出了这一论点：

> 我们可能会发现，很难制定一项折磨野兽的人权，就像我们不能制定一项天使折磨人类的权利一样。[107]

刘易斯的理论与一些现代评论者提出的超级人工智能征服人类的反乌托邦观点有些相似。如第 1 章所述，这样的预测常常语带夸张，绝非关注当下。[108]但是，这些观点的确增加了支持保护人工智能权利的论据。认为如果人类"好好"对待人工智能，而一旦人工智能最终夺走了鞭子，它们也会这样对待人类，这种假设是荒谬的。但是，假设人工智能是理性的，并且将寻求保护自身及其利益，那么对其采取相互共存的态度很可能引起人工智能对人类的类似态度，至少在人类的行为能够影响人工智能的情况下会是这样。事实上，人类不愿肆意摧毁机器人的假设构成了斯图尔特·罗素等人所采用的模型的一部分。这使机器人能够可控，但仍然服从于人类的命令。[109]

4.3.2 内在价值

法律保护一系列实体和物体不是因为它们具有特定的可界定的用途，而是出于文化、美学和历史的原因，我们在此将这些理由统称为"内在"（"inherent"）价值。

我们可以将这种保护范围扩大到加利福尼亚州白山某地的猪鬃松树（Methuselah），据说它们已有 5000 多年的历史了。[110]同样的道德推理也可以用于保护凡·高的绘画或古老的巴比伦神庙。这种"具有内在价值"的实体是人造的还是自然的，似乎都不会对其被赋予的价值产生影响。世界上第一个克隆哺乳动物绵羊多莉并没有受到比其他绵羊更少的关心。事实上，由于她作为世界上第一只人造绵羊的独特地位，她受到的待遇远远好于自然孕育的绵羊所受到的。[111]

我们保护这些东西的原因不仅仅在于它们可能是某人的财产。事实上，对于世界上许多最有价值的东西，我们认为它们应该受到保护的原因是它们是每个人的财产，它们对全人类都有意义。

2002 年，德国修改了宪法基本法，其中包括以下规定："铭记对子孙后代的责任，国家应保护生命和动物的自然基础。"[112]值得注意的是，德国宪法规定的这项权利是为了"后代"（"future generations"）的利益而受保护的，这里的"后代"可能是指人类。因此，记载的保护动物和自然生命的动机不一定是生命本身，而是它对人类的影响。

人们倾向于将计算机程序视为可消耗品，当更新计算机程序时，可以删除或覆盖以前的版本。但是，出于务实的原因，需要保留以前的副本，例如，出于法律取证的目的，可能需要在相关事件发生时保留人工智能系统的版本，以便能够查询其功能和思维过程。同样，如果更新或补丁程序导致出现无法预料的问题，则很可能有必要将程序"复原"（"roll back"）到其先前版本以解决问题。这两种动机都强调了以某种方式保存人工智能的类型对人类的重要性。

我们可能已经认识到某些机器人的内在价值。前述麻省理工学院创建的机器人 Kismet 现在已经不再是用于实验的操作模型了，而是被保存在该校的博物馆中。在伦敦，科学博物馆于 2017 年年初举行了一场有关机器人的展览，展出了各种不同的标志性设计。尽管这些示例均以物理机器人为特色，但我们也可能希望保留诸如 AlphaGo Zero 之类的开创性人工智能系统的源代码，以供下一代研究和学习。

4.4 后人文主义论：合成人、半机械人和电子大脑（Hybrids, Cyborgs and Electronic Brains）

机器和人的思想并不总是分开的。通过人工智能增强人类的想法经常在流行文化中出现，例如电视剧《神秘博士》（*Doctor Who*）中的赛博人（Cybermen），或《星际迷航》中的博格。2017 年，埃隆·马斯克建议人类必须与人工智能融合，否则在人工智能时代就变得无关紧要。[113] 此后不久，他成立了一家名为 Neuralink 的新公司，旨在通过"开发超高带宽的脑机接口，将人与计算机连接起来"来实现这一目标。[114]

各种研究项目和企业正在探索如何使用人脑来开发人工智能。有些科学家已经证明，可以将微型可注射电子元件插入生物体内，然后将其激活。[115] 这些电子元件对于人类而言可以有很多用途：可以用来改善记忆力，也可提高处理能力。尼基·凯斯（Nicky Case）在 2018 年发表的一篇引人注目的题为《如何成为半人马座》（"How to Become a Centaur"）的文章中指出，人与人工智能的结合可以变得比其各个部分的总和还重要："共生（Symbiosis）向我们表明，即使您拥有不同的技能、不同的目标，甚至是不同的物种，您也可以进行富有成效的合作。共生还向我们表明，世界通常不是零和博弈，无论是人类与人工智能之间，人类与半人马之间，还是说人类相互之间。共生是两个个体尽管存在差异，但正是这些差异使得他们共同走向成功。"[116]

如果人类可以通过人工智能来获得增强，就会出现临界问题：如果会的话，那将是什么时候，人类可能要失去其受保护的地位？这与罗马历史学家普鲁塔克（Plutarch）的"忒修斯之船悖论"（"Ship of Theseus Paradox"）提出的问题类似：

> 忒修斯和雅典的青年乘坐从克里特岛返回的那艘船上有 30 支桨，雅典人一直保存着，一直到了德米特里·法勒斯（Demetrius Phalereus）时代，船上的旧木板都腐烂了，他们就把旧木板取下来，换上更结实的新木板，这艘船也就成了哲学家讨论事物发展逻辑问题的一个典型例子。一方认为它还是原来那艘船，另一方则认为它不是同一艘船了。[117]

改换某种物质的成分后，其本质上是否还是原来的东西，这一悖论也适用于人类与人工智能的结合。如果利用人工智能增强 1%，我们不会剥夺某个人的人权，但如果其心智功能的 20%、50%，甚或 80% 都是计算机处理的结果呢？以同一论的观点，答案还是原来那个人——一个人不应仅仅因为其心智功能增强了而丧失权利。但哲学家约翰·塞尔（John Searle）认为，人造过程并不会产生类似于人类智力的"强"人工智能，人工智能更替人体组织将逐渐涤除原来有意识的体验。[118]

人体功能的增强替代并不会减少应得的权利。[119] 失去手臂后用机械装置代替手臂的人，不应被视为是不人道的。同样地，如果将来某人遭受了导致持续性失忆的脑损伤，手术后安装了能够替代这种心智功能的处理器，也不会被视为不人道和权利被克减。

菲尼亚斯·盖奇（Phineas Gage）就是这样一个具有历史意义的例子，说明尽管神经系统发生了变化，但在道德上仍然保持着身份的连续性。盖奇是一名铁路工人，在一次爆炸中，一根铁棒穿过他的头骨，造成了极其严重的脑损伤。他不知怎的活了下来，但据报道他的性格彻底发生了改变。[120] 然而并无迹象表明，盖奇作为一个公民和人类的一分子，其所享有的权利有任何减少。如果盖奇的权利在这场意外的脑损伤及神经系统改变后得到维持，那么，如果这种改变是其自行（voluntarily）发生的，甚至是损害的应激反应，那么减少这些权利似乎并不符合逻辑。

实际上，可穿戴技术的日益普及使人与非人之间的界限变得越来越模糊。目前人们可以自如地从身上摘掉智能眼镜、智能手表和其他个人智能设备，不过为健康的自愿参加者以整合技术（integrate technology）实施手术还是有一定的禁忌[121]，但也有一些例外。人类可能出于审美或宗教原因自愿接受手术，这在大多数文化中是被接受的，甚至在一些文化中是被强制要求的。在某些文化中，文身、穿孔、割礼，甚至更极端的手术方式在道德上都是可以接受的，甚至是必须的。在未来的几十年中，整合技术也可能成为现实。因为赋予权利的需要而要在"人类的"与"人造的"之间划出一条清晰的界限，已然超出了本章探讨的范围。关键是，人与技术之间的区分可能变得越来越变动不居。[122]

另一个基于生物学途径实现人工智能的方法是全脑仿真（whole brain emulation）。这并不是为了增强或更新人类的大脑，而是为了将技术和生物工程相结合，创造出一个全新的具有智能思考、感知和意识功能的大脑。[123] 如上所述，绵羊多莉是第一个克隆哺乳动物，因此她的生活由科学家和兽医团队监测和护理，因而她得到了最高级的照料。[124] 我们像对待自然繁育的绵羊一样，甚或以更尊贵的方式对待人工繁育的绵羊，那么，我们会不会也这样对待人工大脑呢？这就引出了一个问题：克隆人脑在伦理上能否接受？在许多国家，克隆人是受到严格管制或禁止的。有些人甚至质疑克隆绵羊多莉是否合乎道德规范。[125]

一种可能性（目前也只是在科幻小说中出现）是，人们的个性或意识可以某种方式通过计算机或网络上传和存储。一些科学家已经在研究这种想法。[126]

而有些科学家如神经科学家、作家罗杰·彭罗斯（Roger Penro）认为，人类的思维永远不能被机器所仿效。[127] 如果有一天人类的思维可以被上传到计算机，我们将面临这样的难题，即它是否应该拥有权利，如果是的话，应该拥有什么权利。即使人工心智（artificial mind）是不完善的或初级的，就像任何此类技术的第一次迭代一样，这也不一定构成否认其基本权利的理由。

5 本章小结

提出机器人应该享有权利可能会遭到厌恶或鄙视。但我们应该记住，动物权利和普遍人权的拥护者起初也面临着完全相同的反应。

道德权利并不等同于法律权利，尽管法律上的保护往往是在社会认识到保护某事物的道德理由后不久才开始的。下一章将讨论赋予机器人法律人格的案例，提供基于实用主义的其他建议，这些建议可能有别于本章的道德考量，或是作为这些考量的补充。

如果一个社会真的决定机器人应该拥有权利，这就提出了更为棘手的问题，即哪些权利应该受到保护。如果是为了减轻或避免痛苦，那么似乎可以肯定的是，被保护的权利之一会将机器人的"痛苦"最小化，除非必要且与实现与之相称的更重要的目标。

除最大限度地减少痛苦之外，我们有朝一日可能为人工智能保护的其他权利，未必与我们为人类甚至动物所保护的权利相似。例如，在诸如尊严或隐私等受制于社会关系的以人为中心的权利可能并不适合人工智能。同样，如果人类看到动物交配，它们也不会感到羞耻。相反，人工智能实体的权利可能包括因其性质所独有的权利，例如更好的能源供应或更多的处理能力。当然，也可能有充分的理由解释为什么人工智能的这些潜在权利将被推翻，就像某些人和动物的权利服从于更重要的原则一样，但这并不意味着人工智能的权利先前并不存在。

注释

[1]　在本书中道德（moral）与伦理（ethical）这两个词可以互换使用。

[2]　用正式术语可以表示为：特权（privileges）：当且仅当 A 没有不 φ（φ 表示义务的内容）的义务（duty）时，A 拥有 φ 的特权。请求权（claims）：当且仅当 B 对 A 有 φ 的义务（duty）时，A 对 B 有 φ 的请求权（claims）。能力（powers）：当且仅当 A 能够改变自己或他人的权利（Hohfeldian incidents）时，A 拥有能力（power）。豁免权（immunities）：当且仅当 A 缺乏改变 B 的权利时，B 拥有豁免权。See Leif Wenar, "Rights", *The Stanford Encyclopaedia of Philosophy*, edited by Edward N. Zalta (Fall 2015 edition), at https://plato.stanford.edu/archives/fall2015/entries/rights/, accessed 1 June 2018.

[3]　英国政治哲学家以赛亚·伯林（Isaiah Berlin）将自由分为积极自由（freedoms to）和消极自由（freedoms from）。See Isaiah Berlin, "Two Concepts of Liberty", in *Four Essays on Liberty* (Oxford: Clarendon Press, 1969), 121–154. 这种分类在一定程度上有助于从理论上廓清自由（至少是积极自由）的本质，霍菲尔德的权利理论在讨论人工智能权利问题时更管用，因为它既强调了权利持有人又强调了与之存在相互作用关系的人。

[4]　John Markoff, "Our Masters, Slaves, or Partners"?, in *What to Think about Machines That Think*, edited by John Brockman (New York and London: Harper Perennial, 2015), 25–28.

[5]　See John Danaher, "The Rise of Robots and the Crisis of Moral Patiency", *AI & Society* (November 2017), 1–8.

[6]　Yuval Harari, *Sapiens: A Brief History of Humankind* (London: Random House, 2015).

[7]　Jenna Reinbold, "Seeing the Myth in Human Rights", *Open Democracy*, 29 March 2017, at https://www.opendemocracy.net/openglobalrights/jenna-reinbold/seeing-mythin-human-rights, accessed 1 June 2018. See also Jenna Reinbold, *Seeing the Myth in Human Rights* (Philadelphia: University of Pennsylvania Press, 2017).

[8]　Yuval Harari, *Sapiens: A Brief History of Humankind* (London: Random House, 2015).

[9]　认为权利具有虚构性未必就会滑入道德相对主义（moral relativism）。在道德相对主义中，任何规范体系都不比其他体系"更好"或者"更糟"。规范是"好"还是"坏"的判断是一个问题，只有参照道德标准的某些外部等级才能回答，无论是功利主义、道义主义还是宗教主义等等，莫不如此。相反，权利是虚构的观念，完全是价值中立的，权利可以是好的虚构，也可以是坏的虚构。合法权利的观点（乃至所有法律）具有与价值无关的有效性，这与被称为"实证主义"的法律理论相符，该理论认为"在任何法律体系中，既定规范是否在法律上是有效的，以及它最终是否构成该体系中法律的一部分，取决于它的来源，而不是它的优点"。关于此种界定的来源，see John Gardner, "Legal Positivism: 5 1/2 Myths", *American Journal of Jurisprudence*, Vol. 46 (2001), 199. 关于实证主义的进一步讨论，参见本书第 6 章之 1.1。

[10]　尽管某些情形下的虚假陈述和欺诈在大多数（若非所有）法律体系中都会导致民事责任和刑事指控。

[11]　正如霍斯特·艾登穆勒教授所说："当我们考虑是否应该赋予智能机器人法律人格时，大多数人可能会感到不安。"（Horst Eidenmuller, "Robots' Legal Personality", *University of Oxford Faculty of Law Blog*, 8 March 2017, at https://www.law.ox.ac.uk/business-law-blog/blog/2017/03/robots%E2%80%99-legal-personality, accessed 1 June 2018.）

[12] Helge Kvanvig, *Primeval History: Babylonian, Biblical, and Enochic: An Intertextual Reading* (the Netherlands/Danvers, MA: Brill, 2011), 21–24, 243–258.

[13] Thomas L. Friedman, "In the Age of Noah", *The New York Times*, 23 December 2007, at http://www.nytimes.com/2007/12/23/opinion/23friedman.html, accessed 1 June 2018.

[14] Proverbs 12:10, King James Bible.

[15] Genesis 1:26, King James Bible. See also Sura 93 in the Quran.

[16] See Nurit Bird-David, "Animism Revisited: Personhood, Environment, and Relational Epistemology", *Current Anthropology*, Vol. 40, No. S1, 67–91. 关于泛灵论（animism）一词的首次使用，请参见下述开创性著作：Edward Burnett Tyler, *Primitive Culture: Researches into the Development of Mythology, Philosophy, Religion, Language, Art, and Custom* (London: John Murray, 1920)。

[17] The Hindu American Foundation, "Official Statement on Animals", website of the Humane Society of the United States, http://www.humanesociety.org/assets/pdfs/faith/hinduism_and_the_ethical.pdf, accessed 1 June 2018.

[18] 例如，印度教中的神加涅什（Ganesh）长着象头，哈努曼（Hanuman）则是猴头（有的甚至将其整个身体都描绘成一只猴子）。

[19] Soutik Biswas, "Is India's Ban on Cattle Slaughter 'Food Fascism'?", BBC website, 2 June 2017, http://www.bbc.co.uk/news/world-asia-india-40116811, accessed 1 June 2018.

[20] Soutik Biswas, "A Night Patrol with India's Cow Protection Vigilantes", BBC website, 29 October 2015, http://www.bbc.co.uk/news/world-asia-india-34634892, accessed 1 June 2018; "India Probe after 'Cow Vigilantes Kill Muslim Man'", BBC website, 5 April 2017, http://www.bbc.co.uk/news/world-asia-india-39499845, accessed 1 June 2018.

[21] "Shinto at a Glance", BBC Religions, last updated 10 July 2011, at http://www.bbc.co.uk/religion/religions/shinto/ataglance/glance.shtml, accessed 1 June 2018. 也可参见本书第 2 章之 2.1.3。

[22] European Parliament Directorate-General for Internal Policies, Policy Department C, Citizens' Rights and Constitutional Affairs, "European Civil Law Rules in Robotics: Study for the JURI Committee" (2016), PE 571.379, 10.

[23] See Harold D. Guither, *Animal Rights: History and Scope of a Radical Social Movement* (Carbondale and Edwardsville, IL: Southern Illinois University Press, 2009). 关于动物权利运动有影响力的早期文本，see Henry Stephens Salt, *Animal Rights Considered in Relation to Social Progress* (New York, London: Macmillan & Co., 1894)。乔治城大学法律图书馆列出了 35 个有反虐待动物立法的国家，see "International and Foreign Animal Law Research Guide", Georgetown Law Library, at http://guides.ll.georgetown.edu/c.php?g=363480&p=2455777, accessed 1 June 2018。更多资料参见 Michigan State University Animal Legal & Historical Centre, at https://www.animallaw.info/site/world-law-overview, accessed 1 June 2018。

[24] 有些人将动物归为财产的法律依据追溯到《旧约》。例如，威廉·布莱克斯通（William Blackstone）在《英格兰法律评论》（*Commentaries on the Laws of England*）中指出："在世界之初，我们受圣经的启发，慷慨的造物主赋予了人类'对整个地球的统治权，对海中游鱼和空中飞禽的统治权，以及对每一个生活在地球上的生物的统治权'，这是人类统治外部事物的唯一真正坚实的基础，不管那些幻想的作家们对此有什么样的空洞的形而上学观念。因而地球及其上的万物，都是全人类的共同财产"［William Blackstone, *Commentaries*

on the Laws of England (12th edn., London: T. Cadell, 1794), Book Ⅱ, 2–3)〕。

[25] Discussed in Simon Brooman Legge, *Law Relating to Animals* (London: Cavendish Publishing Ltd., 1997), 40–41.

[26] Renee Descartes, Oeuvres de Descartes, edited by Charles Adam and Paul Tannery (Paris: Cerf, 1897–1913), Book Ⅴ, 277.

[27] A. Boyce Gibson, *The Philosophy of Descartes* (London: Methuen, 1932), 214; E.S. Haldane and G.T.R. Ross, *The Philosophical Works of Descartes* (Cambridge: Cambridge University Press, repr. 1969), 116. 不过也有相反的观点，试图澄清笛卡尔关于动物的观点，see John Cottingham, "'A Brute to the Brutes?': Descartes' Treatment of Animals", *Philosophy*, No. 53 (1978), 551–559。

[28] Norman Kemp Smith, *New Studies in the Philosophy of Descartes* (London: Macmillan, 1952), 136, 140.

[29] 在奥利弗·克伦威尔执政时期（Oliver Cromwell's Protectorate），清教徒在 17 世纪中叶禁止了某些活动，如诱杀牛熊，但这样做的动机似乎更多的是抑制人类的享乐，而不是减少对动物的虐待：戏剧和莫里斯舞蹈在这一时期也被禁止了。

[30] "Massachusetts Body of Liberties" (1641), published in *A Bibliographical Sketch of the Laws of the Massachusetts Colony from 1630 to 1686* (Boston: Rockwell and Churchill, 1890), at http://www.mass.gov/anf/docs/lib/body-of-liberties-1641.pdf, accessed 1 June 2018.《自由法典》接着写道："如果有人带领或驱赶牛群长途跋涉，以致他们（they）感到疲倦、饥饿、生病或分娩，则可以在没有玉米地、草地或为某种特殊用途而围起来的开阔地方，让他们长时间地休息或恢复体力"。

[31] Other Members of Parliament referred to Martin mockingly as "Humanity Dick". Simon Brooman Legge, *Law Relating to Animals* (London: Cavendish Publishing Ltd., 1997), 42.

[32] "History", RSPCA website, https://www.rspca.org.uk/whatwedo/whoweare/history, accessed 1 June 2018.

[33] 这一发展概况，see Simon Brooman Legge, *Law Relating to Animals* (London: Cavendish Publishing Ltd., 1997)。

[34] The Prevention of Cruelty to Animals Act, 1960 Act No. 59 OF 1960. Text available at Michigan State University Animal Legal and Historical Centre Website, https://www.animallaw.info/statute/cruelty-prevention-cruelty-animals-act-1960, accessed 1 June 2018.

[35] Cetacean Community v. Bush, 386 F.3d 1169 (9th Cir., 2004), at 1171. 也可参见"猴子自拍"案（"monkey selfie"），一只名为"火影忍者"（NARUTO）的有冠猕猴，通过以一家公司（Next Friends, People for the Ethical Treatment of Animals, Inc.）为原告，起诉美国特拉华州的一家公司（David John Slater; Blurb, Inc.）和另一家英国公司（Wildlife Personalities, Ltd.）（No. 16-15469 D.C. No. 3:15-cv-04324- WHO），相关讨论参见本书第 3 章之 4.2。

[36] Cetacean Community v. Bush, 386 F.3d 1169 (9th Cir., 2004), at 1179.

[37] 这是自 1911 年以来也才第九次采取这种措施。

[38] 这是根据 1911 年和 1949 年的议会法案进行的。这一行动的合法性受到了英国最高法院（上议院）的质疑并最终得到了支持，see R (Jackson) v. Attorney General [2005] UKHL 56。

[39] "Huge Turnout for Countryside March", BBC website, 22 September 2002, http://news.bbc.co.uk/1/hi/uk/2274129.stm, accessed 1 June 2018.

[40] 参见本书第 1 章之 1.1。

[41] 这些欧洲"列强"包括澳大利亚、俄国、普鲁士、法国、西班牙、葡萄牙、瑞典、丹麦、荷兰、瑞士、热那亚和德国的几个州。See Mathieson, *Great Britain and the Slave Trade, 1839–1865* (London: Octagon Books, 1967); Soulsby, *The Right of Search and the Slave Trade in Anglo-American Relations, 1813–1862* (Baltimore: the Johns Hopkins Press, 1933); and Leslie Bethell, *The Abolition of the Brazilian Slave Trade* (Cambridge: Cambridge University Press, 2009).

[42] 60 U.S. 393 (1857).

[43] 例如，根据 1926 年《禁奴公约》，各签字国承诺防止和惩罚奴隶的贩卖，并逐步地和尽速地促成完全消灭一切形式的奴隶制。（该公约全文见联合国公约与宣言检索系统网站：https://www.un.org/zh/documents/treaty/files/OHCHR-1926.shtml。——译者注）

[44] M. Cherif Bassiouni, "International Crimes: Jus Cogens and Obligatio Erga Omnes", *Law and Contemporary Problems*, Vol. 59 (1996), 63. 1996 年国际法委员会通过的《危害人类和平及安全治罪法草案》（Draft Code of Crimes against the Peace and Security of Mankind）将奴役列为危害人类罪［参见第 18（d）条：国际法委员会年鉴（1996 年）第二卷第 2 部分］。这构成了《国际刑事法院罗马规约》将奴役列为危害人类罪的基础［第 7（1）（c）条］。国际法院已将免受奴役视为人的基本权利，从而产生了各国应普遍承担的义务。参见国际法院审理的巴塞罗那电车公司案［Barcelona Traction Case, ICJ Rep. (1970), 32］。

[45] 1948 年《世界人权宣言》第 4 条；也可参见联合国大会于 1966 年通过的《公民权利和政治权利国际公约》第 8 条、1950 年《欧洲保护人权和基本自由公约》第 4 条、1969 年《美洲人权公约》第 6 条以及 1981 年《非洲人权和人民权利宪章》第 5 条。

[46] George Orwell, Animal Farm (London: Secker & Warburg/Penguin, 2000), 82.

[47] See, for instance, Samuel Cartwright's notorious art. "Diseases and Peculiarities of the Negro Race", *De Bow's Review*, Southern and Western States, Volume XI (New Orleans, 1851).

[48] Yuval Harari, *Sapiens: A Brief History of Humankind* (London: Random House, 2015), 13–19. 其描述了人类进化的"杂交理论"。另一个关于种族差异的当代理论的例子，see Nicholas Wade, *A Troublesome Inheritance: Genes, Race and Human History* (London: Penguin, 2015).

[49] Jeremy Bentham, *An Introduction to the Principles of Morals and Legislation* (Oxford: Clarendon Press, 1907), Chapter XVII, Of the Limits of the Penal Branch of Jurisprudence, FN 122.

[50] 丹尼尔·丹尼特（Daniel Dennett）说，感受质（Qualia）具有四个属性：（1）无法言喻（ineffable）。无法将其交流。（2）内在性（intrinsic）。它们不会根据与其他事物的关系而改变。（3）私人性（private）。无法在经验实体之间进行比较。（4）意识上能够直接或瞬时获得理解。正如路易斯·阿姆斯特朗（Louis Armstrong）曾经对爵士乐的定义——"如果你要问，你永远不会知道"。Daniel Dennett, "Quining Qualia", in *Consciousness in Contemporary Science*, edited by A.J. Marcel and E. Bisiach (Oxford: Oxford University Press, 1988). ［在我国，江怡教授认为，感受质问题是当代西方心灵哲学中的核心问题之一，如何解释感受质关系到人类知识大厦的基础问题。感受质问题就是关于我们人类如何理解意识活动的特殊性质问题，其根源是对我们不同经验中存在的某种所谓不可言喻的或不可表征的经验内容的追问，我们对感受质的理解只能通过分析知识表达的方式进行。参见江怡：《感受质与知识的表达》，载《社会科学战线》，2009（9）。——译者注］

[51] Sydney Shoemaker, "Self-knowledge and Inner Sense, Lecture I: The Object Perception Model", *Philosophy and Phenomenological Research*, Vol. 54, No. 2 (1994), 249–269.

[52] Hal Hodson, "Robot Homes in on Consciousness by Passing Self-awareness Test", *New*

Scientist, 15 July 2015, at https://www.newscientist.com/article/mg22730302-700-robot-homes-in-on-consciousness-by-passing-self-awareness-test/?gwaloggedin=true, accessed 1 June 2018.

[53]　Bruce MacLennan, "Cruelty to Robots? The Hard Problem of Robot Suffering", *ICAP Proceedings* (2013), 5–6, at http://www.iacap.org/proceedings_IACAP13/paper_9.pdf, accessed 1 June 2018.

[54]　Marvin Minsky and Sydney Papert, *Perceptrons: An Introduction to Computational Geometry* (Cambridge, MA and London, England: the MIT Press, 1988), Prologue.

[55]　Leo A. Spiegel, "The Self, the Sense of Self, and Perception", *The Psychoanalytic Study of the Child*, Vol. 14, No. 1 (1959), 81–109, 81.

[56]　"Borg", Startrek.com, at http://www.startrek.com/database_article/borg, accessed 1 June 2018. 关于博格和人类意识的讨论，see Jacob Lopata, "Pre-Conscious Humans May Have Been Like the Borg", *Nautilus*, 4 May 2017, at http://nautil.us/issue/47/consciousness/pre_conscious-humans-may-have-been-like-the-borg, accessed 1 June 2018。

[57]　See, for example, Eric Bonabeau, Marco Dorigo, and Guy Theraulaz, *Swarm Intelligence: From Natural to Artificial Systems*, No. 1 (Oxford: Oxford University Press, 1999); Christian Blum and Xiaodong Li, "Swarm Intelligence in Optimization", in *Swarm Intelligence* (Heidelberg: Springer, 2008), 43–85; and James Kennedy, "Swarm intelligence", in *Handbook of Nature-inspired and Innovative Computing* (Springer US, 2006), 187–219.

[58]　Daniel Kahneman and Jason Riis, "Living, and Thinking about It: Two Perspectives on Life", *The Science of Well-Being*, Vol. 1 (2005). See also Daniel Kahneman, *Thinking, Fast and Slow* (London: Penguin, 2011).

[59]　更详细的讨论参见本书第 8 章之 5.4.2。

[60]　See Laurent Orseau and Stuart Armstrong, "Safely Interruptible Agents", 28 October 2016, at http://intelligence.org/files/Interruptibility.pdf, accessed 1 June 2018; El Mahdi El Mhamdi, Rachid Guerraoui, Hadrien Hendrikx, and Alexandre Maure, "Dynamic Safe Interruptibility for Decentralized Multi-Agent Reinforcement Learning", EPFL Working Paper, (2017) No. EPFL-WORKING-229332.

[61]　Dylan Hadfield-Menell, Anca Dragan, Pieter Abbeel, and Stuart Russell, "The Off-Switch Game", arXiv preprint arXiv: 1611.08219 (2016), 1.

[62]　See, for example, Stephen Omohundro, "The Basic AI Drives", in Proceedings of the First Conference on Artificial General Intelligence (2008).

[63]　Ibid..

[64]　可以说，对最终目标的"正确性"过度相信，特别是当这一目标并非所能观察到的自然属性时，可能对人类行为以及人工智能的行为产生不良后果。例如，可以说，基于某种信仰的极端思想，无论是对于宗教、动物权利、民族主义等，都存在过度的信任。这与给机器人设定一个单一目标的缺陷相同，为了实现这一目标，机器人会以牺牲世界上其他一切为代价，从而会造成巨大损害（如尼克·博斯特罗姆所举的回形针的例子，参见本书第 1 章之 1.6）。相反，如果一个人不确定即使他杀了十个不信教的人能不能上天堂，他就不太可能成为自杀式炸弹袭击者。所以，留点不确定性会很好。

[65]　塞尔默·布林肖德（Selmer Bringsjord）及其同事在 2015 年进行的机器人技术实验提供了人工智能能够达到第三阶段意识的其他证据，其中机器人能够通过"三位智者"（"three wise men"）测试。在这个测试中，机器人除收到"您收到了哪颗药？"的问题外，并未

收到其他任何信息，其却能够正确地识别出其语音功能没有被禁用。See Selmer Bringsjord, John Licato, Naveen Sundar Govindarajulu, Rikhiya Ghosh, and Atriya Sen, "Real Robots that Pass Human Tests of Self-Consciousness", in *Robot and Human Interactive Communication* (RO-MAN), *2015 24th IEEE International Symposium on*, pp. 498–504. IEEE, 2015.

[66] Josh Bongard, Victor Zykov, and Hod Lipson, "Resilient Machines Through Continuous Self-Modeling", *Science*, Vol. 314, No. 5802 (2006), 1118–1121.

[67] 斯坦·富兰克林（Stan Franklin）认为，根据一组基于神经科学家伯纳德·巴斯（Bernard Baars）的"全局工坊"（"global workspace"）理论而确定的（不同的）客观标准，一种美国海军软件——IDA 能够显示其具有意识。See Stan Franklin, "IDA: A Conscious Artifact?", *Journal of Consciousness Studies*, Vol. 10, No. 4–5 (2003), 47–66. See also Bernard J. Baars, *A Cognitive Theory of Consciousness* (Cambridge: Cambridge University Press, 1988); Bernard J. Baars, *In the Theater of Consciousness* (Oxford: Oxford University Press, 1997).

[68] Johannes Kuehn and Sami Haddadin presentation entitled, "An Artificial Robot Nervous System to Teach Robots How to Feel Pain and Reflexively React to Potentially Damaging Contacts", given at ICRA 2016 in Stockholm, Sweden, at http://spectrum.ieee.org/automaton/robotics/robotics-software/researchers-teaching-robots-to-feel-and-reactto-pain, accessed 1 June 2018.

[69] See Christof Koch and Giulio Tononi, "Can Machines Be Conscious? Yes—And a New Turing test Might Prove It", in *IEEE Spectrum Special Report: The Singularity*, 1 June 2008, at http://spectrum.ieee.org/biomedical/imaging/can-machinesbe-conscious, accessed 1 June 2018. 科赫（Koch）和托诺尼（Tononi）写道："因此，要成为有意识的人，你需要成为一个由诸多不同状态组合而成的单一集合体。进一步说，您的意识水平与您可以生成多少集成信息有关。这就是您比树蛙或超级计算机拥有更高意识的原因。"

[70] Risn N. Mhuircheartaigh, Catherine Warnaby, Richard Rogers, Saad Jbabdi, and Irene Tracey, "Slow-wave Activity Saturation and Thalamocortical Isolation during Propofol Anesthesia in Humans", *Science Translational Medicine*, Vol. 5, No. 208 (2013), 208ra148–208ra148. "Researchers Pinpoint degrees of Consciousness during Anaesthesia", *Nuffield Department of Clinical Neurosciences*, 24 October 2013, at https://www.ndcn.ox.ac.uk/news/researchers-pinpoint-degrees-of-consciousness-during-anaesthesia, accessed 1 June 2018. See also David Chalmers, "Absent Qualia, Fading Qualia, Dancing Qualia", in *Conscious Experience*, edited by Thomas Metzinger (Paderborn: Exetes Schoningh in association with Imprint Academic, 1995), 256. 类似的观点, see John R. Searle, *The Rediscovery of the Mind* (Cambridge, MA: MIT Press, 1992), 66. Nicholas Bostrom critiques the "fading qualia" argument in Nicholas Bostrom, "Quantity of Experience: Brainduplication and Degrees of Consciousness", *Mind Machines*, Vol. 16 (2006), 185–200。

[71] Douglas Heaven, "Emerging Consciousness Glimpsed in Babies", New Scientist, 18 April 2013, at https://www.newscientist.com/article/dn23401-emerging-consciousnessglimpsed-in-babies/, accessed 1 June 2018.

[72] See, for example, Colin Allen and Michael Trestman, "Animal Consciousness", in *The Blackwell Companion to Consciousness*, edited by Susan Schneider and Max Velmans (Oxford: Wiley, 2017), 63–76. Colin Allen and Michael Trestman, "Animal Consciousness", *The Stanford Encyclopedia of Philosophy*, edited by Edward N. Zalta (Winter 2016 edition), at https://plato.stanford.edu/archives/win2016/entries/consciousness-animal/, accessed 1 June 2018. Nicholas

Bostrom, "Quantity of Experience: Brainduplication and Degrees of Consciousness", *Mind Machines*, Vol. 16 (2006), 185–200, 198.

[73]　有些科学家不同意这种观点，see Rupert Sheldrake, "The 'Sense of Being Stared at' Confirmed by Simple Experiments", *Rivista Di Biologia Biology Forum*, Vol. 92, 53–76. Anicia Srl, 1999。

[74]　See Thomas Nagel, "What Is It to Be a Bat?", *The Philosophical Review*, Vol. 83, No. 4 (October 1974), 435–450.

[75]　出于争论的目的，这里假定一种感觉能力的增强并不会导致另一种感觉能力的减弱，例如，蝙蝠的视力就比其他很多动物的要弱。

[76]　Susan Schneider, "The Problem of AI Consciousness", *Kurzweil Accellerating Intelligence Blog*, 18 March 2016, at http://www.kurzweilai.net/the-problem-of-ai-consciousness, accessed 1 June 2018.

[77]　从这个意义上说，我们仍然无法解决约翰·洛克（John Locke）提出的问题，即尽管我们可以测量从某个物体反射回来的光的波长，但是我们还是无法知道一个人所理解的"蓝色"，能否被另外一个将其称作"黄色"的人所体验到。这就是众所周知的光谱反演论（spectral inversion thesis）。John Locke, *Essay Concerning Human Understanding* (London: T. Tegg and Son, 1836), 279.

[78]　现代的例子，see David Chalmers, "Facing Up to the Problem of Consciousness", *Journal of Consciousness Studies*, Vol. 2, No. 3 (1995), 200–219。

[79]　Thomas Nagel, "What Is It to Be a Bat?", *The Philosophical Review*, Vol. 83, No. 4 (October 1974), 435–450.

[80]　Immanuel Kant, *Lectures on Ethics*, translated by Peter Heath, edited by Peter Heath and Jerome B. Schneewind (Cambridge: Cambridge University Press, 1997), 212, (27: 459).

[81]　Ibid., 27:460.

[82]　M. Borgi, I. Cogliati-Dezza, V. Brelsford, K. Meints, and F. Cirulli, "Baby Schema in Human and Animal Faces Induces Cuteness Perception and Gaze Allocation in Children", *Frontiers in Psychology*, Vol. 5 (2014), 411. http://doi.org/10.3389/fpsyg.2014.00411, accessed 1 June 2018.

[83]　Yuval Harari, *Sapiens: A Brief History of Humankind* (London: Random House, 2015), 102–110.

[84]　See, for example, Claus Lamm, Andrew N. Meltzoff, and Jean Decety, "How Do We Empathize with Someone Who Is not Like Us? A Functional Magnetic Resonance Imaging Study", *Journal of Cognitive Neuroscience*, Vol. 22, No. 2 (February 2010), 362–376, at http://www.mitpressjournals.org/doi/abs/10.1162/jocn.2009.21186?url_ver = Z39.88-2003&rfr_id =ori%3Arid%3Acrossref.org&rfr_dat = cr_pub%3Dpubmed&#.WPKpwIQrLRZ, accessed 1 June 2018.

[85]　Richard J. Topolski, Nicole Weaver, Zachary Martin, and Jason McCoy, "Choosing Between the Emotional Dog and the Rational Pal: A Moral Dilemma with a Tail", *Anthrozoös*, Vol. 26, No. 2 (2013), 253–263.

[86]　See, for instance, Jennifer Chang, "Outrage Grows Over the Death of a Gorilla, Shot After a Child Climbed into Its Enclosure", *Quartz*, 30 May 2016, at https://qz.com/695343/outrage-grows-over-the-death-of-a-gorilla-shot-to-protect-a-child-whoclimbed-into-its-enclosure/, accessed 1 June 2018.

[87]　科幻电影《星际迷航》和《星球大战》对机器人"数据"、R2-D2 或 C-3PO 等充满同情的

描绘，提出了与此相似的问题，此外，《西部世界》（*Westworld*，1973 年的电影和现代电视剧）以及亚历克斯·加兰（Alex Garland）2015 年拍摄的电影《机械姬》（*Ex Machina*）中也有富有挑战性的例子。

[88]   David Levy, *Love and Sex with Robots: The Evolution of Human-robot Relationships* (New York and London: Harper Perennial, 2009), 303–304.

[89]   Joanna Bryson, "If Robots Ever Need Rights We'll Have Designed Them Unjustly", *Adventures in NI Blog*, 31 January 2017, at https://joanna-bryson.blogspot.co.uk/2017/01/if-robots-ever-need-rights-well-have.html, accessed 1 June 2018.

[90]   相关讨论，see Rebecca Hawes, "Westworld-style Sex with Robots: When Will It Happen—And Would it Really Be a Good Idea?", *The Telegraph*, 5 October 2016, at http://www.telegraph.co.uk/tv/2016/10/05/sex-with-robots-when-will-it-happen---andwould-it-really-be-a-g/, accessed 1 June 2018。

[91]   Evan Dashenevsky, "Do Robots and AI Deserve Rights?", *PC Magazine*, 16 February2017, at http://uk.pcmag.com/robotics-automation-products/87871/feature/do-robotsand-ai-deserve-rights, accessed 1 June 2018.

[92]   Richard Ryder, "Speciesism Again: The Original Leaflet", *Critical Society*, No. 2 (Spring 2010), 81.

[93]   See European Parliament Directorate-General for Internal Policies, Policy Department C, Citizens' Rights and Constitutional Affairs, "European Civil Law Rules in Robotics: Study for the JURI Committee", PE 571.379. 其中再次强调的也是"机器人"而非人工智能。机器人比人工智能更能引发本能反应这一事实，也是促成本书书名的原因之一。

[94]   杰克·巴尔金（Jack Balkin）批评卡洛只关注机器人，see Jack B. Balkin, "The Path of Robotics Law" (2015), *The Circuit*, Paper 72, Berkeley Law Scholarship Repository, at http://scholarship.law.berkeley.edu/clrcircuit/72, accessed 1 June 2018："如果我们坚持把机器人技术和人工智能系统区别得太明显，我们可能会被误导，因为我们还不知道开发和部署技术的所有方法。"

[95]   See Astrid M. Rosenthal-von der Pütten, Nicole C. Kr.mer, Laura Hoffmann, Sabrina Sobieraj, and Sabrina C. Eimler, "An Experimental Study on Emotional Reactions Towards a Robot", *International Journal of Social Robotics*, Vol. 5 (2013), 17–34。

[96]   Ryan Calo, "Robotics and the Lessons of Cyberlaw", *California Law Review*, Vol. 103, 513–563, 532.

[97]   P.W. Singer, *Wired for War: The Robotics Revolution and Conflict in the 21st Century* (London and New York: Penguin, 2009), Section entitled "For the Love of a Robot".

[98]   See "TALON datasheet", QinetiQ website, https://www.qinetiq-na.com/wp-content/uploads/datasheet_TalonV_web-2.pdf, accessed 1 June 2018.

[99]   Joel Garreau, "Bots on the Ground", *Washington Post*, 6 May 2007, at http://www.washingtonpost.com/wp-dyn/content/article/2007/05/05/AR2007050501009_2.html, accessed 1 June 2018.

[100] Kate Darling, "Extending Legal Protection to Social Robots: The Effects of Anthropomorphism, Empathy, and Violent Behavior Towards Robotic Objects", in *Robot Law*, edited by Ryan Calo, A. Michael Froomkin, and Ian Kerr (Cheltenham, UK, Northampton, MA: Edward Elgar, 2016). See also Richard Fisher, Describing an Experiment Carried out by MIT Researcher Kate Darling,

in 'Is it OK to torture or murder a robot?, BBC website, 27 November 2013, http://www.bbc. com/future/story/20131127-would-you-murder-a-robot, accessed 1 June 2018.

[101]　Kate Darling, "Extending Legal Protection to Social Robots: The Effects of Anthropomorphism, Empathy, and Violent Behavior Towards Robotic Objects", in *Robot Law*, edited by Ryan Calo, A. Michael Froomkin, and Ian Kerr (Cheltenham, UK; Northampton, MA: Edward Elgar, 2016), 230.

[102]　Masahiro Mori, "The Uncanny Valley", *Energy*, translated by Karl F. MacDorman and Takashi Minato, 7(4), 33–35.

[103]　See website of the MIT Humanoid Robotics Group, http://www.ai.mit.edu/projects/humanoid-robotics-group/kismet/kismet.html, accessed 31 July 2017.

[104]　Michael R.W. Dawson, *Mind, Body, World: Foundations of Cognitive Science* (Edmonton: AU Press, 2013), 237.

[105]　这种拟人化倾向的另一个例子可以在导演罗伯特·泽米基斯（Robert Zemeckis）于 2001 年拍摄的电影《荒岛余生》（*Castaway*）中看到。汤姆·汉克斯（Tom Hanks）饰演的角色查克（Chuck）将一只排球当作自己的同伴，这是他在坠毁在威尔逊荒岛上的飞机残骸中发现的。当查克割破他的手，用鲜血在球上画一个脸时，排球就有了更大的意义。一旦球有了人类的标志性特征，主角就会发现，将无生命的物体拟人化要容易得多。

[106]　动物似乎也会表现出这些倾向。在英国广播公司最近播出的一部自然纪录片中，猴子被拍到在哀悼一只机械幼猴的死亡，这只猴子被猴子当作了它们的同类，但事实上这不过是一个精致的隐形摄像设备而已。

[107]　C.S. Lewis, "Vivisection", *God in the Dock: Essays on Theology and Ethics* (Grand Rapids, MI: William B. Eerdmans Publishing Co., 1996).

[108]　尽管有位学者甚至写了一篇题为《致未来的人工智能》（"Message to Future AI"）的文章，阐述了超级智能体（也许有一天可能会读到这篇论文）不应该摧毁人类的各种工具性理由：Alexey Turchin, "Message to Any Future AI: 'There are Several Instrumental Reasons Why Exterminating Humanity Is Not in Your Interest'", at http://effective-altruism.com/ea/1hj/message_to_any_future_ai_there_are_several/, accessed 1 June 2018.

[109]　Dylan Hadfield-Menell, Anca Dragan, Pieter Abbeel, and Stuart Russell, "The Off- Switch Game", arXiv preprint arXiv:1611.08219 (2016), 1.

[110]　确切的位置是美国林业局的秘密。

[111]　Roslin Institute, "The Life of Dolly", University of Edinburgh Centre for Regenerative Medecine, at http://dolly.roslin.ed.ac.uk/facts/the-life-of-dolly/index.html, accessed 1 June 2018.

[112]　《德意志联邦共和国基本法》第 20（a）条。相关讨论，see Erin Evans, "Constitutional Inclusion of Animal Rights in Germany and Switzerland: How Did Animal Protection Become an Issue of National Importance?", *Society and Animals*, Vol. 18 (2010), 231–250。

[113]　Aatif Sulleyman, "Elon Musk: Humans Must Become Cyborgs to Avoid AI Domination", *Independent*, 15 February 2017, at http://www.independent.co.uk/life-style/gadgets-and-tech/news/elon-musk-humans-cyborgs-ai-domination-robots-artificial-intelligence-ex-machina-a7581036.html, accessed 1 June 2018.

[114]　Website of Neuralink, https://www.neuralink.com/, accessed 1 June 2018. 它是基于科幻小说家伊恩·M. 班克斯首次提出的概念："神经花边"（neural lace），即将大脑组织和计算机处理器互连的无线网格。See Iain M. Banks, Surface Detail (London: Orbit Books, 2010),

Chapter 10. （Neuralink 公司首席执行官埃隆·马斯克于 2021 年 4 月在推文中表示，该公司研发的首个脑部植入物将能使瘫痪患者通过意念使用智能手机，其控制手机的速度比一些普通人用手指的速度更快。他还上传了一张猴子用意念玩经典电子游戏"乒乓"的照片。他表示，特斯拉汽车的车主可以通过 Neuralink 的脑机接口设备用意念召唤汽车。参见网易科技报道：《马斯克：植入 Neuralink 后，瘫痪患者用手机如飞》，载 https://www.163.com/dy/article/G79QKUAF00097U7T.html。——译者注）

[115] "Syringe-injectable Electronics", *Nature Nanotechnology*, Vol. 10 (2015), 629–636, at http://www.nature.com/nnano/journal/v10/n7/full/nnano.2015.115.html#author-information, accessed 1 June 2018.

[116] Nicky Case, "How to Become a Centaur", *Journal of Design and Science*, at https://jods.mitpress.mit.edu/pub/issue3-case, accessed 1 June 2018.

[117] Plutarch, *Theseus*, translated by John Dryden (The Classics, MIT), at http://classics.mit.edu/Plutarch/theseus.html, accessed 1 June 2018.

[118] John Searle, "Minds, Brains, and Programs", *Behavioral and Brain Sciences*, Vol. 3 (1980), 417–425.

[119] 在技术上已经出现了这样的实例，一项最新研究表明，脑植入物可以绕开受伤的脊髓，将无线信息直接从植入物无线发送到腿部肌肉附近的电极，从而使瘫痪的猴子能够重新行走。David Cyranoski, "Brain Implants Allow Paralysed Monkeys to Walk", *Nature*, 9 November 2016, at http://www.nature.com/news/brain-implants-allowparalysed-monkeys-to-walk-1.20967, accessed 1 June 2018.

[120] Claudia Hammond and Dave Lee, "Phineas Gage: The Man with a Hole in His Head", *BBC News*, 6 March 2011, at http://www.bbc.co.uk/news/health-12649555, accessed 1 June 2018. 类似的例子，see James Brady, *Presidential Press Secretary to President Reagan*, shot on April 27, 1981. Discussed in Marshall S.Willick, "Artificial Intelligence: Some Legal Approaches and Implications", *AI Magazine*, Vol. 4, No. 2 (1983), 5–16, 13："也不能认为保留原来的脑组织就是神圣无比的。当詹姆斯·布雷迪（James Brady）头部中枪时，他的脑组织遭到重创。然而，因为他还活着，得以保留所有的法律人格。从来没有人认为，尝试通过使用人造部件来恢复失去的大脑功能，他的法律认可（legal recognition）会遭到大量削减。"

[121] "The World's Most Famous Real-Life Cyborgs", *The Medical Futurist*, at http://medicalfuturist.com/the-worlds-most-famous-real-life-cyborgs/, accessed 1 June 2018.

[122] 关于为什么技术进步不应该导致权利克减的更多讨论，see Nick Bostrom, "In Defence of Posthuman Dignity", *Journal of Value Inquiry*, Vol. 37, No. 4 (2005), 493–506："从跨人文主义的观点来看，没有必要表现得好像技术和其他改善人类生活的手段之间存在着深刻的道德差异。通过捍卫后人类（posthuman）的尊严，我们将促成一种涵盖未来技术改造的人和当代人的更加包容和人道的伦理。"

[123] Anders Sandberg and Nicholas Bostrom, "Whole Brain Emulation: A Roadmap", Technical Report #2008–3, Future of Humanity Institute, Oxford University, at http: www.fhi.ox.ac.uk/reports/2008-3.pdf, accessed 1 June 2018.

[124] "Dolly the Sheep", website of National Museums Scotland, https://www.nms.ac.uk/explore-our-collections/stories/natural-world/dolly-the-sheep/, accessed 1 June 2018.

[125] See, for instance, John Harris, "'Goodbye Dolly?' The Ethics of Human Cloning", *Journal of Medical Ethics* (2007), 23(6), 353–360.

[126]　"The Immortalist: Uploading the Mind to a Computer", *BBC Magazine*, 14 March 2016, at http://www.bbc.co.uk/news/magazine-35786771, accessed 1 June 2018.

[127]　Roger Penrose, *The Emperor's New Mind* (Oxford: Oxford University Press, 1998). See also John Searle, "Minds, Brains, and Programs", *Behavioral and Brain Sciences*, Vol. 3(1980), 417–425.

第5章
人工智能的法律人格

1 缺失的环节?

2017 年 10 月,沙特阿拉伯赋予一个名为"索菲亚"("Sophia")的仿人机器人"公民身份"[1]。在一些评论者看来,此举不过是媒体炒作的噱头而已,在一个女性仅享有有限权利的国家里,这就显得更加虚伪。[2] 即便如此,这一事件仍具有重要意义,因为这是首次有国家宣称赋予机器人或人工智能体某种形式的法律人格,以使其享有权利。就在沙特阿拉伯宣布这一消息的几天后,日本东京市涩谷区也宣布赋予一个人工智能系统"居住权"[3]。

劳伦斯·B. 索伦教授(Lawrence B. Solum)在 1992 年发表的一篇具有开创意义的文章中,建议为人工智能设立一种法律人格 [4] 的形式。[5] 这篇论文发表时,全球仍处于第二个"人工智能冬季":当时人工智能发展受挫,再加上资金短缺,导致这一时期增长相对缓慢。[6] 在接下来的 20 年里,索伦的想法仅仅是一个思想实验。鉴于人工智能能力的最新发展，应用日趋广泛，现在到了重新考虑这一建议的适当时机了。[7]

实际上，人工智能的法律人格已经不再只是个学术争议问题。2017 年 2月，欧洲议会通过了一项决议，其中包含有关《机器人民法规则》(Civil Law Rules on Robotics) 的建议。[8] 根据这项建议，以下内容将作为解决机器人行为责任问题的潜在解决方案之一：

> ……从长期来看应当为机器人创设一个特殊的法律地位，至少可以将最先进的自主机器人设立为电子人 (the status of electronic persons)，以便对可能造成的损害负责，并将电子人格 (electronic personality) 适用于机器人自主决策或其他的独立地与第三方互动的情形。[9]

本书第 3 章表明，现行法律将很难分配人工智能的责任；第 4 章表明，人工智能被赋予某些权利可能具有道德上的理由；本章将讨论赋予人工智能法律人格是否可能，并考量这是不是优雅地解决其中一两个问题的解决方案。为此，将首先考虑赋予人工智能法律人格是否可能 (possible)，其次分析赋予其法律人格是否可期 (desirable)，最后将讨论如果赋予人工智能法律人格还需解决哪些问题。

2 人工智能的法律人格是否可能？

2.1 权利责任束（A Bundle of Rights and Obligations）

法律人格是虚构的，这是人类通过法律制度创造的。[10] 因此，我们可以决定其所适用的对象和内容。在 19 世纪美国关于社会团体的独立法律人格的开创性案例达特茅斯学院董事会诉伍德沃德案（Trustees of Dartmouth College v. Woodward）中，首席大法官马歇尔（Marshall）对这一概念作出了如下阐述：

社会团体（corporation）是拟制的，看不见，摸不着，只存在于法律的设计（contemplation）中。因为它纯粹是法律的产物，所以仅具有创设它的章程所赋予的那些特质（properties），无论是明确规定的还是从存在时起而衍生的。这些特质都是经过精心规划的，从而影响据此所创建的对象。它最重要的特质是永久性（immortality），如果还有别的话，它还有自己的个性（individuality）；许多人据此永续传承的财产可以看作具有同一性，从而使其可以像单个人一样行动。这些特质使其能够管理自己的事务，掌握自己的财产，而不需要使用那些错综复杂、存在风险而又没完没了的以图永续传递的工具才能把财产从一个人传到另一个人手里。它在传承过程中就像人的衣装，为人发明和使用。[11]

法律人格不只是一个概念，而是一束权利和责任的技术标签。[12] 乔安娜·布赖森（Joanna Bryson）[13]、米哈利斯·迪亚曼提斯（Mihalis Diamantis）和托马斯·格兰特（Thomas Grant）写道，法律上的人是"虚构的、可分开的（divisible），不一定要负责任的"[14]。他们认为"法律人格是一种工具"，这就导致"即使在同一制度下，法律上的人也不需要拥有完全相同的权利和义务"[15]。

如第 4 章所示，对人类的法律保护随着时间的推移而发生了变化，并且还在不断转变中。举例而言：2000 年前的罗马法中，家父（*paterfamilias*）或家长就可以代表包括他的妻子和孩子在内的整个家庭，作为权利和义务的主体[16]；200 年前，奴隶不被认为是人，只是在后来才享有部分权利；直到今天，在世界上有的法律体系中，妇女仍然未能享有充分的公民权利。[17]

非人类法律主体（non-human legal persons）的权利和义务也在发展。美国最高法院最近将宪法的言论自由保护范围扩大到公司（存在争议），从而可使公司在选举活动中发挥更大的作用。[18] 但与自然人相比，我们对法人的保护仍有限制：在早些时候的一个案例中，美国最高法院就否认了法人享有与人类公民同样的避免自证其罪的权利。[19]

2.2　现有公司架构中人工智能的"法律居所"（"Legal housing"）

寄居蟹因善于以软体动物的空壳为穴而著称。类似地，一些法律学者认为现有的法律结构也可以容纳人工智能体。

美国法律学者、计算机程序员肖恩·拜仁（Shawn Bayern）认为，可以利用美国有限责任公司（LLCs）法将法律人格赋予任何类型的自主系统（autonomous system）。[20] 拜仁的提议试图利用《纽约有限责任公司法》和修改后的《统一有限责任公司法》中明显存在的漏洞。他认为可以创建一个有限责任公司，根据其运营协议将其置于人工智能系统的控制之下，然后让有限责任公司的其他所有成员退出，让系统脱离人类的监管（unsupervised）。尽管拜仁的假设也许很诱人，但马修·舍勒（Matthew Schever）提出了一个令人信服的反驳意见，即法院不会把有关规定解释为将有限责任公司的控制权交到人工智能手中，因为这与立法目的背道而驰。[21]

鉴于目前大多数人工智能本质上还属于狭义人工智能，其能力范围也相当有限，通过拜仁的方法获得法律人格的任何一种自主系统，都可能缺乏作出大多数商业决策所必需的基本智慧。即使一个人工智能体可以获得人格，当有限责任公司的人类成员突然变为无行为能力人而不再适合管理该实体时，人工智能体也会受到与其他有限责任公司相同的默认的法律约束。在这一点上，目前有限责任公司的相关法律尚无案例加以验证，因此尚不清楚拜仁的提议是否会得到法院的支持。

尽管如此，拜仁的文章还是引发了多国讨论，以探讨相关国家的法律是否有可能以类似于拜仁所描述的美国有限责任公司规定的方式运行人工智能。来自英国、瑞士和德国的一组法律专家与拜仁一起撰写了另一篇论文，讨论了这些国家的法律体系如何在现有的公司结构中容纳（housing）人工智能。[22] 他们的结论是，尽管根据英国法律有可能在一个法律实体中容纳一个无人监管的人工智能，但根据德国和瑞士的法律很难在没有其他控制方的情况下，容纳人工智能的法律人格。尽管如此，该项研究的作者之一托马斯·博利（Tomas Burri）随后写道："……鉴于现有形式的法人实体的当前的能力，自主系统可以通过各类公司的这种机制与法律系统进行互动。"[23]

区分公司的资产和形式很重要。换句话说，公司形式是容器，资产是内容。一个人（无论是自然人还是公司）当然可以通过软件所有权或者其他方式对人工智能系统拥有权利。事实上，这样一个人工智能系统可能是该公司的唯一资产。然而，这并不意味着人工智能本身就具有法律人格，这就像一家公司以赛马作为其唯一资产但并不意味着赛马本身就有法律人格一样。在第3章中提出的关于分配人工智能责任的问题，通过创建一个唯一资产就是人工智能实体的办法并不能加以解决，因为将人工智能的行为归咎于人工智能的所有者仍然存在困难。

拜仁是想用人工智能体代替控制有限责任公司的（现有）人员来跨越容器和内容之间的鸿沟，但是，控制有限责任公司的人工智能体是否应当承担有限责任公司的全部责任，这一点值得怀疑。代表实体进行决策并不等同于拥有与该实体相同的法律人格。有限责任公司的人类控制者无须对有限责任公司的债务承担个人责任，人工智能体想必也不会对此承担责任。

2.3 新的法律主体（New Legal Persons）

尽管如此，关于是否可以扩展现有公司法以容纳人工智能的争论还是引起了人们的关注。不管当前法律制度是否允许人工智能具有法律人格，各国都可为人工智能创建新的量身定制的组织结构。

欧洲议会于2017年2月通过的决议的序言中似乎并未解决以下问题：是否可以将人工智能容纳在公认的法律人格类别中，或者是否需要增加新的类别？

最后，机器人的自主性使其具有自身的一些特征和意义，从而产生了对机器人如何定性的问题，是属于既有法律类别中的一种，还是说应当为其创设一个新的类别。[24]

当一个国家赋予一个实体法律人格时，新的法律主体将被认为是该国的"国民"[25]。根据欧盟法律，创造法律人格的权力属于成员国，成员国有权"规定取得和丧失国籍的条件"[26]。因此，决定赋予哪些实体法律人格，这是一个国家的主权问题。一般来说，授予国籍的自由是所有主权国家的基本权力之一。[27] 即使不援引国籍法，一国也可以自由地采取国际公法未禁止的任何行动[28]；没有国际规则禁止赋予人工智能法律人格。

从印度的寺庙[29] 到德国登记的协会（eingetragener Vereins），世界范围内广泛存在具有这种地位的实体，反映出各国承认法律人格的自由程度。博利亦举例说明此点："正如国家立法机关可以确定大猩猩或某些河流是国内法律秩序之内的人一样，它也可以为网页作出这样的声明。"[30]

2.4 外国法律主体的相互承认

一旦一个国家授予人工智能法律人格，这可能对其他国家产生多米诺骨牌效应。[31] 许多国家在其法律冲突条款中实行"相互承认"的原则，即它们将给予在其他国家获得承认的法律主体同样的地位，即使该实体根据当地法律不被视为法律主体。这发生在英国的丰达公司案[32]（Bumper Development Corp. v Commissioner of Police for the Metropolis [1991] 1 WLR 1362）中，上诉法院认为，一座"只不过是一堆石头"的印度寺庙可以在英国被视为法律主体，因为它在印度拥有这种地位，尽管宗教建筑在英国法律中并无同等的法律地位。

欧盟设立自由条款，要求所有成员国承认根据至少一个其他成员国的法律所成立的所有法律主体。[33]《欧盟运行条约》（The TFEU）第 54 条规定了这一原则：

> 就本章而言，按照成员国法律成立并在本联盟内设有注册办事机构、中心管理机构或主要营业地的公司或商号（Companies or firms），应与作

为成员国国民的自然人一样受到对待。

"公司或商号"是根据民法或商法成立的，包括合作社以及受公法或私法调整的其他法人（legal persons），但非营利的公司或商号除外。

如果人工智能以拜仁等人设想的方式安置在欧盟公司内，那么，只要欧盟内部的一个国家承认这种法律结构的有效性，就可以促使整个欧盟这样做。[34]事实上，《欧盟运行条约》第54条中关于"公司或商号"所定义的广度表明，即使是针对人工智能的新法人形式，只要它们是"营利性的"，也将涵盖在内。[35]如果欧盟给予这种认可，那么世界上其他主要经济体也会效仿，以使自己尽可能地吸引那些希望利用新法律地位、喜好自由的人工智能设计师和企业家。

2.5 公司董事会里的机器人

正如拜仁在上述有限责任公司的提议中所指出的，赋予某个实体法律人格并不一定意味着该实体可以自行作出决定，相反，非人类法律主体通常只能通过人类决策者的指示行事。慈善机构通过其人类受托人或董事作出决定。公司通过其管理委员会，或有时根据股东的直接指示作出决定。公司董事和股东可以是公司，但在这个链条的顶端，总有一个人为的决策者。正如英国法官爱德华·科克爵士（Sir Edward Coke）在17世纪的一个案件中所说：

> ……公司本身是抽象的，是法律设计和考量的产物；由许多人组成的公司是无形的、永生的，仅是法律设计和考量的产物，因此不会有继承人和被继承人。它们不会叛国投敌，不会被剥夺权益（outlawed），也不会被逐出教会，因为它们没有灵魂，也不能亲自出庭，只能由律师代行。一个由许多人组成的公司，没有可见的躯体，不能进行宣誓，也不受身体衰亡等情况的影响。[36]

拥有权利和作出关于这些权利的决定是两个相互独立的功能，因而对于一个人工智能而言，其可能会拥有自己的法律人格，但仍处于人类的控制之下，就像追求其他某种目的的公司载体一样。

一旦人工智能能够作出足够复杂的决策，可以想象，公司董事对人类决策的需求可能就会减少，甚至完全取消。公司治理专家弗洛里安·莫斯林（Florian Möslein）预测，"由于技术的快速发展，人工智能将在不久的将来进入公司董事会"，"技术也许很快将为人工智能提供支持董事，甚至取代董事的可能"[37]。在考察了现行的公司法之后，莫斯林的结论是，公司法需要作出改变，以使人工智能在没有人监督的情况下也能作出公司的重大决策。董事通常有广泛的权力来委派人工智能行使他们的一些职责，但仍然对公司的管理负有最终责任。[38]

据报道，2014 年已经有一个人工智能系统被"任命"到一家风险投资公司的董事会协助决策。[39] 在与定量分析和数据科学密切相关的行业，人工智能会比人类更具有显著优势。目前人工智能是人类的决策辅助工具，但将来其角色可能会发生逆转。[40] 事实上，在各个行业中，人们已经将收集的情报和数据输入人工智能系统中，然后由系统生成建议供人类来执行。[41]

至于人类董事是否可以被人工智能所取代，莫斯林解释说，"在更一般的层面上，公司法通常假定只有'人'（'persons'）才能成为董事"[42]。因此，人工智能是否有权为一个法律实体作出决定，这取决于人工智能是否具有自己的法律人格。

3　我们应该赋予人工智能法律人格吗？

2007 年法律学者和社会学家贡塔·图依布纳（Gunther Teubner）教授提出了一个尖锐的观点："没有充分的理由将行为仅归于人类和社会系统。将其他非人类人格化是当今的社会现实，也是未来的政治需要。"[43] 为了评估这一主张，我们需要首先确定标准，以此评估为人工智能设立法律人格究竟有何价值。

3.1 实用论：设定法律人格的门槛

给予人工智能权利有两个潜在的理由：一个是道德（moral），另一个是实用（pragmatic）。法律人格对于保护一个实体的道德权利既不必要也不充分。公司本身实际上没有任何"道德"权利，而是其管理人员、雇员和股东的一种合法律性的（legitimate）的期望——公司的法律权利（legal entitlements）将会得到尊重。相反，动物可以说有各种各样的道德主张，但一般来说，它们缺乏以自己的名义提倡这些主张所需的法律人格。[44]

第4章讨论了我们可能希望赋予人工智能权利的一些道德方面的理由，法律人格可能是保护这些权利的一种手段。至少从中短期来看，无论是技术能力和社会环境，似乎都还没有到人工智能的道德权利获得广泛认可的阶段。因此，本章的以下部分主要从实用层面探讨赋予人工智能权利的各种理由。

在此情形下，我们将实用的解决方案定义为可通过特定机制可靠地实现商定目标的方法。乔安娜·布赖森、米海利斯·迪亚曼蒂斯和托马斯·格兰特在2017年的一篇文章中也采用了类似的方法，尽管他们反对给予人工智能法律人格。他们的出发点是"用以评估机器人法律人格的法律制度的目的是什么"。布赖森等人将人类法律制度的基本目的界定如下：

1. 促进其认可的法律主体的物质利益，以及，

2. 将足够重要的道德权利和义务作为法律权利和义务，但要注意，

3. 如果两种不同类型的实体所拥有的道德权利存在冲突，法律制度应优先考虑人类所拥有的道德权利。[45]

目前尚不清楚上述作者是否认为"道德权利"包括经济利益。如果不是这样，那么这种说法是不正确的，因为经济权利往往优先于道德权利，比如饥饿的人无权抢劫一家超市。

对衡量授予人工智能法律人格的上述方案略作改进如下：（a）维护整个法律体系的完整性，以及（b）促进人类利益。为了避免疑问，其中"利益"既

指经济利益也指道德要求。促进人类利益的行为比"优先考虑人类所拥有的道德权利"范围要窄，因为在许多情况下，通常是通过优先考虑一个法律实体而不是一个人来维护人类的利益，因而，维护机构的独立法律人格对于大多数最发达的经济体而言至关重要。

3.2 填补责任鸿沟

索伦认为，根据经验来看，人工智能对法律人格的需求度取决于其所具有的独立程度。[46] 这是有道理的，如第 3 章所述，随着人工智能变得越来越独立，根据传统的刑法和私法理论将责任分配给现有的法律主体的做法将会越来难以适用。大卫·弗拉德克（David Vladeck）就此指出：

> 只要我们能把这些机器想象成某个法律主体（自然人或法人）的"代理人"（"agents"），我们目前的产品责任制度就能够在不作重大修改的情况下解决引入机器后所产生的相关法律问题。但是，当这些机器造成伤害但却并无"委托人"（"principal"）指示其行动时，法律不一定能够解决这种难免出现的法律问题。法律如何选择对待没有委托人的机器，将是引入真正的自主机器后产生的核心法律问题，法律需要在某个时候对这个问题有一个答案。[47]

如果人工智能没有法律人格，我们的两个实用性目标可能会朝着不同的方向发展：一方面，为了增进人类的利益，我们希望找到对损害负责的法律主体；但另一方面，让有关人员或公司为人工智能的致害负责，这可能会损害整个法律体系的完整性（integrity）。

在希腊神话中，有个著名的强盗普洛克路斯忒斯（Procrustes），他把受害者放在自己的床上，如果这人太高就将其多出来的肢体部分砍掉，如果太矮则将其强行拉长。若以类似的方式，我们在现有的法律主体中也终能找到为人工智能的所有行为承担责任的人，但却可能会破坏法律体系的融贯性（coherence）。考普斯（Koops）、希尔德布兰特（Hidebrandt）和雅克（Jaquet-

171

Chiffell）评论指出："然而，对于明天的智能体（agents）来说，以这些方式应用和扩展现有的教义可能会将法律解释（legal interpretation）撑（strech）得分崩离析。"[48]

如果公认的法律主体与损害结果之间的因果关系链被打破，则插入新的人工智能法律人格将提供一个担责实体。赋予人工智能法律人格可以实现对责任的承担，而对因果关系和行为能力（agency）的基本概念的冲击最小，从而可以维持整个制度的融贯性。[49]

3.3 鼓励创新和经济增长

通常，公司的权利和责任与其所有者或控制者的权利和责任是分开的。[50]公司的债权人只能就该公司的自有资产求偿，这被称为"有限责任"。公司的有限责任是保护人类免受风险，从而鼓励创新的得力工具。[51]一个人可以创建一个公司，该公司由其拥有并可由其担任唯一董事，为公司作出所有决定，而且只要公司成功运营，此人即可从股份增值中获得收益。实践中几乎没什么东西可以将公司与其人类所有者区分开来，尽管如此，公司法仍然认为公司与其所有者相互分离。即使公司破产，若无任何欺诈行为，亦无个人为公司债务提供的担保，公司的所有者也可全身而退。

赋予人工智能法律人格将在现有法律主体与人工智能致害之间筑起一道重要的防火墙。对于人工智能工程师和设计师所研发的智能产品造成的损害可能由其雇主予以赔偿，但如果程序员不确定自己对于不可预见的致害后果到底承担什么责任，那么最终，即使是在大型公司，人工智能系统的创建者在向市场发布创新型产品时也可能会变得越来越犹豫不决。下文在回应针对人工智能的独立人格的一些反对意见时，还将论及此点。

可以说，为人工智能提供法律人格的这一理由甚至比保护人类所有者免受公司责任牵连的理由还要有说服力。人工智能系统可以做一些现有公司无法做到的事情：无须人工输入就可以作出决策。一家公司只不过是人类意志的集体想象（collective fiction），而人工智能在本质上具有自己的独立"意志"[52]。是故，法律学者汤姆·艾伦（Tom Allen）和罗宾·维迪森（Robin Widdison）提出，当一个实体（agent）有能力制订自己的策略时，就有理由要求其对其独立实施的行为负责。[53]

3.4 分配人工智能的创造性成果

除人工智能造成的损害所引起的问题外，第 3 章还表明，现行法律制度不适合解决如何处理人工智能的创造性成果问题。现有的各种制度，如知识产权保护，以及言论自由和反仇恨言论法，均未加以修改，以涵盖能够产出成果的创造者不属于目前已被认可的法律主体的情形。

允许人工智能拥有财产还将解决人工智能作为创造者所产生的新的知识产权的所有权问题。如果人类和人工智能之间的创造行为可以进行划分，那么知识产权就可以在人机之间进行共享，就像目前在多个人类创造者之间分享一样。

在人工智能的言论是对思想市场的宝贵贡献的情况下，给予人工智能其他的公民权利，包括言论自由，也许是合理的，因为思想市场应该受到保护，以造福于人类社会。如果没有这样的保护，强者可能会简单地限制人工智能产生重要成果的能力，并且可能没有法律主体代表人工智能进行投诉。结果是，人工智能可能会受到反仇恨言论法的约束，以防止其发表有害的言论。

3.5 利益攸关

纳西姆·尼古拉斯·塔勒布（Nassim Nicholas Taleb）在其于 2017 年出版的著作《利益攸关》（*Skin in the Game*）中指出，在任何给定的社会体系中，所有参与者都应拥有某种既得利益，以激励其正确思考，并从错误中吸取教训。[54]

赋予人工智能法律人格不仅可以创建一个赔偿资金池（pool for compensation），还可以为人工智能体提供遵守某些规则的动机，否则，它可能会因为这些规则与其动机存在冲突而抛弃或规避这些规则。假如人工智能被训练得重视自己的资产，那么给人工智能提供人格就可以使其利益攸关、共担风险。威慑是民法和刑法的主要特征之一：发出信号，表明如果行为人违反某一规范，将招致不利后果，从而形塑理性人的行为。人类愿意在社会中生活并服从各种法律，因为总的来说，这样做符合我们的利益。如果能够向人工智能灌输足够精细化的人类世界的行为模型，那么理论上讲，同样的激励机制也适用于它们。

人类往往有希望自己的合法行为被其他人看见的想法，人工智能体不太可能有这种行为动机，尽管如此，也不难想象其会理性行事，以免其资产缩水。F. 帕特里克·哈伯德教授（F. Patrick）据此提出"人格的审慎授予"[55]。

3.6 人工智能人格异议之辩驳

3.6.1 "人形机器人谬论"（the "Android Fallacy"）

将法律人格与人类错误地联系在一起，是最肤浅、最站不住脚的反对赋予人工智能人格的理由。

法学教授尼尔·理查兹（Neil Richards）和机器人学家威廉·斯玛特（William Smart）博士辩称："……应该不顾一切地驳斥一种很诱人的机器人隐喻：机器人'就像人'的想法……我们将这种想法称为'人形机器人谬论'（'the Android Fallacy'）。"[56] 他们正确地提醒我们反对"人形机器人谬论"，但这并不意味着需要放弃人工智能人格的概念。人工智能法律人格的提倡者很少认为应当赋予机器人与人类相同的权利，不过也未说明这么做在逻辑上或法律上有何道理。

反对人工智能人格的意见通常会掩盖人形机器人谬论。比如乔纳森·马格利斯（Jonathan Margolis）在《金融时报》（Financial Times）上撰文称，"机器人权利只不过是一种智力游戏"，而且尽管"人工智能可能会超越我们的能力……但其人格是虚幻的"[57]。然而，这更多的是一种断言，而不是一种论辩。

同样，2018 年 4 月，来自 14 个欧洲国家的 156 名人工智能专家，包括计算机科学家、法律学者和人工智能技术公司的首席执行官，联名警告指出，从"法律和道德的角度"赋予机器人法律人格是"不恰当的"[58]。他们这种说法，陷入了与马格利斯同样的错误。这些专家还谈到了欧洲议会的提议：

> 从技术的角度来看，（关于电子人格的提议）存在诸多科学上的误解，这些误解是基于对即使是最先进的机器人的实际能力的高估，对不可预测性和自我学习能力的肤浅理解，以及被科幻作品和近来一些耸人听闻的宣传报道所扭曲的对机器人的认知……
>
> 机器人的法律地位不能从自然人模型中衍生出来，因为机器人届时将拥有尊严权、保持完整权、获得报酬权或公民权等人权，从而直接拥有人权。这将与《欧盟基本权利宪章》和《保护人权和基本自由公约》相抵触。[59]

在考虑是否授予人工智能法律人格时，关键不在于新的法律主体是否理解其行为的意义。如前所论，寺庙或河流可被赋予法律人格，但其对此并无意识。事实上，对于那些不知道自己拥有法律人格的自然人（包括婴幼儿和植物人），我们仍然认可他们的法律人格。[60]尽管儿童和精神障碍者通常只能由其他人代表其行事，但他们仍然是法律主体。从这个角度来看，赋予人工智能法律人格并非异想天开（magic）。我们并没有说它一定是活物（alive）。

3.6.2 "把机器人当责任挡箭牌"

布赖森等人认为："我们目前的法律制度，首先也是最重要的，都是属于人类、为了人类、依靠人类 [of, for, and by the (human) people]。维护法律的融贯性和保护自然人的能力，就必须确保纯粹的合成智能体无论是法律上还是事实上都绝不会成为人类。"他们担心，"如果制度的决策者说他们准备考虑'电子人格'的可能性"，人类参与者将会"利用这种可能性来达到自私自利的目的"。他们继续指出：

> 对于通过法律追求自私目的的行为人，本身并没有什么令人反感的。但是，一个平衡良好的法律体系会考虑到规则变更对整个体系的影响，特别是对法律主体的合法权利的影响。我们认为，滥用法律人格的主要情况是：自然人会利用人造人来保护自己，而免受自己行为后果的影响。[61]

而反对意见则认为，任何独立的法律人格都会被人类习惯性地滥用。但如前所述，几个世纪以来，人们已经认识到，独立的法人资格在使人类能够承担风险而又不牺牲其所有资产的过程中发挥着重要的经济作用。[62] 实际上，对于公司股东的有限责任，同样会有相应的例外情形予以规制。当然，即使是对人工智能人格最尖锐的批评者也不会主张取消所有公司，可是，这就是按照他们观点的逻辑所得出的结论。

布赖森等人援引国际法上著名的雷纳公司诉（英国）贸易和工业部案[63] [JH Rayner（Mincing Lane）Ltd. v. Department of Trade and Industry]（以下简称雷纳公司案）指出，"预示着电子人格将使某些人类行为者免于追究其侵害他人（尤其是自然人或公司）权利的责任的风险"[64]。在雷纳公司案中，许多起诉人与国际锡理事会（ITC）这一国际组织签订了合同，该理事会的成员包括很多国家。1972 年，英国承认国际锡理事会具有自己的法律人格，这使其能够签订合同及从事其他事务。许多当事人直接与其签约，而国际锡理事会违反了其中一些协议。据了解，该理事会本身没有任何资产。因此，许多失望的当事人试图以英国贸易和工业部为被告起诉作为国际锡理事会成员之一的英国，认为其并非独立于国际锡理事会的法律主体。英国上议院驳回了原告的诉讼，认为国际锡理事会是独立于其成员国的。

雷纳公司案中原告面临的问题是，他们与一个没有任何资产而倒闭的实体签订了合同。这并不是人工智能所独有的问题；事实上，它可能存在于任何一方承担责任但又缺乏偿还债务能力的情形。如果公司进入清算程序，无担保债权人可能身无分文，而身无分文的人造成他人损害的，受害者无法从责任人那里获赔。简而言之，布赖森等人所指责的问题，并不是什么新鲜事。解决这些问题有多种方式，包括购买保险，采取适当的安全措施，以及经济上审慎而为，如不与可能因缺乏资产而无法履行义务的人缔约。这么说吧，如果雷纳公司案的索赔人希望避免财务风险，那么他们之前就不应该与国际锡业理事会签订合同。

最后，对于人们担心人工智能可能被人类滥用以损害他人而逃避惩罚的问题，公司法中实际上存在着防止这种情况发生的完善的规则，同样的原则也可适用于人工智能。[65] 如果一家公司被用作从事不法行为的幌子，其所有者试图利用其独立人格来保护自己，则可以忽略公司的独立人格，直接将责任归咎于其所有者。[66] 这就是众所周知的"揭开公司面纱"制度。[67] 在这种情况下，法律承认公司的虚构只有在一定程度上才有用。

事实上，一个人故意利用人工智能独立法律人格的前提是，人类必须对人工智能有足够的控制权，知道它会做什么。而赋予人工智能法律人格，主要是为了解决人类不能控制或预见其行为的问题。如果有人故意将人工智能作为损害他人的工具，或者使用人工智能实现其他目的时存在过失，他能意识到对他人造成伤害很可能是使用人工智能的结果，那么，根据现行制度——无论是刑法还是私法，这个人都可能要承担责任。

3.6.3 "机器人本身是无法担责的权利侵害者"

一些批评者对人工智能法律人格提出的另一种观点是，机器人本身无法担责（unaccountable）："先进的机器人不一定有其他法律主体能指导或控制它们。"[68] 布赖森等人认为，"赋予机器人合法权利而不平衡法律义务只会使事情变得更糟"。这也许是正确的，但是为什么不对机器人课以法律责任呢？

为了使人工智能的法律人格在清偿责任方面也发挥作用，人工智能需以某种方式持有资金，或至少能够获得可用于满足债权人要求的资产池（如强制保险计划）。欧洲议会提案的一个缺点是，它没有充分说明如何利用人工智能的人格来填补责任鸿沟。人工智能拥有财产的能力可以以明确地与其人格以及偿付能力联系在一起。从这个意义来说，人工智能的权利（以及对这些权利的法律保护）是达到目的的手段，而不是目的本身。

3.6.4 社会分裂和权利剥夺（Social dislocation and disenfranchisement）

从 2016 年左右开始，评论者注意到，除了传统的"左"和"右"的经济和政治上的分歧（据此，个人和团体分别被宽泛地视为支持或反对政府的干预），新的鸿沟特别是在发达经济体中开始出现，人们被非此即彼地划分为两个派别："哪儿都行"或者"某个地方"（"anywhere/somewhere"），"开放"或者"封闭"[69]（"open/closed"），"吊桥降落"或者"吊桥升起"[70]（"drawbridge down/ drawbridge up"）。从广义上讲，这些类别体现了两种人群之间的态度差异：一种人是赞成全球化和多元文化主义；另一种人则更加重视自己当地的文化和经济，抵制让自己感到失落的事物。

选举或民调中接连出现各种令人感到"震惊"（"shock"）的结果，英国作出退出欧盟的决定和唐纳德·特朗普（Donald Trump）在美国当选，都被认为是这种趋势的体现，由此形成了跨越旧政治派别的新联盟，他们拒绝既定的社会、经济和政治秩序——上述两个例子都拒绝"精英"的建议。[71] 在过去的30 年至 40 年中，针对自由主义社会和经济学的一个主要批评是，尽管人们认为它有益于社会的某些成员，但随着经济不平等和社会分歧的加剧，很大一部分人的权利被剥夺了。大卫·古德哈特（David Goodhart）在论及这两种人群时指出：

> "哪儿都行"（anywhere）的人主宰着我们的文化和社会。他们往往在学校表现良好……然后通常在十几岁的时候离家住校上大学，之后开始工作……这些人在教育和职业上都比较成功，拥有便携式的"有成就"身份，这使他们在面对新的地方和人群时普遍感到舒适和自信。

"某个地方"（somewhere）的人更加根深蒂固，他们通常有某种"标签化"的身份——苏格兰的农民、泰恩赛德（Geordie）的工人阶级、康沃尔（Cornish）的家庭主妇，都有着特定的群体归属和活动地域，这也是他们经常发现世界变化太快而越来越感到不安的原因。其中的核心群体被称为"落伍者"，主要是那些缺乏教育、年龄较大的白人男性工人阶层。他们缺乏高薪工作岗位所需的资质和文化水平，经济收入减少，鲜明的工人阶级文化消失，他们的意见也在公开讨论中被边缘化。[72]

这些趋向与是否赋予人工智能法律人格有什么关系呢？尽管本书并非讨论人工智能和技术失业的经济影响，但这无疑是世界经济和人口发展的一个主要关切。白领工作可能会日益受到人工智能的威胁，但有可能先被替代的，仍然是那些需要较少技能和培训的工作岗位，尤其是因为相关决策者通常是技术熟练的人，他们不愿自己或关系密切的亲友的工作被机器人所蚕食。

对于那些"某个地方的""封闭的""吊桥降落的"的人群而言，将这两个问题放在一起，很可能就是雪上加霜。他们不仅获悉人工智能体已在接管他们的工作，而且还被告知人工智能体将被赋予某种形式的合法权利。这又会增加一条新的社会裂缝：新技术爱好者抑或新卢德主义者（technophiles versus neo-Luddites）。后者是参照 19 世纪因担心机器影响其就业而砸坏机器的群体而造的新词，但并无贬义。科技作家布莱克·斯诺（Black Snow）称之为（并提倡其为）"改良的卢德主义"（"reformed Luddism"），他说："要成为一个改良的卢德主义者，你所要做的就是承认个人技术的许多好处，但要有一种不信任的眼光。"[73]

技术爱好者会欣然接受最新的智能手机、家用智能音箱或智能手表。相比之下，新卢德主义者可能会对这些昂贵的电子消费品心存疑虑，这跟担心人工智能系统会取代他们的工作是同一种心态。因此，必须认识到，本章和前一章所倡导的思想之间存在着紧张关系，前一章提出了保护人工智能的道德上和实用上的理由，认为需要制定有关人工智能的规则，以符合社会的价值观念和期望。科技记者兼智库主管杰米·巴特利特（Jamie Bartlett）指出，法国巴黎出租车司机针对优步专车的骚乱，法国格勒诺布尔（Grenoble）、南特（Nantes）和墨西哥的技术实验室被烧毁，表明新卢德主义分子呈现出越来越具有暴力和破坏性的迹象。巴特利特还谈到技术与这些更广泛的社会趋势之间的联系：

> 在初创技术企业的泡沫中，我听很多人说，五十多岁的失业卡车司机应该接受网络开发人员和机器学习专家的培训，这不过是一种廉价的自我欺骗罢了。更有可能的情景是，那些精通技术的从业者会比以往做得更好，许多没有可靠技能的货车或出租车司机只会转而从事一些危险系数高、不稳定的低薪工作。
>
> 到底有没有人认真地想过这些问题？难道这些司机只能被动地接受这种情景的发生，安慰自己"儿孙后代可能会更富有，并且不太可能死于交通事故"？那对于特朗普所说的工作机会不是由于自动化而减少而是由于公司向海外搬迁以及移民问题造成的，又该作何感想呢？鉴于有那么多的文章描绘的都是"机器人来抢夺你的工作"这样一种场景，如果人们不去怪罪机器人，也不向机器人泄愤，才是真的奇怪。[74]

达到二者之间的平衡是一个长期的挑战。尽管那些已经非常幸运的人（企业家、股东等）可能会从人工智能中先行获益，但我们也希望人工智能能够增进整个社会的利益。这些公平和分配的问题超出了此处的讨论范围，但是，在赋予人工智能权利和确保技术的社会可接受性之间可以做到较好的平衡。本书第6章和第7章所述的以协商性规则制定技术旨在在某种程度上弥合这种分裂。

4 仍然存在的挑战

尽管从理论上讲，人工智能存在拥有法律人格的可能性，但如果要授予其这种地位，仍然存在一些重大的挑战和问题需要解决。

4.1　人工智能何时具备法律人格

我们不妨为人工智能的法律人格设定一些最低标准。F. 帕特里克·哈伯德教授建议对具有以下能力的实体赋予其法律人格：（1）与环境互动，以及参与复杂思考和交流的能力；（2）关注实现其生命计划的自我意识（sense）；（3）至少基于彼此利益与他人共处的能力。[75] 哈伯德的第二个标准类似于本书所说的"意识"（"consciousness"）。[76] 如果从纯粹实用的角度看待人工智能的合法权利，意识并非必要标准。无论怎样，至少哈伯德的第一个和第三个标准，看起来都是我们讨论人工智能获得法律人格需要符合哪些最低标准的一个很好的起点。

我们具体何时可以或应该决定赋予人工智能法律人格，是一个关于正当性的（legitimate）的值得论辩的问题，可以通过以下各章所述的立法机制加以解决。接下来的问题是，当一个实体符合相关标准时，法律人格是可选择的还是强制性的。归根结底，这些都是道德和政治问题，而不是仅仅通过法律推理就能解决的问题。

4.2　人工智能的识别

人工智能或机器人具有人格的前提，是可以合理确定地识别该实体。这是一个经验问题。

因为人工智能具有改变和适应环境的能力，人们可能会问，它从一个场景切换到另一个场景是否还是同一个程序。[77] 然而，我们不应该忘记，对人类而言也可能面临同样的问题，即我们的身份是否随着我们一生的变化和发展而持续存在。[78]

哲学家艾耶尔（A. J. Ayer）辩称，穿越时间的人类身份包含在我们身体的身份里。[79] 但是，（至少到目前为止）与和身体有着千丝万缕联系的人类思维不同，机器人的思维可以保存在任意数量的不同存储库中，甚至可以同时保存多份。[80]

尽管机器人具有物理形式，但这只是一个可操作人工智能的载体，在大多数情况下，可以将人工智能转移到其他存储或操作系统中。把人工智能系统与其赖以运行的物理硬件结合起来是没有意义的。因此，我们必须寻找一些内在的和可识别的人工智能的非物理特质作为其识别方法。

当所讨论的人工智能体是一个更大整体的一个单元，亦即作为人工智能系统"群"或网络的一部分时，这个问题尤为突出。一些面向消费者的人工智能已经具有这些特质。例如，自 2009 年以来，Google 使用的搜索算法既从单个用户那里学习数据又从整个社区中学习更广泛的数据。[81]当用户登录到其唯一的 Google 账户时，其搜索结果将反映个性化数据的组合，例如过去的搜索和位置以及用户提供给平台的所有常规更新。[82]当试图确定在 A 智能手机上运行的 Google 智能算法与在 B 个人电脑上运行的 Google 智能算法是否相同时，就出现了难以识别的问题。

为了使实体能够利用法律人格所允许的利益，可以要求对人工智能进行登记 [83]，并用与该登记相对应的不可擦除和更改的电子识别"印章"加以标记，以便可以始终对其进行识别。[84]分布式账本或区块链系统可用于验证人工智能的任何登记，防止篡改条目。

一种选择是将人工智能系统在多个地方注册：如果人工智能系统从数据集中获取更新，但又对其用户进行了个性化设置，那么可能需要分别对该人工智能进行单独监管和集体监管。这种责任重叠的原则在人类世界中也会出现：如果卡车司机发生碰撞并造成了损害，可能是以其个人身份承担责任，但也可能是由其作为雇员所在的工作单位承担责任。在这种情况下，受害者可能会向财大气粗的人（通常是雇主）进行索赔。

如果人工智能要拥有实质性的经济权利，例如拥有财产或持有资金，那么就需要采用某种方式将特定的人工智能系统与所有权存在方式连接起来。这也是许多国家要求公司登记的原因之一，以便能够核实其身份，从而将其与某些权利联系起来。存钱的银行账户需要以某人或某物的名义设立。在这种程度上，人工智能以某种形式进行登记可能是其拥有权利的必然要求。

一个人也许可以在没有社会保障号码和当局不知情的情况下勉强"脱网"（"off-grid"）而生存，不过，在发达经济体中要做到这一点会越来越难。为了获得许多基本商品和服务，通常需要地方、联邦或国家的某种形式的身份验证。在人工智能中同样存在这样的瓶颈。因此，虽然并非每个人工智能实体都需要注册，但这可以成为人工智能使用保险或银行系统甚至互联网等法律和经济基础设施的基本前提。因此，为了使人工智能参与可能产生法律责任的活动，可以规定登记和许可是强制性的。

4.3 人工智能可能拥有哪些法律权利和义务

4.3.1 潜在的权利和义务

根据前一节中提出的赋予人工智能法律人格的各种理由，我们希望授予人工智能的权利和义务可能包括：独立的法律人格以及"揭开公司面纱"，拥有和处分资产的能力，起诉和被起诉的权利，以及保护或禁止一定的言论自由。

我们可能希望赋予人工智能的另一项权利是以自己而非委托人的名义签订合同的能力。这样，人工智能既可以责成自己做某些事情，也可以要求对方遵守其合同承诺。允许人工智能以这种方式行动可以增强任何特定市场参与者的确定性，因为即使个人或公司对人工智能的行为不承担责任，人工智能本身也可以承担责任。正如弗朗西斯科·安德拉德（Francisco Andrade）和他的同事解释的那样：

> 首先，通过承认自主同意（这绝不是虚构的），将解决电子智能体（electronic agents）发布的声明或订立的合同的同意及其有效性问题，而不会对关于同意和声明、合同自由和订立合同的法律理论产生太多影响。其次，也是非常重要的一点，它将"使智能体的所有者和使用者放心"，因为考虑到最终的"智能体"责任，它至少可以限制他们自己（人类）对

"智能体"行为的责任。[85]

除在分布式账本（例如区块链）上登记人工智能之外，该账本还可以显示人工智能的资产，这就使任何潜在的交易对手都可以准确了解其信誉度。银行的国际监管框架（目前的《巴塞尔协议Ⅲ》）要求银行持有在紧急情况下可动用的最低监管资本。[86] 为了允许人工智能利用其人格带来的各种好处，可对人工智能施加类似的要求。[87] 如果其资产或信用等级下降到一定水平，可以自动冻结其某些法律和经济上的权利。

4.3.2 有什么限制

不必将法律制度赋予公司的同一套权利直接移植给人工智能。我们不太可能希望人工智能拥有与人类社会的共同观念紧密联系在一起的各种"公民"权利，例如投票权或结婚的权利。[88]

人工智能的权利不必是绝对的或不可剥夺的。对于大多数人权，甚至包括生命权，在适当情况下都可以予以限制或压制，例如警察可以在必要时射杀危险的袭击者。人工智能的权利必须与其他的法律权利和规范相容（set alongside），这些权利和规范有时会发生冲突，并受到监管或司法裁判的制约。这种认识还可以用来回应反对赋予人工智能人格的另一种肤浅的观点，这种观点假想我们将因此而创造出某种能够永远凌驾于人类的权利之上的主宰型种族（master race）。平衡人工智能和现有法律主体之间的权利将是一项复杂的工作，而且（和许多未回答的问题一样）最好通过社会协商来回答。

4.4 人可以拥有人工智能吗

可能有观点认为，一个实体不能同时既是主体又是财产。这种观点其实是不正确的。尽管在今天一个自然人拥有另一个自然人的想法会令人生厌，但对于把一家公司既作为法人又同时作为股东的财产，我们并不会感到认知失调。

就目前而言，无论公司的结构多么复杂，大多数公司还是以人类作为最终的利益所有者的。[89] 就像没有人"拥有"另一个人一样,我们是否也会遇到没有人"拥有"人工智能的情况?从理论上讲这是有可能的,但作为一个社会,我们需要决定这是不是我们所期望的情形。例如,库普斯(Koops)等人预测了人工智能人格的三个发展阶段:在短期内,他们预测"对现有法律进行解释和扩张"。从中期来看,他们预测"有限的(人工智能)人格承担严格的责任"[90],其中包括"如果认为电子智能体的不可预测的行为对企业或消费者而言风险太大,则对其适用严格责任"[91]。从长期来看,他们认为我们可以发展"具有'后人类人权'('posthuman rights')的完整的人工智能人格"[92]。他们认为,只有当机器发展出自我意识时,才会出现这种可能。

4.5 机器人会犯罪吗

本书第 3 章曾论及人工智能的行为引发的刑事责任问题,按照本章的主题,赋予人工智能法律人格,则为人工智能对其自身行为承担刑事责任打开了大门。

尽管公司没有"灵魂可诅咒或者身体可踢打"[93],但自中世纪以来,公司的刑事责任就一直存在[94],如果人工智能被赋予法律人格,刑事责任也会扩展到人工智能。一方面,这将会填补约翰·达纳赫(John Danaher)所称的"报应鸿沟"("retribution gap"),即满足这样一种心理预期:负刑事责任的行为人(agent)将因造成损害而受到惩罚。[95] 然而,这里仍然存在一个突出问题,即很难协调人工智能犯罪与刑法中通常要求犯罪一方必须"意图"("intend")实施犯罪行为之间的张力。

4.5.1 个案研究:随机暗网购物者

在瑞士,一个艺术团体创建了一款名为"随机暗网购物者"(Random Darknet Shopper)的软件,该软件可以每周访问一次暗网(隐匿的互联网)并随机购买商品。[96] 这款软件陆续购买了一些物品,包括一条假冒的迪赛牛仔裤、一个带隐形摄像头的棒球帽、200 条切斯特菲尔德香烟、一套消防队的万能钥匙和 10 粒摇头丸。[97]

购买摇头丸引起了瑞士圣加伦当地警方的注意，他们缴获了运行该软件的计算机以及所购的物品。有趣的是，人类设计师和人工智能系统都被指控涉嫌触犯非法购买管制物品罪。三个月后，该指控被撤销，除摇头丸被销毁外，其他物品均被返还给该艺术团体。[98]

4.5.2 犯罪意图之适用（Locating Intent）

人工智能刑事责任的核心问题是是否具有相应的犯罪心态（mens rea），其中包括两个要素：第一，以事实为基础确定人工智能的决策过程；第二，根据刑法应如何对待此点的社会和政策问题。因为目前犯罪心态标准只适用于人类，所以它是根据（我们所感知到的）人类思维过程而定制的。而人工智能并不是以同样的方式进行工作，因此试图将拟人化的概念应用于它时，会出现不一致和混乱的风险。

可以将人工智能针对事实的错误与其对已知事实采用规则的"错误"区分开来。当工厂的机器人认为操作员的头部是制造过程中的一个组成部分并决定压碎它（杀死人）时，这类似于事实上的错误。[99] 但是，如果人工智能以某种意想不到的方式取代了人类的指令（例如，烤面包机为了烤熟所有的面包将房子都烧毁了），那么这似乎更接近具有犯罪意图。同样，如果人工智能要发展出故意违反明确的人类指令的能力，那么这也可能被视为犯罪。

即使可以测量和确定人工智能的"心理状态"，我们仍然需要问一问，从社会和心理的角度来看，将刑法原则应用于非人类实体是否合适。有一种观点认为，犯罪心态的概念本质上只适合于人类。如果这种观点正确的话，这似乎会妨碍人工智能具备目前公认的犯罪意图。法律制度可能会定义一个适用于人工智能的新的应受惩罚的"心理"状态，但随后给它贴上"犯罪心态"的标签。这可能并不合适。[100]

将某种行为定为犯罪通常与某种形式的刑罚有关。如果人工智能被追究刑

事责任，还有一个问题是如何对其惩罚。第 8 章最后一部分将探讨可能适用于
人工智能的制裁措施。

5　本章小结

乔普拉（Chopra）和怀特（White）在他们有关人工智能的人格的一部著
作的导言中写道："人工智能体是会留下来的，我们的任务是以一种对我们的
利益和能力比较公正的方式来容纳它。"[101]

也许很难想象一个没有独立法律人格的世界，但保罗·G. 马奥尼（Paul G.
Mahoney）在对该制度的历史研究中指出："在商业经营领域，如果允许财产
法和合同法不断演化，财产法、合同法和侵权法（而不是合伙法和公司法）中
的资产隔离规则将会多出很多。"[102] 从这个角度看，法律人格在任何领域都不
是特别的，也不是不可或缺的；它只是人类用来帮助实现更多法律目标的一种
工具。

即使在理论上接受了人工智能的独立法律人格，仍然存在各种悬而未决的
关于如何构建人工智能的难题。以下几章将阐述我们如何构建解决这些问题的
机制。

关于机器人法律人格的问题存在争议，且易引发误解。本章试图论证，人
工智能的法律人格不应该因过分激动的情绪反应而失控。重要的是，赋予智能
体法律人格并不意味着将其视为人类，也不应该总是让人类放弃对人工智能的
所有责任。正如马歇尔·S. 威利克（Marshal S. Willick）早在 1983 年发表的
过于乐观的预言那样：

　　　最终，一台智能电脑将出现在法庭上，它将被视为维护法治社会平等
　　公正之人。我们不应该害怕那一天很快就会到来。[103]

注释

[1]　"Sophia", website of Hanson Robotics, http://www.hansonrobotics.com/robot/sophia/, accessed 1 June 2018.

[2]　See, for instance, James Vincent, "Pretending to Give a Robot Citizenship Helps No One", *The Verge*, 30 October 2017, at https://www.theverge.com/2017/10/30/16552006/robot-rights-citizenship-saudi-arabia-sophia, accessed 5 November 2017; Cleve R. Wootson Jr., "Saudi Arabia, Which Denies Women Equal Rights, Makes a Robot a Citizen", *Washington Post*, 29 October 2017, at https://www.washingtonpost.com/news/innovations/wp/2017/10/29/saudi-arabia-which-denies-women-equal-rights-makes-a-robot-a-citizen/?utm_term=.da4c35055597, accessed 1 June 2018.

[3]　Patrick Caughill, "An Artificial Intelligence Has Officially Been Granted Residency", *Futurism*, 6 November 2017, at https://futurism.com/artificial-intelligence-officially-granted-residency/, last accessed 1 June 2018.

[4]　在英国，"legal personality"（"法律人格"）一词更为常用，而在美国，人们更喜欢用"人格"（"personhood"）。在本书中，这两个词可以通用。

[5]　Lawrence B. Solum, "Legal Personhood for Artificial Intelligences", *North Carolina Law Review*, Vol. 70 (1992), 1231. 值得注意的是，索伦并不是唯一提出这一建议的理论家，see R. George Wright, "The Pale Cast of Thought: on the Legal Status of Sophisticated Androids", *Legal Studies Forum*, Vol. 25 (2001), 297。

[6]　Toby Walsh, *Android Dreams: The Past, Present and Future of Artificial Intelligence*, (London: Hurst, 2017), 28.

[7]　See Koops, Hildebrandt, Jaquet-Chiffell, "Bridging the Accountability Gap: Rights for New Entities in the Information Society?", *Minnesota Journal of Law, Science & Technology*, Vol. 11, No. 2 (2010), 497–561，其中对此有类似的判断。

[8]　European Parliament Resolution with recommendations to the Commission on Civil Law Rules on Robotics (2015/2103(INL)).（中文版全文详见朱体正等译注：《欧洲议会机器人民法规则》，载梁慧星主编：《民商法论丛》，总第 69 卷，北京，社会科学文献出版社，2019 年版，第 359–386 页。——译者注）

[9]　Ibid., para. 59(f)。

[10]　参见本书第 2 章之 2.1.1。

[11]　17 U.S. (4 Wheat.) 518 (1819).

[12]　Joanna J. Bryson, Mihailis E. Diamantis, Thomas D. Grant, "Of, for, and by the People: the Legal Lacuna of Synthetic Persons", *Artificial Intelligence and Law,* September 2017, Vol. 25, No. 3 (September 2017), 273–291, at https://link.springer.com/article/10.1007%2Fs10506-017-9214-9, accessed 1 June 2018 (hereafter Bryson et.al., "Of, for, and by the people").更为普遍意义上的讨论，see Hans Kelsen, *General Theory of Law and State*, translated by Anders Wedberg (Cambridge, MA: Harvard University Press, 1945)。

[13]　See also Dr. Joanna Bryson, "An Expert in AI and Ethics, is one of the Most Vocal Critics of

Legal Personality for AI. See, for example Dr. Bryson's excellent blog: "Adventures in NI," at https://joanna-bryson.blogspot.co.uk/, accessed 1 June 2018. 她的关于这一话题的帖文，see https://joanna-bryson.blogspot.co.uk/2017/11/why-robots-and-animals-never-need-rights.html; https://joanna-bryson.blogspot.co.uk/2017/10/human-rights-are-thing-sort-of-addendum.html; and https://joanna-bryson.blogspot.co.uk/2017/10/rights-are-devastatingly-bad-way-to.html accessed 1 June 2018。

[14]　Bryson et al., "Of, for, and by the People".

[15]　Ibid..

[16]　Samir Chopra and Laurence White, "Artificial Agents - Personhood in Law and Philosophy", *Proceedings of the 16th European Conference on Artificial Intelligence* (Amsterdam: IOS Press, 2004), 635-639 .

[17]　"Six things Saudi Arabian women still cannot do", *The Week,* 22 May 2018, at http://www.theweek.co.uk/60339/things-women-cant-do-in-saudi-arabia, accessed 1 June 2018.

[18]　在公民联盟诉联邦选举委员会案（Citizens United v. Federal Election Commission 558 U.S. 310）中，美国最高法院宣布，美国宪法第一修正案中的言论自由保护措施具有禁止政府限制非营利性公司、营利性公司、工会和其他协会将其开支用于竞选通讯（政治广告）的作用。也可参见伯韦尔诉霍比乐比公司案 [Burwell v. Hobby Lobby, 573 U.S. 134 S.Ct. 2751 (2014)]，美国最高法院认为一家封闭式公司可以对第一修正案所保护的宗教自由权提起诉讼。

[19]　Hale v. Henkel, 291 U.S. 43 (1906).

[20]　Shawn Bayern, "The Implications of Modern Business-Entity Law for the Regulation of Autonomous Systems", *European Journal of Risk Regulation*, Vol. 2 (2016), 297–309.

[21]　Matthew Scherer, "Is AI Personhood Already Possible under U.S. LLC Laws? (Part One: New York)", 14 May 2017, at http://www.lawandai.com/2017/05/14/is-ai-personhood-already-possible-under-current-u-s-laws-dont-count-on-it-part-one/, accessed 1 June 2018.

[22]　Shawn Bayern, Thomas Burri, Thomas D. Grant, Daniel M. Häusermann, Florian Möslein, and Richard Williams, "Company Law and Autonomous Systems: A Blueprint for Lawyers, Entrepreneurs, and Regulators", *Hastings Science and Technology Law Journal,* Vol. 9, No. 2 (2017), 135–161. Originally published online on 12 October 2016, at https://papers.ssrn.com/sol3/papers.cfm?abstract_id=2850514, accessed 21 April 2020. 作为该组作者的一名成员，肖恩·拜恩曾在另一篇文章中写道，在美国的某些州，可以通过设立一个永久无成员的有限责任公司赋予自主系统事实上的法律人格，而该公司反过来可以拥有该自主系统。See Shawn Bayern, "The Implications of Modern Business-Entity Law for the Regulation of Autonomous Systems", *Stanford Technology Law Review*, Vol. 19 (2015), 93. See also Čerka, Paulius, Jurgita Grigienė, and Gintarė Sirbikytė, "Is It Possible to Grant Legal Personality to Artificial Intelligence Software Systems?", *Computer Law & Security Review*, Vol. 33, No. 5 (October 2017), 685–699.

[23]　Thomas Burri, "How to Bestow Legal Personality on Your Artificial Intelligence", *Oxford University Law Faculty Blog,* 8 November 2016, at https://www.law.ox.ac.uk/business-law-blog/blog/2016/11/how-bestow-legal-personality-your-artificial-intelligence, accessed 1 June 2018.

[24]　European Parliament Resolution with Recommendations to the Commission on Civil Law Rules

on Robotics [2015/2103(INL)], Recital AC.

[25] Thomas Burri, "Free Movement of Algorithms: Artificially Intelligent Persons Conquer the European Union's Internal Market", in *Research Handbook on the Law of Artificial Intelligence*, edited by Woodrow Barfield and Ugo Pagallo (Cheltenham, UK: Edward Elgar, 2018). 各国可以向已经在其他国家获得认可的法律主体授予国籍（例如，授予双重国籍）。但是，这通常仅适用于自然人，即人类。

[26] Mario Vicente Micheletti and others v. Delegación del Gobierno en Cantabria. , C-369/90, ECR 1992 I-4239, para. 10.

[27] 这一原则是国际司法在诺特博姆案（Nottebohm case）(Liechtenstein v. Guatemala [1955] ICJ1）中确立的。

[28] 这一主张是在"莲花号"案 [the Case of the S.S. "Lotus" (France v. Turkey) (1927) P.C.I.J., Ser. A, No. 10] 中确立的。

[29] 但也有一些限制：2017 年 7 月，印度最高法院判决印度的两条圣河不享有与人类同等权利，从而推翻了高等法院于当年 3 月作出的判决。See "India's Ganges and Yamuna Rivers Are 'not Living Entities'", *BBC News*, at http://www.bbc.co.uk/news/world-asia-india-40537701, accessed 1 June 2018. 尽管如此，这些河流仍有可能拥有其他非专属于人类的法律权利。

[30] Thomas Burri, "Free Movement of Algorithms: Artificially Intelligent Persons Conquer the European Union's Internal Market", *Research Handbook on the Law of Artificial Intelligence*, Woodrow Barfield and Ugo Pagallo (eds.), (Cheltenham, UK: Edward Elgar, 2018).

[31] 类似观点，see Shawn Bayern, "Of Bitcoins, Independently Wealthy Software, and the Zero-Member LLC", *NorthwesternUniversity Law Review Online*, Vol.108 (2014), 257。

[32] [1991] 1 WLR 1362.

[33] Überseering BV v. Nordic Construction Company Baumanagement, GmbH (2002) C-208/00, ECR I-9919.

[34] Thomas Burri, "Free Movement of Algorithms: Artificially Intelligent Persons Conquer the European Union's Internal Market", *Oxford Law Faculty Blog*, 4 January 2018, at https://www.law.ox.ac.uk/business-law-blog/blog/2018/01/free-movement-algorithms-artificially-intelligent-persons-conquer, accessed 1 June 2018. See also, Thomas Burri, "Free Movement of Algorithms: Artificially Intelligent Persons Conquer the European Union's Internal Market", *Research Handbook on the Law of Artificial Intelligence*, edited by Woodrow Barfield and Ugo Pagallo (Cheltenham, UK: Edward Elgar, 2018).

[35] 根据该条约第 51 条第 1 款规定的公共政策，成员国减损市场自由的权利是有限的。但一般来说，对公共政策会作狭义解释，see Van Duyn v. Home Office, 41-74, ECR 1974, 1337, para. 18。

[36] Case of Sutton's Hospital (1612) 77 Eng Rep. 960.

[37] Florian Möslein, "Robots in the Boardroom: Artificial Intelligence and Corporate Law", in *Research Handbook on the Law of Artificial Intelligence*, edited by Woodrow Barfield and Ugo Pagallo (Cheltenham, UK: Edward Elgar, 2018).

[38] Ibid.. 莫斯林援引了 Dairy Containers Ltd. v. NZI Bank Ltd. [1995] 2 NZLR 30, 79 案加以说明，see also In Re Bally's Grand Derivative Litigation, 23 Del.J.Corp.L., 677, 686。

[39] "Algorithm appointed board director", BBC Website, 16 May 2014, at http://www.bbc.co.uk/news/technology-27426942, accessed 1 June 2018. 该 公 司 是 一 家 名 为 "Deep Knowledge

Ventures"（DKV）的香港风险投资公司，该智能系统被名为"用于推进生命科学的验证投资工具"（Validating Investment Tool for Advancing Life Sciences，VITAL）。

[40]　任命人工智能进入董事会的趋势还在继续，see "Tieto the First Nordic Company to Appoint Artificial Intelligence to the Leadership Team of the New Data-driven Businesses Unit", Tieto website, 17 October 2016, https://www.tieto.com/news/tieto-the-first-nordic-company-to-appoint-artificial-intelligence-to-the-leadership-team-of-the-new, accessed 1 June 2018。

[41]　例如，凯德·梅茨（Cade Metz）在《连线》（Wired）杂志上撰文，生动地描述了人类代理"操作员"黄士杰（Aja Huang）是如何按照 DeepMind 的 AlphaGo 提供给他的指令进行下棋的：Cade Metz, "What The Ai Behind Alphago Can Teach Us about Being Human", Wired, 19 May 2016, at https://www.wired.com/2016/05/google-alpha-go-ai/, accessed 1 June 2018。

[42]　Ibid..

[43]　Gunther Teubner, "Rights of Non-humans? Electronic Agents and Animals as New Actors in Politics and Law", lecture delivered 17 January 2007, *Max Weber Lecture Series*, MWP 2007/04.

[44]　Jane Goodall & Steven M. Wise, "Are Chimpanzees Entitled to Fundamental Legal Rights?", *Animal Law*, Vol. 3(1997), 61. 关于与环境有关的相似观点的进一步讨论，see Christopher D. Stone, "Should Trees Have Standing?–Towards Legal Rights for Natural Objects", *Southern California Law Review* Vol. 45 (1972), 450-501。

[45]　Joanna J. Bryson, Mihailis E. Diamantis, Thomas D. Grant, "Of, for, and by the People: the Legal Lacuna of Synthetic Persons", *Artificial Intelligence and Law,* September 2017, Volume 25, Issue 3, 273–291, at https://link.springer.com/article/10.1007%2Fs10506-017-9214-9, accessed 5 April 2018 (hereafter Bryson et.al., "Of, for, and by the People")。

[46]　Lawrence B. Solum, "Legal Personhood for Artificial Intelligences", *North Carolina Law Review*, Vol. 70 (1992), 1231.

[47]　David C. Vladeck, "Machines without Principals: Liability Rules and Artificial Intelligence", *Washington Law Review,* Vol. 89 (2014), 117, at 150. See also Benjamin D. Allgrove, "Legal Personality for Artificial Intellects: Pragmatic Solution or Science Fiction?" (Oxford University Doctoral Thesis, 2004).

[48]　Koops, Hildebrandt, Jaquet-Chiffell, "Bridging the Accountability Gap: Rights for New Entities in the Information Society?", *Minnesota Journal of Law, Science & Technology*, Vol. 11, No. 2 (2010), 497–561. 本书第 3 章阐明了在现行法律结构下，当试图将人工智能的行为责任分配给不可预见的、充分独立于人类输入或指导的人时，可能出现的问题。

[49]　Curtis E.A. Karnow, "Liability for Distributed Artificial Intelligences", *Berkeley Technology Law Journal*, Vol. 11 (1996), 147. See also Andreas Matthias, "Automaten als Träger von Rechten", Plädoyer für eine Gesetzänderung (dissertation, Humboldt Universität, 2007).

[50]　英国关于这一原则的开创性案例是塞洛蒙案（Salomon v. Salomon & Co Ltd. [1897] AC 22）。

[51]　Paul G.Mahoney, "Contract or Concession--An Essay on the History of Corporate Law", *Georgia Law Review*, Vol. 34 (1999), 873, 878.

[52]　Gunther Teubner, "Rights of Non-humans? Electronic Agents and Animals as New Actors in Politics and Law", lecture delivered 17 January 2007, *Max Weber Lecture Series*, MWP 2007/04.

[53]　See Tom Allen and Robin Widdison, "Can Computers Make Contracts?", *Harvard Journal of*

Law & Technology, Vol. 9(1996), 26.

[54]　Nassim Nicholas Taleb, *Skin in the Game* (London: Allen Lane, 2017).

[55]　F. Patrick Hubbard, "'Do Androids Dream?': Personhood and Intelligent Artifacts", *Temple Law Review*, Vol. 83 (2010–2011), 405–474, at 432.

[56]　Neil Richards and William Smart, "How should the Law Think about Robots?", in *Robot Law*, Ryan Calo, A. Michael Froomkin and Ian Kerr, eds. (Cheltenham, UK and Northampton MA: Edward Elgar, 2015), 3, at 4.

[57]　Jonathan Margolis, "Rights for Robots is No More than an Intellectual Game", *Financial Times*, 10 May 2017, at https://www.ft.com/content/2f41d1d2-33d3-11e7-99bd-13beb0903fa3, accessed 1 June 2018.

[58]　Janosch Delcker, "Europe Divided over Robot 'Personhood'", *Politico*, 11 April 2018, at https://www.politico.eu/article/europe-divided-over-robot-ai-artificial-intelligence-personhood/, accessed 1 June 2018. 关于这封公开信的全文，see "Open letter to the European Commission Artificial Intelligence and Robotics",at https://g8fip1kplyr33r3krz5b97d1-wpengine.netdna-ssl.com/wp-content/uploads/2018/04/RoboticsOpenLetter.pdf, accessed 1 June 2018。

[59]　"Open letter to the European Commission Artificial Intelligence and Robotics", at https://g8fip1kplyr33r3krz5b97d1-wpengine.netdna-ssl.com/wp-content/uploads/2018/04/RoboticsOpenLetter.pdf, accessed 1 June 2018.

[60]　David J. Calverley "Imagining a Non-biological Machine as a Legal Person", *AI & Society*, Vol. 22 (2008), 523–537, 526.

[61]　Bryson et.al., "Of, for, and by the People", 4.2.1.

[62]　参见本书第 2 章之 2.1.1。

[63]　International Tin Council Case, JH Rayner (Mincing Lane) Ltd. v. Department of Trade and Industry, *International Law Reports*, Vol. 81 (1990), 670.

[64]　Bryson et.al., "Of, for, and by the people", 4.2.1.

[65]　参见本书第 2 章之 2.1.1。

[66]　英国的案例，see Petrodel Resources Ltd. v. Prest [2013] UKSC 34。美国的立场，see MWH Int'l, Inc. v. Inversora Murten, S.A., No. 1:11-CV-2444-GHW, 2015 WL728097, at 11 (S.D.N.Y. 11 February 2015) (citing William Wrigley Jr. Co. v. Waters, 890 F.2d 594, 600 (2d Cir., 1989)。

[67]　萨姆欣大法官（Lord Sumption）在 2013 年英国最高法院审理的石油公司案（Petrodel Resources Ltd. v. Prest [2013] UKSC 34 at [8]）中解释道："公司的独立人格和财产有时被认为是虚构的，某种意义上的确是虚构的。但虚构是英国公司法和破产法的全部基础。正如罗伯特·高夫大法官（Robert Goff LJ）在东京银行有限公司诉卡隆案（Bank of Tokyo Ltd v Karoon (Note) [1987] AC 45, 64）中所言，在这个领域'我们关注的不是经济而是法律，二者在法律上存在根本区别'。他本可以公允地补充说，这种区别不仅在法律上而且在经济上都具有根本性意义，因为一个多世纪以来，有限公司一直是商业生活的主要单位。他们独立的人格和财产是第三方得以与之交往的基础，而且通常也是与之进行交易的基础。"关于公司虚构理论，see David Runciman, *Pluralism and the Personality of the State* (Cambridge: Cambridge University Press, 2009); Martin Wolff, "On the Nature of Legal Persons", *Law Quarterly Review*, Volume 54 (1938), 494-521; John Dewey, "The Historic Background of Corporate Legal Personality", *Yale Law Journal*, Volume 35 (April, 1926),

655-673。

[68]　 Bryson et.al., "Of, for, and by the People", 4.2.2.

[69]　David Goodhart, *The Road to Somewhere: The Populist Revolt and the Future of Politics* (Oxford: Oxford University Press, 2017).

[70]　"Drawbridges up", *The Economist*, 30 July 2016, at https://www.economist.com/briefing/2016/07/30/drawbridges-up, accessed 1 June 2018.

[71]　Andrew Marr, "Anywheres vs Somewheres: The Split that Made Brexit Inevitable", *New Statesman*, 7 March 2017.

[72]　David Goodhart, *The Road to Somewhere: The Populist Revolt and the Future of Politics* (Oxford: Oxford University Press, 2017), 3.

[73]　Blake Snow, "The Anti-technologist: Become a Luddite and Ditch Your Smartphone", *KSL*, 23 December 2012, at https://www.ksl.com/?sid=23241639, accessed 1 June 2018.

[74]　Jamie Bartlett, "Will 2018 be the Year of the Neo-luddite?", *The Guardian*, 4 March 2018. See also Jamie Bartlett, *Radicals: Outsiders Changing the World* (London: William Heinemann, 2018).

[75]　F. Patrick Hubbard, "'Do Androids Dream?': Personhood and Intelligent Artifacts", *Temple Law Review*, Vol. 83 (2010–2011), 405–474, 419.

[76]　参见本书第 4 章之 4.1.1。

[77]　Curtis E.A. Karnow, "Liability for Distributed Artificial Intelligences", *Berkeley Technology Law Journal*, Vol. 11, No. 1 (1996), 147–204, 200.

[78]　See, for instance, Eric T. Olson Olson, "Personal Identity", *The Stanford Encyclopedia of Philosophy* (Summer 2017 edition), Edward N. Zalta (ed.), at https://plato.stanford.edu/archives/sum2017/entries/identity-personal/, accessed 5 November 2017, and the sources cited therein.

[79]　A.J. Ayer, *Language, Truth, and Logic* (London: Gollancz, 1936), 194.

[80]　在时代华纳公司于 2013 年推出的电影《她》(*Her*) 中，斯嘉丽·约翰逊 (Scarlett Johansson) 扮演的"女性"人工智能主角，实际上是多个人工智能体，这使故事情节曲折动人。

[81]　"Personalised Search for Everyone", Official Google Blog, 4 December 2009, at https://googleblog.blogspot.co.uk/2009/12/personalized-search-for-everyone.html, accessed 1 June 2018.

[82]　Masha Maksimava, "Google's Personalized Search Explained: How Personalization Works, What It Means for SEO, and How to Make Sure It doesn't Skew Your Ranking Reports", *Link-Assistant.com*, at https://www.link-assistant.com/news/personalized-search.html, accessed 1 June 2018.

[83]　See, for example, Koops, Hildebrandt, Jaquet-Chiffell, "Bridging the Accountability Gap: Rights for New Entities in the Information Society?", *Minnesota Journal of Law, Science & Technology*, Vol. 11, No. 2 (2010), 497–561,516.

[84]　这是卡诺 (Karnow) 推荐的解决方案，他建议设置人工智能"登记簿"，"通过在智能体中插入唯一的加密保证来证明其身份"。See Curtis E.A. Karnow, "Liability for Distributed Artificial Intelligences", *Berkeley Technology Law Journal*, (1996) Vol. 11, Issue 1, 147-204, 193 et seq.. 艾伦 (Allen) 和威迪森 (Widdison) 也提议设置类似的登记簿以说明所注册的人工智能体的性能和责任限制。See also Tom Allen and Robin Widdison, "Can Computers Make Contracts?", *Harvard Journal of Law and Technology*, Vol. 9 (1996), 26.

[85] Francisco Andrade, Paulo Novais, Jose Machado, Jose Neves, "Contracting Agents: Legal Personality and Representation", *Artificial Intelligence and Law,* Vol. 15(2007), 357–373.

[86] "Basel Ⅲ: International Regulatory Framework for Banks", website of the Bank for International Settlements, https://www.bis.org/bcbs/basel3.htm, accessed 1 June 2018.

[87] Giovanni Sartor, "Agents in Cyberlaw", *Proceedings of the Workshop on the Law of Electronic Agents (LEA 2002),* 3-12.

[88] Samir Chopra and Laurence White, "Artificial Agents - Personhood in Law and Philosophy", *Proceedings of the 16th European Conference on Artificial Intelligence* (Amsterdam: IOS Press, 2004), 635-639.

[89] 情况并非总是如此：一家公司最终可能归信托所有，而受益人可能不是人类，例如可以是动物保护慈善机构。

[90] Koops, Hildebrandt, Jaquet-Chiffell, "Bridging the Accountability Gap: Rights for New Entities in the Information Society?", *Minnesota Journal of Law, Science & Technology*, Vol. 11, No. 2(2010), 497-561,554.

[91] Ibid., 555.

[92] Ibid., 557.

[93] John C. Coffee, Jr., "'No Soul to Damn: No Body to Kick': An Unscandalised Inquiry into the Problem of Corporate Punishment", *Michigan Law Review*, Vol. 79 (1981), 386.

[94] Markus D. Dubber, "The Comparative History and Theory of Corporate Criminal Liability", 10 July 2012, at http://dx.doi.org/10.2139/ssrn.2114300, accessed 1 June 2018. 全世界的情况绝非统一：意大利通过的第231/2001号法令是公司刑事责任的新近采用者。但并非到处都是这样，如德国法律并不要求企业承担刑事责任。

[95] 参见本书第3章之3.3.1。

[96] "Homepage", website of !Mediengruppe Bitnik, https://www.bitnik.org/, accessed 11 June 2017. As !*Mediengruppe Bitnik* 尚未公开其程序的源代码，我们不知道"随机暗网购物者"是否确实满足我们对人工智能的定义，但出于讨论目的，我们假定其符合该定义。

[97] Mike Power, "What Happens When a Software Bot Goes on a Darknet Shopping Spree?", *The Guardian*, 5 December 2014, at https://www.theguardian.com/technology/2014/dec/05/software-bot-darknet-shopping-spree-random-shopper, accessed 1 June 2018.

[98] "Random Darknet Shopper Free", website of !Mediengruppe Bitnik, 14 April 2015, https://www.Bitnik.Org/R/2015-04-15-random-darknet-shopper-free/, accessed 1 June 2018. Christopher Markou, "We Could Soon Face a Robot Crimewave … the Law Needs to Be Ready", *The Conversation*, 11 April 2017, at http://www.cam.ac.uk/research/discussion/opinion-we-could-soon-face-a-robot-crimewave-the-law-needs-to-be-ready, accessed 1 June 2018.

[99] 这似乎是美国密歇根州一家汽车配件厂的工人万达·霍尔布鲁克（Wanda Holbrook）的死因。James Temperton, "When Robots Kill: Deaths by Machines Are Nothing New But AI is about to Change Everything", *Wired*, 17 March 2017, at http://www.wired.co.uk/article/robot-death-wanda-holbrook-lawsuit.

[100] See, for example, Lawrence B. Solum, "Legal Personhood for Artificial Intelligences", *North Carolina Law Review,* Vol. 70(1992), 1231-1287, 1239-1240.

[101] Samir Chopra and Laurence White, *A Legal Theory for Autonomous Artificial Agents* (Ann Arbor, MI: the University of Michigan Press, 2011), 3.

[102]　Paul G.Mahoney, "Contract or Concession—An Essay on the History of Corporate Law", *Georgia Law Review,* Vol. 34 (1999), 873–894, 878.

[103]　Marshal S. Willick, "Artificial Intelligence: Some Legal Approaches and Implications", *AI Magazine,* Vol. 4, No. 2 (1983), 5–16, at 14.

第6章

创建监管机构

1 为何须在立法前设计机构？

如同其他诸多关于如何监管人工智能的讨论一样，本书也是先从艾萨克·阿西莫夫（Isaac Asimov）的机器人三法则说起的。[1]这些法则除故意留白、含糊不清和过于简单化之外，还存在一个致命的问题，那就是阿西莫夫开始制定机器人法则时就走错了，因为我们首先要问："规则应该由谁来定？"

与前面的章节不同，本章将不再讨论责任和权利这样细致入微的法律问题，而是重点探讨我们应该如何设计、实施和执行为人工智能量身定制的新规则这样一类更为一般性的问题。

1.1 机构设计的哲学

为什么要从制度的设计谈起？在法哲学上，关于制定的法律何以对法律

主体具有约束力，有两种流行的思想流派：实证主义（Positivism）和自然法
（Natural Law）。[2] 关于法律实证主义，法哲学家约翰·加德纳（John Gardner）
认为："在任何法律体系中，一种规范是否合法有效，以及它最终能否构成
该法律体系中的一部分，取决于它的效力来源，而不是凭它自身的优点。"[3]
而自然法学者相信蕴含在大自然或人类理性中的某些价值应该反映在法律体
系中。[4] 在他们看来，法律之所以具有拘束力，是因为它是好的或者是公正
的。[5]

　　尽管这两种方法可能并不矛盾[6]，但它们各有侧重：自然法更注重确保法律反
映特定的道德准则，实证主义则致力于创建可为法律主体所接受的制度。[7]

　　所有这些对人工智能都很重要，因为如果自然法学是正确的，那么在给定
情形下只有一套规则是正确的，任何法学研究都会成为对永恒真理的追求，自
然法学派会像阿西莫夫一样，始于规则的制定，也终于规则的制定。

　　与之相反，实证主义的优点在于，不需要对是否存在一个单一的道德正确
的价值体系表明立场。[8] 此外，无论是与人工智能有关的事项还是其他方面，
在许多道德问题上并不存在共识，这就意味着即使有人不知所以然也能实现规
则的最佳设定。在规则中，如果没有确保规则被其法律主体接受和尊重的机
制，要想使规则获得通过和执行也许是不可能的。

1.2　人工智能需要公共机构而非私人公司制定准则

　　在没有政府协调一致规范人工智能的情况下，私人公司已开始单方面采
取行动。DeepMind 是一家世界领先的人工智能公司，它于 2014 年被谷歌收购，
目前由母公司 Alphabet 所有。该公司于 2017 年 10 月成立了新的道德委员会，旨
在"帮助技术人员将伦理规范付诸实践，帮助社会合理预期并指导人工智能的影
响，使其造福于所有人"[9]。同样，在 2016 年，由亚马逊、苹果、DeepMind、谷
歌、Facebook、IBM 和微软等六家主要的科技公司组成的"惠及人民和社会的人
工智能伙伴关系"（the Partnership on AI to Benefit People and Society，以下简称

"Partnership on AI"）——"将研究和制定最好的人工智能技术实践"[10]。

有趣的是，"惠及人民和社会"的字样随后从 Partnership on AI 网站上的大部分标志中删除了——它现在只是流于形式——尽管在撰写本书时，该组织仍然在描述那些旨在作为组织的"使命"。虽然 DeepMind 表示，它已经做好了听取公司顾问提出"令人不悦"的批评的准备，但是，公司道德委员会制定的规则终归缺乏政府所赋予的正当性（legitimacy）。[11]

一方面，可能有人认为不需要政府监管，因为可以依靠负责任的业界人士进行自我规制。[12] 这些主张行业主导监管的人可能会说，因为公司更能理解技术的风险和能力，因而它们最适于制定标准。但是，允许公司在没有任何政府监督的情况下自我规制可能是危险的。

政府行动是为了社会中每个人的共同利益。[13] 当然，一些政府可能会受到强大的游说团体或腐败的个人的影响，但这些与政府应该如何运作的核心概念有所区别。相比之下，公司根据公司法的要求通常要为其所有者实现价值最大化。这并不是说无论后果如何，公司都会追逐利润。大多数国家和地区允许公司在营利之外还应该为更广泛的社会目标而采取行动，并赋予公司高管广泛的自由裁量权，以符合公司的最佳利益。显然，企业社会责任和道德考量因素可以并且确实构成了公司业务计划的一部分。然而，做好事的考量往往是次要的，或者至少与为股东创造价值的要求存在紧张关系。[14]

在大多数法律体系中，营利实体对其所有者负责，其所有者可以挑战董事的行为。[15] 在道奇诉福特汽车公司案（Dodge v. Ford Motor Co.）中，汽车行业的先驱亨利·福特（Henry Ford）宣称："我的目标是雇用更多的人，以尽可能地扩展这个产业体系的好处，帮助他们建立自己的生活和家园。"而美国密歇根州最高法院维持了该公司的共同股东道奇兄弟（the Dodege brothers）对他提出的控诉，称福特的目标并不妥当："商事公司组建和运行的主要目的是为股东创造利润。"[16]

1.3 公正性与监管俘获

1954 年，美国的烟草业在数百家美国报纸上刊登了臭名昭著的《致吸烟者的坦率声明》（"A Frank Statement to Cigarette Smokers"）。面对越来越多的但尚未确定的证据表明吸烟有害健康，该行业宣布：

> 我们正在建立一个包括初始签名者组成的产业联盟，这个联盟将被称作"烟草业研究委员会"。负责委员会研究活动的将是一位正直无瑕、享誉全国的科学家。此外，还将成立一个与烟草业无利益关系的科学家咨询委员会，邀请来自医学、科学和教育界的杰出人士担任委员。[17]

研究表明，烟草行业"成功"的自我规制运动与因吸烟及其副作用而造成的数百万人的死亡之间不无关联。[18]

一些科技公司一直热衷于强调，他们的人工智能监督机构中包括一些独立专家，这些专家并非公关工具。DeepMind 的伦理委员会中有著名评论员，人工智能伙伴关系联盟中目前包括非政府组织和非营利组织成员，如美国公民自由联盟（ACLU）、"人权观察"组织（HRW）和联合国儿童基金会（UNICEF）。[19]

这些举措听起来令人振奋，但如果政府不迅速采取行动建立自己的人工智能机构，那么该领域相当大比例的思想领袖（thought-leaders）将会唯某些公司的利益是瞻。虽然那些被任命为科技公司伦理委员会委员的专家在大多数情况下都希望保持独立，但这类协会的事实情况将使他们不可避免地在某种程度上受相关公司利益的影响，或者被认为受到影响。无论如何，公众对其公正性的信任都可能遭到贬损。

在一些国家，对传统权威人士的信任已在减弱。正如时任英国司法大臣迈克尔·戈夫（Michael Gove）所说："民众在这个国家已经有足够多的专家了。"[20] 这可能是说，鼓噪反智主义的自证式预言（self-fulfilling prophecy）现象已然泛化，这是比较危险的。也就是说，如果专家被认为缺乏公正性，那么他们所说的话并不会受到人们的认真对待。

如果私营公司目前正在推动人工智能监管的议程，那么最终进入这一领域的任何政府机构都存在"监管俘获"（"regulatory capture"）的风险，即监管机构受到私人利益的严重影响。随着行业自律越来越发达，政府越来越难以通过设计新的机构来重新开始监管。相反，政府可能会支持行业已经采用的监管体系，尤其是因为这个行业本身就会受到自身内部规则的影响。这些体系可能会有利于公司的利益，导致政府的制度从一开始就受到限制。

1.4 规则太多与太少

行业自律的另一个问题是它缺乏具有约束力的法律。如果道德标准只是自愿性的，公司可以决定遵守哪些规则，从而使有些组织具有相对于其他组织的比较优势。例如，包括阿里巴巴、腾讯和百度在内的主要的中国人工智能公司都没有宣布它们将加入人工智能伙伴关系（Partnership on AI）。[21]

如果没有一个统一的框架，诸多民间伦理委员会就会制定出太多的规则。霍布斯（Hobbes）曾指出，如果缺乏一个权威的中央立法者，生活就会"污浊、野蛮和短暂"[22]。如果每家大公司都确立自己的人工智能准则，将会显得混乱和危险，这就像每个公民都可以制定自己的法律法规一样。只有政府才有权力和授权，以确保制度公平且能得到全面贯彻。

2 应当跨界制定人工智能规则

迄今为止，关于人工智能的大多数法律争论主要涉及两个领域：武器[23]和汽车。[24]公众、法律学者和政策制定者忽略其他领域而专注于这些领域。但更重要的是，试图借由各个行业的分别监管而实现人工智能的整体监管，终究会误入歧途。

2.1 从狭义人工智能到广义人工智能的转变

在寻求制定监管原则时，认为狭义人工智能（仅擅长于完成某项任务）和广义人工智能（可以完成无限范围的任务）之间彼此隔离是不正确的。相反，二者之间实际上是一个光谱一样的过程，我们正随之逐渐前行。

正如第 1 章所述，许多不同的作者都在思考我们多久可能到达这个光谱的终点——超级智能（superintelligence）[25]，也有一些人强烈反对创造超人类人工智能。[26] 狭义人工智能和广义人工智能之间存在渐变性（continnum），并不需要人们对于多久（如果有的话）可能出现奇点或超级智能持任何立场。相反，将其类比为光谱仅仅是预测人工智能技术的进步将涉及迭代过程，程序变得越来越能够单独地和共同地掌握一系列技术和任务。这种方法符合本·戈策尔[27]（Ben Goertzel）和何塞·埃尔南德斯·奥拉洛[28]（José Hernández-Orallo）提出的智力测试方案，这些测试方案都致力于创建能够进行浮动测量的认知协同效应，而不是回答一个实体是否属于智能的非此即彼的二元问题。

早期的和不太先进的人工智能系统能够在基于规则的特定环境中执行完成最小的任务。TD-gammon 是由 IBM 于 1992 年开发出的一款西洋双陆棋游戏程序，它完全通过强化学习最终达到了超越人类的游戏水平。[29]

DeepMind 开发的 DeepQ 位于这一进程的更远端。研究人员展示了 DeepQ 可以玩 7 种不同的雅达利（Atari）电脑游戏，而且能够在 6 个游戏中击败大多数人类玩家，在 3 个游戏中击败职业玩家。[30] DeepQ 不允许查看游戏的源代码，而仅限于获得人类玩家看到的内容，以防从内部被操纵。[31] DeepQ 学会了使用深度强化学习（通过三个隐藏的推理层连接输入和输出的系列神经叠层[32]）以及 DeepMind 研究人员所称的"经验回放"（"experience replay"）[33] 的新技术，能够从零起步学会玩每个游戏。

DeepQ 的局限性在于需要在每次比赛开始前对其进行重置，因为它对之前所玩的游戏缺乏记忆。相比之下，人类思维的多功能性是其最大的财富之一。我们可以从一项活动中得出推论，并将其应用于完成另一项活动。从幼儿时期开始的对某些现象的原始经验 [34] 创造了持久的心理路径和启发式（heuristics），因此当我们面对相似但不相同的情况时，我们对于该做什么会有一个合理的想法。[35]

来自 DeepMind 和伦敦帝国理工学院（Imperial College London）的研究团队在 2017 年发表了一篇题为《克服神经系统的灾难性遗忘》（"Overcoming catastrophic forgetting in neural networks"）的论文，展示了人工智能系统如何学习玩多个游戏，最重要的是，该系统可从每个单独的游戏中获取经验，然后将其应用于其他游戏：

> 按顺序学习的能力对于人工智能的发展至关重要。直到现在，神经网络还不具备此种功能，人们普遍认为，灾难性遗忘是连接模型（connectionist models，即神经网络）的必然特征。我们的研究表明，有可能克服这种局限，训练能够对未经历的学习任务保持长期的专业技能的网络。我们的方法是选择性地减慢对那些重要任务的学习来记住旧的学习任务。[36]

还有的项目侧重于研究人工智能在不确定情况下作出规划并"想象"其可能结果的能力，这是从狭义人工智能通向广义人工智能进程中的又一步。[37]

领先的技术公司现在专注于多用途人工智能研究项目。[38] 确实，要完成许多日常任务不仅需要具有离散的敏锐性，而且需要有多种技能。苹果联合创始人史蒂夫·沃兹尼亚克（Steve Wozniak）在 2007 年曾说，我们永远不会开发出具有进入不熟悉的家庭和制作咖啡所需的诸多不同能力的机器人 [39]，也暗示了这一点。日立科技集团（Technology Conglomerate Hitachi）研发部总工程师矢野和男（Kazuo Yano）表示：

> 许多新技术是为实现一些特定目的开发而来……例如，移动电话最初设计的是专门在汽车上使用的电话。不少技术发生了里程碑意义的转变，从专用领域的技术转化为了多用途技术……基于我们预测人工智能很快就会

需要有这样广泛的用途，我们决定从一开始就将研发重点放在多用途人工智能上……日立公司与世界各地的行业和客户有着广泛的联系，包括电力公司、制造商、分销商、金融公司、铁路公司、运输公司和供水公司。[40]

2.2 一般原则的必要性

即使人们认可人工智能的功能日益多元，一些人可能还会争辩说，每个行业中的相关规则都应该可以继续适用，而不需要特殊规制。这种观点存在如下几个问题。

首先，尽管大多数行业都有自己的技术规则和标准，但是法律制度的一些原则通常适用于所有人类主体。人工智能从狭义到广义的转变，将使每次使用不同具体类别的人工智能的机会变少。除个别部门外，适用于银行家的过错侵权、合同和刑法同样适用于消防员。这些一般规则有助于法律制度中所有参与者的一致性和可预测性。为每个人类职业制定不同的法律会令人困惑，也会贬低法治，同样，试图对每种人工智能的应用都这样做也会如此。

其次，人工智能提出了适用于不同行业的各种新问题。"电车难题"（第 2 章第 3.1 节中讨论过）可能同样适用于陆路和飞行的智能交通工具。乘客是否应根据他们是在汽车还是飞机上而有不同的生活方式？答案可能仍然为"是"。但如果每个行业分别处理这些问题，则会让乘客重复相同的练习而浪费时间和精力。然而，目前政府正在将智能汽车和智能无人机作为完全相互独立的问题分别进行解决。例如，在 2015 年，英国政府发布了一份题为《无人驾驶汽车之路：自动驾驶技术规制详评》的政策性文件[41]，并未提及与无人机技术的重叠。[42]

最后，差异化的部门监管容易引发边界争端或"边缘问题"，其中充斥着某种做法或资产应被纳入此种或他种领域的争论。边缘问题在税务纠纷中尤为常见，当局认为某些东西应被纳入税额较高的范围，而纳税人则持不同意见。例如，有一种颇受欢迎的名为"佳发蛋糕"（"Jaffa cake"）的零食，其生产商一直将其归为"蛋糕"（cake）而非"饼干"（biscuit）。对饼干或蛋糕本身并不收取增值税，但对涂巧克力的饼干则要收取增值税。英国税务部门对佳发蛋糕的这种归类提出怀疑，认为应将其归为饼干而征税，双方因此争讼。最终生产商赢了这场官司：法院采纳了它们的证据，包括佳发蛋糕在变质时会像蛋糕一样变硬，而不是像饼干一样变软。[43] 这件事可能听起来无关紧要，却涉及数百万英镑的利益，政府也在诉讼上耗费了大量公共资金。[44]

对不同资产和行为实行差别化的税收待遇具有一定的合理性，政府可以利用经济激励措施鼓励和阻止各种不同的经济活动。但是，在同等条件下，监管体系越复杂，公司在努力遵守或确保自己获得最优惠待遇方面所花费的时间和精力就越多。同样，政府也将消耗更多资源与公司争论应如何实施复杂叠加的监管制度。差别性监管只有在其他考量可以证明其具有合理性时才有意义，而非默认如此。为边缘问题引发争议所花费的公私成本，是促使跨行业监管制度变得尽可能明确一致的强大动力。

需要明确的是，这里不建议对人工智能的每个方面都由全新的法规或新的监管机构加以管理——这并不可行。不同的监管部门具有各自的专长和既有的规则制定基础，它们将继续作为各自领域的主要治理机构。从航空业到农业，均是如此。行业监管是人工智能的必要但不充分的规则来源。关键在于，个别化的监管机构还应该由可适用于不同行业的总体原则的治理结构加以补充。这种模式可以采用金字塔形式：底部最宽，各个行业监管机构仍然会设置详细的规则，而每个治理层面都要对更小、更精细的规则负责。建议不要给公司过多的规则负担，而是建立一个连贯的规制结构，使其能够在一个有效和可预测的环境中运作。关于人工智能最高层级指导原则的初步建议请见本书第8章。

3 人工智能新法律应由立法机关而非法官加以制定

如何创建人工智能的新法律？有几种方法，可以是制定新的法律，也可以是修订和调整现有的法律，其中一些现行法律比其他法律更适合人工智能。为了解解释其原因，有必要先浏览一下两大主要法系。[45]

3.1 民法法系

民法法系侧重立法。一套典型的民法制度，所有规则都包含在一部综合性的法典中。法官的主要作用是适用和解释法律，但通常不会改变法律。实际上，《法国民法典》第 5 条就明确禁止法官"通过确立一般性规则和监管方式作出裁判"，从理论上讲阻碍了法官造法。

3.2 普通法法系

在普通法法系中[46]，法官有权制定并适用法律，法官就两个以上对立方所提出的争议作出判决来履行这一职责。此后法院受到先前判决的约束，除非该判决是由等级较低的法院作出的（此情况下可以推翻该判决）。[47]法律的发展是通过法官在充分相似的案情之间进行类比来进行的。法院首次审理的新型案件，通常被称为"试验案件"（"test case"）。其他法院将适用与之相同的原则，但允许渐进性变化。

曾任美国最高法院首席大法官的奥利弗·温德尔·霍姆斯（Oliver Wendell Holmes）总结了普通法的进路后说："法律的生命不是逻辑；它是一种经验……法律体现了一个国家数百年来的发展，不能将其视为像一本数学书那样包含的公理和推论。"[48]

3.3 制定人工智能规则

在普通法法系中，法官往往是在争议发生后去改变或适用规则。虽然在某些情况下当事人有可能寻求法院的临时救济，以防止对未来可能造成的伤害，但向法官提起诉讼时往往损害已经发生。

那些认为人工智能不需要新法律的人士经常争辩说，普通法非常适合在新现象和现有现象之间进行类比，例如可以适用关于动物的法律。[49]法律作家、政治家和幽默作家赫伯特（A.P. Herbert）曾在下列一则具有讽刺意味的判决中滑稽模仿了普通法的这种倾向，该判决假设英国上诉法院的法官对在过马路时被一辆摩托车撞伤的索赔者表示支持：

> ［被告的］摩托车在法律上应被视为野兽；摩托车的制造商吹嘘这辆车具有 45 匹马的合力，这种比较恰如其分。假如有人把 45 匹马拴在一起牵到大街上，让它们全速奔跑驶过经常路过的十字路口，那么，行人不乏敏捷性、判断力或注意力，都会被算作他们自己的过失，从而成为驾车人对其给行人造成的损害免于担责的借口。[50]

法律协会（the Law Society，英国法律职业的监管机构）在为英国下议院科技委员会（UK House of Commons Science and Technology Committee）《关于机器人和人工智能的报告》（Report on Robotics and Artificial Intelligence）[51] 提供的书面证据中评论指出：

> 通过判例法将其留给法院制订解决方案存在一个弊端，因为普通法只有在不良事件发生后才能通过适用法律原则予以发展。对于所有受影响的人来说，这可能代价十分高昂且压力很大。此外，法律是否以及如何发展取决于所追究的案件，是否一直追求审判和上诉，以及当事人的律师选择追究的理由。制定法可以确保有一个每个人都能理解的框架。[52]

法律协会的评估是正确的。人们常说"难案出恶法"（"hard cases make bad law"），说的就是当法官面对诸如悲惨不幸的受害者可能得不到赔偿的困境时，可能会因为追求对个别诉讼当事人的公正待遇而曲解法律，这样做并不利于法律制度的融贯统一。

法官通常是在有限的时间内凭借有限的信息作出判决，该判决将产生更为广泛的后果，而立法者则通常可以经过多年的自由考量，并在付诸立法时予以慎重研究。[53]

试图通过有争议的案例为人工智能制定规则，还容易受到立场不同的意见的影响。在诉讼中，每一方律师无论从经济方面还是从职业行为方面考虑，都不得不为其客户争取最好的结果[54]，但却无法保证任何一方的目标都符合社会的整体目标。虽然在"试验案件"中法官可能能够制定出适用于未来情形的某些原则，但问题是，这些原则可能是由当天摆在法官面前的各种论据形塑而成的，而（法官）不像立法机关那样可以广泛考察、深思熟虑。

立法机关通常是由社会各界代表组成的，而判例法系统中则主要是由法官主导的，在大多数制度中，法官不是选举产生的，只代表一小部分人群（通常是特权阶层）。这并不是说法官都陷入了不可救药的精英主义的泥沼，而是说，将重要的社会决策仅仅交给司法机关，存在民主赤字的风险。事实上，正是出于对这些问题的关注，法官有时会拒绝就某个问题作出裁决，此点已然超出其制度上的或宪法所赋予的职权。[55]

最后，许多损害案件根本不会等到司法判决阶段。第一，人工智能公司很可能希望在法庭之外解决纠纷，以避免任何与旷日持久的法律纠纷相关的不利的宣传和披露，它们更愿意在庭外支付高额的和解费用而为其保密。事实上，值得注意的是，迄今为止为数不多的自动驾驶汽车死亡事故引发的大多数私人索赔似乎已在庭外迅速得到解决，并可能伴随着严密的保密协议而使处理结果秘而不宣。[56] 第二，诉讼的成本和不确定性都可能促使各方至少考虑庭外解决。第三，至少在受害者与潜在责任方（例如自动驾驶汽车的制造商和车主）之间存在某种形式的事先协议的情况下，该协议可就任何民事责任的处理提供秘密的具有约束力的仲裁。这些倾向结合起来，可能会进一步阻碍通过司法判决发展人工智能的新法律。

总之，法官造法可能有助于磨平新立法的粗粝的棱角，但社会将关于人工智能的重大决策完全委托给司法机关，不仅危险，而且低效。

4 当前各国政府的人工智能监管趋势

政府关于人工智能的政策通常属于以下类型中的一个或多个：促进当地人

工智能产业的发展，人工智能的伦理与规制，解决人工智能造成的失业问题。这些不同类别的政策有时可能会相互抵触或相互策应。本节的重点是概述监管方面而不是经济或技术方面的措施，不过可以看出这三者往往是相互关联的。应当指出，以下的概述并非全面检视有关人工智能监管的所有法律和政策，事物正在迅速发展，此类信息很快就会过时。相反，我们的目标是捕捉一些通用的监管方法，以构建人工智能行业中几个主要国家和地区的发展方向。

4.1 英国

目前，像英国上议院人工智能特别委员会（the UK's House of Lords Select Committee on AI）[57] 和议会各界人工智能群组（the All-Party Parliamentary Group on AI）[58] 这样的政府机构，似乎都存在尝试过多和过少的危险。说它们的尝试过多，是因为它们的任务中往往包括经济问题，如人工智能对就业的影响。这是一个重要的问题，但它不同于我们可能用来管理人工智能的新的法律规则的问题。[59]

相反，英国政府的监管举措可能做得太少，因为没有共同努力制定管理人工智能的综合标准。在 2016 年的一份报告中，英国议会科学和技术委员会（the UK Parliament's Science and Technology Committee）总结认为：

> ……（监管人工智能的）措施正在公司层面……在全行业……以及欧洲层面……展开，然而，目前尚不清楚在这些治理层面或公私部门之间是否存在相互沟通和学习。正如 Nesta（一家专注于创新的慈善基金会）的首席执行官所说，"目前没有人弄清需要做什么"[60]。

在 2018 年达沃斯世界经济论坛的演讲中，特蕾莎·梅（Theresa May）首相强调了人工智能对英国经济的重要性，并表示愿意参与国际监管：

> ……在全球化数字时代，我们需要建立共享的规范和规则。
> 这包括建立以负责任的方式充分利用人工智能的规则和标准，例如确保算法不会使其研发人员的偏见一成不变。

因此，我们希望我们新的世界领先的数据伦理与创新中心与国际合作伙伴密切合作，就如何确保人工智能的安全、伦理和创新发展建立共识……英国还将加入世界经济论坛新的人工智能理事会，以帮助形塑这项新技术的全球治理和应用。[61]

尽管有这些好话，具体的政策发展仍然难以捉摸。罗文·曼索普（Rowan Manthorpe）在有影响力的技术杂志《连线》（Wired）上发表文章说"梅的达沃斯讲话暴露了英国人工智能战略的空洞"，他接着说："……关于创新的承诺，仅有平淡无奇的声明，回避难题，淡化妥协，掩盖以国家利益为名的权衡。"[62]另一名记者瑞贝卡·希尔（Rebecca Hill）则想知道被吹嘘的数据伦理与创新中心（Centre for Data Ethics and Innovation）是否会成为"又一个摆设"（"[a]nother toothless wonder"）。[63]同样，人工智能政策专家迈克尔·维尔（Michael Veale）则担忧这个机构"将会沦为一个清谈俱乐部（talking shops），只会制作一些关注单一抽象问题的一次性报告"[64]。只要它依然缺乏明确的授权、领导或行动计划，这些担忧仍将存在。

2018 年 4 月由英国上议院人工智能委员会发表的报告的标题是询问英国对人工智能是否"做好准备，愿意而且能干？"。其结论是："这是英国在全球范围内形塑人工智能开发和利用的机会，我们建议政府与其他领先的人工智能国家的政府赞助的人工智能组织合作，召开全球峰会，建立人工智能的设计、开发、管理和部署的国际规范。"[65]鉴于英国"脱欧"引起的巨大动荡，无论是在其国内还是国际关系中，英国政府是否还拥有兑现这一提议的资源、承诺或者实际的国际影响力，仍然有待观察。

4.2 法国

2018 年 3 月，法国总统埃马纽埃尔·马克龙（Emmanuel Macron）在演讲[66]以及接受《连线》杂志的采访中[67]宣布了一项该国新的人工智能重大战略，强调他的目标是让法国和欧洲成为人工智能发展的领导者。他在这方面指出规则问题至关重要：

> 我的目标是在人工智能中重建欧洲主权……特别是在监管方面。各国都在试图捍卫它们的集体选择，你将面临 AI 规范的主权之争。正如你在不同领域所做的那样，你将展开贸易和创新之争。但是我不认为像埃隆·马斯克说的那样极端，即人工智能的优势之争是第三次世界大战。[68]

随后，2018 年 3 月马克龙总统发布了《维拉尼报告》[69]（Villani Report），这是由法国总理委托数学家和议会议员塞德里克·维拉尼（Cédric Villani）撰写的一项重大研究。《维拉尼报告》关注的范围很广，涵盖了法国和欧洲发展该行业的经济举措及其对就业的潜在影响。报告的第五部分致力于制定人工智能的伦理规范，特别是，维拉尼提出"创建一个对社会开放的数字技术和人工智能伦理委员会"。他建议："可以仿照国家咨询伦理委员会（CCNE，1983 年创立，致力于健康和生命科学）建立一个相应的机构。"

就政府而言，这些肯定是令人鼓舞的行动，但目前还不清楚马克龙的宏大战略将如何实施，或者维拉尼更为详细的提案能否获得更广泛的采纳。

4.3 德国①

德国在人工智能规制领域以自动驾驶的相关法案较为突出，以下就德国联邦政府于 2021 年 2 月通过的自动驾驶汽车的法案作一概述。

4.3.1 背景

2021 年 2 月，德国联邦政府通过了关于自动驾驶汽车的法案（Gesetz zum autonomen Fahren）。如无重大变化，该法案预计将在 2021 年颁布实施。②该法案旨在通过补充道路交通法的现有规定来创建一个合适的法律框架，以启动德国自动驾驶汽车的正常运营［其自动驾驶程度相当于美国汽车工程师学会

---

① "4.3 德国"（第 210 页–第 212 页）系经译者建议由作者在本书中文版中新增内容，特此说明。——译者注
② 该法已于 2021 年 7 月生效。——译者注

（SAE）规定的 L4 级或 L4+ 级自动驾驶]。

该法案拟适用于全德国公共道路上指定运行区域的运行场景（但并未涵盖人类驾驶的全部情形），包括：短驳车运输、短距离自动客运系统、物流中心之间的无人驾驶连接、偏远地区以需求为导向的交通服务，以及双模式车辆，例如自动"代客泊车"（如驾驶员可以下车而让车辆自行驶入停车位或车库）。

根据该法案，其需要获得两项基本批准：（i）无人驾驶汽车本身需要特定的国家运行许可证（Betriebserlaubnis）；（ii）允许车辆行驶的操作区域需要批准（Genehmigung des festgelegten Betriebsbereichs）。

4.3.2 对技术监督员的要求

根据德国的这部法案，具有自动驾驶功能的车辆在运行过程中将不再需要有人驾驶车辆。但是，为了确保符合现行的国际规定，车上仍然需要一个负责人（responsible person），即由"技术监督员"（"technical supervisor"）行使相应职能。技术监督员是自然人，即使其无须一直监控自动驾驶的操作，也要确保自动驾驶始终遵守道路交通法规定的义务。技术监督员必须负责如下事项：（i）启动替代驾驶操作；（ii）评估车辆传输的数据并采取必要的交通安全措施，包括在出现技术问题时立即停用自动驾驶功能；（iii）当车辆被处置为最低风险状态时，联系乘客并采取必要的道路安全措施。

4.3.3 自动驾驶功能的最低要求

为使车辆获得运营许可证，自动驾驶系统需要满足各种最低标准，其中特别包括：

- 能够按照道路交通法在各自界定的操作范围内独立完成驾驶任务。
- 始终有一个事故预防系统和足够安全的无线连接，尤其是与技术监督员的联系。如果失去连接，车辆应自动返回到最小风险状态。
- 如果只能通过违反道路交通法、突破系统限制或发生技术故障才能继续行驶，则应自行转换到最低风险状态（如自动关闭更危险的功能）。

- 独立交付数据，并在某些情况下，独立向技术监督员提供可能的驾驶操作的建议。
- 检查技术监督员指示的驾驶操作，如果该操作会对其他道路使用者造成危险，如果必要，不执行该操作。
- 在需要激活替代驾驶操作或停用车辆以及在发生故障时，提示技术监督员。
- 能够可逆性地激活已安装的自动驾驶功能。

4.3.4 生产者的义务

德国该法案要求自动驾驶汽车生产者（manufacturers）提供以下信息，以便使其生产的汽车能够获得许可：

- 证明车辆的电子和电气架构（architecture）以及连接到车辆的电子和电气架构受到抵御攻击的防护，在自主系统受到任何未经授权的干扰时（如被黑客攻击时），有义务告知相应的国家主管部门和德国联邦汽车运输管理局（Kraftfahrt-Bundesamt，"KBA"）。
- 向德国联邦汽车运输管理局提供风险评估证据。
- 为参与自动驾驶车辆操作的人员提供培训。

4.3.5 客运

根据德国的这部法案，基于如下两个原因，短期内自动驾驶乘用车（autonomous passenger cars）的适用性很可能相当有限：（i）明确要求运行区域获得必要的批准，使一项功能在全国范围内获得应用变得相当困难；（ii）根据（EU）2018/858条例的规定，适用于自动驾驶和自动化乘用车而制定的技术标准仍属于欧盟的权限范围。

4.4 欧盟

欧盟针对人工智能的整体发展战略已经启动了多个计划,其中包括对人工智能的规制。[70] 与此相关有两个关键文件,一个是欧洲议会于 2017 年 2 月通过的《机器人技术民法规则》决议,另一个是《一般数据保护条例》(GDPR)。以下两章将详细介绍这两者的重要规定。2017 年 2 月的决议包含诸多有意思的内容,但它并未创设具有约束力的法律。相反,这是欧洲议会向欧盟委员会提出的关于未来行动的建议。相比之下,GDPR 并没有特别针对人工智能,但其条款似乎可能对相关行业产生相当大的影响,甚至可能超出其起草者的意图。[71]

为响应欧洲议会的号召,提出具有约束力的法律,2018 年 3 月,欧盟委员会公布了一个人工智能高级别专家组 (High-Level Expert Group on Artificial Intelligence, AI HLEG),该专家组"将作为欧洲人工智能联盟的工作指导小组,与其他方案相互作用,有助于激发多方对话,收集并在分析和报告中反映参与者的意见"[72]。高级别专家组的工作将包括"向欧洲委员会提出人工智能伦理指南的建议,涵盖例如公平、安全、透明、工作前景、民主的议题,以及适用《基本权利宪章》将产生的更广泛的影响,包括隐私和个人数据保护、尊严、消费者保护和不歧视"。

2018 年 4 月,25 个欧盟国家签署了关于人工智能合作的共同宣言,其中的条款包括承诺"交流关于伦理和法律框架的观点,以保证负责任的人工智能发展"[73]。

2019 年 4 月 8 日,欧盟委员会发布了由人工智能高级别专家组起草的《可信赖人工智能伦理指南》(Ethics Guidelines For Trustworthy AI)。根据该伦理指南,可信赖人工智能应当具有合法性(尊重所有适用的法律法规)、合伦理性(尊重伦理准则和价值观)和健壮性(包括技术方面,同时也虑及社会环境)等三项特质。可信赖人工智能应当具备七个关键条件:(1)能够发挥人的能动性和监督能力,包括基本人权、人的能动性和人的监督;(2)技术健壮和安全，包括抵御攻击和安全性、应急计划和总体安全性、准确性、可靠性和可重复性；（3）隐私和数据管理；（4）透明性，包括可追溯、可解释和可沟通；（5）多样性、无歧视和公平的对待，包括免于不公平的偏见、可及性、通用设计和利益攸关者参与；（6）社会和环境福祉，包括可持续性和环境友好性、社会影响、社会与民主；（7）问责制，包括可审计性、负面影响的最小化和报告、权衡和救济。[①]

在此之后，欧盟进一步加强了对人工智能的立法规制，尤其是 2021 年发布了《人工智能法（草案）》值得持续关注。以下就其概况作一介绍。

4.4.1 背景

截至目前，世界上最重要的人工智能立法，是欧盟委员会于 2021 年 4 月发布的《关于欧洲议会和理事会制定人工智能协调规则（人工智能法）和修正某些联盟立法的条例的提案》[74]〔[Proposal of a Regulation of the European Parliament and of the Council Laging down Harmonised Rules on Artificial Intelligence (Artificial Intelligence Act) and Amending Certain Union Legislative Acts]，以下简称《人工智能法（草案）》（"Draft AI Regulation"）〕。《人工智能法（草案）》涉及诸多部门，一旦颁布实施，将为人工智能在所有领域的开发和使用设定最低要求。显然，这样的法律如果获得通过，可能会对人工智能在金融服务行业中的使用方式产生重大影响。

4.4.2 适用范围

地域

与 GDPR 一样，《人工智能法（草案）》具有广泛的域外适用性。根据其第 2 条第 1 款之规定，《人工智能法（草案）》将适用于：（i）将人工智能系统或服务投入欧盟市场的提供者，无论这些提供者是否在欧盟设立；（ii）位于欧盟的人工智能系统的提供者或用户，如果不在欧盟，则"系统的输出结果"在

---

① 本段至"4.5 美国"前内容系经译者建议由作者在本书中文版中新增内容，特此说明。——译者注

欧盟应用。

实质性

《人工智能法（草案）》区分了高风险人工智能系统的提供者、使用者、进口者和经销者。"提供者"应履行高风险人工智能系统的大部分相关义务。其第 28 条规定，用户、进口商和分销商将被视为提供者：（i）以自己的名义或商标部署高风险人工智能系统；（ii）修改已经投入市场的高风险人工智能系统的预期用途；（iii）对高风险人工智能系统进行"实质性修改"。

《人工智能法（草案）》在第 3 条第 1 款中将"人工智能系统"（"AI system"）定义为："使用附件 I 中列出的一种或多种技术和方法开发的软件，可以针对一组给定的人类界定的目标，生成内容、预测、推荐或影响与其交互的环境的决策等输出结果。"附件 I 提到了三种技术：（a）段提到"机器学习方法"，但（b）段和（c）段分别提到"基于逻辑和知识的方法"和"统计方法"。需要注意的是，《人工智能法（草案）》关于人工智能的定义 [特别是其中的（b）段和（c）段] 比本书所采用的定义要广泛得多，因为该定义既包含传统的自动化（automated）技术，也包含自主式（autonomous）技术。鉴于《人工智能法（草案）》与当前技术相关（而不是面向未来），欧盟委员会在草案第 4 条中规定，其有权将附件 I 中的清单更新为新的"市场和技术发展"。

欧盟委员会对人工智能的定义过度包容（over-inclusive），因而需要提出批评。例如，它在附件 I 中包含基于逻辑的系统，意味着即使是电子表格中相对简单的"宏"程序也可能触发该条例的应用。[75] 因而，《人工智能法（草案）》的措辞是否会缩小其调整范围还有待观察。

4.4.3 基于风险的方法

《人工智能法（草案）》采用基于风险的方法，首先根据使用人工智能系统的相关风险水平对其进行分级，然后根据其风险分类施加监管义务。在结构方面，《人工智能法（草案）》与产品安全制度有许多相似之处，例如《医疗器械条例》[Regulation (EU) 2017/745，"MDR"] 就设定了严格的上市前批准条件、认证标准和医疗器械生产者的上市后跟进义务。[76]

《人工智能法（草案）》基于风险的方法，将人工智能系统分为三类：(i) 禁止的人工智能；(ii) 高风险的人工智能；(iii) 低风险或最低风险的人工智能：

禁止的人工智能：《人工智能法（草案）》第 5 条确立了欧盟禁止的人工智能清单，包括其使用因被认为违反欧盟价值观而无法被接受的人工智能系统。被禁止的人工智能包括以下系统：(i) 在一个人的意识之外部署潜意识技术（subliminal techniques），以实质性扭曲（distort）一个人的行为，造成或可能造成该人或他人的身体或心理伤害；(ii) 利用某一特定群体因年龄、身体或精神残疾而存在的脆弱性，以造成或可能造成该群体中某人或他人身体或心理伤害的方式，严重扭曲该群体中某个人的行为；(iii) 社会评分系统；(iv) 在公共场所用于执法目的的实时远程生物识别系统（例如面部识别）（除非满足某些条件）。

高风险的人工智能：《人工智能法（草案）》第 6 条将有以下情况的人工智能界定为高风险：(i) 构成产品或构成产品安全组件的人工智能系统，受该法附件Ⅱ中列出的欧盟立法（例如医疗器械）的保护；或 (ii) 附件Ⅲ中列出的人工智能系统，包括：生物识别系统、用于公共事业服务的人工智能、用于确定进入教育机构的人工智能、用于招聘过程或就业决策的人工智能，以及用于执法、司法和移民、庇护和边境控制等各种"公法"情境的人工智能。

《人工智能法（草案）》的大部分内容致力于为高风险人工智能设定要求，其中包括与数据和数据治理、文档和记录保存、透明度和向用户提供信息、人工监督、稳健性、准确性和安全性相关的标准。与《医疗器械条例》一样，其要求在使用高风险人工智能之前获得上市前批准、上市后持续监控和报告"严重事件"。

低风险或最低风险的人工智能：《人工智能法（草案）》没有对低风险或最低风险的人工智能进行具体定义，而是将不属于禁止的或高风险的人工智能界定为一个类别。这类人工智能要符合非常严苛的条件，其中包括提供者必须确保人工智能系统清楚地表明其打算在何处与个人进行交互，这些个人知道他们正在与人工智能系统进行交互。（欧盟）成员国也被鼓励颁布这些人工智能系统的自愿性行为准则。

4.4.4 处罚

《人工智能法（草案）》规定的处罚数额在某些情况下会超过 GDPR 中的处罚幅度。如果违反以下规定，最高可处以上一年全球年营业额 6% 的罚款（或 3 000 万欧元，以较高者为准）：(i) 禁止某些类型的人工智能；或 (ii) 第 10 条规定的在高风险的人工智能背景下的数据治理要求（例如未能正确检测系统存在的偏见）。违反其他规定的，最高可处以上一年全球年营业额 4% 的罚款（或 2 000 万欧元，以较高者为准），具体取决于违规的严重程度。

4.4.5 当前状态

欧盟目前正就《人工智能法（草案）》进行"共同决策"（"codecision"）的立法程序。简言之，就是欧洲议会和欧洲理事会审查欧盟委员会的提案并提出修正案。如果理事会和议会不能就修正案达成一致意见，则进行二读。在二读中，议会和理事会可以再次提出修正案。如果议会不能同意理事会的意见，它有权阻止拟议的立法。如果两个机构就修正案达成一致，则可以通过拟议的立法。[77]

根据《人工智能法（草案）》第 85 条之规定，在其生效后将有一个宽限期（目前为 24 个月），然后才能被要求遵守。

4.5 美国①

特朗普政府在任期的头两年半里，在人工智能政策上一直保持沉默。之

---

① "4.5 美国"（第 217 页~第 223 页）中与原书不同的内容系经译者建议由作者在本书中文版中新增内容，特此说明。——译者注

后，白宫于 2019 年 2 月发布了题为《保持美国在人工智能方面的领导地位》的第 13859 号行政命令（the "Executive Order"）。[78] 该行政命令包含一项针对美国经济中人工智能发展以及其在国家安全中的作用的覆盖面广的计划。其中第 2（d）节中的"目标"是指实施联邦机构应追求的目标，包括：

> 确保技术标准将对恶意行为者攻击的脆弱性降至最低，并能反映联邦将创新、公众对人工智能系统的信任和信心列为优先事项；并制定国际标准以促进和保护这些优先事项。

该行政命令第 6 节为联邦人工智能规制计划提供了框架，其中最重要的部分是如下内容：

> （d）在此命令发出之日起的 180 天内，商务部部长应通过国家标准与技术研究院（NIST）的主管发布一项联邦计划，以制定技术标准和相关工具支持采用人工智能技术的可靠、健壮和可信赖的系统。NIST 将在商务部部长确定的相关机构的参与下领导该计划的制订。
>
> （i）根据行政管理和预算局（OMB）第 A-119 号通告，该计划应包括：
>
> （A）联邦对人工智能系统开发和部署标准化的优先需求；
>
> （B）确定标准制定实体，联邦机构应寻求该标准制定实体的加入，目的是建立或支持美国的技术领导角色；和
>
> （C）美国在与人工智能技术相关的标准化方面的领导地位所面临的机遇和挑战。

如以下章节所述，根据行政命令中的授权，NIST 被要求随后发布国家和国际相关标准的制订计划。

4.5.1 国家标准与技术研究院（NIST）

为响应行政命令，NIST 于 2019 年 8 月发布了《联邦参与制定人工智能技术标准和相关工具的计划》，宣布其监管目标如下：

NIST 在人工智能方面的研究专注于如何衡量和增强人工智能系统的安全性和可信赖性。这包括参与制定国际标准，以确保创新、公众对使用人工智能技术的系统的信任和信心。此外，NIST 正在将人工智能应用于测量问题，以更深入地了解研究本身，并更好地了解人工智能的功能和局限性。

NIST 人工智能程序有两个主要目标：

1. 通过加强 NIST 的人工智能专业知识，使 NIST 科学家能够例行地利用机器学习和智能工具来更深入地了解他们的研究，从而促进人工智能在 NIST 测量问题中的应用；和

2. 测量和增强人工智能系统的安全性和可解释性的基础研究。[79]

NIST 强调指出，通常更适合以自愿性和共识为基础的标准，并引入了一项监管工具，以代替具有约束力的规则——"行政管理和预算局（OMB）第 A-119 号通告：《联邦参与制定和使用自愿性共识标准和合格评定活动》"[80]。

NIST 建议采取四项主要的联邦政府标准行动，以提高美国在人工智能领域的领导地位：

1. 加强联邦机构之间与人工智能标准相关的知识、领导力和协调，以最大限度地提高有效性和效率。[81] 这包括最大限度地利用行业广泛采用的现有标准，并且可以在人工智能解决方案的新背景下使用或发展现有标准。

2. 促进重点研究，以推进和加速更广泛的探索和理解，以了解如何将可信赖性方面切实地纳入标准和与标准相关的工具中。[82]

NIST 在这方面指的是开发测量和数据集，以评估人工智能系统的可靠性，健壮性和其他可信赖的属性，重点是易于理解，可用并可以用于标准化的方法。

3. 支持和扩展公私合作伙伴关系，以开发和使用人工智能标准和相关工具来推进可靠、强大且可信赖的人工智能。[83]

为了实现这一目标，NIST 建议创建基准，并确保基准可以广泛适用，产生最佳实践，并改进人工智能评估以及用于验证和确认的方法。

4. 具有战略意义的国际参与，以提高满足美国经济和国家安全需求的人工智能标准。现在，美国将尝试在制定国际标准方面发挥主要作用，并以有助于美国经济和其他关键战略利益的方式制定国际标准。NIST 指出，联邦政府应"在全球人工智能标准制定活动中倡导美国人工智能标准优先事项。"[84]

NIST 的工作尚处于早期阶段，是否以及如何实现上述联邦人工智能监管目标还有待观察。本质上，建议 NIST 在通过其他机构（例如商务部、司法部和国务院）分配和管理标准制定过程中扮演协调角色。

2020 年 1 月 7 日，美国白宫发布了关于政府监管人工智能的 10 条原则，以征询公众意见，之后将成为强制性原则。从某种意义上说，它们将作为基本原则指导其他联邦监管机构，而不是直接针对人工智能用户或开发人员。这些原则如下：

（1）公众对人工智能的信任——"政府对人工智能的监管和非监管方法必须促进可靠、健壮和可信赖的人工智能应用。"

（2）公众参与——机构应为公众提供"充分机会"以参与规则制定过程的所有阶段。

（3）科学的完整性和信息质量——"相关机构应通过公开、客观地寻求可验证的证据来发展有关人工智能的技术信息，这些证据既可为政策决策提供信息，也可增强公众对人工智能的信任。"

（4）风险评估和管理——"应使用基于风险的方法来确定哪些风险可以接受，哪些风险可能带来不可接受的损害，或者损害的预期成本大于预期收益。"

（5）收益和成本——相关机构在考虑规制之前应"仔细考虑全部的社会收益和分配效果"。

（6）灵活性——规制应"适应人工智能应用的快速变化和更新"。

（7）公平和非歧视——相关机构应考虑"关于有争议的人工智能应用程序产生的结果和决定的公平和非歧视问题"。

（8）公开和透明——"透明和公开可以提高公众对人工智能应用程序的信任和信心。"

（9）安全和保障——"相关机构应特别注意现有的控制措施，以确保人工智能系统存储和传输的处理信息的机密性、完整性和可用性。"

（10）机构间协调——"各机构应相互协调，以分享经验，并确保与人工智能有关的政策的一致性和可预测性，以促进美国的创新、增长和人工智能。"[85]

上述原则尽管有些模糊，但实际上已经明确表明美国联邦（政府）对人工智能监管的态度已经明显不同于特朗普政府在执行 2019 年 2 月行政命令之前采取的放任自由态度。

4.5.2　州级立法

美国各州有权就广泛的事项进行立法，有些州已开始对人工智能进行立法。一个明显的例子是伊利诺伊州，该州已经通过了《人工智能视频面试法》（Artificial Intelligence Video Interview Act）。[86] 该法适用于在伊利诺伊州招聘职位的任何雇主。该法案要求在视频采访中使用人工智能技术之前需要做三件事：第一，以这种方式使用人工智能技术的企业必须在面试之前通知申请人面试中可能使用人工智能。第二，他们必须说明人工智能的工作原理以及用于评估申请人的特征的"一般类型"。第三，申请人必须同意使用人工智能。申请人可以要求这些组织删除采用人工智能的面试视频。企业必须在 30 天内满足这些要求，并指示收到副本的其他人也删除该视频。

2019 年 10 月，加利福尼亚州立法禁止任何人"在参选公职的候选人将出现在选票上的 60 天内，以实际恶意分发该候选人的实质性欺骗性音频或视频媒体，意图损害候选人的声誉或欺骗选民投票支持或反对该候选人，除非该媒体公开声明其已被操纵"[87]。

从理论上讲，该法将阻止人工智能技术被用来创建"深度伪造"制品，即使用人工智能技术（尤其是生成对抗网络）创建逼真的人工合成视频，以操纵选民。"深度伪造"的一个有名的例子，是由一个由艺术家和计算机程序员组成的名为"Bill Posters"的民间团体制作的一段视频，模仿 Facebook 创始人兼首席执行官马克·扎克伯格（Mark Zuckerberg）的口吻说，他计划使用"盗取的数十亿人的数据"来"控制未来"[88]。尽管这只是用此技术开个玩笑，但议员们有理由担心有人可能使用相似的数据来制作政客的虚假视频，从而影响选民，最终破坏对被选官员和选举本身的信任。

同样，得克萨斯州于 2019 年 9 月 1 日通过的法案（Tex. SB 751）将"深度伪造视频"（"deep fake video"）定义为"为欺诈而创建的视频，该视频显示某人实施了在现实生活中实际上并未发生的行为"。该法规定，如果某人"为损害候选人或影响选举结果"，制作并"在选举前的 30 天内发布或分发"了"深度伪造视频"，最高可判处其在县监狱监禁一年并处 4 000 美元的罚款。[89]

但是，加利福尼亚州和得克萨斯州关于"深度伪造"的法律是否符合美国宪法，存在疑问。美国最高法院可以推翻违反美国宪法的各州立法（甚至是联邦的立法）。美国宪法第一修正案被解释为对包括政治言论在内的言论自由提供了非常有力的保护，据此，有理由认为"深度伪造视频"构成受宪法保护的言论自由。

4.5.3 拟议的未来立法：《2019 年算法问责法案》（Algorithmic Accountability Act of 2019）

参议员科里·布克（Cory Booker）和罗恩·怀登（Ron Wyden）（均为民

主党人，因此在撰写本书时为少数派）提出了题为《2019 年算法问责法案》
的立法草案。[90] 如果该法案获得通过，将指示美国联邦贸易委员会要求某些
使用、存储或共享消费者的个人信息的当事人进行影响评估，"评估自动化决
策系统及其开发过程（包括自动化决策系统的设计和数据训练）对准确、公
平、偏见、歧视、隐私和安全的影响"。 但是，截至 2020 年 1 月，该法案缺
乏联邦政府或主要政党的支持。

4.6 日本

日本工业多年来一直特别关注自动化和机器人技术。[91] 日本政府制定了
各种战略和政策文件，以期保持这一立场。例如，日本政府在其《第五期科
学技术基本计划（2016-2020）》[5th Science and Technology Basic Plan (2016—
2020)] 中宣布其目标是"指导和动员科学、技术和创新行动，以实现一个
繁荣、可持续和包容的未来，即人工智能赋能的不断发展的数字化和连通
性"[92]。

为实现上述目标，日本政府内阁办公室于 2016 年 5 月在科技政策国务
大臣（Minister of State for Science and Technology Policy）的倡议下，成立了
人工智能和人类社会咨询委员会（Adrisory Board on Artificial Intelligence and
Human Society），"旨在评估人工智能的开发和部署可能产生的不同的社会问
题，并讨论其对社会的影响"[93]。该咨询委员会于 2017 年 3 月提交了一份报
告，建议在道德、法律、经济、教育、社会影响和研发等问题上进一步开展工
作。[94]

在国家产业战略的推动下以及公众对人工智能的热烈讨论的影响下，日本
政府采取了积极主动的做法。这是政府如何促进国内和国际讨论的一个范例。
日本面临的挑战是如何维持这种早期的势头，其做法若为其他国家效法，也将
有所助益。

4.7 中国

2017 年 7 月，中国国务院发布了《新一代人工智能发展规划》[95]（"A Next Generation Artificial Intelligence Development Plan"），两位经验丰富的中国数字技术分析师将其描述为当年"人工智能（AI）世界最重要的发展之一"[96]。

虽然该规划的重点是通过人工智能技术促进经济增长，但还规定"到2025年……初步建立人工智能法律法规、伦理规范和政策体系，形成人工智能安全评估和管控能力"。而牛津大学人类未来学院（Future of Humanity Institute at Oxford University）的杰弗里·丁（Jeffrey Ding）认为："（该规划）没有披露更多的具体细节，正如一些人所说的中国关于人工智能研究中伦理约束的讨论不够透明。"[97]

2017 年 11 月，中国最大的科技公司腾讯公司旗下的腾讯研究院和中国信息通信研究院（CAICT）合著的《人工智能：国家人工智能战略行动抓手》（A National Strategic Initiative for Artificial Intelligence）一书出版，该书共 482 页，论题涵盖法律、治理和机器道德等。

在一份题为《解密中国的 AI 梦》（"Deciphering China's AI Dream"）的报告中[98]，杰弗里·丁猜想："人工智能可能是中国成功成为国际标准制定者的第一个技术领域。"[99] 该报告指出，《人工智能：国家人工智能战略行动抓手》一书确认了中国在人工智能伦理与安全的领导地位，并将其作为中国抢占战略制高点的一种方式。该书中写道，"中国也应该积极构建人工智能伦理指南，发挥引领作用，推动人工智能普惠和有益的发展。此外，在人工智能立法与监管、教育与人才培养、人工智能问题应对等诸多方面，我们也应该积极探索，从追随者走向引领者"[100]。杰弗里·丁进一步观察指出：

> 中国形塑人工智能标准雄心的一个重要表征是，国际标准化组织
> （ISO）……联合技术委员会（JTC）——国际标准化领域最大和最多产的

技术委员会之一，最近成立了人工智能专门委员会（SC 42）。这个新委员会的主席是（中国跨国公司）华为的高级主管威尔·迪亚布，该委员会的第一次会议将于 2018 年 4 月在中国北京举行，主席和第一次会议最终按照中国的方式进行安排，都是激烈争夺的结果。[101]

为推进其政策，中国于 2018 年 1 月成立了国家人工智能标准化总体组（National AI Standardisation Group）和国家人工智能专家咨询组（National AI Advisory Group）。[102] 在这些组织的发布会上，中国工业和信息化部的一个部门发布了一份长达 98 页的《人工智能标准化白皮书》。[103] 该白皮书指出人工智能在法律责任、伦理和安全方面提出了挑战，并指出：

> ……考虑到目前世界各国关于人工智能管理的规定尚不统一，相关标准也处于空白状态，同一人工智能技术的参与者可能来自不同国家，而这些国家尚未签署针对人工智能的共有合约。为此，我国应加强国际合作，推动制定一套世界通用的管制原则和标准来保障人工智能技术的安全性。[104]

北京智源人工智能研究院（"BAAI"）于 2019 年 5 月发布了《人工智能北京共识》（Beijing AI Principles）。尽管该研究院不是政府机构，但其得到了中国科技部和政府的支持，以及多家与政府紧密合作的中国大型私营企业的投资。《人工智能北京共识》的主要内容包括①：

研发

人工智能的研究与开发应遵循以下原则。

- 造福：人工智能应被用来促进社会与人类文明的进步，推动自然与社会的可持续发展，造福全人类与环境，增进社会与生态的福祉。

- 服务于人：人工智能的研发应服务于人类，符合人类价值观，符

---

① 本段至 "4.8 本节小结"（第 232 页）前内容系经译者建议由作者在本书中文版中新增内容，特此说明。——译者注

合人类的整体利益；应充分尊重人类的隐私、尊严、自由、自主、权利；人工智能不应被用来针对、利用或伤害人类。

- 负责：人工智能的研发者应充分考虑并尽力降低、避免其成果所带来的潜在伦理、法律、社会风险与隐患。

- 控制风险：人工智能及其产品的研发者应不断提升模型与系统的成熟度、鲁棒性[①]、可靠性、可控性，实现人工智能系统的数据安全、系统自身的安全以及对外部环境的安全。

- 合乎伦理：人工智能的研发应采用符合伦理的设计方法以使系统可信，包括但不限于：使系统尽可能公正，减少系统中的歧视与偏见；提高系统透明性，增强系统可解释度、可预测性，使系统可追溯、可核查、可问责等。

- 多样与包容：人工智能的发展应该体现多样性与包容性，尽可能地为惠及更多的人而设计，尤其是那些技术应用中容易被忽视的、缺乏代表性的群体。

- 开放共享：鼓励建立人工智能开放平台，避免数据与平台垄断，最大范围共享人工智能发展成果，促进不同地域、行业借助人工智能机会均等地发展。

使用

人工智能的使用应遵循以下原则：

- 善用与慎用：人工智能的使用者应具备使人工智能系统按照设计运行所必需的知识和能力，并对其所可能带来的潜在影响具备充分认识，避免误用、滥用，以最大化人工智能带来的益处、最小化其风险。

- 知情与同意：应采取措施确保人工智能系统的利益相关者对人工

---

① "Robustness"之音译，又译"健壮性"，是指人工智能系统在受到扰动或者在不确定的情况下仍能维持某些性能的特性。——译者注

智能系统对其权益的影响做到充分的知情与同意。在未预期情况发生时，应建立合理的数据与服务撤销机制，以确保用户自身权益不受侵害。

- 教育与培训：人工智能的利益相关者应能够通过教育与培训在心理、情感、技能等各方面适应人工智能发展带来的影响。

治理

人工智能的治理应遵循以下原则。

- 优化就业：对于人工智能对人类就业的潜在影响，应采取包容的态度。对于一些可能对现有人类就业产生巨大冲击的人工智能应用的推广，应采取谨慎的态度。鼓励探索人机协同，创造更能发挥人类优势和特点的新工作。

- 和谐与合作：应积极开展合作建立跨学科、跨领域、跨部门、跨机构、跨地域、全球性、综合性的人工智能治理生态系统，避免恶意竞争，共享治理经验，以优化共生的理念共同应对人工智能带来的影响。

- 适应与适度：应积极考虑对人工智能准则、政策法规等的适应性修订，使之适应人工智能的发展。人工智能治理措施应与人工智能发展状况相匹配，既不阻碍其合理利用，又确保其对社会和自然有益。

- 细化与落实：应积极考虑人工智能不同场景、不同领域发展的具体情况，制定更加具体、细化的准则；促进人工智能准则及细则的实施，并贯穿于人工智能研发与应用的整个生命周期。

- 长远规划：鼓励对增强智能、通用智能和超级智能的潜在影响进行持续研究，以确保未来人工智能始终向对社会和自然有益的方向发展。[105]

更重要的是，中国科技部于 2019 年 6 月 17 日发布了《新一代人工智能治理原则——发展负责任的人工智能》(Governance Principles for a New Generation of Artificial Intelligence:Develop Responsible Artificial Intelligence)。[106] 该原则由国家新一代人工智能治理专业委员会制定，该委员会于 2019 年 3 月成立，旨在研究人工智能治理的政策建议并确定国际合作领域。《新一代人工智能治理原则——发展负责任的人工智能》旨在更好协调人工智能发展与治理的关系，确保人工智能安全可控可靠，推动经济、社会及生态可持续发展，共建人类命运共同体。这些原则包括：

（1）和谐友好。人工智能发展应以增进人类共同福祉为目标；应符合人类的价值观和伦理道德，促进人机和谐，服务人类文明进步；应以保障社会安全、尊重人类权益为前提，避免误用，禁止滥用、恶用。

（2）公平公正。人工智能发展应促进公平公正，保障利益相关者的权益，促进机会均等。通过持续提高技术水平、改善管理方式，在数据获取、算法设计、技术开发、产品研发和应用过程中消除偏见和歧视。

（3）包容共享。人工智能应促进绿色发展，符合环境友好、资源节约的要求；应促进协调发展，推动各行各业转型升级，缩小区域差距；应促进包容发展，加强人工智能教育及科普，提升弱势群体适应性，努力消除数字鸿沟；应促进共享发展，避免数据与平台垄断，鼓励开放有序竞争。

（4）尊重隐私。人工智能发展应尊重和保护个人隐私，充分保障个人的知情权和选择权。在个人信息的收集、存储、处理、使用等各环节应设置边界，建立规范。完善个人数据授权撤销机制，反对任何窃取、篡改、泄露和其他非法收集利用个人信息的行为。

（5）安全可控。人工智能系统应不断提升透明性、可解释性、可靠性、可控性，逐步实现可审核、可监督、可追溯、可信赖。高度关注人工智能系统的安全，提高人工智能鲁棒性及抗干扰性，形成人工智能安全评估和管控能力。

（6）共担责任。人工智能研发者、使用者及其他相关方应具有高度的社会责任感和自律意识，严格遵守法律法规、伦理道德和标准规范。建立人工智能问责机制，明确研发者、使用者和受用者等的责任。人工智能应用过程中应确保人类知情权，告知可能产生的风险和影响。防范利用人工智能进行非法活动。

（7）开放协作。鼓励跨学科、跨领域、跨地区、跨国界的交流合作，推动国际组织、政府部门、科研机构、教育机构、企业、社会组织、公众在人工智能发展与治理中的协调互动。开展国际对话与合作，在充分尊重各国人工智能治理原则和实践的前提下，推动形成具有广泛共识的国际人工智能治理框架和标准规范。

（8）敏捷治理。尊重人工智能发展规律，在推动人工智能创新发展、有序发展的同时，及时发现和解决可能引发的风险。不断提升智能化技术手段，优化管理机制，完善治理体系，推动治理原则贯穿人工智能产品和服务的全生命周期。对未来更高级人工智能的潜在风险持续开展研究和预判，确保人工智能始终朝着有利于社会的方向发展。

在此基础上，国家新一代人工智能治理专业委员会于 2021 年 9 月 25 日发布了《新一代人工智能伦理规范》（以下简称《伦理规范》），旨在将伦理道德融入人工智能全生命周期，为从事人工智能相关活动的自然人、法人和其他相关机构等提供伦理指引。《伦理规范》经过专题调研、集中起草、意见征询等环节，充分考虑当前社会各界有关隐私、偏见、歧视、公平等伦理关切，包括总则、特定活动伦理规范和组织实施等内容。《伦理规范》提出了增进人类福祉、促进公平公正、保护隐私安全、确保可控可信、强化责任担当、提升伦理素养等 6 项基本伦理要求，同时，提出人工智能管理、研发、供应、使用等特定活动的 18 项具体伦理要求。[107]

除这些层次较高但缺乏约束力的人工智能治理原则或规范之外，中国还相继制定了《网络安全法》、《民法典》、《数据安全法》和《个人信息保护法》等重要法律，为人工智能的法律规制奠定了基础。此外，中国也在制定旨在规范特定应用场景人工智能的专项规章制度。2019 年 11 月，中国国家互联网信息办公室、文化和旅游部、国家广播电视总局制定了《网络音视频信息服务管理规定》。根据该规定，网络音视频信息服务提供者和网络音视频信息服务使用者利用基于深度学习、虚拟现实等的新技术新应用制作、发布、传播非真实音视频信息的，应当以显著方式予以标识，不得利用基于深度学习、虚拟现实等的新技术新应用制作、发布、传播虚假新闻信息。[108] 简言之，这意味着任何深度伪造音视频都必须予以标记。中国的该项规定类似于美国加利福尼亚州的法律，但不同的是，中国的此项规定在适用时间上并不限于在选举的筹备阶段，在适用空间上则覆盖全国。

2021 年 8 月，为了规范互联网信息服务算法推荐活动，中国网络与信息化办公室起草发布了《互联网信息服务算法推荐管理规定（征求意见稿）》[①] （以下简称"意见稿"）。[109] 这一重要的专项监管再次兑现了中国政府在新一代人工智能发展战略规划中力争到 2025 年成为人工智能监管领域世界领先者的承诺。值得注意的是，"意见稿"的多项规定与欧盟业已实施的 GDPR 以及发布的《人工智能法（草案）》较为相似，如第 14 条要求算法透明、可解释，第 15 条允许用户选择退出个性化推荐，等等。不过，"意见稿"较之欧盟《人工智能法（草案）》乃至 GDPR 适用范围要窄，因为其仅调整"在中华人民共和国境内应用算法推荐技术提供互联网信息服务"。尽管如此，这一界定仍然可以涵盖大量基于互联网和应用程序的人工智能使用。"意见稿"第 17 条还体现了对基于算法被调度的劳动者的具体保护，这类似于最近欧盟在优步、Ola Cabs、Foodinho 和 Deliveroo 等平台企业所涉案例中提出的要求，这些案例告诫公司不得在就业环境中使用歧视性和不透明的算法。此外，一些西方观察者可能不太理解"意见稿"第 6 条关于算法应当"坚持主流价值导向""积极传

---

① 该规定已于 2022 年 3 月 1 日起施行。——译者注

播正能量"等的规定，实际上，这与西方政府关于人工智能应尊重"民主价值观"的含糊声明无异。最后，尽管"意见稿"中的罚款规定将影响广泛，但5 000 元以上 3 万元以下人民币的罚款数额，与欧盟拟定的罚款数额相比，仍然偏低。

中国想要成为人工智能监管领导者，这一目标可能是其于 2018 年 4 月向联合国致命性自主武器系统问题政府专家组呼吁"就禁止使用完全自主武器系统进行谈判并达成一项简明协议"的背后的动机。[110] 为此，中国就自主武器问题第一次采取了与美国不同的处理方法。中国与其他 25 个国家一起，在"阻止杀手机器人运动"（Campaign to Stop Killer Robots）中宣布要求实施这样的禁令。[111]

新美国研究院（一家智库）的保罗·垂奥罗（Paul Deiolo）和吉米·古德里奇（Jimmy Goodrich）说："如同在其他诸多领域一样，中国政府对于人工智能的领导力至少名义上来自顶层。习近平认为人工智能和其他关键技术对于将中国从'网络大国'转变为'网络强国'至关重要。"[112] 这种说法看起来脱胎于前述白皮书，在该白皮书的主要建议中，作者提出：

> 围绕人工智能标准化需求，按照"急用先行、成熟先上"的原则，开展术语、参考框架、算法模型、技术平台等重点急需标准的研制；推动人工智能国际标准化工作，集聚国内产学研优势资源参与国际标准研制工作，提升国际话语权。

中国发展关于人工智能的"国际话语权"（"international discourse power"）特别重要。[113] "话语"（"discourse"）是个后现代主义术语，由社会学家米歇尔·福柯（Michel Foucault）推广，通常指的是"思想体系，由思想、态度、行动方式、信仰和实践组成，系统地构建其说话的主题和世界"[114]。它是"软实力"的一种表现，是通过社会、文化和经济手段施展影响力的投射。[115]国际话语权是 2011 年官方的国家政策目标。[116] 中国分析师蔡进（音）解释说："控制叙事，是控制局势的第一步。"[117]

4.8 本节小结

各国的人工智能政策与其目前在全球秩序中的地位以及其希望的未来的发展方向密切相关。日本将人工智能发展的监管作为其产业战略的一部分。对中国来说，这个问题既是经济问题，也是国际政治问题。中国努力发展世界领先的本土人工智能产业，与其努力扩大在人工智能领域的国际话语的影响有关，但二者并不相同；即使第一个目标没有成功，第二个目标也有可能（实现）。最近的迹象表明，中国现在可能在寻求在形塑全球人工智能监管方面发挥主导作用，就像美国在 20 世纪的许多领域所做的那样。至少暂时，美国政府似乎在一般性退出全球规则的制定。虽然欧盟现在开始朝着制定自己的综合人工智能监管战略迈进，但它可能会发现自己与中国和日本的竞争是制定全球标准的主要驱动力。

在 19 世纪，欧洲列强在阿富汗"大博弈"（"the Great Game"）和"非洲抢夺战"（"Struggle for Africa"）中角逐对领土的影响。在 20 世纪，美国和苏联在"太空争霸"中利用技术而竞争。在 21 世纪则可能围绕人工智能权力展开类似的竞争——不仅是技术开发，还包括法律制定。[118]

以下各节将探讨如何为所有人的利益设计和实施人工智能的国际监管——尽管存在不同的国家利益。

5 国际监管

5.1 人工智能的国际监管机构

上节关于当前政府监管趋势的部分阐述了各个国家或区域人工智能监管机构的诸多建议。[119] 这些机构将会根据当地的需求在形塑人工智能的监管的某些方面发挥重要作用，但这些建议（的适用范围）都过于狭窄。除国家和区域机构外，还应设立一个全球性监管机构，这将使所有国家和地区都能从中受益。

5.2 国界的任意性（arbitrary nature）

1945 年 8 月 10 日深夜，两名年轻的美国军官，迪恩·拉斯克（Dean Rusk）和查尔斯·博恩斯蒂尔（Charles Bonesteel）划出了 20 世纪最重要的一条线。在第二次世界大战的最后阶段，盟国正在决定在日本可能失败之后如何划分其殖民地。腊斯克和博恩斯蒂尔的任务就是提出一个保护美国利益但也可为苏联所接受的划分方案。[120] 他们决定沿着北纬 38° 线绘制一条平行线，就这样，一个国家不复存在，取而代之的是两个新生的国家：朝鲜和韩国。虽然在撰写本书时朝鲜和韩国可能正朝着历史性的和解方向发展，这种可能的和解只会凸显原来划线的荒谬。很难想象两国之间的巨大差异竟然肇始于当初如此随意的一个决定。

虽然有些边界是遵循物理分区，例如山脉或河流的范围，但实质上所有的边界说到底都是人类的发明，他们可以通过战争、赠与甚至交易改变边界。[121] 当监管的主体和对象具有可以位于一个地方或另一个地方的有形体时，国家法律制度就会奏效，而当主体不受物理或政治边界的约束时，这种监管模型就会开始崩溃。

5.3 不确定性的成本

如果人工智能体在多个司法辖区（jurisdictions）运行，其设计人员将需要确保人工智能体与每个辖区的规则兼容。如果标准不同，则会出现贸易壁垒和额外成本，因为符合一国标准的人工智能可能会被另一国所禁止。由于我们缺乏解决人工智能新法律问题的规则，因而有机会设计一套可在全球范围内应用的全面的准则。这样可以节省单个立法机构各自规制的成本和难度，并且可以节省人工智能设计师不得不想方设法遵守多种不同规范的成本。[122] 反过来，消费者和纳税人也将受益于成本更低也更多样化的智能产品。

一个国家或地区的其他法律通常经由多年的文化、经济和政治差异形塑而成，而对于人工智能，我们都面临着法律的空白，统一的法律比等待各个国家制定各自的规则要有效得多。如果我们未能制定国际标准，那么对人工智能的监管可能就会变得"巴尔干化"（Balkanised），每个地区都会制定自己的互不相容的规则。人工智能的沉没成本和根深蒂固的文化差异可能会使未来的标准整合变得遥不可及。

5.4 避免套利

公司可以将其住所地从一个地区重组或转移到另一个地区，以获得税收或监管上的优惠，因此，公司能够在一个地区提供其商品或服务，同时可以逃避税负和监管。这种做法就是常说的套利。为了减少套利的机会，已经出台了各种协调全球税法的措施，但在很大程度上这些措施并不成功。[123] 之所以不太成功，部分原因是国家强烈的减税动机吸引企业在那里注册，这就会导致"逐底竞争"（"race to the bottom"）。同样，某些国家可能具有经济优势，以最低限度的法规吸引不那么严谨的研发人员在其辖区开发人工智能。如此运作像人工智能这样强大且具有潜在危险的技术，实在是前景堪忧。国际监管体系通过制定适用于任何地区的人工智能统一标准，至少能够部分地避免这些差别。

6 各国为什么同意全球准则？

6.1 平衡民族主义和国际主义

尽管具有一定的虚构性和任意性，但民族国家（nation states）在心理维系上的重要性仍然不可否认。有人预测国界将会消失，事实证明这种预测毫无根据，民族主义在 21 世纪初又重新抬头。[124]

国际监管的反对者可能争辩说，国家之间可能会因为利益冲突而阻止各国共同管理人工智能。联合国安理会等国际机构中存在的分裂和僵局广为人知，似乎也支持了这种悲观的论断。

即便如此，仍有诸多未必突出的例子表明，国家之间尽管存在诸多差异并由此导致在一些事务上相互疏离，国际监管仍能有效运作，并获得了广泛支持。[125] 协调国家自主决定与对国际规则的需要的途径是有效整合各类最佳的实践方案。

6.2 个案研究：互联网名称与地址分配机构（ICANN）

互联网名称与地址分配机构（ICANN）听起来没什么特殊的，对大多数人来说好像也没多大意义，但实际上每天有数十亿人都在使用它所维护的设施。ICANN 是管理、维护和更新互联网背后关键基础设施的组织，其工作包括分配域名和 IP 地址，这些"唯一标识符"与一组标准协议参数保持一致，确保计算机可以在协定的基础上进行通信。[126]

ICANN 的设立始于一个人：约翰·普斯特尔（John Postel），一位在南加州大学建立了 ICANN 前身——IANA（Internet Assigned Numbers Authority，互联网指定号码管理局）的学者，根据他与美国国防部高级研究计划局（DARPA）签订的合同管理互联网地址的分配。[127] 尽管起源于国家军事项目，克林顿政府仍致力于将域名系统管理私有化，以增强竞争和促进国际参与管理。[128] 经过广泛征求意见，其收到来自世界各国的政府、私营部门和民间社会的成员的 430 多条评论，1998 年 2 月，美国政府宣布将把域名管理权移交给一家新的位于美国但代表全球的非营利公司。[129] 在当年晚些时候创立了ICANN 以实现这一承诺。[130]

自获得独立以来，ICANN 已经引入了许多对我们现在所知的互联网至关重要的变化，包括：从 1999 年开始，启动对私营部门注册者（现在已超过3000 个）创建和维护域名的认证 [131] 与顶级域名的扩展，自 2012 年起提供中文、俄文和阿拉伯文的版本。今天，ICANN 的使命仍然是"凝聚全球志愿者的声音，致力于保持互联网的安全性、稳定性和互操作性"，以及促进竞争和制定互联网政策。[132]ICANN 对其内部组织解释如下：

> ICANN 政策制定的核心是所谓的"多方利益相关者模式"（"multistakeholder model"）。这种分散的治理模式将个人、行业、非商业利益和政府置于同等水平。与传统的政府决策自上而下的治理模式不同，ICANN 的"多方利益相关者模式"采用基于社群共识驱动的政策制定方法。我们的想法是，互联网治理应该模仿互联网本身的结构——无国界，对所有人开放。[133]

ICANN 的"网络普通用户"（"At-Large"）治理结构包含超过 165 个地方组织，其中有专业协会（工程师协会、律师协会等）、学术和研究组织、社区网络、消费者权益保护组织和民间社会，并分为五个地区——非洲、亚洲、欧洲、拉丁美洲和北美洲，从而促进全球讨论。[134]

2017 年 1 月 6 日，ICANN 与美国商务部之间的最终正式协议到期，从而终止了美国政府批准互联网重大变更的权力。主管通讯与信息事务的美国商务部助理部长劳伦斯·斯特里克林（Lawrence Strickling，任期为 2009–2017 年）评论说："IANA 管理层的成功转型证明了多方利益相关方模式可以发挥作用。"[135]

6.3 自利和利他主义

2017 年 9 月，美国特朗普总统在联合国大会上发言。他首先重申了他的"美国优先"论：

> 作为美国总统，我将始终把美国放在第一位。就像你们一样，作为你们国家的领导者，你们将始终并且应该始终把你们的国家放在首位。所有负责任的领导人都有义务为自己的公民服务，民族国家仍然是提升人类状况的最佳工具。[136]

这似乎只是一种外交辞令，即每个国家应该只为自己的利益行事。[137] 但特朗普总统继续说道：

> 但是，为人民创造更好的生活，也要求我们团结一致，密切合作，共同努力，为所有人创造更加安全、和平的未来。

这就表明，即使是最强调本国优先的领导人之一所领导的世界上最强大的国家，仍然承认国际协调对某些全球问题的重要性。

联合国系统工作组（the UN System Task Team）于 2013 年发表的论文阐述了"全球公地"（"global commons"）的概念，意指"公海、大气、南极洲和外太空"；并指出"这些资源受人类共同遗产原则的指导"[138]。虽然人工智能不是一种物质资源，但也足以成为一个同样可能影响整个人类的全球性问题。

一些国家可能已经认识到，人工智能如果善加利用，必将迸发出巨大潜力并为整个世界服务。这些国家更有可能支持基于国际规则的利他主义。[139]除经济激励措施之外，还有一些实用的原因可以解释为什么即使是最关注自我的国家也希望看到人工智能的国际监管。博弈论解释了为什么自私的理性行为者可能选择合作，并且还建构了合作可能出现的若干规则。[140]

气候变化等领域的国际监管在一些经济欠发达的国家遭遇的一个主要障碍是，发达国家在过去几十年中不受约束地使用具有有害副作用的技术而变得发达富裕，现在要求欠发达国家限制使用这些技术，可能减缓那些现在试图赶上的国家的经济增长，这是不公平的。[141]而人工智能技术即使对发达国家来说也是相对较新的领域，与其他行业相比各国之间在这方面的结构性差异不大，因此现在就有机会制定国际准则，而不是等到该领域更加成熟后的某个节点再加以阻止，从而避免历史性不公所造成的监管争议。

尽管目前超级智能出现的可能性还很小，但这并不意味着可以完全忽略今后出现人类无法控制的人工智能。而且，即使没有或尚未达到"奇点"，人工智能对目前全人类构成的生存性风险微不足道，但也有很多不那么强大和先进的人工智能技术可能造成严重的损害。因此，我们防范这些风险和损害的最佳机会是汇集资源和专业知识，在商定的框架下开发技术。人工智能领域不受限制的国际军备竞赛，可能会导致一些国家以不负责任的方式大力发展人工智能，将实现当前目标置于安全之上。

鉴于国家边界的任意性，没有理由认为人工智能的影响应该在其产生的国家内自成一体。相反，就像野火、海啸或病毒一样，人工智能的影响将跨越人为的界限而不受惩罚。像其他事情一样，一个国家被交叉感染的危险会促使其领导人出于国家自我保护而推动国际标准的制定。

6.4 个案研究：空间法（Space Law）

1903 年 12 月 17 日，在美国北卡罗来纳州一个有风的沙滩上，奥维尔·莱特（Orville Wright）驾驶第一架载人动力飞机飞行。此后不到 60 年，苏联将第一个人类宇航员送入了地球轨道。在 20 世纪 60 年代初冷战最为激烈的时期，空间技术引起了广泛关注，其中最直接的问题是从太空发射核武器和常规武器的可能性。

除安全因素外，空间技术对于西方和苏联之间的科学与文化竞争也具有重要意义，每一方都试图通过将世界上第一个人发射到太空中或月球上等这样的壮举来证明它是世界上的主导性文明。

1957 年苏联发射了人类第一颗人造卫星"斯普特尼克 1 号"（Sputnik 1）火箭后，西方列强制定了一系列禁止将外层空间用于军事目的的计划。[142] 美国和苏联是讨论的主要参与者，它们也是这一领域实力最强的国家。[143] 但这项讨论一早就进入了国际化，没有掌握空间技术的国家也发表了观点：1963 年10 月联合国大会一致通过了《各国探索和利用外层空间活动的法律原则宣言》（"Declaration of legal Principles Governing the Activities of States in the Exploration and Use of Outer Space"），呼吁所有国家不要向外层空间引入大规模毁灭性武器 [144]，尽管该条约中并无任何关于核实各国是否遵守其条款的规定。

在美国和苏联陆续提交条约草案后，它们的立场逐渐一致。1966 年 12

月 19 日《关于各国探索和利用包括月球和其他天体的外层空间活动所应
遵守原则的条约》[（Treaty on Principles Governing the Activities of States in
the Exploration and Use of Outer Space, Including the Moon and Other Celestial
Bodies），以下简称《外层空间条约》] 的文本被商定。《外层空间条约》被提
交联合国大会投票，获得一致通过，并于 1967 年 10 月生效。

迄今为止，已有 62 个国家批准了《外层空间条约》，其中包括所有具有空
间探索能力的国家。该条约第 1 条规定："……探索和利用外层空间（包括月
球和其他天体），应为所有国家谋福利和利益，而不论其经济或科学发展程度
如何，并应为全人类的开发范围。"其中的关键条款包括承诺不在绕地球轨道
及天体外放置或部署核武器或任何其他大规模毁灭性武器，并将天体的使用仅
限于和平目的。此外还强调需要"合作和互助"，以及"在进行任何（可能有
害的）活动或实验之前进行适当的国际磋商"的重要性。[145]

这些规范在促进各国遵守军事化禁令方面以及在培养外空活动中持续的国
际合作精神方面都取得了成功。国际空间站于 1998 年启动，作为五个空间机
构之间的联合项目进行运作。[146] 如果不是《外层空间条约》，这项成就很有可
能不会实现。空间法的发展给人工智能提供了诸多启示。

首先，它驳斥了认为国家不愿或不同意按照人工智能原则进行国际监管的
观点。事实上，当在冷战高峰期间商定《外层空间条约》时，空间的使用与当
前人工智能相比，其与国家和国际的安全以及国家的声望和自豪感更为紧密地
交织在一起。

其次，最终载入《外层空间条约》的原则的谈判和认可进程是在相关技术
最先进的国家之间进行的，但也是在包容的基础上进行的，从而确保了所商定
的原则不仅在科学先进国家之间，而且在整个国际社会中都具有正当性。

再次，《外层空间条约》的制定者采取了渐进的方法，从所有国家都可以
商定的广泛主张开始，同时留下一些空白，以便后来的文书填补。《外层空间
条约》阐明了少数高级别原则和禁令，其后产生了关于该问题的其他四项主要

国际条约。[147]

最后，国际监管机构联合国外层空间事务办公室（the United Nations Office for Outer Space Affairs，UNOOSA）协助各国之间的信息共享以及欠发达国家的能力建设，使它们能够从该领域的发展中受益。为此，UNOOSA 与各个国家和地区的空间机构密切合作。[148]

7 可用于人工智能的国际法工具箱

7.1 国际公法的传统结构

法律是在不同层面运作的。民法法系和普通法法系只是各国国内的法律选择，但同时还存在一个旨在规范国家间关系的独立的法律部门：国际公法（public international law）。[149]

《国际法院规约》（Statute of the International Court of Justice）第 38 条第 1 款规定了传统的国际法渊源：条约；国际习惯，且有通常被接受为法律的证明[150]；为文明各国所承认的一般法律原则[151]；某些司法判决[152]；及备受尊敬的法律学者的教诲。[153] 此外，联合国安理会的某些决议也被认为具有法律约束力。[154] 虽然国际公法在历史上被应用于管理主权国家之间的关系，但其主体现在包括私人、公司和国际机构以及非政府组织。[155]

除一小部分"强制性"（或基本）法律（如禁止奴隶制）之外，许多国际公法是自愿形成的，但协议一旦达成就具有约束力。[156] 例如，一个国家可以决定是否加入条约，即使它决定加入，通常也可以有所保留，以使该条约的某些条款对其不适用。[157] 其主要原因是，在传统上国家被视为一个独立主权，其在内部事务方面可以不受约束地行事。[158]

人工智能国际监管制度也许在高层上至少要求某种形式的条约协议，以便创建一个基本的结构性框架，其他规范可以借此发展，例如建立国际监管机构。除上文概述的传统的国际公法形式之外，以下各节还将列出其他一些可用于建立有效的人工智能监管制度的方法和技术。

7.2 辅助性原则（Subsidiarity）

一千多年来，天主教会平衡了以梵蒂冈为中心的集中立法体系，其管辖范围极大，遍及世界大部分地区。天主教会制定了一种辅助性原则，即决策时尽可能地抵近最小的行政单位，同时保持整个体系的融贯和效能。正如天主教神学家和法律学者拉塞尔·希廷格（Russell Hittinger）所解释的那样，"原则并不要求'尽可能低的水平'，而是要求'适当的水平'"[159]。

欧盟也采用了辅助性原则，要求尽可能贴近公民作出相关决策，并根据国家、地区或地方层面的可能性不断进行检查，以验证欧盟层面采取的行动是否合理[160]，特别是欧盟为这一原则提供了一种结构化的方法：如果（a）成员国无法充分实现预期行动的目标（必要性），欧盟层面的行动就是合理的；（b）由于行动的规模和特性，如果欧盟进行干预，预期行动可以在欧盟一级更好地实现（具有额外价值）。[161]

在决定是否以及在何种程度上制定国际规则时，人工智能监管机构应利用辅助性原则作为指导原则。正如欧盟的情况那样，如果一个全球性人工智能监管机构的行动被认为违反了辅助性要求，质疑其行动并予以推翻是合理的。[162]

7.3 不同的监管强度

认为在具有约束力的"硬法"和仅具有说服力的"软法"之间存在非此即彼的二元选择[163]，是一种广泛存在的误解。事实上，国际组织有一系列备选措施可以在尊重国家主权的同时维持监管的效力。欧盟在这方面有一个特别细致的菜单，其中包括以下类别[164]：

条例（Regulations）

"条例"是具有约束力的立法行为。它必须在整个欧盟范围内适用。

例如，当欧盟希望确保对从欧盟以外进口的货物有共同的保障时，理事会即通过了一项条例。[165]

指令（Directives）

"指令"是规定所有欧盟国家必须实现的目标的立法行为。但是，各国应当制定自己的法律以实现这些目标。例如欧盟消费者权利指令，它加强了欧盟各地消费者的权利……[166]

决定（Decisions）

"决定"对其调整对象（例如欧盟的一个成员国或一个公司）具有约束力，并且可以直接适用。例如，欧盟委员会就欧盟参与各种反恐组织的工作通过了一项决定……[167]

建议（Recommendations）

"建议"不具有约束力。如欧盟委员会发布一项建议，敦促欧盟国家的法律部门改进其视频会议的使用，以帮助司法服务可以更好地跨境工作，这并不产生任何法律后果。[168] "建议"允许各机构发表意见并提出行动方针，而不对被建议方施加任何法律义务。

除此之外，制定更为柔和的国际法的另一个机制是颁布"指南"（"guidance"或"guidelines"），其中规定了监管机构就实施某一规则或实现某种结果应该考虑的因素，但并不正式要求必须予以遵循。[169]

人工智能的国际监管应该由上述立法形式组合而成。"条例"是最直截了当的法律文书，因为其不允许各国对条例的实施拥有任何自由裁量权。因此，条例的使用应该仅限于最基本的准则，各国对其作任何形式的减损都是不可能的。

诸如欧盟指令这样的规则仅对要实现的目标具有约束力，可以作为在国际（监管）规则的立法目的和各国选择自己的方法和建构这种普遍存在的本能之间的不错的折中选项。其他的约束性或非约束性规则亦可适当选用。不必马上完全调整与人工智能有关的所有法律，可从某些领域的非约束性建议开始，在若干年甚至数十年内逐步提高其强制性程度。[170]

7.4　示范法（Model Laws）

示范法允许某个组织制定一项立法，成员国可以完全采纳，也可部分采纳，或者根本不予采用。示范法的优点在于它具有完整的强制性规定的细节，但却不需要遵守。

特别是在技术监管领域，某些不太富裕的国家独立设计这些法律可能过于昂贵和耗时。示范法允许各国汇集和分享专业知识，创造出能够反映每项投入的共同福祉。在制定示范法后，各国可以利用彼此的经验帮助实施和解释法律。

协调不同国家之间的法律有利于增进贸易，发展经济。示范法的一个十分成功的例子，是联合国国际贸易法委员会的《国际商业仲裁示范法》，其版本自 1985 年以来被许多国家采用。[171]

示范法在以州际贸易为特征的领域中特别有用。在一些联邦制国家，示范法很受欢迎，每个州都可自行设定自己的法律，但这些法律颇为相似或相同，在这一点上具有优势。美国统一州法全国委员会 [172] 成立于 1892 年，致力于推动"在所有统一性被认为既有可取性也有可行性的议题上统一各州法律"。迄今为止，该委员会已批准了 200 多项统一的示范法，其中一些已为所有州采用。[173]

全球性人工智能监管机构可以利用世界各国的专业知识制定示范法。对于那些担心放弃更普遍的立法自由的国家来说，这一选项可能更具吸引力。与采用不具约束力的建议和原则一样，示范法可以成为实现更大协调的第一步，这取决于其被采纳的情况和有效性。

7.5　国际人工智能法律学院（International Academy for AI Law and Regulation）

反对人工智能国际监管的一种主要意见认为，这种监管可能由最强大、最发达国家的人员主导，因为这些国家有更多的资源来培养计算机科学、法律和其他领域的相关专家。如果一个所谓的国际机构由来自少数几个国家的专家控制，将会严重削弱其正当性（legitimacy）。由于缺乏训练有素的人员，一些国家可能难以形成或表达自己的观点，而更倾向于简单附随立场一致的区域领导者或集团。

世界各地缺乏经过适当培训的人员，也会降低人工智能法律的有效性。全球性法律的通过是一回事，实施则是另一回事。任何全球性机构与执行其指令的国家或区域性机制之间都需要进行认真协调和互动。如果缺乏了解并符合全球监管结构性目标的当地人员，那么在许多领域实施任何监管都是不可能的。

要解决以上难题，一种方法是，建立一所国际人工智能法律学院，以促进国际人工智能法的知识和技能的发展与传播。来自世界各地的参与者在一个地点集中上课，可以亲眼见面，培养共同的使命感和国际友谊；也可以通过在线平台进行授课。最近哈佛大学和麻省理工学院等高校发布了一大批深受欢迎的在线课程，其教学方式值得借鉴。

设立这样的教育机构不乏先例，例如负责全球海洋法实施主要监督工作的国际海事组织（IMO）于1988年在马耳他创建了国际海事法学院（International Maritime Law Institute，IMLI）。该学院的网站介绍说："本院拥有国际海事法的高级培训、学习和研究的先进设施，可为各国尤其是发展中国家提供合格的候选人。本院亦专研于立法起草技术，旨在帮助参与者将国际条约规则纳入国内法。"[174]

8 人工智能法的实施和执行

8.1 与各国监管机构的协调

国际机构可以使用不同的结构。如果是在一个完全"自上而下"的模式下，人工智能（国际）监管机构将拥有自己的员工，它们可能会建立当地办事处并在不依赖或不与任何国家政府讨论的情况下运营。这样做的好处是相关规范能够得到高度统一的适用和执行。然而，这种侵入性的模式无疑会被视为干涉他国主权而遭到当地政府和许多公民的反对，导致法令得不到遵从，怨怼情绪滋生。

一个更好的模式是，人工智能（国际）监管机构与已设立或尚未设立的国家机构合作。这些不一定是新机构，但各国可能发现在地方一级建立新机构很有用。欧盟的金融监管并未要求由成员国具体哪个权力机构加以负责，而是由每个成员国指定"主管机关"，同时也可由成员国按照自己的意愿在不同的国家机构之间分配金融监管权力。[175]

指定的人工智能国家监管机构应各自拥有最低限度的权力和能力。例如，根据欧盟的金融市场监管制度，每个成员国的主管部门必须拥有以下权力："(a) 获取、接收或复制其认为可能与履行职责相关的任何形式的任何文件或其他数据；(b) 要求任何人提供资料，并在需要时传唤及质疑某人以获取资料；(c) 进行现场视察或调查……(e) 要求冻结或（和）扣押资产；(f) 要求暂时禁止职业行为……(q) 发布公告……"[176]

如果当地监管机构缺乏达到最低要求的能力，人工智能国际监管机构可以帮助促进当地机构和能力建设计划的实施，以便实地培训人员，或者提供完成任务所需的软件和硬件。国际人工智能法律学院的人员培训也可帮助增强当地的监管能力。

一国的人工智能监管机构可能需要具备上述权力，以及人工智能监管特有的其他权力，例如要求查看人工智能系统源代码的权力，以及对违反规定的坚持要求其修改程序（的权力）等。除这些更具惩罚性的措施外，国家人工智能监管机构还可以提供便利服务，例如新技术的"沙盒化"，即在安全环境中对其进行测试，以及个人和人工智能系统的合规许可和标准认证。本书第7章第3.4节将进一步阐述监管沙盒的操作方法。

一个可应用于人工智能监管国际合作的例子是，2018年8月，英国金融行为监管局（UK Financial Conduct Authority，FCA）和其他11个组织创建了全球金融创新网络（Global Financial Innovation Network，GFIN）。FCA 解释说，CFIN"……将寻求为创新型公司提供更有效的与监管机构互动的方式，当它们希望开拓新思路时，帮助它们在各国之间进行引导。它还将为金融服务监管机构之间就创新相关主题建立一个新的合作框架，分享不同的经验和方法"。值得注意的是，GFIN 的创始成员不仅包括国家金融监管机构（如澳大利亚证券与投资委员会和中国香港金融管理局），还包括一个非政府组织：世界银行扶贫协商小组（CGAP）。[177]

8.2 监测与检查（Monitoring and Inspections）

为了确保法律实施和执法的一致性，各国的监管可以全球性或区域性监管机构实施定期监测和检查制度作为补充。在同等条件下，最好由区域性组织（如非洲联盟、欧盟和东南亚国家联盟）的同行，而非在全球级别，对一国的执法状况进行检查和评级，采用辅助性原则决定哪种形式应该最为合适。

实际上不少国际机构已在实施定期检查制度，如国际原子能机构以此方式监测民用和军用核能。与人工智能研发监测一样，核能也是一个技术性很强的领域，需要很高水准的人员培训和专业知识，来自人工智能监管机构的检查员同样必须是该领域的专家。为了增强对检查员的独立性和合法性的信任，最好从世界各地选聘这些人员，并由不同国籍的成员组成团队开展工作。与对涉及体育兴奋剂控制、核监管和化学武器的个人和场所进行实物检查的要求有所不同，对人工智能可能会通过远程访问，甚或通过分布式分类账本方式进行检查。与其他技术相比，这些特点可能使人工智能的国际监管体系不易受到顽固政权的阻碍。

8.3 对违规行为的制裁

在达成与国际规范制度相关的初步协议后，对违规行为的制裁是设计和执行监管计划最难的问题。事实上，一些国际协议根本不包含任何形式的基于制裁的执法机制。例如 2015 年《巴黎气候协定》虽然创造了一种确保遵守的机制，但又明确指出它是"非对抗性和非惩罚性的"[178]。即使有的协议从理论上讲具有制裁性，但由于政治因素也可能无法实施。联合国安理会是国际法下有权下令制裁的最重要的机构之一，但由于结构性僵局，其常常无法实施制裁，当五个常任理事国（美国、俄罗斯、法国、英国和中国）在否决它们不同意的决议时更是如此。

此外，一些国家拒绝成为《国际刑事法院罗马规约》（Rome Statute of the International Criminal Court）等条约的缔约国，因为担心该规约的执法机制会因为政治目的而被用以针对该国公民，而不是针对该制度当初确立时所要制裁的对象。[179] 重要的是要确保人工智能监管机构不会因政治因素而遭贬抑，而是坚持将其作为监管和设定标准的机构。减少人工智能监管机构政治化风险的一种可能方法是要求监管机构中任何有权提议制裁的成员必须符合资质，而不是由对国家政府负责的纯粹政治上的被任命者担任。[180]

人工智能国际协议的缔约方最好根据各自利益来维护整个体系的完整性，而不是必须直接诉诸制裁。但是，在某些情况下，缔约国可能会选择不遵守条约。在这种情况下，可能需要以制裁作为最后的手段。在初始阶段，最好是在全球性监管机构本身的结构中制定独立的制裁制度，如中止成员的资格或持续违规的成员的投票权等，而不是经济处罚。如果精心设计，各国成为国际标准制定机构一分子的愿望将足够强烈，从而奠定各国遵守条约的动机，否则，可能导致有关国家在会议桌上失势。

8.4 个案研究：欧盟对成员国的制裁方法

欧盟有一种自成一体的（self-contained）制裁形式，在 2017 年年底首次针对波兰的司法改革实施了制裁——该国的司法改革被认为违反了欧盟成员国维护法治所需的最低标准。[181] 为了使这种制裁生效，它们必须经过若干阶段，在这些阶段中，允许违反义务的国家进行对话，纠正错误。第一阶段是欧洲委员会向另一个欧盟机构即部长理事会提议实施制裁。此际给予波兰遵守理事会要求的 3 个月的期限。[182]

欧盟成员国认为，波兰的行为构成了"成员国严重违反第 2 条所述价值观的明显风险"，即"尊重人的尊严、自由、民主、平等、法治，尊重人权，包括少数群体的权利"。欧盟不是对波兰进行罚款或对其部长实施个人制裁，而是根据《欧洲联盟条约》第 7 条进行投票，"可以决定中止该成员国根据条约所享有的某些权利，包括该成员国政府代表在理事会的投票权"[183]。

欧盟的制裁方法提供了一个有用的先例，因为：（a）它规定了有限数量的高级原则；（b）违反义务产生法律效果所需的门槛相对较高（"严重违反的风险"）。然而，欧盟的制裁机制并不完善，条约第 7.3 条要求成员国一致投票进入执法的最后阶段：除最极端的情况外，这种情况不太可能实现（于上述波兰的例子，若进一步制裁可能会被该国的地区盟友否决），若仅依绝对多数就可以实施惩罚可能更好。

8.5 个案研究：经济合作与发展组织的《跨国企业准则》

经济合作与发展组织（the Organization for Economic Cooperation and Development，OECD，以下简称"经合组织"）是一个由 30 多个民主国家的政府合作组成的应对全球化经济、社会和环境挑战的论坛。[184] 经合组织的《跨国企业准则》（Guidelines for multinational Enterprises，以下简称《准则》）最初发布于 1976 年，后经多次修订，最值得注意的是 2011 年增加了人权章节。[185]《准则》是各国政府向跨国企业提出的一系列建议（换句话说，是一种软法），是根据所适用的法律为负责任的商业行为提供的自愿性原则和标准。

《准则》适用于在多个国家或地区运营的跨国企业（公司、组织或团体），确保其遵守最低限度的国际最佳做法，特别是在发展中国家，否则这些国家的保护和执法方式标准偏弱。[186]

《准则》的执行主要依靠一系列国家联络点（NCPs），经合组织要求在每个缔约国建立这些联络点。国家联络点通过开展推广活动和提供咨询服务来促进《准则》的有效实施。政府可以自行决定如何组建国家联络点，例如，可将其作为行政部门的一部分，抑或独立于行政部门。但是，国家联络点必须在功能上彼此"等同"，为此必须以"可见、可访、透明和负责的方式"运作。[187]

除教育性功能外，国家联络点的一个主要职责是促使解决针对跨国企业违反《准则》行为的投诉。如果国家联络点认为存在回应所投诉的违规行为的情形，它将尝试在投诉人和跨国企业之间建立对话，以便双方满意地解决问题。如果无法做到这点，但又证明行为违规，则国家联络点可以针对违规方发布一项违规声明。截至 2016 年，国家联络点处理了 360 多起投诉，解决了跨国企业对 100 多个国家和地区的业务运营带来的影响。[188]

尽管缺乏具体的惩罚机制，但"点名羞辱"以及促成各方之间的对话在很大程度上取得了成功，避免不良宣传也是促使企业合规的原因。[189] 各国政府还考虑在经济决策包括公共采购以及公司在国外的业务方面提供外交支持方面提供指导方针。对此，经合组织有如下记录：

> 在 2011 年至 2015 年期间，在大约一半接受 NCPs 进一步审查的案件（specific instances）中，双方达成了协议。通过 NCPs 流程达成的协议通常与其他类型的结果（如后续计划）共同作用，产生了显著成果，包括公司政策的变更、不利影响的补救以及各方之间关系的加强。在 2011 年至 2015 年间接受进一步审查的所有案件中，其中约有 36% 的致使相关公司变更了内部政策，从而有助于预防未来的不利影响。[190]

除违反《准则》的公司存在间接的经济和声誉风险之外，（"点名羞辱"）可能还会在实施这些准则的一些国家影响实体法，在当地法律要求遵守国际最佳做法的情况下更是如此。[191]

总之，《准则》展现了非约束性和非惩罚性的规则与规范体系如何通过形塑行为的渐进性活动实现高度的合规性和有效性，同时也尊重各国之间的差异。

9 本章小结

在古代美索不达米亚的传说和《旧约》中，都有这样一种说法：那时"全世界只有一种语言，大家说同样的话语"[192]。人们决定在巴别（Babel）建造一座通往天国的高塔，上帝看到了这座塔，意识到人类通过共同行动所能发挥的非凡力量：

> 上帝说，看哪！他们成为一样的人民，都使用一样的语言，如今既做起这事来，以后他们所要做的事就没有不成就的了。[193]

对于这种挑战，上帝"混淆他们的语言，使他们之间不能听懂彼此所说的话"。人们虽仍有重建巴别塔的工具，但如果没有共同的语言，就缺乏共同的目标。巴别塔传说常被作为对人类追求过度虚荣的警示，但它也说明了如果我们能够克服民族国家主义①（ethno-nationalism），通过跨文化跨边界的合作，就可以取得相应的成就。

各国尚未就如何管理人工智能问题达成明确立场，舆论的黏土仍未成形。我们有一个独特的机会来创建法律和原则来监管人工智能，这是一种共同的基础，一种新的共同语言。如果每个国家都采用自己的人工智能规则——或者更糟糕的是，根本没有规则——我们将再次惹来巴别塔的诅咒。

注释

[1] 参见本书第 1 章开始的内容。

[2] 其他相关的法学理论，如罗纳德·德沃金的"解释主义"[（"interpretivism"），see Ronald

---

① 关于"ethno-nationalism"，我国已故著名社会人类学家阮西湖先生指出：该词是一个重要词汇，是世界民族研究中经常遇到的词汇，这个复合词由两个单词构成，第一个单词是"ethno"，是"ethnicity"的词根，"ethnicity"是个古词，20 世纪 40 年代人类学家开始用这个词来表述"民族"；另一个词"nationalism"是从"nation"即"国家"派生而来的，合在一起应被译为"民族国家主义"，而不应该译为"种族民族主义"。人类学用这个词表示多民族国家里的民族为争取建立国家政权的斗争（或战争），如非洲尼日利亚几个民族为争夺国家政权，或加拿大魁北克人的分离运动。参见阮西湖：《对当前社会人类学几个术语的认识》，载《中国民族报》，2011-04-15。——译者注

Dworkin, *Taking Rights Seriously* (Cambridge, MA: Harvard University Press, 1977); *Law's Empire* (Cambridge, MA: Harvard University Press, 1986); *Justice in Robes* (Cambridge, MA: Harvard University Press, 2006); and *Justice for Hedgehogs* (Cambridge, MA: Harvard University Press, 2011)]。但是，德沃金的作品大多与争端裁决有关，而不是立法程序和法律效力，后者正是我们所关心的问题。各种类型的法律现实主义在美国特别流行。较为经典的综述，see Karl Llewellyn, *The Bramble Bush: On Our Law and Its Study* (New York: Oceana Publications, 1930)，不过其更多的是拒绝关于法律有效性的辩论，而不是尝试参与讨论。因此，这里不再进一步讨论。

[3] John Gardner, "'Legal Positivism': 5 1/2 Myths", *The American Journal of Jurisprudence*, Vol. 46 (2001), 199–227, 199. See also Joseph Raz, *Ethics in the Public Domain* (Oxford:Clarendon Press, 1994).

[4] See, for example, John Finnis, *Natural Law and Natural Rights* (Oxford: ClarendonPress, 1981)（该书中文版：[美] 约翰·菲尼斯著：《自然法与自然权利》，董娇娇、杨奕、梁晓辉译，北京，中国政法大学出版社，2005 年版。——译者注）在上文引述到的论文 "'Legal Positivism': 5 1/2 Myths" 中，约翰·加德纳认为自然法学者对其实证主义观点也会接受的。

[5] 一些最著名的自然法倡导者，包括 13 世纪的圣托马斯·阿奎那（Saint Thomas Aquinas）和现代法哲学家约翰·菲尼斯（John Finnis），都是宗教人士，对他们来说，世界上存在一个统一的上帝赋予的价值结构。

[6] John Gardner, *Law as a Leap of Faith: Essays on Law in General* (Oxford: Oxford University Press, 2012), Chapter 6.

[7] 换言之，实证主义者专注于输入的正当性（input legitimacy）上，而自然法学者集中在输出的正当性（output legitimacy）上。（"legitimacy" 或译 "合法律性"。——译者注）

[8] 关于法律是虚构的观点，see Yuval Noah Harari, Sapiens: A Brief History of Humankind (London: Random House, 2015)。（该书中文版：[以] 尤瓦尔·赫拉利著：《人类简史：从动物到上帝》，林俊宏译，北京，中信出版社，2014 年版。——译者注）

[9] Verity Harding and Sean Legassick, "Why We Launched DeepMind Ethics & Society",website of Deepmind, 3 October 2017, https://deepmind.com/blog/why-we-launcheddeepmind-ethics-society/, accessed 1 June 2018.

[10] 人工智能合作组织的主页：https://www.partnershiponai.org/，访问时间：2018-06-01。微软采取了一种略微不同的方法，即成立了好像只由微软内部人员组成而避开外部监督的人工智能伦理委员会（AI and Ethics in Engineering and Research Committee）。微软在 2018 年的出版物中将其描述为 "一个新的内部组织，由来自微软公司的工程、研究、咨询和法律等领域的高管组成，致力于积极制定内部政策，以及如何应对特定问题"。Microsoft, *The Future Computed: Artificial Intelligence and Its Role in Society* (Redmond,Washington, DC: Microsoft Corporation, 2018), 76–77, at https://msblob.blob.core.windows.net/ncmedia/2018/01/The-Future_Computed_1.26.18.pdf, accessed 1 June 2018.

[11] Natasha Lomas, "DeepMind Now Has an AI Ethics Research Unit: We Have a Few Questions for It…", *Tech. Crunch*, at https://techcrunch.com/2017/10/04/deepmind-nowhas-an-ai-ethics-research-unit-we-have-a-few-questions-for-it/, accessed 1 June 2018.

[12] 与此相近而略有不同的争议话题是互联网平台的反垄断监管，see Maurits Dolmans, Jacob Turner, and Ricardo Zimbron, "Pandora's Box of Online Ills: We Should Turn to Technology

and Market-Driven Solutions Before Imposing Regulation or Using Competition Law", *Concurrences*, N° 3-2017。

[13] 至少从亚里士多德时代开始这一命题就得到了广泛认可。See Pierre Pellegrin, "Aristotle's Politics", in *The Oxford Handbook of Aristotle*, edited by Christopher Shields (Oxford: Oxford University Press, 2012), 558–585.

[14] See, for example, Thomas Donaldson and Lee E. Preston, "The Stakeholder Theory of the Corporation: Concepts, Evidence, and Implications", *The Academy of Management Review*, Vol. 20, No. 1 (January 1995), 65–91; David Hawkins, *Corporate Social Responsibility: Balancing Tomorrow's Sustainability and Today's Profitability* (Hampshire,UK and New York, NY: Springer, 2006).

[15] Christian Leuz, Dhananjay Nanda, and Peter Wysocki, "Earnings Management and Investor Protection: An International Comparison", *Journal of Financial Economics*, Vol.69, No. 3 (2003), 505–527.

[16] Dodge v. Ford Motor Co., 170 N.W. 668 (Mich. 1919).

[17] 全文参见 http://archive.tobacco.org/History/540104frank.html,accessed 1 June 2018。

[18] Kelly D. Brownell and Kenneth E. Warner, "The Perils of Ignoring History: Big Tobacco Played Dirty and Millions Died: How Similar Is Big Food?", *The Milbank Quarterly*, Vol. 87, No. 1 (March 2009), 259–294.

[19] 参见人工智能伙伴关系网站：https://www.partnershiponai.org/partners/, accessed 1 June 2018。

[20] Henry Mance, "Britain Has Had Enough of Experts, Says Gove", *Financial Times*, 3 June 2016, at https://www.ft.com/content/3be49734-29cb-11e6-83e4-abc22d5d108c, accessed 1 June 2018.

[21] 我们将在下文探讨国际监管标准的问题。

[22] Thomas Hobbes, *Leviathan: Or, the Matter, Forme, & Power of a Commonwealth Ecclesiasticall and Civil* (London: Andrew Crooke, 1651), 62.

[23] See, for example, Armin Krishnan, *Killer Robots: Legality and Ethicality of Autonomous Weapons* (Farnham: Ashgate, 2009); Michael N. Schmitt, "Autonomous Weapon Systems and International Humanitarian Law: A Reply to the Critics", *Harvard National Security Journal Feature* (2013); Kenneth Anderson and Matthew C. Waxman, "Law and Ethics for Autonomous Weapon Systems: Why a Ban Won't Work and How the Laws of War Can" ,Stanford University, *The Hoover Institution (Jean Perkins Task Force on National Security and Law Essay Series), 2013* (2013); Benjamin Wittes and Gabriella Blum, *The Future of Violence: Robots and Germs, Hackers and Drones: Confronting a New Age of Threat* (New York: Basic Books, 2015); Rebecca Crootof, "The Varied Law of Autonomous Weapon Systems", in *Autonomous Systems: Issues for Defence Policymakers*, edited by Andrew P.Williams and Paul D. Scharre (Brussels: NATO Allied Command, 2015). 丹尼尔·威尔逊 (Daniel Wilson) 在他的半讽刺著作《机器人暴动生存指南》(*How to Survive a Robot Uprising*) 一书中写道："如果流行文化教会了我们什么，那就是有一天人类必须面对并摧毁日益增长的机器人威胁。在印刷品和大屏幕上，我们已经被机器人出现故障、实施虐待和公然反抗的场景淹没了。"[Daniel Wilson, *How to Survive a Robot Uprising: Tips on Defending Yourself Against the Coming Rebellion* (London: Bloomsbury, 2005), 10.]

[24] See, for example, Alex Glassbrook, *The Law of Driverless Cars: An Introduction* (Minehead, Somerset, UK: Law Brief Publishing, 2017); *Autonomous Driving: Technical,Legal and Social*

Aspects, edited by Markus Maurer, J. Christian Gerdes, Barbara Lenz, and Hermann Winner (New York: SpringerLink, 2017).

[25]　参见第 1 章之 1.5。

[26]　Kevin Kelly, "The Myth of Superhuman AI", *Wired*, 24 April 2017, at https://www.wired.com/2017/04/the-myth-of-a-superhuman-ai/, accessed 1 June 2018.

[27]　Ben Goertzel, "Cognitive Synergy: A Universal Principle for Feasible General Intelligence", 2009 8th IEEE International Conference on Cognitive Informatics (Kowloon,Hong Kong, 2009), 464–468, at https://doi.org/10.1109/coginf.2009.5250694.

[28]　José Hernández-Orallo, *The Measure of All Minds: Evaluating Natural and Artificial Intelligence* (Cambridge: Cambridge University Press, 2017).

[29]　Gerald Tesauro, "Temporal Difference Learning and TD-Gammon", *Communications of the ACM*, Vol. 38, No. 3 (1995), 58–68.

[30]　Volodymyr Mnih, Koray Kavukcuoglu, David Silver, Alex Graves, Ioannis Antonoglou, Daan Wierstra, and Martin Riedmiller, "Playing Atari with Deep Reinforcement Learning", arXiv:1312.5602v1 [cs.LG], 19 December 2013, at https://arxiv.org/pdf/1312.5602v1.pdf, accessed 1 June 2018. See also Volodymyr Mnih, Koray Kavukcuoglu, David Silver, Andrei A. Rusu, Joel Veness, Marc G. Bellemare, Alex Graves, Martin Riedmiller, Andreas K. Fidjeland, Georg Ostrovski, Stig Petersen, Charles Beattie, Amir Sadik, Ioannis Antonoglou, Helen King, Dharshan Kumaran, Daan Wierstra, Shane Legg, and Demis Hassabis, "Human-Level Control Through Deep Reinforcement Learning", *Nature*, Vol.518 (26 February 2015), 529–533, at https://deepmind.com/research/publications/playing-atari-deep-reinforcement-learning/, accessed 1 June 2018.

[31]　Ibid., 2.

[32]　Ibid., 6. "神经网络的输入包括由 φ 产生的 $84 \times 84 \times 4$ 图像。第一个隐藏层将 16 个 8×8 滤波器与步幅 4 和输入图像进行卷积并采用一个非线性整流器……第二个隐藏层将 32 个 4×4 滤波器与步幅 2 卷积，再采用一个非线性整流器。最后的隐藏层是完全连接的，由 256 个整流器单元组成。输出层是完全连接的线性层，每个有效动作都有一个输出。"

[33]　Ibid., 4–5. DeepMind 的研究人员如此解释"经验回放"："与 TD-Gammon 和类似的在线方法相比，我们利用一种被称为经验回放的技术……我们在每个时间步骤存储智能体的经验，$et = (s_t, a_t, r^t, s_{t+1})$ 在数据集 $D = e_1, ..., e_N$ 中，将许多集合汇集到回放存储器中。在算法内循环期间，我们将 Q 学习更新或小批量更新应用于从存储样本池中随机抽取的经验样本 $e \sim D$。在执行经验回放之后，智能体根据贪婪策略选择并执行动作。由于使用任意长度的历史作为神经网络的输入可能比较困难，因此我们的 Q 函数转而用由函数 φ 产生的历史的固定长度进行表示。"

[34]　Steven Piantadosi and Richard Aslin, "Compositional Reasoning in Early Childhood", *PloS one*, Vol. 11, No. 9 (2016), e0147734.

[35]　至于人类在此过程中采用的各种心理路径或启发法，see Daniel Kahneman, *Thinking Fast and Slow* (London: Allen Lane, 2011), 55–57。

[36]　James Kirkpatrick, Razvan Pascanu, Neil Rabinowitz, Joel Veness, Guillaume Desjardins, Andrei A. Rusu, Kieran Milan, John Quan, Tiago Ramalho, Agnieszka Grabska-Barwinska, Demis Hassabis, Claudia Clopath, Dharshan Kumaran, and Raia Hadsell, "Overcoming Catastrophic Forgetting in Neural Networks", *Proceedings of the National Academy of Sciences of the*

United States of America, Vol. 114, No. 13 (2017), James Kirkpatrick, 3521–3526, at https://doi.org/10.1073/pnas.1611835114. See also R.M. French and N. Chater, "Using Noise to Compute Error Surfaces in Connectionist Networks: A Novel Means of Reducing Catastrophic Forgetting", *Neural Computing*, Vol. 14, No. 7 (2002), 1755–1769; and K. Milan, et al., "The Forget-Me-Not Process", in *Advances in Neural Information Processing Systems 29*, edited by D.D. Lee, M. Sugiyama, U.V. Luxburg, I. Guyon, and R. Garnett (Red Hook, NY: Curran Assoc., 2016).

[37] Weber and Racaniere, et al., "Imagination-Augmented Agents for Deep Reinforcement Learning", arXiv:1707.06203v1 [cs.LG], 19 July 2017, at https://arxiv.org/pdf/1707.06203.pdf, accessed 1 June 2018.

[38] See, for example, Darrell Etherington, "Microsoft Creates an AI Research Lab to Challenge Google and DeepMind", *Tech. Crunch*, 12 July 2017, at https://techcrunch.com/2017/07/12/microsoft-creates-an-ai-research-lab-to-challenge-google-and-deepmind/, accessed 1 June 2018; Shelly Fan, "Google Chases General Intelligence with New AI That Has a Memory", *SingularityHub*, 29 March 2017, at https://singularityhub.com/2017/03/29/google-chases-general-intelligence-with-new-ai-that-has-a-memory/, accessed 1 June 2018.

[39] "想想人类为制作一杯咖啡所需的步骤，你基本上需要10年、20年才能学会它。因此计算机若以同样的方式进行操作，它必须经历同样的学习，并配置某种视觉系统，走进屋子，走向并准确地开门，走错路，回去，找到厨房，探测到可能是咖啡机的东西。你不能对这些东西进行编程，你必须要学习它，你必须看别人如何煮咖啡……这是人类大脑在制作一杯咖啡时的逻辑。我们永远不会有（这样的）人工智能。这样说来，你养的宠物比任何一台计算机都更聪明。"（Steve Wozniak, interviewed by Peter Moon, "Three Minutes with Steve Wozniak", *PC World*, 19 July 2007.）See also Luke Muehlhauser, "What Is AGI?", MIRI, at https://intelligence.org/2013/08/11/what-is-agi/, accessed 1 June 2018.

[40] Interview with Dr. Kazuo Yano, "Enterprises of the Future Will Need Multipurpose AIs", Hitachi website, http://www.hitachi.co.jp/products/it/it-pf/mag/special/2016_02th_e/interview_ky_02.pdf, accessed 1 June 2018.

[41] UK Department of Transport, "The Pathway to Driverless Cars: Detailed Review of Regulations for Automated Vehicle Technologies", UK Government website, February 2015, https://www.gov.uk/government/uploads/system/uploads/attachment_data/file/401565/pathway-driverless-cars-main.pdf, accessed 1 June 2018.

[42] 2017年，英国上议院科学技术遴选委员会（Science and Technology Select Committee）发表了一份题为《网联自动驾驶汽车：未来？》的报告，专注于陆基车辆。House of Lords, Science and Technology Select Committee, "Connected and Autonomous Vehicles: The Future?", 2nd Report of Session 2016–17, HL Paper *115* (15 March 2017). 该报告第23段明确指出："在本报告中我们没有考虑遥控车（RCV）或无人驾驶飞机（drones）[无人驾驶飞行器 (unmanned aerial vehicles)]"。美国交通运输部于2016年9月公布了《联邦自动驾驶汽车政策》。与英国的报告不同，美国的联邦政策提到了有关无人机的规定，不过仅限于两页的附录。正如美国交通运输部所指出的那样，美国联邦航空管理局的"……挑战看起来与（国家公路交通安全管理局）在处理（高度自动化车辆）所面临的挑战差不多"（https://www.transportation.gov/sites/dot.gov/files/docs/AV%20policy%20guidance%20PDF.pdf, accessed 1 June 2018）。同样，英国的2018年《自动和电动汽车法》是世界上

第一部针对自动驾驶汽车保险的立法之一，仅限于"是或可能在道路或其他公共场所使用"的机动车的责任。即使出现相同的责任和保险问题，也没有考虑将其规定扩大到无人机。"Automated and Electric Vehicles Act 2018"，UK Parliament website, https://services. parliament.uk/bills/2017-19/automatedandelectricvehicles.html, accessed 20 August 2018.

[43] 事实上，这个案件非常重要，英国政府现在在其网站上列出了有关这个问题的明确指南："Excepted Items: Confectionery: The Bounds of confectionery,Sweets, Chocolates, Chocolate Biscuits, Cakes and Biscuits: The Borderline Between Cakes and Biscuits"，UK Government website, https://www.gov.uk/hmrc-internal-manuals/vatfood/vfood6260, accessed 1 June 2018。

[44] "Why Jaffa Cakes Are Cakes, Not Biscuits"，*Kerseys Solicitors*, 22 September 2014, at http://www.kerseys.co.uk/blog/jaffa-cakes-cakes-biscuits/, accessed 1 June 2018.

[45] 关于各国所属法系的情况，see the Central Intelligence Agency World Factbook, "Field Listing: Legal Systems", at https://www.cia.gov/library/publications/the-world-factbook/fields/2100.html, accessed 1 June 2018。

[46] 普通法自英国发展而来，在澳大利亚、加拿大、爱尔兰、印度、新加坡和美国等国家都有其变体。

[47] 详 见 Cross and Harris, *Precedent* 6; Neil Duxbury, *The Nature and Authority of Precedent* (Cambridge, UK: Cambridge University Press, 2008), 103; and *Jowett's Dictionary of English Law*, edited by Daniel Greenberg (4th edn., London: Sweet & Maxwell 2015), Entry on Precedent.

[48] Oliver Wendell Holmes, *The Common Law* (Boston, MA: Little, Brown and Company,1881), 1.

[49] Kenneth Graham, "Of Frightened Horses and Autonomous Vehicles: Tort Law and Its Assimilation of Innovations", *Santa Clara Law Review*, Vol. 52 (2012), 101–131. See also Mark Deem, "What I Think Is Important⋯ Is that We Do It through Case Law⋯the Law Has This Ability to Be Able to Fill the Gaps, and We Should Embrace That", in "The *Law and Artificial Intelligence*", *Unreliable Evidence*, BBC Radio 4, first broadcast 10 January 2015, at http://www.bbc.co.uk/programmes/b04wwgz9, accessed 1 June 2018.

[50] A.P. Herbert, *Uncommon Law: Being 66 Misleading Cases Revised and Collected in One Volume* (London: Eyre Methuen, 1969), 127.

[51] UK House of Commons Science and Technology Committee, "Report on Robotics and Artificial Intelligence", fifth report of Session 2016–2017, published on 12 October 2016, HC 145, at https://www.publications.parliament.uk/pa/cm201617/cmselect/cmsctech/145/145.pdf, accessed 1 June 2018.

[52] 法律协会提交给英国下议院科学与技术委员会的书面证据（ROB0037），at http://data. parliament.uk/writtenevidence/ committeeevidence.svc/evidencedocument/science-and-technology-committee/robotics-and-artificial-intelligence/written/32616.html, accessed 1 June 2018。

[53] 对于以判例法作为创建人工智能规则的方法的类似的批评，see Matthew U. Scherer, "Regulating Artificial Intelligence Systems: Risks, Challenges, Competencies and Strategies", *Harvard Journal of Law & Technology*, Vol. 29, No. 2 (Spring 2016), 354–398, 388–392。

[54] Jeremy Waldron, "The Core of the Case Against Judicial Review", *The Yale Law Journal* (2006), 1346–1406, 1363.

[55] 英国最高法院法官的一篇演讲，阐述了司法职能的局限性，see Lord Sumption, "The Limits of the Law", 27th Sultan Azlan Shah Lecture, Kuala Lumpur, 20 November 2013, at https://www.supremecourt.uk/docs/ speech-131120.pdf, accessed 1 June 2018。另见 R (Nicklinson) v.

Ministry of Justice [2014] UKSC 38 案中大多数法官的决定，其中英国最高法院由于未经议会的许可，拒绝认定一名患绝症的人有权获得安乐死。

[56] Jack Stilgoe and Alan Winfield, "Self-driving Car Companies Should not Be Allowed to Investigate Their Own Crashes", *The Guardian*, 13 April 2018, at https://www.theguardian.com/science/political-science/2018/apr/13/self-driving-car-companies-should-notbe-allowed-to-investigate-their-own-crashes, accessed 1 June 2018.

[57] "Homepage", website of the House of Lords Select Committee on A.I., http://www.parliament.uk/ai-committee, accessed 1 June 2018.

[58] "Homepage", website of the All-Party Parliamentary Group on A.I., http://www.appg-ai.org/, accessed 1 June 2018.

[59] 人工智能与法律研讨的另一个重点领域是本书所涉问题之外的人工智能对法律行业本身的影响，如替代律师和法官。关于此点，请参阅国际人工智能与法律协会网站主页，http://www.iaail.org/,accessed 30 December 2017。

[60] House of Commons Science and Technology Committee, "Robotics and Artificial Intelligence", fifth report of Session 2016–17, 13 September 2016, para. 64.

[61] Theresa May, "Address to World Economic Forum", 25 January 2018, at https://www.weforum.org/agenda/2018/01/theresa-may-davos-address/, accessed 1 June 2018.

[62] Rowan Manthorpe, "May's Davos Speech Exposed the Emptiness in the UK's AI Strategy", *Wired*, 28 January 2018, at http://www.wired.co.uk/article/theresa-may-davos-artificial-intelligence-centre-for-data-ethics-and-innovation, accessed 1 June 2018.

[63] Rebecca Hill, "Another Toothless Wonder? Why the UK.Gov's Data Ethics Centre Needs Clout", *The Register*, 24 November 2017, at https://www.theregister.co.uk/2017/11/24/another_toothless_wonder_why_the_ukgovs_data_ethics_centre_needs_some_clout/, accessed 1 June 2018. ["无齿的奇迹"（toothless wonder）喻指那些自己的门牙都掉了还在公众场合夸夸其谈的人。——译者注]

[64] Ibid..

[65] House of Lords Select Committee on Artificial Intelligence, "AI in the UK: Ready, Willing and Able?", Report of Session 2017–19 HL Paper 100, at https://publications.parliament.uk/pa/ld201719/ldselect/ldai/100/100.pdf, accessed 1 June 2018.（*Ready, Willing and Able* 是 1937 年在美国上映的一部音乐歌舞电影的名称，同时也是一首英文歌曲的名称。——译者注）

[66] 演讲参见 https://www.pscp.tv/w/1RDGldoaePmGL, accessed 1 June 2018。

[67] Nicholas Thompson, "Emmanuel Macron Talks to Wired about France's AI Strategy", *Wired*, 31 March 2018, at https://www.wired.com/story/emmanuel-macrontalks-to-wired-about-frances-ai-strategy/, accessed 1 June 2018.

[68] Ibid..

[69] C.Dric Villani, "For a Meaningful Artificial Intelligence: Towards a French and European Strategy", March 2018, at https://www.aiforhumanity.fr/pdfs/MissionVillani_Report_ENG-VF.pdf, accessed 1 June 2018.

[70] Anne Bajart, "Artificial Intelligence Activities", *European Commission Directorate-General for Communications Networks, Content and Technology*, at https://ec.europa.eu/growth/tools-databases/dem/monitor/sites/default/files/6%20Overview%20of%20current%20action%20Connect.pdf, accessed 1 June 2018.

[71]　参见本书第 8 章之 2.4、4.2。

[72]　European Commission, "Call for a High-Level Expert Group on Artificial Intelligence", Website of the European Commission, at https://ec.europa.eu/digital-single-market/en/news/call-high-level-expert-group-artificial-intelligence, accessed 1 June 2018.

[73]　"EU Member States Sign Up to Cooperate on Artificial Intelligence", Website of the European Commission, 10 April 2018, at https://ec.europa.eu/digital-single-market/en/news/eu-member-states-sign-cooperate-artificial-intelligence, accessed 1 June 2018. [2019 年 4 月 8 日欧盟委员会发布了人工智能伦理准则，该准则由欧盟人工智能高级别专家组起草，列出了"可信赖人工智能"7 项要求——人的能动性和监督能力、安全性、隐私数据管理、透明性、包容性、环境和社会福祉、问责机制，以确保人工智能足够安全可靠。参见方莹馨：《欧盟发布人工智能伦理准则》，载《人民日报》，2019-04-11。——译者注]

[74]　COM(2021) 206 final 2021/0106 (COD).〔在欧盟立法体系中，"条例"（règlement）是具有普遍的法律效力、完整的约束力并可直接在各成员国适用，是行使欧洲共同体立法职能的优先工具。参见 [法] 德尼·西蒙著：《欧盟法律体系》，王玉芳、李滨、赵海峰译，北京，北京大学出版社，2007 年版，第 277 页。——译者注〕

[75]　Minesh Tanna, "The EU Draft AI Regulation: What You Need to Know Now", *Society of Computers and Law*, at https://www.scl.org/articles/12278-the-eu-draft-ai-regulation-what-you-need-to-know-now, accessed 25 May 2021.

[76]　Minesh Tanna, "The EU Draft AI Regulation: What You Need to Know Now", *Society of Computers and Law*, at https://www.scl.org/articles/12278-the-eu-draft-ai-regulation-what-you-need-to-know-now, accessed 25 May 2021.

[77]　"How EU decisions are made", EU website, https://europa.eu/european-union/law/decision-making/procedures_en, accessed 25 May 2021.

[78]　White House Executive Order 13859, "Maintaining American Leadership in Artificial Intelligence", 11 February 2019, at https://www.hsdl.org/?abstract&did=821398, accessed 10 November 2019.

[79]　"Artificial Intelligence", NIST website, https://www.nist.gov/topics/artificial-intelligence, Accessed 10 November 2019.

[80]　A-119, Federal Participation in the Development and Use of Voluntary Consensus Standards and in Conformity Assessment Activities, at https://www.whitehouse.gov/sites/whitehouse.gov/files/omb/circulars/A119/revised_circular_a-119_as_of_1_22.pdf, accessed 10 November 2019.

[81]　"A Plan for Federal Engagement in Developing AI Technical Standards and Related Tools", *NIST*, 19 August 2019, at https://www.nist.gov/sites/default/files/documents/2019/08/10/ai_standards_fedengagement_plan_9aug2019.pdf, p. 22, accessed 10 November 2019.

[82]　Ibid., P. 23.

[83]　Ibid..

[84]　Ibid., P. 24.

[85]　John Heckman, "White House releases 'first of its kind' set of binding AI principles for agency regulators", Federal News Network, 7 January 2020, at https://federalnewsnetwork.com/artificial-intelligence/2020/01/white-house-releases-first-of-its-kind-set-of-binding-ai-principles-for-agency-regulators/.

[86]　Illinois General Assembly, "Artificial Intelligence Video Interview Act", at http://www.ilga.gov/

legislation/fulltext.asp?DocName=&SessionId=108&GA=101&DocTypeId=HB&DocNum=2557&GAID=15&LegID=&SpecSess=&Session=.

[87] Assembly Bill No. 730 - An Act to Amend, Repeal, and Add Section 35 of the Code of Civil Procedure, and to Amend, Add, and Repeal Section 20010 of the Elections Code, Relating to Elections, approved by the Governor 3 October 2019, filed with Secretary of State, 3 October 2019, at https://leginfo.legislature.ca.gov/faces/billTextClient.xhtml?bill_id=201920200AB730.

[88] See "Zuckerberg Deepfake Video", at https://www.youtube.com/watch?v=fP_JwXKJyPU.

[89] SB No. 751 "An Act Relating to the Creation of a Criminal Offense for Fabricating a Deceptive Video with Intent to Influence the Outcome of an Election", at https://capitol.texas.gov/tlodocs/86R/billtext/html/SB00751F.htm.

[90] "Algorithmic Accountability Act of 2019", draft, at https://www.wyden.senate.gov/imo/media/doc/Algorithmic%20Accountability%20Act%20of%202019%20Bill%20Text.pdf, accessed 10 November 2019.

[91] "The Japanese Robot market was worth approximately 630 billion (JPY) [approximately 4.8 billion (EUR)]", in 2015. Fumio Shimpo, "The Principal Japanese AI and Robot Strategy and Research Toward Establishing Basic Principles", *Journal of Law and Information Systems*, Vol. 3 (May 2018).

[92] "Report on Artificial Intelligence and Human Society", Japan Advisory Board on Artificial Intelligence and Human Society, 24 March 2017, Preface, at http://www8.cao.go.jp/cstp/tyousakai/ai/summary/aisociety_en.pdf, accessed 1 June 2018.

[93] Ibid..

[94] Advisory Board on Artificial Intelligence and Human Society, "Report on Artificial Intelligence and Human Society, Unofficial Translation", at http://www8.cao.go.jp/cstp/tyousakai/ai/summary/aisociety_en.pdf, accessed 1 June 2018.

[95] 英文版参见 New America Institute, "A Next Generation Artificial Intelligence Development Plan", China State Council, translated by Rogier Creemers, Leiden Asia Centre; Graham Webster, Yale Law School Paul Tsai China Center; Paul Triolo, Eurasia Group; and Elsa Kania (Washington, DC: New America, 2017), at https://na-production.s3.amazonaws.com/documents/translation-fulltext-8.1.17.pdf, accessed 1 June 2018。

[96] Paul Triolo and Jimmy Goodrich, "From Riding a Wave to Full Steam Ahead as China's Government Mobilizes for AI Leadership, Some Challenges Will Be Tougher than Others", New America, 28 February 2018, at https://www.newamerica.org/cybersecurity-initiative/digichina/blog/riding-wave-full-steam-ahead/, accessed 1 June 2018.

[97] Jeffrey Ding, "Deciphering China's AI Dream", in *Governance of AI Program, Future of Humanity Institute* (Oxford: Future of Humanity Institute, March 2018), 30, at https://www.fhi.ox.ac.uk/wp-content/uploads/Deciphering_Chinas_AI-Dream.pdf, accessed 1 June 2018.

[98] Jeffrey Ding, "Deciphering China's AI Dream", in *Governance of AI Program, Future of Humanity Institute* (Oxford: Future of Humanity Institute, March 2018), at https://www.fhi.ox.ac.uk/wp-content/uploads/Deciphering_Chinas_AI-Dream.pdf, accessed 1 June 2018.

[99] Ibid., 31.

[100] Ibid..（原文见腾讯研究院、中国信息通信研究院互联网法律研究中心等：《人工智能：国家人工智能战略行动抓手》，北京，中国人民大学出版社，2017 年版，181 页。——译者注）

[101]　Ibid..［据报道，在由 ISO(国际标准化组织) 和 IEC(国际电工委员会) 联合组织的全球标准协作会议 GSC-22 上，加州硅谷的商业和技术策略师威尔·迪亚布（Wael Diab）负责组织人工智能会议，他也是 ISO 和 IEC 信息技术联合技术小组 (ISO/IEC JTC 1/SC 42) 中专门研究人工智能的小组的主席。参见《标准合作——实现人工智能和智能城市的关键》，载中国国家认证认可监督管理委员会网站，http://www.cnca.gov.cn/xxgk/hydt/201904/t20190425_57177.shtml，访问日期：2019-07-17。——译者注］

[102]　Paul Triolo and Jimmy Goodrich, "From Riding a Wave to Full Steam Ahead As China's Government Mobilizes for AI Leadership, Some Challenges Will Be Tougher Than Others", *New America*, 28 February 2018, at https://www.newamerica.org/cybersecurity-initiative/digichina/blog/riding-wave-full-steam-ahead/, accessed 1 June 2018.

[103]　"White Paper on Standardization in AI", National Standardization Management Committee, Second Ministry of Industry, 18 January 2018, at http://www.sgic.gov.cn/upload/f1ca3511-05f2-43a0-8235-eeb0934db8c7/20180122/5371516606048992.pdf, accessed 9 April 2018. 白皮书编写单位包括：中国电子标准化研究院自动化研究所、中国科学院、北京理工大学、清华大学、北京大学、中国人民大学以及华为、腾讯、阿里巴巴、百度等私营企业，以及英特尔（中国）和松下（原松下电器）(中国) 有限公司等。[《人工智能标准化白皮书》(2018 版) 中文版可见于中国电子技术标准化研究院网站，http://www.cesi.ac.cn/201801/3545.html，访问日期：2019-07-17。——译者注]

[104]　Ibid., para. 3.3.1.

[105]　"Beijing AI Principles", BAAI, 28 May 2019, at https://www.baai.ac.cn/blog/beijing-ai-principles.

[106]　"Governance Principles for a New Generation of Artificial Intelligence: Develop Responsible Artificial Intelligence", 17 June 2019, at https://perma.cc/7USU-5BLX.

[107]　参见中国科技部网站，http://www.most.gov.cn/kjbgz/202109/t20210926_177063.html，访问日期：2021-09-26。

[108]　Shine (Xinhua News Agency), "China Issues Regulation for Online Audio, Video Services", 30 November 2019, at https://www.shine.cn/news/nation/1911307129/.

[109]　参见《国家互联网信息办公室关于〈互联网信息服务算法推荐管理规定（征求意见稿）〉公开征求意见的通知》，载国家互联网信息办公室网站：http://www.cac.gov.cn/2021-08/27/c_1631652502874117.htm，访问日期：2021-09-01。

[110]　Elsa Kania, "China's Strategic Ambiguity and Shifting Approach to Lethal Autonomous Weapons Systems", *Lawfare Blog*, 17 April 2018, at https://www.lawfareblog.com/chinas-strategic-ambiguity-and-shifting-approach-lethal-autonomous-weapons-systems,accessed 1 June 2018. 卡尼亚（Kania）指出，中国的声明可能并非完全如此，特别是鉴于中国似乎同时在发展自己的自主武器系统，因而呼吁将来实施禁令。中国代表团声明的原始录音可见联合国数字录音门户网站：https://conf.unog.ch/digitalrecordings/index.html?guid=public/61.0500/E91311E5-E287-4286-92C6-D47864662A2C_10h14&position=1197, accessed 1 June 2018。

[111]　"Convergence on Retaining Human Control of Weapons Systems", *Campaign to Stop Killer Robots*, 13 April 2018, at https://www.stopkillerrobots.org/2018/04/convergence/, accessed 1 June 2018.

[112]　Paul Triolo and Jimmy Goodrich, "From Riding a Wave to Full Steam Ahead as China's Government Mobilizes for AI Leadership, Some Challenges Will Be Tougher than Others",

New America, 28 February 2018, at https://www.newamerica.org/cybersecurity-initiative/ digichina/blog/riding-wave-full-steam-ahead/, accessed 1 June 2018.

[113] WangHun Jen, "Contextualising China's Call for Discourse Power in International Politics", *China: An International Journal*, Vol. 13, No. 3 (2015), 172–189. Project MUSE, muse.jhu.edu/ article/604043, accessed 9 April 2018. See also Jin Cai, "5 Challenges in China's Campaign for International Influence", *The Diplomat*, 26 June 2017, at https://thediplomat.com/2017/06/5-challenges-in-chinas-campaign-for-international-influence/, accessed 1 June 2018.

[114] See, for example, Michel Foucault, *Archeology of Knowledge*, translated by A.M. Sheridan Smith (New York: Pantheon Books, 1972). The definition quoted is from Iara Lesser, "Discursive Struggles within Social Welfare: Restaging Teen Motherhood", *The British Journal of Social Work*, Vol. 36, No. 2 (1 February 2006), 283–298.

[115] See Joseph S. Nye, Jr., "Soft Power", *Foreign Policy*, No. 80, Twentieth Anniversary (Autumn 1990), 153–171.

[116] 新华社 2011 年 10 月 25 日电：《中共中央关于深化文化体制改革、推动社会主义文化大发展大繁荣若干重大问题的决定》，载 http://www.gov.cn/jrzg/2011-10/25/content_1978202. htm，访问日期：2019–06–01。

[117] Jin Cai, "5 Challenges in China's Campaign for International Influence", *The Diplomat*, 26 June 2017, at https://thediplomat.com/2017/06/5-challenges-in-chinas-campaign-for-international-influence/, accessed 1 June 2018.

[118] Julian E. Barnes and Josh Chin, "The New Arms Race in AI", *The Wall Street Journal*, 2 March 2018, at https://www.wsj.com/articles/the-new-arms-racein-ai-1520009261, accessed 1 June 2018. See also John R. Allen and Amir Husain, "The Next Space Race Is Artificial Intelligence: And the United States Is Losing", *Foreign Policy*, 3 November 2017, at http://foreignpolicy. com/2017/11/03/the-next-space-race-is-artificial-intelligence-and-america-is-losing-to-china/, accessed 1 June 2018.

[119] 参见上文本章第 4 节，也可参见 UK House of Commons Science and Technology Committee, "Robotics and Artificial Intelligence", fifth report of Session 2016–17,13 September 2016, para. 64; Mathew Lawrence, Carys Roberts, and Loren King, "Inequality and Ethics in the Digital Age", IPPR Commission on Economic Justice Managing Automation Employment, December 2017, 37–39; Ryan Calo, "The Case for a Federal Robotics Commission", *Brookings Institution*, 15 September 2014, 3, at https://www.brookings.edu/research/the-case-for-a-federal-robotics-commission/, accessed 1 June 2018; and Matthew U. Scherer, "Regulating Artificial Intelligence Systems: Risks, Challenges, Competencies and Strategies", *Harvard Journal of Law & Technology*, Vol. 29,No. 2 (Spring 2016), 354–398, 393–398。

[120] "Why Is the border between the Koreas Sometimes Called the '38th Parallel'?", *The Economist*, 5 November 2013.

[121] 其中一个最著名的例子是"购买路易斯安那"，美国于 1803 年从法国手中以 5000 万法郎的价格购买了路易斯安那的领土（后来的路易斯安那州）。

[122] 有关监管合规所导致的成本和困难类型的示例，see Stacey English and Susannah Hammond, *Cost of Compliance 2017* (London: Thompson Reuters, 2017)。

[123] Vanessa Houlder, "OECD Unveils Global Crackdown on Tax Arbitrage by Multinationals", *Financial Times*, 19 July 2013, at https://www.ft.com/content/183c2e26-f03c-11e2-b28d-

00144feabdc0, accessed 1 June 2018.

[124] "Whither Nationalism? Nationalism Is not Fading Away: But It Is not Clear Where It Is Heading", *The Economist*, 19 December 2017.

[125] Ibid..

[126] ICANN, "The IANA Functions", December 2015, at https://www.icann.org/en/system/files/files/iana-functions-18dec15-en.pdf, accessed 1 June 2018.

[127] ICANN, "History of ICANN", at https://www.icann.org/en/history/icann-usg, accessed 1 June 2018.

[128] Ibid., see also Clinton White House, "Framework for Global Electronic Commerce",1 July 1997, at https://clintonwhitehouse4.archives.gov/WH/New/Commerce/read.html,accessed 1 June 2018.

[129] "National Telecommunications Information Administration, Responses to Request for Comments", at https://www.ntia.doc.gov/legacy/ntiahome/domainname/130dftmail/,accessed 1 June 2018.

[130] "Articles of Incorporation of Internet Corporation for Assigned Names and Numbers", *ICANN*, as revised 21 November 1998, at https://www.icann.org/resources/pages/articles-2012-02-25-en, accessed 1 June 2018.

[131] ICANN-Accredited Registrars, at https://www.icann.org/registrar-reports/accredited-list.html, accessed 18 January 2018.

[132] ICANN, "Beginner's Guide to At-Large Structures", June 2014, at https://www.icann.org/sites/default/files/assets/alses-beginners-guide-02jun14-en.pdf, accessed 1 June 2018, 3.

[133] Ibid., 4.

[134] Ibid., 7–8.

[135] "History of ICANN", *ICANN*, at https://www.icann.org/en/history/icann-usg,accessed 1 June 2018.

[136] "Remarks by President Trump to the 72nd Session of the United Nations General Assembly", website of the White House, 19 September 2017, https://www.whitehouse.gov/briefings-statements/remarks-president-trump-72nd-session-united-nations-general-assembly/, accessed 1 June 2018.

[137] 相关讨论，see Arthur A. Stein, *Why Nations Cooperate: Circumstance and Choice in International Relations* (Ithaca and London: Cornell University Press, 1990)。

[138] Ohchr, ohrlls, undesa, unep, unfpa, "Global Governance and Governance of the Global Commons in the Global Partnership for Development Beyond 2015: Thematic Think Piece", January 2013, at http://www.un.org/en/development/desa/policy/untaskteam_undf/thinkpieces/24_thinkpiece_global_governance.pdf, accessed 1 June 2018.

[139] Arthur A. Stein, *Why Nations Cooperate: Circumstance and Choice in International Relations* (Ithaca and London: Cornell University Press, 1990), 7–10.

[140] Thomas C. Schelling, *The Strategy of Conflict* (Cambridge, MA: Harvard University Press, 1960). See also Glenn H. Snyder, "'Prisoner's Dilemma' and Chicken' Models in International Politics", *International Studies Quarterly*, Vol. 15 (March 1971), 66–103.

[141] Tucker Davey, *"Developing Countries Can't Afford Climate Change"*, *Future of Life Institute*, 5 August 2016, at https://futureoflife.org/2016/08/05/developing-countries-cant-afford-climate-

change/, accessed 1 June 2018.

[142] 一个好的先例是：《南极条约》于 1957 年由 12 个国家商定，其中包括几个世界主要大国——美国、法国、英国和俄罗斯，这些国家的科学家一直活跃在该地区。"The Antarctic Treaty", website of the Antarctic Treaty Secretariat, http://www.ats.aq/e/ats.htm, accessed 1 June 2018.

[143] US Department of State, "Treaty on Principles Governing the Activities of States in the Exploration and Use of Outer Space, Including the Moon and Other Celestial Bodies:Narrative", website of the US Department of State, https://www.state.gov/t/isn/5181.htm, accessed 1 June 2018.

[144] 联合国大会 1963 年 12 月 13 日第 1962（XVIII）号决议。

[145] 《外层空间条约》第 9 条。

[146] 这些空间站包括：美国的 NASA，欧洲多国的 ESA，加拿大的 CSA，日本的 JAXA，俄罗斯的 Roscsmos。"International Space Station", website of NASA, https://www.nasa.gov/mission_pages/station/main/index.html, accessed 1 June 2018.

[147] 1967 年《关于营救宇航员、送回宇航员和归还发射到外空的物体的协定》规定，对发生意外或紧急降落的宇航员给予尽可能的救助。它还规定了向发射当局归还超出其领土范围的空间物体的程序。1971 年《空间物体所造成的损害的国际责任公约》规定，发射国应对其空间物体在地球表面或飞行中的飞机和（或）其他国家的空间物体或其上人员或财产造成的损害负责。1974 年《关于登记射入外层空间物体的公约》规定，发射国应保留空间物体登记册，并提供关于发射的每个空间物体的具体资料，以便列入联合国中央登记册。1979 年《关于各国在月球和其他天体上活动的协定》更具体地阐述了 1966 年条约中关于月球和其他天体的原则。See "General Assembly Resolutions and Treaties Pertaining to the Peaceful Uses to Outer Space", United Nations website, http://www.un.org/events/unispace3/bginfo/gares.htm, accessed 1 June 2018.

[148] "Role and Responsibilities", website of UNOOSA, http://www.unoosa.org/oosa/en/aboutus/roles-responsibilities.html, accessed 1 June 2018.

[149] 国际公法通常与国际私法有所区别，后者规定各国之间的法律制度如何相互作用，特别是关于不同国家的法院何时拥有对争端的管辖权以及承认和执行外国判决的规则。关于英国的做法，see Collins, ed., *Dicey, Morris and Collins on the Conflict of Laws* (15th edn. London: Sweet & Maxwell, 2016)。本书对于国际私法不作进一步探讨。

[150] 对国际习惯法很难准确定义，因为它是由国家实践以及国家是否认为自己受其约束的法律确信（*opinio juris*）相互结合而成的。See J.rg Kammerhofer, "Uncertainty in the Formal Sources of International Law: Customary International Law and Some of Its Problems", *European Journal of International Law*, Vol.15, No. 3, 523–553; Frederic L. Kirgis, Jr., "Custom on a Sliding Scale", *The American Journal of International Law*, Vol. 81, No. 1 (January 1987), 146–151。

[151] 同样，对于什么样的原则被普遍接受为法律也存在很大的不确定性。See The Barcelona Traction Case, ICJ Reports (1970), 3.

[152] 与普通法法系不同，国际法中并没有明确的遵循先例（stare decisis）的规则。

[153] See The Statute of the International Court of Justice, Art. 38(1).

[154] 参见《联合国宪章》（UN Charter）第 25 条。也可以在联合国哈马舍尔德图书馆网站（Website of Dag Hammarskjold Library）上查阅"Are UN Resolutions Binding", http://

ask.un.org/faq/15010, accessed 3 June 2017。Philippe Sands, Pierre Klein, and D.W. Bowett, *Bowett's Law of International Institutions* (6th edn., London: Sweet & Maxwell, 2009).

[155]　Math Noortmann, August Reinisch, and Cedric Ryngaert, eds., *Non-state Actors in International Law* (Oxford: Hart Publishing, 2015).

[156]　法律理论家汉斯·凯尔森（Hans Kelsen）确定了"Pacta sunt servanda"的主张，即协议应该被尊重，这是国际法中最重要的规范。Hans Kelsen, "Théorie générale du droit international public. Problèmes choisis", *Collected Courses of the Hague Academy of International Law 42* (Boston: Brill Nijhoff, 1932), IV, 13. Discussed in Francois Rigaux, "Hans Kelsen on International Law", *European Journal of International Law*, Vol. 9, No. 2 (1998), 325–343.

[157]　Ryan Goodman, "Human Rights Treaties, Invalid Reservations, and State Consent", *American Journal of International Law*, Vol. 96 (2002), 531–560; Alan Boyle and Christine Chinkin, *The Making of International Law* (Oxford: Oxford University Press,2007).

[158]　这被称为"威斯特伐利亚模式"（"Westphalian Model"），随着 1648 年签订的《威斯特伐利亚和约》（The Peace of Westphalia）承认各国对其内政的控制权，在欧洲持续 30 年的大规模国际战争结束了。

[159]　Russell Hittinger, "Social Pluralism and Subsidiarity in Catholic Social Doctrine", *Annales Theologici*, Vol. 16 (2002), 385–408, 396.

[160]　"Subsidiarity", EUR-Lex (official website for EU law), http://eur-lex.europa.eu/summary/glossary/subsidiarity.html, accessed 9 December 2017. 现在，它作为一项原则被庄严地载入《欧盟运行条约》第 5 条第 3 款。

[161]　"The Principle of Subsidiarity", European Parliament, January 2018, at http://www.europarl.europa.eu/ftu/pdf/en/FTU_1.2.2.pdf, accessed 1 June 2018.

[162]　参见《欧盟运行条约》第 263 条。

[163]　Christine M. Chinkin, "The Challenge of Soft Law: Development and Change in International Law", *International and Comparative Law Quarterly* (1989), 850–866.

[164]　"Regulations, Directives and Other Acts", website of the European Union, https://europa.eu/european-union/eu-law/legal-acts_en, accessed 1 June 2018.

[165]　欧洲议会和理事会于 2015 年 3 月 11 日通过的关于进口共同规则的条例 [Regulation（EU）2015/478]。

[166]　欧洲议会和理事会于 2011 年 10 月 25 日通过的关于消费者权利的指令（Directive 2011/83/EU）。

[167]　欧盟委员会和外交与安全政策联盟高级代表《关于欧盟参与合作预防和打击恐怖主义的各种组织进行合作的联合决定（JOIN / 2015/032）》。欧盟委员会的"决定"可被视为行政行为而不是立法行为。实际上，欧盟委员会网站将其描述为欧盟的"政治独立的执行机构"，但这掩盖了欧盟委员会在立法方面的作用。此外，执行行为（特别是当它们具有创建或传达政策的效果时）还具有创建或确认法律的效果。因此，欧盟委员会的决定可以恰当地被定性为一种立法形式，即使它们不是来自纯粹的立法机构（议会）。See "European Commission", website of the EU, https://europa.eu/european-union/about-eu/institutions-bodies/european-commission_en, accessed 1 June 2018.

[168]　Council Recommendations— "Promoting the use of and sharing of best practices on cross-border videoconferencing in the area of justice in the Member States and at EU level", OJC 250,

31 July 2015, 1–5.

[169] 例如，可参见欧盟关于制裁的各类指南，Maya Lester QC and Michael O'Kane, "Guidelines", *European Sanctions Blog*, at https://europeansanctions.com/eu-guidelines/, accessed 1 June 2018。

[170] Willem Riphagen, "From Soft Law to Jus Cogens and Back", *Victoria University of Wellington Law Review*, Vol. 17 (1987), 81.

[171] See "UNICTRAL Model Law on International Commercial Arbitration", at http://www. uncitral.org/uncitral/en/uncitral_texts/arbitration/1985Model_arbitration.html,accessed 1 June 2018.

[172] Deanna Barmakian and Terri Saint-Amour, "Uniform Laws and Model Acts", Harvard Law School Library, at https://guides.library.harvard.edu/unifmodelacts, accessed 1 June 2018.

[173] 《统一商法典》是被广泛采用的统一法范例。

[174] "About the IMLI", website of the IMLI, http://www.imli.org/about-us/imo-international-maritime-law-institute, accessed 1 June 2018. [目前该校网站介绍被更新为："国家海事组织（IMO）、国际海事法学院（IMLI）的使命是加强所有国家，特别是发展中国家的能力建设，为实现国家海事组织的目标作出贡献，从而通过合作促进安全、可靠、环保、高效和可持续的航运。国际海事法学院于 1988 年根据国际海事组织和马耳他政府之间达成的协议在马耳他成立，于 1989 年启动了首个培训项目。其主要目的是培训主要来自发展中国家的国际海事法领域的官员。在过去的 30 年中，国际海事法学院的工作为国际海事法专家队伍的建设作出了贡献，他们能够为海事法律法规的实施进行准备、检查和建言。"（IMO 国际海事法学院网站，https://imli.org/about-us/，查询日期 2021-08-06。）——译者注]

[175] Directive 2014/65/EU of the European Parliament and of the Council of 15 May 2014 on Markets in Financial Instruments, Art. 67.

[176] Ibid..

[177] "Global Financial Innovation Network", FCA website, 7 August 2018, updated 9 August 2018, https://www.fca.org.uk/publications/consultation-papers/global-financialinnovation-network, accessed 16 August 2018. 本书第 7 章之 7.3.4 将对监管沙盒的功能和性质展开进一步讨论。

[178] 2015 年《巴黎气候协定》第 15 条第 2 款规定："本条第一款所述的机制应由一个委员会组成，应以专家为主，并且是促进性的，行使职能时采取透明、非对抗的、非惩罚性的方式。"

[179] See, for example, the views of Israel on the International Criminal Court: "Israel and the International Criminal Court", Office of the Legal Adviser to the Ministry of Foreign Affairs, 30 June 2002, at http://www.mfa.gov.il/MFA/MFA-Archive/2002/Pages/Israel%20and%20the%20 International%20Criminal%20Court.aspx, accessed 1 June 2018.

[180] 欧盟"第 255 条委员会"是有效实现资质和地域多样性之间平衡的一个范例，该委员会自 2010 年起对欧盟法院任命法官候选人进行评价。相关讨论参见 Tomas Dumbrovsky, Bilyana Petkova, and Marijn Van der Sluis, "Judicial Appointments: The Article 255 TFEU Advisory Panel and Selection Procedures in the Member States", *Common Market Law Review*, Vol. 51 (2014), 455–482。

[181] European Commission, "Press Release–Rule of Law: European Commission Acts to Defend Judicial Independence in Poland", website of the European Commission, 20 December 2017,

http://europa.eu/rapid/press-release_IP-17-5367_en.htm, accessed 1 June 2018.

[182]　Ibid..

[183]　《欧洲联盟条约》第 7 条。

[184]　经合组织成员国是：澳大利亚、奥地利、比利时、加拿大、智利、哥伦比亚、哥斯达黎加、捷克共和国、丹麦、爱沙尼亚、芬兰、法国、德国、希腊、匈牙利、冰岛、爱尔兰、以色列、意大利、日本、韩国、拉脱维亚、立陶宛、卢森堡、墨西哥、荷兰、新西兰、挪威、波兰、葡萄牙、斯洛伐克共和国、斯洛文尼亚、西班牙、瑞典、瑞士、土耳其、英国和美国。欧洲共同体委员会参加经合组织的工作。

[185]　2011 年《准则》修订版增加了一章"人权"，与《联合国工商业与人权指导原则》在文字上保持一致。《准则》还提到了国际劳工组织《关于跨国企业和社会政策的三方原则宣言》以及《里约宣言》的相关规定。See OECD Secretariat, Implementing the OECD Guidelines for Multinational Enterprises: The National Contact Points from 2000 to 2011, 11(2016), 11, at http://mneguidelines.oecd.org/OECD-report-15-years-National-Contact-Points.pdf, accessed 1 June 2018.

[186]　Ibid., 12. 非政府组织在 2011 年至 2016 年期间出现了 80 个特定情形，占所有投诉的 48%，其次是工会，自 2011 年以来占所有投诉的四分之一。个人在 2011 年至 2016 年期间提出了 33 起投诉，占所有投诉的 19%。 在初始评估阶段，大约三分之一的已经结束的特定情形未被接受进一步处理。自 2000 年以来，不接受率相对稳定在 30% 至 40% 之间。

[187]　Ibid., Glossary.

[188]　Ibid., 12.

[189]　Ibid., 12.

[190]　Ibid., 13.

[191]　Vilca v. Xstrata [2016] EWHC 2757 (QB), at [22], [25].

[192]　詹姆斯国王本《圣经·旧约·创世记》第 11 章第 1 节（Genesis 11:1, King James Bible）。

[193]　Ibid..

第 7 章

控制人工智能的创建者

1 创建者和被创建者

责任问题是关于损害发生后法律责任如何承担的问题。本书的最后两章首先考虑如何预防产生的不良后果。[1] 为此，我们将讨论人工智能提出的第三个重要问题："伦理标准应如何适用于新技术？"

本章和第 8 章认为，"创建者"（"creators"）和"被创建者"（"creations"）应分别适用不同规则。创建者是指（目前）设计、规划、操作人工智能或与之协作等进行交互的人，而被创建者即是指人工智能本身。

科技记者约翰·马尔科夫（John Markoff）在其著作《与机器人共舞》（*Machines of Loving Grace*）中写道："在一个充满智能机器的世界里，要回答关于控制的难题，最好的方法是去了解那些系统创建者的价值观。"[2] 在某种程度上，的确如此，但是"难题"的答案还取决于技术上的可能性。虽然编写这两套规则都需要人类的输入，但区别在于，这两套标准的接收者（addressees）不同，而不是渊源（source）不同：创建者规则（rules for creators）是告诉人类应该怎么做，被创建者规则（rules for creations）则是用于规范人工智能。

创建者规则是一套设计伦理，其通过智能体增益避害，间接发挥作用。根据经验，创建者规则可作如下表述："在设计、操作人工智能或与之交互时，您应该……"相比之下，被创建者规则通常比较简单："您（人工智能）应该……"

本章以下将分三步重点探讨创建者规则：首先是从最底层讨论如何构建适当的制度来制定伦理规则；其次，对迄今提出的各种伦理准则进行述评；最后探讨如何实施并强制执行创建者规则。

现今为人工智能工程师[3]编写道德准则的机构大多像阿西莫夫一样，直接提出相应规则，而很少考虑第一步和第三步。要想对人工智能实现有效规制，那么其他两个步骤与规则本身同样重要——如果不是更重要的话。

2 道德监管机构的正当性（legitimacy）

产业和技术监管中的一些选择甚为重要，但有时是任意性的（arbitrary）。例如，人们选择广播电台时，多是根据自己的偏好而不是按照无线电频率民用与公用（军队或警察等公务）的划分进行收听。相比之下，大多数公众会对安乐死、堕胎或同性婚姻等公共话题的伦理和法律问题各抒己见。本书第 2 章展示了人工智能如何参与这些重要的道德选择。

本书认为，道德问题的长远决策不应留给技术精英。在设计人工智能的伦理标准时，首要任务是确保道德规制对于在适当范围内所征求到的意见予以考量。

2.1 "……民有，民治，民享"

在葛底斯堡的演讲中，亚伯拉罕·林肯（Abraham Lincoln）表示他将创造一个"民有、民治、民享的政府"（"government of the people, by the people, for the people"）。在讨论如何为新技术立法时，莫拉格·古德温（Morag Goodwin）和罗杰·布朗斯沃德（Roger Brownsword）引用此言意在说明："……程序是我们理解政治合法性（political legitimacy）的核心所在"[4]。

英国决定退出欧盟（"Brexit"）一事表明，如果一个法律制度被其全部或部分主体认为缺乏正当性（legitimacy），就会出现问题。根据欧盟法律，英国公民受益于一系列社会和经济保护[5]，但这并没有阻止52%的选民在2016年的公民投票中拒绝这些所谓"外国的"和"非民主的"法律以"摆脱控制"[6]。

"脱欧"选民感到沮丧的一个主要原因可能是欧盟机构制定的法律对英国具有约束力缺乏正当性。[7]这种与欧盟的距离感和被剥夺感警示我们，如果法律没有获得足够的公众支持，即使是相对富裕和受过良好教育的民众也可能拒绝良好的法律制度。[8]

公众对人工智能的态度正处在十字路口：在德国、美国和日本的消费者调查表明，大多数人对机器人成为日常生活的一部分感到满意。[9]同样，2017年4月的伊普索斯莫里民意调查（IPSOS Mori poll）显示，29%的英国公众认为机器学习的风险大于其利益，36%的人认为机器学习的风险与利益持平，29%的人认为机器学习的风险大于利益（其余7%的人表示不知道）。[10]看来虽然很多人都对人工智能有所担忧，但对其积极作用持相对开放的态度。公众舆论可能会倒向支持或反对人工智能的任何一方。[11]

本书第5章之3.6.4讨论了全心拥抱人工智能的技术爱好者，和基于经济和社会问题而对人工智能产生恐惧甚至敌意的新卢德分子之间产生的重大分歧。除非有一个公众质询的过程，否则公共讨论的空白可能会被那些教条地认为采用某项甚至所有新技术的申请都应被禁止的压力团体所填补。下文将就政府如何避免这种情况提出建议。

2.2 个案研究：转基因作物与食品安全

对转基因（GM）作物的不同反应证明了公众质询对新技术发展的重要

性。[12] 在 20 世纪 70 年代早期，科学家开发出一种将 DNA 从一种生物转移到另一种生物的技术。该技术从一开始就明确要改善农业的前景：如果从一种生物体中选择的 DNA 链可以转移到另一种生物体，那么后者可能会获得一种新的特性。[13] 一个显著的例子是，在极其冰冷的水中能够存活的一条鱼的 DNA 被转入番茄植株后，番茄可以更好地抵抗霜冻。[14]

可以预见，能够产生抵抗极端天气、寄生虫和疾病等常见灾害的植株能力，本应可喜可贺，而事实恰恰相反，这项技术在欧盟引起了公众的强烈反对。虽然几乎没有证据表明转基因作物对人类或环境有害，但对未知风险的恐惧以及对科学家"篡改自然"的反感使许多人拒绝购买转基因食品，甚至加入支持完全禁止转基因作物的运动。[15] 2004 年 4 月，各大生物技术公司放弃了在英国的转基因田间试验，原因就是英国消费者对此表示担忧。[16] 2015 年，超过一半的欧盟成员国禁止农民种植转基因作物。[17] 事实上，这项禁令实际意义不大，因为在 2015 年之前，只有一种转基因作物在欧盟获得批准和种植。[18]

但也未必完全如此，美国农业部于 2017 年在报告中说，美国种植的玉米中就有 77%的是转基因玉米。[19] 欧盟和美国之所以对转基因作物态度迥异，部分是因为监管机构在技术起步阶段采取的措施不同。[20] 消费者调查和心理学研究表明，对信息来源的信任是决定人们对转基因食品信息反应方式的重要因素。[21] 在转基因技术最初开发后不久，美国政府即指令美国食品药品监督管理局（FDA）对其予以监管。FDA 推动了包括科学家、监管机构、农民和环境保护主义者在内的利益相关者之间的讨论，并于 20 世纪 80 年代中期进行了现场测试。利益相关者共享这些测试的数据，并进行了进一步的实验，以解决讨论者提出的问题。[22] 行为科学家菲纽肯（Finucane）和豪乐普（Holup）观察指出：

与（美国）形成鲜明对比的是，欧洲缺乏技术许可及减轻公众恐慌的中央监管机构，而生物技术则被视为是一项需要创新性监管措施的新技术……20 世纪 90 年代初的欧洲现场测试未能促使公众和政府机构之间就此展开讨论。[23]

也许有人反对说，协商性的规则制定是一种西方式的自负，但在西方以外的国家，监管机构也认识到了公众信任的重要性。例如在中国尽管政府对公民生活有很多调控，但由于多次出现毒牛奶、地沟油、过期肉甚至假鸡蛋的新闻，2015 年的一项调查显示，有 71% 的中国消费者认为食品和药品安全是一个问题。[24] 许多掺假都源于食品生产和加工过程中的技术滥用。在传统的农业社会中，人们一般会从农民那里或者市场销售者之类的单一中间商处购买食物。放弃这种模式以支持工业化大规模生产食品需要对新体系的健全性抱有很大的信任。在直接回应这些问题时，中国政府近年来一直试图提高监管标准，如在 2015 年修订通过了新的《食品安全法》。[25]

这就表明，无论所涉及的文化或社会类型如何，公众对新技术规则制定的标准的信心对于该技术的成功实施和采用至关重要。[26] 如果缺乏此种信任，人们可能会选择放弃使用新技术，欧洲消费者对转基因食品即是如此。如果人们无从选择，他们将被迫使用并不信任的技术，这将导致社会的凝聚力和政府的公信力受到削弱。

3 协同立法

上述例子说明，在制定新技术规则时虑及法律主体十分重要。即使立法在未经公众协商的情况下看来也是这样，重要的是立法者应该让公民和利益相关者参与进来。这样做可以让公众，特别是那些受新技术影响最大的群体感到自己是立法过程的一部分，从而对最终创制的法律拥有更大的所有权。这会形成良性循环：协同监管可以促进技术的更多采用，反过来也能更好地对规则予以反馈和调整。[27]

卢梭（Rousseau）在《社会契约论》中写道："公意（general will），的确……必须来自人民并适用于人民。"[28]公民参与公共事务的基本权利在 20世纪得到了国际认同，拥有 170 多个缔约国的联合国《公民权利和政治权利国际公约》第 25 条规定，"每个公民都有权利和机会……参与公共事务"[29]。

在将这种崇高的说辞付诸实践时，并没有什么"一刀切"的解决方案可以让公众参与人工智能的决策。相反，每个国家和地区（如果适当的话）应该根据当地政治传统确定参与方式。虽然本书支持经过审议和反应迅速的立法，但目的是提议对人工智能实施能够兼容所有现有法律和政治制度的规制。为了实现这种平衡，需要一定程度的灵活性。尽管如此，不同的政府都可以使用某些重要的工具和技术来实现公民参与的目标。

公众成功参与监管的两个最重要因素是提供有关新技术的信息和教育。这些先决条件鼓励人们在寻求意见时作出明智的决定。[30]如本章下文所示，公众教育对规范的有效执行也非常重要。有效的公众参与的另一个背景条件是个人和团体的言论自由，能够表达他们的意见并形成一个思想市场（marketplace of ideas）。[31]

公众不只发出一种声音。当监管机构必须在相互竞争的监管选项之间作出决定时，会有一方或多方人群对结果不满意。政策制定者要让人们了解政治哲学家约翰·罗尔斯（John Rawls）提出的主体的"公共理性"（"public reason"），即在公正的社会中，规范公共生活的规则应该对所有受影响的人都是合理的或可接受的。这并不意味着每个公民都需要同意每条规则，但他们至少应该同意该制度。应该有一些共同的理想被所有人接受，这是相关立法机构具有合法性的基础。[32]

人工智能监管机构应确保参与者尽可能涵盖能够反映整个社会的代表性样本，并结合性别、地理分布、社会经济背景、宗教和种族等特征进行调整。如果一个或多个群体被故意或意外地排除在协商过程之外，则此政策决策在该类人群中就缺乏正当性，并且可能导致未来出现社会裂痕。[33]多样性是一个与人工智能特别相关的问题，许多人已经表达关于人工智能系统可能会反映白人男性工程师的固有偏见的担心。[34]

应该采用多种方法来征求意见，例如，政府或立法机关可以向公众征询意见并加以评估。这种征询可以借鉴私营部门普遍采用的方法，包括精准的焦点小组（focus groups）访谈法，以征求可能无法联系到的重点人群的意见。立法机关还可以邀请利益集团和专家参加一系列公开论坛。英国议会人工智能跨党派小组（APPG）在 2017 年和 2018 年举行了会议，专家就各种问题回答立法机关和公众的质疑。对这些会议都进行了现场直播并提供在线观看。[35] 在美国，拟议的规则先在联邦公报上公布，随后开始公开讨论。这一程序被称为"公告和评议"（"notice and comment"）。[36]

在 2017 年 2 月至 6 月间，欧洲议会就公众对人工智能的态度进行了在线征询，并特别强调了对民法规则的意见。这一征询向全世界开放，任何希望对此发表意见并以所有欧盟官方语言发布的人皆可参与。该征询针对不同的受众分别设计了不同的调查问卷：一份是面向一般公众的较短版本，另一份是面向专家的较长版本。[37] 该调查为本书中提出的一些政策解决方案提供了实证支持。关键调查结果显示，绝大多数受访者表示"需要在该地区进行公共监管"，并认为"这一规定应在欧盟和（或）国际层面进行"[38]。

虽然理论上讲这是一项全球性的调查，但受访者的数量非常少：仅收到 39 份来自组织的回复和 259 份来自个人的回复。在个人回复中，72%的是男性，65%的具有硕士以上学位，这在巨大的世界人口中无疑属于极少数人群。更有意义的调查需要更好地确保世界上广泛的人群参与。

关于一个组织如何采用包容性的"自下而上"的方法来解决伦理问题，开放机器人研究所（ORI）也许是一个不错的例子。它成立于 2012 年，探讨有关自动驾驶车辆、护理机器人和致命自主武器系统等主题的伦理问题，特别强调让不同群体的利益相关者参与。[39]ORI 所采取的方法包括问卷调查和实地调查，同时对涉及的技术和问题采取中立和平衡的解释方法。更为重要的是，它使用浅显易懂的语言，而不是采用专业人员或法律专家的技术措辞，例如，关于人工智能在社会关怀中的作用，设计的民意调查题目为"你会相信一个机器人来照顾你的奶奶吗？"[40]。

麻省理工学院的"道德机器"模拟器（"Moral Machine"simulator）是另一种有趣的自下而上式的伦理标准制定方法。这是一个由麻省理工学院媒体实验室运营的网站，作为"收集制定智能机器道德决策（如自动驾驶汽车）的人类的观点的平台"[41]，访问者可在 10 种语言中选择适合自己的语言回答问题。该网站解释说："我们告诉你道德困境，无人驾驶汽车必须在两个危害中选择较小的一个……作为一个外部观察者，你认为哪种结果更可接受。"换句话说，该模拟器就是前面章节中描述的电车难题的各种迭代的实例。"道德机器"项目已成功收集了广泛参与者的回复结果：截至 2017 年年底，已有 130 万人对此作出了反馈。据此发表了具有重要意义的科研论文[42]，揭示了一些区域性的意见差异。[43]

这种基于人群来源的研究只是制定监管制度所需征询活动的一种类型，仍需注意确保受试人员具有代表性，政府也应避免屈从于多数人的暴政。尽管如此，"道德机器"项目是一个有价值的代表性范例，说明了如何鼓励公众参与人工智能产生的新的伦理问题的研究。

3.1 多学科专家

规范人工智能需要来自各个领域的专业知识。很明显，人工智能的计算机科学家和设计师应该参与其中。如上所述，任何指南都需要具有技术上可实现的坚实基础。

在计算机科学领域，有许多不同的方法用以开发人工智能。虽然深度学习（deep learning）和神经网络（neural networks）的使用可能是目前最有前途的技术，但还有其他几种方法，包括全脑仿真（whole brain emulation）和人机界面（human–computer interfaces），它们也可以产生人工智能（实际上甚至可能比通过神经网络生成的人工智能更强）。故此，确保人工智能技术专家的内部多样性非常重要。

还需要法律专业人士起草相关指南，并解释其如何与现有法律相互作用。虽然没有关于哪些领域受人工智能影响的绝对的专家界别清单，但在征询中（和实际上在监管中）需要考虑的有代表性的行业专家还应包括伦理学家、神学家和哲学家、医疗人员以及机器人和工程专家。许多专业团体已就如何应对人工智能进行了讨论，但更大的挑战将是如何在他们之间实现思想的交融。

3.2 利益相关者、利益集团和非政府组织

应当向那些对人工智能及其特定应用的监管特别感兴趣的人士进行咨询。例如，在设计与医疗和护理相关的规则时，最好咨询医疗领域的组织，如职业医师团体以及患者代表团体。

信息收集者应当明确，非政府组织、利益集团和其他利益相关者可能有特别强烈和明显的观点。根据上述转基因的例子，对于人工智能监管机构来说，确保其不为那些人数虽少但很嘈杂的声音所左右十分重要。在这方面有个恶例：当荷兰政府试图就转基因食品进行公开磋商时，一个反转基因的非政府组织联盟试图影响可以向公众提供转基因食品的证据，以便让其意图决定辩论的走向。[44]

3.3 公　　司

人工智能技术公司显然是监管的一个重要决定因素，因为它们可能是最直接的法律主体。头部公司已经拥有高度发达的政策团队，它们在与监管者和政府联络方面相当有经验，尤其是在反垄断领域，并且越来越多地集中在数据隐私方面。一些较小的公司通常会加入行业协会，如英国工业联合会，这些协会为成员的利益而进行游说。

形成行业主导人工智能监管现状的一个日益强大的推动力是公司和其他利益集团，如第6章论及的人工智能合作伙伴关系（Partnership on AI），最初由美国科技巨头谷歌、DeepMind[45]、IBM、Facebook、微软、亚马逊和苹果组成。[46] 像人工智能合作伙伴关系这样的组织当然应该在人工智能的监管中发挥作用，但由于第5章所述的原因（包括其关注股东利益而非公共利益，以及

自律的自愿性质），它们不宜作为人工智能规则的唯一来源。

该组织存在的另一个问题是，它是由技术巨头们组成、资助和至少部分控制的（尽管目前其董事会中营利组织和非营利组织的代表数各半）。它并不包括诸多也在开发人工智能的中小企业。如果技术巨头们能够在形塑人工智能监管政策方面发挥重要作用，那么它们可能会不利于中小企业的竞争和创新。

3.4 个案研究：FCA FinTech 沙盒

政府和技术公司合作的一个特别有用的机制是"沙盒"（"sandboxing"），监管者允许在封闭或有限的环境中使用和测试新技术，并与决策者进行密切对话。除正在评估的技术外，"沙盒"还允许监管者在对公众造成更大损害或危险的环境中试用新规则并观察其对技术的影响。一个显著例子是英国金融行为管理局应用于新的金融科技（FinTech）的沙盒。英国金融行为管理局对其方法解释如下：

> 沙盒旨在为公司提供：
> ——在受控环境中测试产品和服务的能力；
> ——以可能更低的成本缩短上市时间（time-to-market）；
> ——支持确定适当的消费者保护保障措施，使之成为新的产品和服务的组成部分；
> ——更好地获得资金；
> 沙盒还提供限制性授权、个别指导、非正式指导、豁免和无强制措施函件等工具。[47]

英国金融行为管理局沙盒并不是专门为人工智能量身定制的，但是它的许多技术可以应用于这个领域。例如：英国金融行为管理局沙盒允许金融科技公司在真实消费者身上测试其产品；对于面向非消费者（或后端）的人工智能，相关的挑战可能是测试程序如何与现有技术或其他仍在开发中的人工智能进行交互。

对于人工智能而言，沙盒机制在当前法律要求人类始终控制特定决策或过程的情况下尤其有效，因此，如果没有沙盒，使用人工智能完全可能是非法的。沙盒可用于小规模展示人工智能系统的安全性和效率，以使其在更广泛的其他辖区合法化运营（当然，政府也将在沙盒中以适当的安全标准进行测试）。

其他国家和产业部门也有采用类似的沙盒监管方式的例子：新加坡金融管理局运营了一个金融科技公司和产品的监管沙盒。[48] 西班牙加泰罗尼亚地区则为自动驾驶车辆提供试验台设施，将汽车制造商（西亚特公司、日产公司）、行业代表（生产汽车零部件的法可赛公司）、电信公司、学术界和立法机构（如交通服务部门和巴塞罗那市市长）连接起来。[49]

收集的数据可以在政府和行业之间共享，从而使每个人都能从优化的信息中获益。与传统的行业征询活动相比，沙盒式监管有一个优点，即政府不必依赖要价不菲的说客和公关顾问准备的圆滑的报告，而将重点放在试验的结果上。在虚拟现实模拟中开发的技术可以在非常复杂的系统中对人工智能的行为进行建模，从而进一步扩大应用范围。

通过沙盒监管，政府既可以激励当地人工智能的发展又可以建立新的监管机制，并使二者相得益彰。此种协作性、迭代性监管，实际上可以给缺乏昂贵的研究和设计设施的市场进入者或政府相关部门提供教育机会，使监管者了解新产品可能带来的好处，从而避免其阻碍市场竞争。在其关于沙盒"经验教训"影响评估的出版物中，英国金融行为管理局认为：

> 许多指标表明，沙盒在价格和质量方面开始产生积极影响……随着更多推出更好产品和服务的公司进入市场，我们预计竞争压力会改善现有公司的消费者体验。[50]

沙盒方法不仅可以促进竞争，还可以使政府在保护人口中代表性不足的地区方面更好地实现社会目标，而这些目标可能无法通过纯粹的市场驱动达到。英国金融行为管理局在其影响评估中认为：

> 沙盒已经为具有创新商业模式的公司提供了各种测试，这些公司旨在

满足可能特别容易遭受金融排斥（financial exclusion）的更脆弱的消费者的需求。上议院普惠金融特别委员会（the House of Lords Select Committee on Financial Inclusion）于 2017 年 3 月发布了一份报告，其中将金融行为管理局沙盒作为鼓励金融科技解决金融排斥问题的积极方式。[51]

促进整个社会的融入对于为长期的人工智能监管和发展创造可持续的环境至关重要。如第 6 章第 8.1 节所述，英国金融行为管理局的金融科技沙盒现在是金融监管机构全球合作的一部分——证明这种灵活的回应性治理技术为未来的人工智能监管提供了诸多启示。

3.5 行业标准机构

另一种由行业主导的监管来自标准制定机构：在国家层面，包括英国标准协会[52]，美国国家标准与技术研究所[53]和日本工业标准委员会；在国际层面，如国际标准化组织（ISO）。[54]电气和电子工程师协会（the Institute of Electrical and Electronics Engineers, IEEE）是一个专业机构而不是标准组织，但在人工智能领域（以及其他一些领域），它起着标准制定的作用。国际计算机协会（the Association for Computer Machinery，ACM）是另一个专业机构，颁布该领域最佳实践的非约束性标准。[55]

在国家和国际层面，标准机构在制定和更新标准以及确保不同产品和技术之间的互操作性方面发挥着至关重要的作用。[56]标准机构通常由大量成员组成，截至 2018 年 1 月，电气和电子工程师协会网站在全球 160 多个国家拥有 420 000 多名会员。[57]国际标准化组织是国家标准机构的总机构，也有 160 多个会员国。[58]这种分散性的成员分布意味着其很可能不易像人工智能合作伙伴关系那样被少数大公司利益所主导，后者成员就少得多，决策过程也不那么透明。

国际标准化组织以其成员广布、覆盖范围和技术专长，为人工智能的全球性监管如何运作提供了一个很好的例子。可能有人认为，行业标准制定机构应该是人工智能的唯一监管来源。如果这样理解就错了，因为国际标准化组织、电气和电子工程师协会和类似组织仅非常适合制定无须道德或社会考量的技术标准。也就是说，技术标准机构善于处理任意性的（arbitrary）或无争议的标准问题，而并不擅长处理道德选择问题。

以下个案研究将探讨伦理监管者应该包含的外在要素。

3.6 个案研究：英国人类受精和胚胎管理局（the UK Human Fertilisation and Embryology Authority, HFEA）

HFEA 是英国使用人类胚胎进行生育治疗和研究的独立监管机构。它产生和现在运作的程序包含许多可供设立与之类似的人工智能监管机构汲取的经验教训。

在 20 世纪 70 年代末和 80 年代初，科学家在生物繁殖领域，尤其是受精和胚胎学方面取得了重大进展。由体外受精孕育的第一个孩子（试管婴儿）诞生于 1978 年。虽然这项技术大部分都处于理论阶段，但新的技术发展提供了更大的探索空间，并且可补救早期胎儿的缺陷。以前在科幻小说中出现的事情，例如克隆动物和人类，也不再遥不可及。

1982 年，英国政府委任由哲学家玛丽·沃诺克（Dame Mary Warnock）担任主席的人类受精和胚胎学研究委员会（Committee of Inquiry into Human Fertilisation and Embryology）撰写调研报告。该委员会由法官、妇产科医生、神学教授、心理学教授及研究所主任等组成[59]，其任务是："考察与人类受精和胚胎学相关的医学和科学的当前和今后的进展；考量这些科技发展的社会、道德和法律影响，考虑应采用哪些政策和保障措施；提出建议。"[60]

人们对人类受精和胚胎学技术看法不一，且往往意见表达强烈。沃诺克研究委员会对此给出的结论认为：

> 人们通常需要一些用以治理新技术开发和应用的原则或其他规范，这是很普遍的（我们从证据中也已经发现）……但在我们多元化的社会中，不能指望任何一套原则完全被所有人接受……法律本身对社会中的每个人

都有约束力，无论他们的信仰如何，都是共同道德立场的体现……我们建议立法，建设一个人人称赞和崇尚的良善社会，即使我们每个人各自的愿望有所不同。[61]

该委员会发布的报告的第 13 章建议设立一个新的监管机构，并指出它虽然应当明显体现科学和医疗界的利益，但

> ……这不仅仅是一个医学或科学机构，甚至主要不是医学或科学机构，它主要关注的是更广泛的事项，保护的是公共利益。如果公众要相信这是一个独立的机构，不受部门利益的不当影响，那么其成员构成必须具有广泛性，特别是应该很好地体现行业之外的利益。[62]

根据该委员会的建议，英国 HFEA 于 1990 年成立。如今，HFEA 必须至少每两年检查一次生殖技术领域的诊所和研究中心，以确保它们继续提供安全、合法和高质量的服务和研究。考虑到其面向公众的角色，HFEA 不仅要教育和告知那些参与胚胎技术行业的人，而且还要面向公众，例如通过网站表明该机构有哪些职能。[63]

3.7 人工智能部长?

人类受精和胚胎管理局是一种成功的模式，但通过不同的架构也可以实现相同的目标，比如可以在政府内部设立一个专门的人工智能部。

在 2017 年年底，阿拉伯联合酋长国创设了世界上第一位人工智能部部长，由奥马尔·本·苏丹·奥拉玛 (Omar Bin Sultan AL Olama) 担任。[64]几个月后，阿联酋设立了全国人工智能委员会 (National Council for AI)，进一步加强了部长的职责。该委员会负责监督政府部门与教育部门之间的人工智能整合。[65]苏丹·奥拉玛部长认为:"人工智能不是消极的也不是积极的，而是介于两者之间，未来也不是非黑即白。与地球上的其他技术一样，它实际上取决于我们如何使用和落实它……人民需要参与讨论，而不只是少部分人需要讨论

和关注的问题之一。"[66] 他强调需要汇聚多方面的声音，包括来自政府的、组织的和公民的，也包括国内的和国际的：

> 在这一点上，它的确要开启对话——开启有关规则的对话，并找出需要实施的内容，以便达到我们的目标。我希望我们能够与其他政府和私营部门合作，帮助我们进行讨论，并切实促进全球性的讨论。关于人工智能，一个国家不可能做到一切。这需要全球共同努力。[67]

在 2017 年的调查结果中，英国议会人工智能跨党派小组（APPG）提出的建议重点是由政府新设英国的人工智能部长。[68] 当然，从提议到行动还有很长的距离。尽管如此，阿联酋的举动仍然很重要：可能不久之后其他国家也会效仿。一旦创建了该机构，接下来就有可能向外输出此种模式。

4 规制方案述评

4.1 机器人伦理路线图

欧洲机器人研究网络在 2006 年发表了一篇题为《机器人伦理路线图》（"The Roboethics Roadmap"）的重要论文，该论文探讨了许多与机器人有关的伦理问题，其目的是"增加对所涉问题的理解，促进进一步研究及跨学科研究"[69]。由简马寇·维路焦（Gianmarco Veruggio）领导的作者团队也阐明了他们项目的局限性：

> 它不是问答清单。实际上也没有简单的答案，复杂的领域需要仔细地考虑。
>
> 它不能是原则性的宣言。欧洲机器人伦理学工作室（Euron Roboethics Atelier）及其兼营的讨论不能被视为有权提出机器人伦理原则宣言的科学家和专家委员会。[70]

《机器人伦理路线图》并未寻求制定法规，而是向其他人提出了这样做的挑战。此后各种组织都开始采用这种方式。接下来对迄今一些最有影响力的规制准则作一个并不详尽的梳理。

4.2　英国：EPSRC 和 AHRC "机器人技术准则"（"Principles of Robotics"）

2010 年 9 月，由技术、工业、艺术、法律和社会科学各界代表组成的多学科英国学者团体在工程与物理科学研究理事会（EPSRC）和艺术与人文研究理事会（AHRC）机器人研究所举行会议，共同设计一套机器人准则。[71] 作者明确指出，他们的准则是"机器人技术规则（不是机器人规则）"["rules for robotics（not robots）"]，适用于"机器人的设计者、制作者和使用者"，从而将他们严格限定在本章的讨论范围内。

EPRSC / AHRC 准则的内容如下[72]：

规则（Rule）	法律专业版（Semi-legal）	公众版（General audience）
1	机器人是多用途工具。除国家安全利益外，机器人的设计不应仅仅或者主要是为了杀人或伤害人类	除国家安全原因外，机器人不应被设计为武器
2	人类，而不是机器人，是责任承担者。机器人的设计和操作应尽可能符合包括隐私在内的现行法律、基本权利和自由	机器人的设计和操作应符合现行法律，包括隐私
3	机器人是产品。应使用确保其安全的流程进行设计	机器人是产品：与其他产品一样，它们应被设计成安全、可靠的
4	机器人是人造制品。它们不应该被设计成以欺骗方式来利用弱势使用者；相反，它们的机器属性应该是透明的	机器人是人造制品：不应基于情感和意图的错觉利用弱势使用者
5	对机器人负法律责任的人应该担责	应该可以查明谁对机器人负责

该项目成果之简洁值得称赞，但与阿西莫夫法则一样，其简洁性也存在不够具体（under-specification）和过于概括（over-generalisation）的隐患。

就每个准则而言，一部分面向技术受众，另一部分面向普通受众，更加用户友好。尽管这种方法可能旨在促进公众理解，但仍需要非常谨慎，以确保在使技术规则更易于理解时，其意义不会改变，否则，这两个规范之间就存在冲突的风险，导致不确定哪个具有约束力。

比如，规则 2 的两个版本之间的转置就有些不完整，这点比较突出。面向法律专业人士的版本中有"人类，而不是机器人，是责任承担者"（"Humans, not robots, are responsible agents"），这一句在公众版中就没有。问题是，该规则是否旨在对所有人具有约束力。其作者很有可能认为"责任"和"责任承担者"是复杂的法律和哲学术语，对于普通受众来说过于深奥，然而，作者甚至没有尝试描述问题所在。如果在公众版中省略规则的关键部分，则提供简化解释的概念就会词不达意。

4.3 法国：CERNA 机器人研究的伦理

数字科技联盟 [L'Alliance des Sciences et Technologies du Numerique (Allistene)] 是法国一个重要的专注于科技领域的学术和产业智库。[73] 该联盟中的数字科技研究伦理审查委员会（CERNA）是一个专门解决伦理问题的分委员会。[74]

2014 年，CERNA 制定了机器人研究的伦理规范[75]，它只有法语版，故下文所列是非正式的英文版。其中，向研究人员提出了关于具备自主性和决策能力的智能体的建议部分，其主要内容如下[76]：

1. 保持对决策转移的控制

研究人员必须考虑操作人员或用户何时应撤回（来自机器人的）处理过程以及机器人（替代人力）执行角色的控制权，包括在何种情况下应该允许或强制进行这种权力转移。研究人员还必须研究人类"脱离"机器人自主功能的可能性。

2. 超出操作员的知识范围作出（决定）

研究人员必须确保机器人不在操作员不了解的情况下作出决策，以免因他对情况的理解而造成中断（当机器人实际上处于某种状态时，操作员认为其处于另一种状态）。

3.（机器人）对操作员行为的影响

研究人员必须意识到如下两种现象：（1）置信偏差（confidence bias），即操作员依赖机器人决策的倾向；（2）操作员的与机器人行为相关的道德差距（Moral Buffer，"道德缓冲"）。

4. 程序限制

研究人员必须认真评估机器人的感知、解释和决策程序，并弄清这些功能的局限性。特别是，旨在赋予机器人道德行为的程序应该受到这种限制。

5.（机器人）情势表征 [（Characterisation of a situation）Robot]

关于机器人解释软件，研究人员必须评估机器人能够在多大程度上正确地对情势作出表征并区分几种明显相似的情况，尤其是当操作员或机器人本身采取的行动决定仅基于此表征时。特别是，我们必须评估如何考虑不确定性。

6. 人机系统的可预测性

更一般地，研究人员必须分析整个系统的可预测性，同时考虑解释的不确定性以及机器人和操作员可能遇到的故障，并分析该系统可实现的所有状态。

7. 追踪和解释

研究人员必须在设计机器人后立即集成各种跟踪工具，应当能够为机器人专家、操作员或用户提供至少有限的解释。[77]

CERNA 提出的建议旨在确定人工智能产生的道德和技术问题。这种有限且适度的方法是有帮助的，因为它试图在作出命令之前先确认潜在的问题。

4.4 艾斯罗马 2017 原则

1975 年，杰出的 DNA 研究员鲍尔·博格（Paul Bery）在美国加利福尼亚州艾斯罗马海滩（Asilomar Beach）召开了一场关于 DNA 重组技术的危险及可能的规制的会议。[78] 大约 140 人参加了会议，包括生物学家、律师和医生。与会者一致同意科学研究的原则，提出对该技术未来使用的建议，并对禁止性实验发表了声明。[79]1975 年的艾斯罗马会议不仅在 DNA 技术的监管方面，而且在公众参与科学方面，被后人视为具有开创性意义。[80]

2017 年 1 月，未来生活研究院（the Future of Life Institute）在艾斯罗马举行了另一场会议。这是一个专注于"有益人工智能"（"Beneficial AI"）的智库。与早先的艾斯罗马会议非常相似，2017 年的会议召集了来自学术界和工业界的 100 多名人工智能研究人员，以及经济、法律、伦理和哲学等领域的专家。[81] 会议参与者同意通过了三大类，共 23 条原则 [82]：

研究问题

1. 研究目标：人工智能研究的目标不应是没有方向，而是创设有益的智能。

2. 研究资助：对人工智能的投资应同时附带确保其有益使用的研究资金，解决计算机科学、经济、法律、伦理和社会研究等方面的棘手问题，例如：

- 我们如何才能使未来的人工智能系统极其健壮（robust），以使其所为如我们所愿，而不会失灵或被黑客入侵？

- 我们如何通过自动化来促进繁荣，同时保持人类的资源和目的？

- 我们如何更新法律制度，使其更加公平有效，与人工智能保持同步并管理与之相关的风险？

- 人工智能应当具有怎样的价值观？它应当具有怎样的法律和道德地位？

3. 科学与政策的关联：人工智能研究人员与政策制定者之间应该进行建设性的良性交流。

4. 研究文化：人工智能研究者和开发者之间应当形成合作、信任和透明的文化。

5. 避免竞争：开发人工智能系统的团队应当积极配合，避免在安全标准上偷工减料。

伦理与价值观

6. 安全：应当确保人工智能系统在整个生命周期内安全可靠，并在适用和可行的情况下进行验证。

7. 故障透明：如果人工智能系统造成损害，应当可以确定原因。

8. 司法透明：任何参与司法决策的自主系统应当能够提供可以由称职的权威人士进行查证的、令人满意的解释。

9. 责任：先进的人工智能系统的设计者和创建者，是其使用、滥用和行动过程中道德含义的利益相关者，他们有责任和机会来形塑这些影响。

10. 价值调整：应设计高度自主的人工智能系统，以确保其目标和行为在整个运行过程中与人类价值观保持一致。

11. 人的价值观：人工智能系统的设计和运行应符合人类尊严、权利、自由和文化多样性的理想。

12. 个人隐私：鉴于人工智能系统具有分析和利用数据的能力，人们应有权访问、管理和控制自己所生成的数据。

13. 自由和隐私：将人工智能应用于个人数据不得无理地限制人们真实的或可感知的自由。

14. 共同利益：人工智能技术应该使尽可能多的人受益并为其赋能。

15. 共同繁荣：人工智能创造的经济繁荣应该得到广泛分享，造福全人类。

16. 人类控制：人类应当有权选择是否以及如何由人工智能系统作出

决策，以实现人类选择的目标。

17. 非颠覆性：通过控制高度先进的人工智能系统所获得的权力，应该尊重和改进而不是颠覆健康社会所赖以存续的社会和文明的演进。

18. 人工智能军备竞赛：应当避免在研发致命的自主武器方面展开军备竞赛。

长期问题

19. 能力警告：由于并无共识，我们应该避免强硬地对未来人工智能的能力设定上限。

20. 重要性：先进的人工智能代表着地球上生命史的一场深远变革，应该以与之相衬的关心和资源对其进行规划和管理。

21. 风险：人工智能系统带来的风险，特别是灾难性或存在性风险，必须遵守与其预期影响相称的规划和缓解措施。

22. 递归式（Recursive）自我改善：旨在以可能导致质量或数量迅速增加的方式递归式地自我改进或自我复制的人工智能系统，必须受制于严格的安全和控制措施。

23. 共同利益：超级智能的发展只应服务于广泛共享的合乎伦理的理想，为全人类而不是某个国家或组织的利益而发展。[83]

艾斯罗马原则的作者可能也会承认，如果该原则最终构成法律的基础，还需要更为详细和具体的规范。不过，艾斯罗马原则的缺点并不在于其提案的内容，而在于其形成过程。参与者是从一小部分人工智能知识分子中挑选出来的，且主要以西方人士为主。杰弗里·丁指出，"……在150多名与会者中，当时只有一人在中国机构工作（现在已离开百度的吴恩达）"[84]。另一名与会者对只邀请非英语母语人士中的一小部分人参会表示惊讶。[85]

人工智能贵族式的规制方式当然会产生好的效果，但如果不同时采用其他合法的监管方式，其将会遭到公众的拒绝。社会学家杰克·斯蒂克（Jack

Stilygoe）和技术伦理学家安德鲁·梅纳德（Andrew Maynard）写道：

> 新的艾斯罗马原则是一个起点，但并未深入探究真正的利害关系，而且缺乏对因应性和负责任的创新至关重要的精细化和包容性。公平地说，原则的作者们也意识到这一点，将原则描述为"有抱负的目标"。但是，在面对人工智能的利益和危险的全球社会的更广泛背景下，原则只能作为一种设想——围绕负责任的创新展开对话的开始，而非结束。他们现在需要民主的检验。[86]

4.5 IEEE 设计伦理（IEEE Ethically Aligned Design）

电气和电子工程师协会（IEEE）于 2017 年 12 月发布了《合乎伦理的设计：将人类福祉与人工智能和自主智能系统优先考虑的愿景》（第 2 版）（A Vision for Prioritizing Human Wellbeing with Autonomous and Intelligent Systems, Version 2; EAD v2）。[87] 其作者将其描述为"关于目前可用的自主智能系统道德规范的最全面的、众包的全球性专著"[88]。 EAD v2 由几百名多学科参与者组成的委员会撰写而成[89]，对公众开放并接受评论，公众可于 2018 年 4 月底前对其作出回复。最终版本于 2019 年完成。

EAD v2 包含"一般原则"（粗体字）和"候选建议"，其中包括以下内容：

人权

1. 应建立治理框架，包括标准和监管机构，全程监督确保使用自主智能系统（Autonomous and Intelligent Systems，A/IS）不侵犯人权、自由、尊严和隐私以及可追溯性，确立公众对自主和智能系统的信任。

2. 需要将现有和以后的法律义务转换为用户须知（informed policy）和技术考量因素。这种方法应该允许存在不同的文化规范，以及法律和规制框架。

3. 在可预见的未来，自主智能系统不应被赋予相当于人权的权利和特权：自主智能系统应始终从属于人类的判断和控制。[90]

优先考虑福祉

自主智能系统应该优先考虑人类福祉作为所有系统设计的结果，使用最好的、广泛接受的福祉指标作为参照点。[91]

问责制

1. 立法机关 / 法院应尽可能在开发和部署自主智能系统期间明确责任问题（responsibility, culpability, liability and accountability）（以便生产者和使用者理解其权利和义务）。

2. 自主智能系统的设计者和开发者应该始终明确并在涉及相关事宜时虑及自主智能系统使用者文化规范的多样性。

3. 由于自主智能系统的技术及其影响太新，应当营造（包括民间社会代表、执法部门、保险公司、生产者、工程师、律师等在内的）诸多利益相关方的生态系统，助力于创制前所未有的（可以发展成为最佳实践和法律的）规范。

4. 应当设立登记和备案制度，以便始终能够认定谁对特定的自主智能系统负有法律责任……[92]

透明度

制定能够表述可量化、可测定的透明度新标准，以便可以客观地对系统进行评估并确定其合规水平。对于设计师而言，此类标准将为研发过程中自我评估透明度提供指导，并提出透明度的改善机制。（提供透明度的方式根据不同场景而有区别，例如：

1. 对于护理或家用机器人的用户而言，是一个"你为何那样做"的按钮，当按下该按钮时，机器人会解释它刚才的行动；

2. 对于验证或认证机构而言，是自主智能系统的基础算法及其验证方法；

3. 对于事故调查员而言，是安全存储传感器和内部状态数据，相当于飞行数据记录器或黑匣子。)[93]

EAD v2 显然是经过深思熟虑的结果。[94] 不过，由于上文（本章之 3.5）论及的原因，ISO、IEEE 和类似国际标准制定机构不适于作为人工智能唯一的标准制定者。但也应当注意，EAD v2 本身在各个方面表明，各国政府需要制定适当的法规来解决其中指出的问题。[95]

4.6 微软的原则

微软 CEO 萨蒂亚·纳德拉（Satya Nadella）在 2016 年 6 月出版的 *Slate* 杂志上发表文章[96]，提出了人工智能发展的六项原则和目标：

> 人工智能必须旨在帮助人类：当我们创建更多的自主式机器（autonomous machines）时，我们需要尊重人的自主权。协作机器人或联合机器人应该从事采矿等危险性工作，从而为人类工人创造安全网络和保障。
>
> 人工智能必须透明：我们应该了解技术的运作方式和规则。我们不仅需要智能机器，还需要可理解的机器。不是人工智能，而是共生智能。技术人员会了解人类的事情，但人类必须了解机器。人们应该了解技术如何看待和分析世界。道德与设计齐头并进。
>
> 人工智能必须在不破坏人们的尊严的情况下最大限度地提高效率：它应该保护文化上的承诺，赋予多样性权力。在设计这些系统时，我们需要更广泛、更深入、更多样化的人口参与。科技行业不应该决定这一未来的价值和美德。
>
> 人工智能必须被设计为能对隐私进行精细的保护，以可信赖的方式保障个人和团体的信息安全。
>
> 人工智能必须具备算法问责机制，以便人类可以避免意外伤害。我们必须为可预期和无法预期的意外设计这些技术。
>
> 人工智能必须防止偏见，确保适当的和有代表性的研究，错误的启发

式算法不能用于歧视。

技术作家詹姆斯·文森特认为，"纳德拉的目标与阿西莫夫的三大法则一样充满模糊性。但是，后者的漏洞可能会增加短篇小说的吸引力……纳德拉的原则的模糊性反映了创建深刻影响人们生活的机器人和人工智能之烦难"[97]。

微软公司在 2018 年发布的《计算未来：人工智能及其社会角色》(The Future Computed: Artificial Intelligence and Its Role in Society) 中，就人工智能引发的社会问题发表了官方宣言，其中虽然没有明确提及纳德拉的文章，但回应了其中的内容："……我们认为六项原则应该指导人工智能的发展。具体而言，人工智能系统应该公平、安全可靠、保密、包容、透明、负责。"[98]

有趣的是，在微软公司的清单中，纳德拉提出的两个最深远、最无私的原则——"人工智能必须旨在帮助人类"和"人工智能必须最大限度地提高效率而不损害人的尊严"，被更有限的技术目标所取代："公平"、"包容"和"可靠而安全"。不无疑问的是，公司股东的关切究竟在多大程度上对这一细小但重要的转变产生了影响。

4.7 欧盟的动议

作为欧盟三个立法机关之一（另外两个是欧盟理事会和欧盟委员会）和唯一由公民选举产生的机构，欧洲议会在架构和执行欧盟法方面发挥着重要作用。[99]

虽然 2017 年 2 月欧洲议会表决通过的关于如何掌控人工智能的诸多建议缺乏拘束力，但其具有如下启动立法进程的方案[100]：

根据《里斯本条约》(TFEU) 第 225 条之规定，欧盟委员会应依照该条约第 114 条的规定，依本报告附件的具体建议提出制定关于机器人民法规则指令的动议[101]；

附件包括如下为人工智能创建者所提出的建议规则，即《机器人技术工程师伦理行为准则》（Code of Ethical Conduct for Research Engineers）中的《设计者准则》（License for Designers）：

——您在机器人的设计、开发和销售的事前、事中和事后，都应虑及尊严、自由和公正的欧洲价值观，不应有意或无意地危害、欺诈或利用（弱势的）用户［harm, injure, deceive or exploit (vulnerable) users］。

——您应当在机器人操作的所有方面引入可信系统设计原理，无论是硬件和软件设计，还是平台上或平台外的任何数据处理。

——您应当通过特别设计来保护隐私，这样才能保证私人信息的安全和适当的使用。

——您应当设置（integrate）明显的退出机制（生死开关），这应当与合理的设计目标相一致。

——您应当确保机器人按照当地的、国家的和国际的伦理和法律原则运行。

——您应当确保机器人的决策步骤可重复、可追溯。

——您应当确保机器人系统编程的最大的透明度，以及机器人行为的可预测性。

——您应当通过考察解释和动作的不确定性以及可能出现的机器人或人为故障，来分析人机系统的可预测性。

——您应当在机器人的设计阶段即开发跟踪工具。这些工具将分别面向不同级别的专家、运营商和用户，从而有助于记录和解释机器人的行为，即使这种作用是有限的。

——您应制订设计和评估方案，并与潜在的使用者和利益相关者一同评估机器人在认知、心理和环境方面的利益和风险。

——您应当确保当机器人与人类互动时，机器人是可识别的。

——您应当保护与机器人互动和接触的人的安全和健康，因为机器人作为产品应采用确保其安全性（safety and security）的流程进行设计。机器人工程师必须维护人类的福祉，同时也尊重人权，不得在不能确保系统运行安全性、有效性和可逆性的情况下部署机器人。

——您应当从研究伦理委员会获得积极的意见，然后在真实的环境中测试机器人或者让人参与它的设计和开发过程。[102]

欧洲议会还非同寻常地单独提出了一份机器人《使用者准则》（License for "Users" of Robots）：

——您可以使用机器人而不必担心身体或心理上受到伤害。

——你应当有权期待一个机器人完成它明确设计的任何任务。

——您应当知道任何机器人都可能存在感知（perceptual）、认知（cognitive）和动作（actuation）上的限制。

——您应当尊重人性的弱点，无论是身体上的还是心理上的以及人类的情感需求。

——您应当考虑个人的隐私权，包括在亲密程序中停用视频监视器。

——未经数据主体明确同意，您不得收集、使用或披露个人信息。

——您不得以任何违反伦理或法律原则和标准的方式使用机器人。

——您不得将任何机器人改装成武器使用。[103]

不过欧洲议会雄心勃勃的提议是否以及在多大程度上会在欧盟委员会的立法提案中被采纳，还有待观察。

4.8 日本的倡议

日本内务和通讯省（Japan's Ministry of Internal Affairs and Communications）于2016年6月发布的报告提出了人工智能开发人员的九项原则，并已提交给七国集团（G7）[104]和亚太经合组织（OECD）进行国际讨论：

1）合作原则——开发人员应注意人工智能系统的互连性和互操作性。

2）透明性原则——开发人员应注意人工智能系统的输入 / 输出的可验证性以及其判断的可解释性。

3）可控性原则——开发人员应注意人工智能系统的可控性。

4）安全性（safety）原则——开发人员应考虑到人工智能系统不会通过执行器或其他设备损害用户或第三方的生命、身体或财产。

5）安全保障（security）原则①——开发人员应注意人工智能系统自身的安全。

6）隐私原则——开发人员应考虑到人工智能系统不会侵犯用户或第三方的隐私。

7）伦理原则——开发人员在人工智能系统的研发中应尊重人的尊严和个人自主权。

8）用户助手原则——开发人员应该考虑到人工智能系统将会支持用户，并为他们提供选择合适方式的机会。

9）问责制原则——开发人员应努力履行对包括人工智能系统用户在内的利益相关者的问责制。[105]

日本强调，上述原则虽被视为软法，但其目的是"加速多方利益相关者参与人工智能的研发和利用……在国家和国际层面讨论制定'人工智能研发指南'和'人工智能使用指南'"[106]。

日本的非政府组织也很活跃：2017 年 2 月，日本人工智能学会（Japanese Society for Artificial Intelligence）针对其成员提出了《人工智能学会伦理准则》（Ethical Guidelines for an Artificial Intelligence）。[107] 日本内阁府咨询委员会（Japanese Government's Cabinet Office Advisory Board）成员新浦文雄提出了自

---

① 英文里面的 safety 和 security，中文里都被翻译成"安全"，但二者仍然存在一定区别：一般地说，safety 是避免意外伤害，强调功能安全，而 security 则是避免故意的损害，防止安全威胁。一个系统的稳健设计必须同时保证防止有意和无意的安全风险，故这两个词常常被放在一起使用。参见 Phillo，《safety 和 security 的定义区别》，载知乎网站，https//zhuanlan,zhihu.com/p/146101830。闵应骅：《security 和 safety 的区别和统一》，载闵应骅的科学网博客：https://blog.sciencenet.cn/blog-290937-770432.html。——译者注

己的《机器人法八项原则》（Eight Principles of the Laws of Robots）。[108]

4.9 中国的倡议

第 6 章提到过，为促成中国新一代人工智能发展规划[109]，2018 年 1 月中国工业和信息化部公布了一份 98 页的《人工智能标准化白皮书》，其中包括中国对人工智能的伦理挑战进行的迄今最全面的分析。[110]

该白皮书重点介绍了人工智能引发的伦理问题，包括隐私权[111]、电车难题[112]、算法偏见[113]、透明度[114]和人工智能造成的损害赔偿责任。[115]关于人工智能的安全性，该白皮书解释认为：

> 由于人工智能技术的目标实现受其初始设定的影响，必须能够保障人工智能设计的目标与大多数人类的利益和伦理道德一致，即使在决策过程中面对不同的环境，人工智能也能作出相对安全的决定。[116]

鉴于这些担忧，该白皮书提出了以下人工智能标准化需要分析和进一步研究的领域：

（1）界定人工智能需要研究的范围。人工智能从实验室研究转向各应用领域的实用系统，呈现快节奏增长的态势，这需要通过统一的术语进行界定，明确人工智能的内涵、外延和需求的核心概念，引导产业界正确认识和理解人工智能技术，便于大众广泛使用人工智能技术；

（2）描述人工智能系统的框架。用户和开发者在面对人工智能系统的功能和实现时，普遍将人工智能系统看作是一个"黑盒子"，但有必要通过技术框架规范来提高人工智能系统的透明度。由于人工智能系统应用范围广泛，可能很难给出通用的人工智能框架，更现实的方式是在特定的范围和问题中给出特定的框架。例如，目前以机器学习为基础的人工智能系统是主流技术，并依赖于包括云计算和大数据在内的技术资源，可以以此为基础构建一个基于机器学习的人工智能系统框架，并对其中组件的功能进行界定；

（3）评价人工智能系统的智能等级。按智能程度对人工智能系统进行划分一直存在争议，给出一个标杆来衡量它的智能等级是困难且具有挑战的工作。随着不同的应用场合对智能等级评价需求的进一步明确，需要标准化工作来逐步解决该问题；

（4）促进人工智能系统的互操作性。人工智能系统及其组件有一定的复杂性，不同的应用场景涉及的系统及组件不同。系统与系统之间，组件与组件之间的信息交互与共享，需要通过互操作性来保证。人工智能互操作性也涉及不同的智能模块产品之间的互用性，达到数据互通，也就是不同的智能产品需要有标准化的接口。标准化工作保证人工智能系统的应用程序接口、服务及数据格式，通过标准和兼容接口，定义可互换的组件、数据和事务模型；

（5）进行人工智能产品的评估。人工智能系统作为工业产品，需要在功能、性能、安全性、兼容性、互操作性等多方面进行评估，才能确保产品的质量和可用性，并为产业的可持续发展提供保障。评估工作一般包括测试、评价等一系列活动，评估对象可以是自动驾驶系统、服务机器人等产品，按照规范化的程序和手段，通过可测量的指标和可量化的评价系统得到科学的评估结果，同时配合培训、宣贯等手段推进标准的实施；

（6）对关键技术进行标准化。对已经形成模式，并广泛应用的关键技术，应及时进行标准化，防止版本碎片化和独立性，确保互操作性和连续性。例如，深度学习框架绑定的用户数据，应当通过明确神经网络的数据表示方法和压缩算法，确保数据交换，且不被平台绑定，保障用户对数据拥有的权益，其他如人机交互技术、传感器接口、基本算法等基础标准也需要尽快制定；

（7）确保安全及伦理道德。人工智能从各种设备、应用和网络中收集了大量的个人、生物或者其他特征数据，这些数据并不一定从系统设计之初就能够很好地组织管理并采取恰当的隐私保护措施。对人类的安全和生命安全有直接的影响的人工智能系统，可能会对人类构成威胁，需要在这类人工智能系统得到广泛应用之前，就通过标准化等手段对系统进行规范和评估，保障安全性；

（8）针对行业应用特点的标准化。除了共性技术外，在特定行业中实施人工智能还存在个性化的需求与技术特色，典型的如家居应用、医疗应用、交通应用等，需考虑特定设备的功能性能特征、系统组成结构和相互关系等。[117]

中国监管研究议程的广度和深度引人注目。西方评论者有时错误地将中国对技术法规的态度刻画为纯粹的重商主义，在不存在隐私保护政策的情况下更是如此。[118]值得注意的是，该白皮书还强调了公众信任的重要性：

本章节所涉及的安全、伦理和隐私问题是人工智能发展面临的挑战。安全问题是让技术能够持续发展的前提。技术的发展给社会信任带来了风险，如何增加社会信任，让技术发展遵循伦理要求，特别是保障隐私不会被侵犯，是亟须被解决的问题。[119]

这说明，即便作为世界上最安全、最强大的政府之一，中国仍需考虑本章之前探讨的监管新技术的正当性问题。

如第6章所述，中国标准化白皮书中的建议是中国政府为成为人工智能技术及其监管领域的领导者而进行的协调努力的一部分。中国关于人工智能规制的观点和优先领域与其他地区的建议并无根本差异，但由于其建议出自官方的、国家所认可的来源，因而意义非凡。

5 主题和趋势

根据上述建议，将一些广泛的主题和共同点汇总在一起，可以看出，需要制定一些规则，以应对四个最常见的主题：谁对人工智能造成损害承担责任，人工智能设计的安全性，透明性（可解释性），以及要求人工智能与既定的人类价值观保持一致。

出现的总体情况趋同，这表明，尽管各个机构的专业知识和重点领域不同，但同样的关切一再出现，这就是制定一套人工智能设计指南是适当和可行的另一个原因。

规则	控制"杀人机器人"	设计安全	分配/责任规则	可解释性/透明性	全人类利益共享	坚持人权行事	重申人为控制的能力	隐私	无偏见
英国：EPSRC/AHRC	✓	✓	✓	✓		✓		✓	
法国：CERNA							✓		
艾斯罗马	✓	✓	✓	✓	✓	✓	✓	✓	
IEEE EAD v2	✓	✓	✓	✓		✓	✓	✓	✓
萨蒂亚·纳德拉/微软		✓	✓	✓	✓（纳德拉，但不代表微软）	✓		✓	✓
欧洲议会决议		✓	✓	✓		✓	✓	✓	
日本内务和通信省		✓	✓	✓		✓			
中国白皮书		✓	✓	✓		✓	✓	✓	✓

6 许可和教育

一旦我们制定了一套规则，最终的问题就是如何实施和执行。除上一章讨论的国家和国际监管机构外，另外一个重要方面是创建一种结构，能够协调和提高人工智能创建人员的教育、培训和专业标准的质量。

6.1 历史上的行会

至少在罗马帝国晚期，技艺精湛的工匠们就形成了后来被称为"行会"

（guilds）的协会。行会为了维护行业标准和卡特尔的整体利益，对服务的提供和各种商品的生产实施控制，限制当地的竞争。[120]除反竞争的不利功能之外（现在反垄断法已基本排除了这些负面作用），早在生产与服务标准被写入国家法律之前，行会就在培训、质量控制和保证方面发挥了重要作用。[121]

行会不仅仅是一套内部规则，它还是一种生活方式、一种独立的社会制度，有行业惯例、等级制度和指导规范。正如经济学家罗伯塔·德西和希拉格·奥格尔维所指出的那样，"许多经济学家……把商业行会看作是社会资本的典范：这些行会促成了共享的规范，有效地传播信息，迅速地惩罚越轨者，高效地组织集体行动。"[122]

行会的贸易限制功能可能被削弱了，但它们制定标准的作用今天仍然以现代专业人士协会的形式存在，其从业者亦被称为"专业人士"（"the professions"）。

6.2 现代的专业人士（Modern Professions）①

理查德（Richard）和丹尼尔·苏斯金德（Daniel Susskind）认为，今天的专业人士具有以下特征：

（1）具有专业知识；（2）具有执业资格；（3）活动受到规制；（4）受一套共同价值观的约束。②

这四个要素环环相扣：入门（有时是持续进行的）培训向参与者灌输了一种共同的专业标准，"共同的价值观"也为从事这一职业的人提供了一种共享的认同感。医生职业的"希波克拉底誓言"（the Hippocratic Oath）即为著例，

① "Professions"意为"（尤指需要专门知识或技能或需经特殊培训的）职业"，"professions"意为"专业人士；职业人士"。参见薛波主编：《元照英美法词典》（缩印版），北京，北京大学出版社，2013年版，第1103页。此处由于中文语词表意所限，若将"Modern Professions"直译为"现代的职业"难以体现原意，按词典释义又过于烦冗，故结合文意将其译为"现代的专业人士"，以区别于一般从业者，并与"6.1历史上的行会"对应。此外，"专业人士"也比"专家"的译法更为确切。参见刘燕：《"专家责任"若干基本概念质疑》，载《比较法研究》，2005（5）。——译者注
② Richard and Daniel Susskind, The Future of The Professions (Oxford: Oxford University Press, 2015). ——译者注

其最早记录于公元前 3 世纪到公元前 5 世纪之间 [123]，尽管现代的描述已不同于其原始形式（最初是以古希腊诸神名义的咒语开头），但其中的许多教义仍然是医学专业人员培训过程中所遵循的原则的核心部分：为患者保密，避免腐败，总是造福于患者。[124]

在规制方面，通常以具体规则监管现代执业的日常工作，且以纪律制度作为执法棒，向其他参与者传递信号，以制止不合准则的行为，进而增进对职业操守的共同自豪感。这为专业人士提供了安全保障，因为他们知道，虽然在业务方面存在竞争，但同时也在与具有相同道德和质量标准的其他人保持合作。这也使公众受益，可以确保他们与受到规制的具有一定水平的专业能力、专门知识和诚实正直的职业成员打交道。

一些行业规制在性质上独立于法律制度而运作。在被认为对社会或公共安全至关重要的行业中，内部行业标准更有可能受到法律的支持，甚至在有些行业中如果没有执业资格证书就进行执业，可能就是犯罪，例如医生、飞行员和律师。以下因素说明针对涉及公共利益的行业进行监管具有合理性：

- 技术复杂性：受监管最严格的职业通常是普通人难以深入理解的职业，非专业人员通常很难对法律、医学或航空驾驶等领域进行评估。因此，公众别无选择，只能相信从业者的意见，而无法对其进行评判。

- 与公众的互动：公众与专业人士直接接触越多，就越需要内部监管标准。相对于与该行业最直接互动的人员的知识和培训，以及为控制该行业建立的监管系统，高水平的技术知识更为重要。比如核物理学家具有极高的技术造诣，但是由于他们与能够检查和验证其输出结果的其他专业人员一起工作，因此对这些物理学家施加专业监管标准并不那么紧迫。相比之下，如果一个行业的从业人员直接与公众打交道，而没有其他专业机构作为制衡，则更需要监管。医生和律师就是这类典型。

- 社会重要性：无论是从商业角度还是从社会角度来看，某种行业越能提供基本需求，对其实施监管就越重要。因此，乐器制造商虽然可能满足上述两个条件，但是很难将其描述为至关重要的角色，以至于需要行业监管。假如乐器制造商造出了有缺陷的小提琴，小提琴家（和她的听众）可能会感到失望，但如果医疗专业人员疏忽行事，则可能造成致命性的后果。

人工智能的发展符合上述所有要求。

6.3 人工智能专业人士的希波克拉底誓言

人工智能对社会和商业的重要性与日俱增，这意味着现在有必要对该行业进行监管。微软公司在其出版物《计算未来：人工智能及其社会角色》中说：

> 在计算机科学中，对人工智能影响的担忧是否意味着对伦理学的研究将成为对计算机程序员和研究人员的要求？我们相信这几乎是肯定的。我们能像医生一样看到编码者的希波克拉底誓言吗？这是有道理的。我们所有人都需要一起学习，并坚定地致力于广泛的社会责任。最终，问题不仅在于计算机可以做什么，这是计算机应该做的。[125]

微软并不是第一个认为应将总体道德原则应用于数据科学的科技巨头。谷歌的座右铭"不作恶"就是希波克拉底誓言的现代版之一。谷歌的创始人之一埃里克·施密特（Eric Schmidt）和合著者乔纳森·罗森伯格（Jonathan Rosenberg）曾写道：

> ……真正表达了员工深切感受到的公司价值和抱负。但是"不作恶"主要是增强员工能力的另一种方法……谷歌员工会在作出决定时检视其道德界限。[126]

上述说法是否成立有待商榷 [127]，但重要的是，一家主要的技术巨头通过采用这种总体原则来有意识地进行自律。施密特和罗森伯格将其描述为"闪耀于所有管理层、产品计划和办公室政治中的文化巨星" [128]。

这样的原则可能会反噬其创建者：2018 年 4 月，《纽约时报》(*The New York Times*) 报道说，谷歌的各类研发人员都在抗议该公司与美国国防部合作开展"马文项目"("Project Maven")，利用人工智能技术扫描识别军用无人机航拍图像中的物体。研发人员写信给公司 CEO 桑达尔·皮查伊 (Sundar Pichai) [129]，引用公司的座右铭加以反对 [130]：

> 其他公司（例如微软和亚马逊）也参与该项目并不会降低这对谷歌的风险。谷歌的独特历史，座右铭"不作恶"，及其直接影响数十亿人的生活的用户，使其与众不同。[131]

心怀不满的谷歌员工大获全胜，谷歌在 2018 年 6 月宣布放弃了"马文项目" [132]。大约在同一时间，谷歌发布了一系列伦理准则，其中包括不会在"武器或其他以造成或直接帮助侵害人类为主要设计或应用目的的技术"中部署人工智能。[133]

座右铭、誓言或原则，是一个有用的起点，但要实现上述各种伦理规范的更复杂的目标，职业监管还应包括关于标准制定、培训和执行的各项机制。本章最后几节将围绕此问题展开阐述。

6.4 全球专业人士共同体

与需要制定全球性法规（如本书第 6 章所论）一样，一个全球性的监管人工智能专业人员的独立机构，将有利于标准的维护，并避免在国家之间形成代价高昂的贸易壁垒。[134] 如果仅在国家层面进行专业监管，则可能会造成跨境服务转移的重大障碍。例如，在美国，医生必须获得美国的医师执照才能进行执业 [135]，这意味着具有同等资历的外国医生可能要耽搁数年才能在美国执业。[136]

欧盟关于认可执业资格的相关法律可在欧盟各成员国之间为某些行业中的外国资格提供认可。[137] 然而，这一制度相当烦琐，并且包含许多为安抚当地利益集团而作的变通。与其求助于这些拜占庭式的变通方案（byzantine workarounds）①，不如先制定一个适用于所有国家的统一标准。

6.5 人工智能审计师

除对设计师和运营商直接监管之外，我们还可以创建"人工智能审计师"（"AI auditors"），就像许多国家的公司和慈善机构需要每年（或更频繁地）由专业财务审计师进行审计一样，使用人工智能的组织，应将其算法提交给拥有一套外部的准则和价值观、可以独立评估其合规性的专业审计师。人工智能检查员或审计师（AI inspectors or auditors）本身将成为未来的一种职业，拥有自己全球化的职业标准和纪律程序（比如像国际会计师联合会维护的国际审计标准）。

根据所涉及的危险，人工智能审计可能不需要应用于所有采用人工智能的场景，就像某些专业规则只适用于在商业或公共环境中的活动。例如，人们有权烹饪食物和吃他们做的食物，包括和朋友和家人一起享用，但是当一个人为了利润而烹饪和销售其食物时，许多政府要求对其进行独立的检查。

6.6 异议和回应

6.6.1 "谁是人工智能专业人员"

为了如何掌控人工智能，我们首先要明确我们需要对哪些人进行监管。计算机科技领域有许多角色，包括程序员、工程师、分析师、软件工程师和数据科学家等。随着这一领域的发展，还会出现一些新的职业。而且，这些称谓都

---

① 与之相应的是"拜占庭将军问题"（the Byzantine Generals Problem），即分布于各处且可能存在叛徒的拜占庭帝国军队的将军怎样传递消息，从而一致决定是否攻击某一支敌军。此问题体现在互联网技术领域，即在缺少可信任的中央节点和可信任的通道的情况下，分布在网络中的各个节点应如何达成共识。此前有人提出了各种算法，如今区块链技术可以较为容易地解决这一难题。参见百度百科"拜占庭将军问题"，https://baike,baidu.com/item/拜占庭将军问题/265656？ fr=aladdin ≠ ref_[1]_2815670。值得注意的是，百度百科本身也于 2018 年 5 月上链，旨在利用区块链的不可篡改特性保持百科历史版本准确存留，从而提升词条编辑的公正透明性。——译者注

是相对的，也就是说一个组织中的"工程师"可能会是另一个组织中的"程序员"。因而我们对人工智能专业人员采用功能性而不是标签式的定义："执业监管（professional regulation）应当涵盖所有其工作持续（consistently）从事人工智能系统及其应用的设计、实现和操作的人员"。

"持续"一词的含义可能因情况而异，但是在大多数情况下，每周至少执业一次就足够了。随着人工智能系统越来越容易被非专家操作，可能越来越难以在专业人员和非专业用户之间划清界限。数据管理者可以设计一个表单来收集数据，然后将其输入一个主要算法（例如逻辑回归）中，并通过一个模块化系统进行调整，以供相关组织的另一名员工使用。根据他们活动的一致性，他们都可以被视为人工智能专业人员，就像设计人工智能系统的工程师一样。同样的模式可以重复，在人工智能实地训练而不是在实验室模拟训练的情况下更是如此。

为了避免不确定性，执业监管机构可以发布指南，并为不确定是否涵盖这些内容的个人和组织提供帮助热线或网络聊天室。当然，在决定谁应该受到监管时，成本和比例原则会发挥作用，所有的事情都是一样的，使用人工智能系统造成损害的能力越强，培训时间就会越长。

人工智能的执业监管并非全有或者全无（all-or-nothing），而是分对象和级别的。下文建议对人工智能的非熟练用户（最终可能包括大多数人）进行最低限度的基础培训。[138] 即使是在专业人员类别内，也可能有不同级别的许可证制度：非安全性关键智能系统的非经常性操作人员可能只需要拥有初级资格，而最危险、最复杂系统的操作人员则需要接受更加广泛、深入的培训。由英国金融行为监管局运营的智能系统就是这种分级制度的一个范例：该系统授权或批准个人执行某些受控功能所需的授权和培训类型因所涉活动而异，例如为客户提供咨询建议或进行金融衍生品交易。

6.6.2 "执业监管阻止不了不法行为"

正如仍有流氓医生和律师玩忽职守、鲁莽行事，甚至故意违规一样，让人工智能工程成为一个受监管的行业，并不能避免所有的失职和渎职行为。

违反规则的冲动既可以发生在公司层面，也可以发生在个人层面。政府和（或）公司可能依靠人工智能专业人士来创造符合国家或公司利益的技术，并以此取代任何其他对该领域强加的职业监管。一个臭名昭著的例子是纳粹医生，特别是他们在约瑟夫·门格尔（Josef Mengele）的领导下对犹太人和其他囚犯所进行的恐怖实验，尽管他们宣称自己忠于希波克拉底誓言。[139]

尽管如此，仍然有理由希望职业监管会对人工智能产生一定影响。在个人层面，职业标准向那些被监管的人灌输一套甚至高于政治命令的规范体系。如果政治命令会损害职业准则（尤其是在总体规范方面），那么这可能是个人出于良心拒绝服从命令的原因。只要职业规范体系能够给人一个质疑并违抗命令的理由，那么它就会产生积极的影响。

精神科医生阿纳托利·科里亚金（Anatoly Koryagin）曾在苏联进行抗议活动，后来作为一名移民，反对对医生施加监管、将精神病定义为"扰乱社会秩序或违反社会主义社会规则"[140]。在逃离苏联之前，科里亚金被判入狱并曾遭受酷刑，但他拒绝让自己的职业信条屈服于政治迫害。正如《纽约时报》所指出的："科里亚金博士的罪过是笃信希波克拉底誓言"[141]。

6.6.3 "人工智能专业人员太多，无法监管"

反对将人工智能作为受监管行业的另一个论点是，即使如上所述，仍然存在太多的人工智能从业人员。该观点认为，从实际情况来看，要确保培训和执行遍布世界各地的、如此庞大和多样化的机构是不可能的。

然而，尽管人工智能的发展速度可能相对较快，但不应夸大专业人员的数量：中国的腾讯公司最近的一项研究估计，截至2017年年底，全球人工智能研究人员和从业人员仅为30万人，其中高校领域约10万人，产业界约20万人。[142]许多人工智能专业人员聚集在少数的大学、私营公司或政府项目周围（有时三者有交叉重叠）。因此，这三类机构是人工智能研究人员必须通过的瓶颈，以便获得初步培训，或获得进行研究所需的资金和更广泛的资源。如果将专业精神融入其中一个或多个关口，将会对行业产生相当范围的影响。

6.6.4 "职业监管会扼杀创造力"

批评者也可能认为，实施职业伦理规范会阻碍发展。当然，如果一个伦理规范要产生任何效果，就意味着某些行为是被控制或禁止的，那么问题是这是不是一个值得权衡的问题。

科学研究的其他领域已经接受了限制。在 1975 年艾斯罗马（Asilomar）大会上有关重组 DNA 研究的许多建议已被采纳为法律问题或职业守则。[143] 在许多国家，某些类型的人类和动物实验是被禁止的，或者至少需要特殊许可。可以说，所有这些限制都阻碍了科学进步，但这是社会愿意打破的道德平衡。

采用职业规范标准并不要求培训完全同质化，这将不必要地抑制创新，人工智能设计师的培训课程要想获得公众认可，就必须达到一定的最低标准，就像法律和医学等专业的学位一样。将伦理规范作为人工智能课程的必修模块，可以说是一种最低的认证标准。实际上，许多编程课程已经将其作为主题之一。[144]

正如本章其他地方所建议的那样，从更广泛的公众的角度来看，让人工智能成为受管制的职业，将通过向社会成员发出信号，即从业者不是简单的雇佣兵，来增加他们与社会公众之间的相互信任。这样的举措可能有助于避免公众对人工智能技术的强烈反对，而后者对创新造成的影响可能最终远甚于职业标准的影响。正如微软公司得出的结论：

> ……我们仍然需要制定和采用明确的原则来指导人们建立、使用和应用人工智能系统……否则人们可能不会完全信任人工智能系统。如果人们不信任人工智能系统，他们就不太可能为开发和使用这些系统作出贡献。[145]

7 对公众的监管：人工智能从业执照

7.1 以人为本的自动化（Automatic for the People）

　　每一天，都有很多人各自控制着一台强大的机器，一台可能会对使用者本人和他人造成巨大伤害的机器：汽车。除了一般的民法（若发生碰撞驾驶员可能要承担责任），以及一些专门的刑法（如一些国家专门针对危险驾驶致死而设立罪行）[146]，大多数国家还要求驾驶员领取驾驶执照。各国也用类似的许可制度来规范公众驾驶飞机和拥有枪支之类的活动。

　　同理也适用于人工智能。随着它的广泛使用，以及诸如人工智能软件库 TensorFlow 和机器学习简化工具 AutoML 之类的实用工具变得越来越可及，也更易于操作，操纵人工智能可能会变得像训练犬只一样容易和自然。人们可以训练犬只去抓取东西或者坐立，也可训练它去袭击甚至咬死他人。就像持有一把枪、驾驶一辆汽车或一架飞机，人工智能有可能是有益的，也有可能是中性的或有害的，这在很大程度上取决于人类的输入。

7.2 公众的人工智能使用许可证有何作用

　　关于人工智能公民准则适用于谁应当有一个准入门槛，简而言之，应该要求人们，只要能够对人工智能的选择施加因果影响，就必须遵守某些最低的伦理或法律标准。这既包括从事高级编程的将人工智能作为业余爱好的工程师，也包括人工智能产品的使用者和服务接受者，他们与人工智能的交互将影响人工智能以后的行为。

　　获得汽车驾照通常要求完成必修科目和基于实践和理论的评测，此外还可能需要定期评估。驾照也有多种类别，比如持有小轿车驾照的人就没有资格驾驶 18 轮的大卡车。欧洲议会发布的关于人工智能使用者的规则就是这样一个例子，说明这样一部以消费者为中心（consumer-focused）的立法是如何从一个高的层面来看待这个问题的。

　　与专业的人工智能工程师一样，公众可能会遇到一些瓶颈（bottlenecks），通过这些瓶颈，人们有机会获得人工智能技能和伦理规范方面的教育。在大多数国家中，第一个这样的瓶颈是在教育系统中，这是因为，大多数国家的教育制度至少在一定年龄之前是强制性的。随着人工智能越来越重要，与使用和设计相关的伦理规范和公民价值观可能会被添加到高中必修课程中。第二，至少对于那些将强制服兵役或社区服务作为公民成人礼的国家来说，可能会在此阶段进一步提供人工智能伦理教育。第三，对于更高级的业余程序员或人工智能工程师而言，则会通过开源编程资源（如 TensorFlow）获得相应的伦理价值观以及培训。[147]

　　尽管业余爱好者可能很快就能操纵和形塑更为复杂的人工智能，但这并不一定意味着业余爱好者创建的程序将获得全球性认可。正如我们可能更信任注册医生的医疗建议和合格律师的法律建议一样，公司和其他消费者也可能更信任由持证专业人士创建的人工智能。虽然只要有相应的设备和知识，人人都可以自己制酒，但在许多国家，只有获得许可的生产者才能将其商业化销售。[148] 这可能阻止不了人们非法有偿或无偿地提供酒，但大多数人在品尝无证生产的私家酿酒之前都会三思而行。为了避免市场受到不受监管的人工智能程序的污染，可以采用类似于英国标准协会（British Standards Institute）使用的"风筝标志"（"Kitemark"）的质量保证徽标的数字认证系统来帮助人工智能系统的使用者确定其来源是否信誉良好或获得许可。分布式账本技术（Distributed Ledger Technology）可以通过提供程序来源和对后续变化的不可更改的记录来支持这种质量保证。

　　在许多国家，无照驾驶是违法的，但没有足够的保险来支付司机可能给第三方造成的损害也是违法的。这两个制度是相互关联的：保险公司不愿意为没有有效驾照的司机提供保险。那些因给自己或他人造成损害而不得不靠保险加以弥补的人，很可能支付更高的保费，从而增加了安全驾驶的经济诱因。

　　一种类似的强制保险模式有一天也可能会被使用、设计和影响人工智能的公众表决采纳——不仅为汽车购买强制保险，也为所有类型的人工智能应用购买强制保险。限制未成年人在父母监督之外使用人工智能的程度也是有理由的，这与驾车、持枪和许多其他潜在危险活动没什么区别。

8 本章小结

一旦发展起来，社会规范就很难改变。在欧洲，各国垄断而合法地使用武器的特权已有数百年的历史了[149]，这使私人拥有武器受到严格限制，大多数欧洲国家只允许个人经过严格程序持有武器。[150]在英国，自从1996年发生了震惊世人的屠杀学童案之后，私人拥有手枪几乎都被禁止。[151]公众广泛支持这种变革，而且自这种制度确立以来，并没有人真的想去挑战它。[152]相比之下，美国在1791年通过的宪法第二修正案将携带武器的权利规定为人权法案的一部分，由此大部分美国人将最少限制地购买和拥有武器视为其基本的宪法和文化权利之一。这就导致美国的枪支管制到现在仍然是一个高度政治化的问题，大规模枪击案时有发生。

当然，大多数人工智能系统肯定不像枪支那样有害，上段也无意于提出其他建议。本书第6章对公众是否会拒绝人工智能表达了一些担忧，但事情很可能会朝着相反的方向发展，也就是说，人们越是抵制监管、越是倾向于使用人工智能。上述例子表明，为了防止出现像美国枪支管制那样的困局，有充分理由说明需要趁早对人工智能实施必要的限制。

为人工智能的设计和使用设定并实施伦理约束，不仅仅是社会某一领域的问题：它们对所有方面都构成挑战。这些问题需要多方共同应对，政府、利益相关方、工业界、学术界和公民都应参与其中。所有这些不同的群体都应该拥有参与设计伦理控制的权利，以使自己也受到监管，从而都为这笔"大买卖"作出贡献。只有这样，我们才能在危险习惯形成之前，创造一种负责任的人工智能应用文化。

注释

[1]　二者可分别称为事前（*ex ante*）和事后（*ex post*）监管。

[2]　John Markoff, *Machines of Loving Grace: The Quest for Common Ground between Humans and Robots* (New York: ECCO, 2015). （该书中文版信息：［美］约翰·马尔科夫著：《与机器人共舞》，郭雪译，杭州，浙江人民出版社，2015 年版。）

[3]　本书通常采用术语"人工智能工程师"（AI engineers）而不是"程序员"（programmers），以免给人留下每个人工智能决策都是由相关人员编程或设定的印象，而且因为"工程师"意味着其比传统的程序员有着更为广泛的活动。

[4]　Morag Goodwin and Roger Brownsword, *Law and the Technologies of the Twenty-First Century: Text and Materials* (Cambridge: Cambridge University Press, 2012), 246.

[5]　See, for example, Directive 2003/88/EC of the European Parliament and of the Council of 4 November 2003 concerning certain aspects of the organisation of working time, or Council Directive 85/374/EEC of 25 July 1985 on the approximation of the laws, regulations and administrative provisions of the Member States concerning liability for defective products.

[6]　"夺回控制权"（"Take Back Control"）是"投票脱欧运动"（the Vote Leave campaign）的口号。

[7]　参见"投票脱欧运动"的网站上的说明："欧盟由三个关键机构作出决定：欧洲委员会（非选举产生），部长理事会（英国有投票权）和欧洲议会。该制度的设计旨在将权力集中到少数未经选举的人手中，是对民主政府的破坏"。Briefing, Taking Back Control from Brussels, at http://www.voteleavetakecontrol.org/briefing_control.html, accessed 1 June 2018.

[8]　对欧洲有一个至关重要但终究充满希望的愿景，以及未能产生共同的身份认同感，see Larry Siedentop, *Democracy in Europe* (London: Allen Lane, 2000)。

[9]　Hiroyuki Nitto, Daisuke Taniyama, and Hitomi Inagaki, "Social Acceptance and Impact of Robots and Artificial Intelligence—Findings of Survey in Japan, the U.S. and Germany", Nomura Research Institute Papers, No. 2011, 1 February 2017, at https://www.nri.com/ ～ /media/PDF/global/opinion/papers/2017/np2017211.pdf, accessed 1 June 2018. 本调查中"机器人"（"robots"）的定义有些不太清晰，可能既包括简单的自动化设备，也包括本书所定义的真正的人工智能。

[10]　Sarah Castell, Daniel Cameron, Stephen Ginnis, Glenn Gottfried, and Kelly Maguire, "Public Views of Machine Learning: Findings from Public Research and Engagement Conducted on Behalf of the Royal Society", *Ipsos MORI,* April 2017, at https://royalsociety.org/ ～ /media/policy/projects/machine-learning/publications/public-views-of-machine-learning-ipsos-mori.pdf, accessed 1 June 2018.

[11]　Vyacheslav Polonski, "People Don't Trust AI—Here's How We Can Change That", *Scientific American*, 10 January 2018, at https://www.scientificamerican.com/article/people-dont-trust-ai-heres-how-we-can-change-that/, accessed 1 June 2018.

[12]　英国上议院科学技术委员会（the House of Lords Science and Technology Committee）评论说："任何新技术要想取得成功，消费者的信任至关重要。在食品领域获得这种信任是一项特殊的挑战——最近公众对引入遗传修饰和辐射等技术的反应就证明了这一点"（*House of Lords Science and Technology Committee, First Report of Session 2009–2010: Nanotechnologies and Food, s. 7.1.*)

[13] "What is genetic modification (GM) of crops and how is it done?", website of the Royal Society, https://royalsociety.org/topics-policy/projects/gm-plants/what-is-gm-and-howis-it-done, accessed 1 June 2018.

[14] Charles W. Schmidt, "Genetically Modified Foods: Breeding Uncertainty", *Environmental Health Perspectives*, Vol. 113, No. 8 (August 2005), A526–A533.

[15] L. Frewer, J. Lassen, B. Kettlitz, J. Scholderer, V. Beekman and K.G. Berdalf, "Societal Aspects of Genetically Modified Foods", *Food and Chemical Toxicology*, Vol. 42(2004), 1181–1193.

[16] Ibid..

[17] Andy Coghlan, "More than Half of EU Officially Bans Genetically Modified Crops", 5 October 2015, at https://www.newscientist.com/article/dn28283-more-than-half-of-european-union-votes-to-ban-growing-gm-crops/, accessed 1 June 2018.

[18] Ibid.. 这是一种在西班牙种植的抗象鼻虫玉米。

[19] "Recent Trends in GE [Genetically-Engineered] Adoption", US Department of Agriculture, 17 July 2017, at https://www.ers.usda.gov/data-products/adoption-of-genetically-engineered-crops-in-the-us/recent-trends-in-ge-adoption.aspx, accessed 1 June 2018.

[20] Melissa L. Finucane and Joan L. Holup, "Psychosocial and Cultural Factors Affecting the Perceived Risk of Genetically Modified Food: An Overview of the Literature", *Social science & Medicine*, Vol. 60 (2005), 1603–1612.

[21] L. Frewer, C. Howard, and R. Shepherd, "Public Concerns about General and Specific Applications of Genetic Engineering: Risk, Benefit and Ethics", *Science, Technology,& Human Values*, Vol. 22 (1997), 98–124.

[22] Roger N. Beachy, "Facing Fear of Biotechnology", *Science* (1999), 285, 335.

[23] Melissa L. Finucane and Joan L. Holup, "Psychosocial and Cultural Factors Affecting the Perceived Risk of Genetically Modified Food: An Overview of the Literature", *Social Science & Medicine*, Vol. 60 (2005), 1603–1612, 1608.

[24] Lin Fu, "What China's Food Safety Challenges Mean for Consumers, Regulators, and the Global Economy", *The Brookings Institution*, 21 April 2016.

[25] Ibid..

[26] 参见本章之 4.9 对中国工业和信息化部下属机构于 2018 年 1 月发布的《人工智能标准化白皮书（2018 年版）》的讨论，该白皮书之 3.3 亦指出："就人工智能技术而言，安全、伦理和隐私问题直接影响人们与人工智能工具交互经验中对人工智能技术的信任。""White Paper on Standardization in AI", *National Standardization Management Committee, Second Ministry of Industry*, 18 January 2018, at http://www.sgic.gov.cn/upload/f1ca3511-05f2-43a0-8235-eeb0934db8c7/20180122/5371516606048992.pdf, accessed 1 June 2018。

[27] Ulrich Beck, "The Reinvention of Politics: Towards a Theory of Reflexive Modernization", in *Reflexive Modernization: Politics, Tradition and Aesthetics in the Modern Social Order*, edited by Ulrich Beck, Anthony Giddens, and Scott Lash(Cambridge: Polity Press, 1994), 1–55.

[28] Jean-Jacques Rousseau, *The Social Contract*, edited and translated by Victor Gourevitch (Cambridge: Cambridge University Press: 1997), Book 2, 4.

[29] Human Rights Committee General Comment, No. 25: CCPR/C/21/Rev.1/Add.7,12 July 1996.

[30] Morag Goodwin and Roger Brownsword, *Law and the Technologies of the Twenty-First Century: Text and Materials* (Cambridge: Cambridge University Press, 2012), 262.

[31]　约翰·斯图亚特·穆勒（John Stuart Mill）在其著作中提出了言论自由的理由，奥利弗·温德尔·霍姆斯法官（Justice Oliver Wendell Holmes）在对美国最高法院审理的 Abrams v. United State 案［250 U.S. 616 (1919), at 630］提出的著名的异议中援引了这一理由。

[32]　John Rawls, *A Theory of Justice*, revised edition (Oxford: Oxford University Press,1999). See also Jurgen Habermas, "Reconciliation Through the Public Use of Reason: Remarks on John Rawls's Political Liberalism", *The Journal of Philosophy*, Vol. 92, No. 3(1995), 109–131.

[33]　Morag Goodwin and Roger Brownsword, *Law and the Technologies of the Twenty-First Century: Text and Materials* (Cambridge: Cambridge University Press, 2012), 255.

[34]　参见本书第 8 章之 3.3.1。

[35]　相关资源参见英国议会跨党派人工智能事务组网站，http://www.appg-ai.org/, accessed 1 June 2018。

[36]　"Notice-and-Comment' Rulemaking", Centre for Effective Government, at https://www.foreffectivegov.org/node/2578, accessed 1 June 2018. For discussion see D.J.Galligan, "Citizens' Rights and Participation in the Regulation of Biotechnology", in *Biotechnologies and International Human Rights*, edited by Francesco Francioni (Oxford:Hart Publishing, 2007).

[37]　European Parliament Research Service, "Summary of the Public Consultation on the Future of Robotics and Artificial Intelligence (AI) with an Emphasis on Civil Law Rules", October 2017, summary of the public consultation on the future of robotics and artificial intelligence (AI) with an emphasis on civil law rules, accessed 1 June 2018.

[38]　Tatjana Evas, "Public Consultation on Robotics and Artificial Intelligence First (Preliminary) Results of Public Consultation", *European Parliament Research Service*, 13 July 2017, at http://www.europarl.europa.eu/cmsdata/128665/eprs-presentation-first-results-consultation-robotics.pdf, accessed 1 June 2018.

[39]　"What Is Open Roboethics Institute?", ORI website, http://www.openroboethics.org/about/, accessed 1 June 2018.

[40]　"Would You Trust a Robot to Take Care of Your Grandma?", ORI Website, http://www.openroboethics.org/would-you-trust-a-robot-to-take-care-of-your-grandma/, accessed 1 June 2018.

[41]　"Homepage", Moral Machine Website, http://moralmachine.mit.edu/, accessed 1 June 2018.

[42]　Jean-Fran ζ ois Bonnefon, Azim Shariff, and Iyad Rahwan, "The Social Dilemma of Autonomous Vehicles", *Science*, Vol. 352, No. 6293 (2016), 1573–1576; Ritesh Noothigattu, Snehalkumar "Neil" S. Gaikwad, Edmond Awad, Sohan Dsouza, Iyad Rahwan, Pradeep Ravikumar and Ariel D. Procaccia, "A Voting-Based System for Ethical Decision Making", arXiv:1709.06692v1 [cs.AI], accessed 1 June 2018.

[43]　Oliver Smith, "A Huge Global Study On Driverless Car Ethics Found the Elderly Are Expendable", *Forbes*, 21 March 2018, at https://www.forbes.com/sites/oliversmith/2018/03/21/the-results-of-the-biggest-global-study-on-driverless-car-ethics-are-in/#7fbb629f4a9f, accessed 1 June 2018.

[44]　Joel D'Silva and Geert van Calster, "For Me to Know and You to Find Out? Participatory Mechanisms, the Aarhus Convention and New Technologies", *Studies in Ethics, Law, and Technology*, Vol. 4, No. 2 (2010).

[45] 严格来说，DeepMind 总部位于英国，但它是谷歌在美国的母公司 Alphabet 的子公司。

[46] "Homepage", website of the Partnership on AI, https://www.partnershiponai.org/, accessed 1 June 2018. 该伙伴关系的理事会成员现在包括 6 名来自营利性组织的代表和 6 名来自非营利组织的代表。请参阅"经常被问到的问题是：今天由谁在运作人工智能合作伙伴关系（PAI）？"。在撰写本书之际，该合作伙伴关系的执行主任是 Terah Lyons，他是美国白宫科技政策办公室美国首席技术官的前政策顾问。尽管公司和非政府组织之间存在这种正式的平衡，但该伙伴关系是否会对主要技术公司提出任何真正的挑战仍有待观察。

[47] "Regulatory Sandbox", FCA website, 14 February 2018, https://www.fca.org.uk/firms/regulatory-sandbox, accessed 1 June 2018.

[48] "FinTech Regulatory Sandbox", Moneyart Authority of Singapore Website, 1 September 2017, http://www.mas.org.sg/Singapore-Financial-Centre/Smart-Financial-Centre/FinTech-Regulatory-Sandbox.aspx, accessed 1 June 2018.

[49] See Geoff Mulgan, "Anticipatory Regulation: 10 Ways Governments Can Better Keep UP with Fast-Changing Industries", Nesta Website, 15 May 2017, https://www.nesta.org.uk/blog/anticipatory-regulation-10-ways-governments-can-better-keep-up-with-fast-changing-industries/, accessed 1 June 2018.

[50] FCA, *Regulatory Sandbox Lessons Learned Report*, October 2017, para. 4.1, at https://www.fca.org.uk/publication/research-and-data/regulatory-sandbox-lessons-learned-report.pdf, accessed 1 June 2018.

[51] Ibid., para 4.16.

[52] 一些国家的标准机构已经颁布了自己的人工智能指南，如英国标准协会制定的《机器人和机器人技术设备——机器人和机器人技术系统的道德设计和应用指南》（BS 8611：2016）。这些也应该成为影响国际标准制定对话的因素。

[53] "Artificial Intelligence", website of the National Institute of Standards and Technology, https://www.nist.gov//topics/artificial-intelligence, accessed 1 June 2018.

[54] 读者可能已经注意到，首字母缩略词 IOS 与组织的名称不符，这是故意为之："ISO"源自希腊语 *isos*（相等），并且在所有语言中均有此意。

[55] "About the ACM Organisation", website of the Association of Computer Machinery, https://www.acm.org/about-acm/about-the-acm-organization, accessed 2 July 2018.

[56] See, for example, "ISO and Road Vehicles—Great Things Happen When the World Agrees", *ISO*, September 2016, at https://www.iso.org/files/live/sites/isoorg/files/archive/pdf/en/iso_and_road-vehicles.pdf, accessed 1 June 2018.

[57] "About IEEE", website of IEEE, https://www.ieee.org/about/about_index.html, accessed 1 June 2018.

[58] "About ISO", website of ISO, https://www.iso.org/about-us.html, accessed 1 June 2018.

[59] Report of the Committee of Inquiry into Human Fertilisation and Embryology, July 12984, Cmnd. 9314, ii–iii.

[60] Ibid., 4.

[61] Ibid., 2-3.

[62] Ibid., 75-76.

[63] "About Us", website of the HFEA, https://www.hfea.gov.uk/about-us/, accessed 1 June 2018.

[64] "Cabinet Members: Minister of State for Artificial Intelligence", website of the Government of

the UAE, https://uaecabinet.ae/en/details/cabinet-members/his-excellency-omar-bin-sultan-al-olama, accessed 11 June 2018. See also "UAE Strategy for Artificial Intelligence", Website of the Government of the UAE, at https://government.ae/en/about-the-uae/strategies-initiatives-and-awards/federal-governments-strategies-and-plans/uae-strategy-for-artificial-intelligence, accessed 1 June 2018.

[65] Anna Zacharias, "UAE Cabinet Forms Artificial Intelligence Council", *The UAE National*, at https://www.thenational.ae/uae/uae-cabinet-forms-artificial-intelligence-council-1.710376, accessed 1 June 2018.

[66] Dom Galeon, "An Inside Look at the First Nation with a State Minister for Artificial Intelligence", *Futurism*, at https://futurism.com/uae-minister-artificial-intelligence/, accessed 1 June 2018.

[67] Ibid..

[68] APPG on AI, "APPG on AI: Findings 2017", at http://www.appg-ai.org/wp-content/uploads/2017/12/appgai_2017_findings.pdf, accessed 1 June 2018.

[69] "EURON Roboethics Roadmap", July 2006, 6, at http://www.roboethics.org/atelier2006/docs/ROBOETHICS%20ROADMAP%20Rel2.1.1.pdf, accessed 1 June 2018.

[70] Ibid., 6-7.

[71] "Principles of Robotics", EPRSC website, https://www.epsrc.ac.uk/research/ourportfolio/themes/engineering/activities/principlesofrobotics/, 1 June 2018.

[72] Margaret Boden, Joanna Bryson, Darwin Caldwell, Kerstin Dautenhahn, Lilian Edwards, Sarah Kember, Paul Newman,Vivienne Parry, Geoff Pegman, Tom Rodden, Tom Sorrell, Mick Wallis, Blay Whitby and Alan Winfield, "Principles of Robotics: Regulating Robots in the Real World", *Connection Science,* Vol. 29, No. 2 (2017), 124–129.

[73] 其创始成员包括工程学院和培训主任会议、法国原子能委员会、法国国家科学研究中心、大学主席会议、法国国家计算机科学和应用数学研究所以及电子学院。"Foundation of Allistene, the Digital Sciences and Technologies Alliance", website of Inria, https://www.inria.fr/en/news/mediacentre/foundation-of-allistene?mediego_ruuid=4e8613ea-7f23-4d58-adfe-c01885f10420_2, accessed 1 June 2018.

[74] "Cerna", website of Allistene, https://www.allistene.fr/cerna-2/, accessed 1 June 2018.

[75] "CERNA Éthique de la recherche en robotique": First Report of CERNA, *CERNA*, at http://cerna-ethics-allistene.org/digitalAssets/38/38704_Avis_robotique_livret.pdf, accessed 3 February 2018. CERNA 研究人员使用的机器人定义与本书的定义大致相同。

[76] CERNA 机器人研究伦理规范的总则部分处理所有备受瞩目的新兴技术的共同问题，因为它并非专门针对人工智能或机器人技术而定制的，故此不再进一步讨论。CERNA 机器人研究伦理规范还涵盖了 6 项关于机器人的具体建议，这些机器人模仿生物体并可与人类以及医疗机器人进行情感和社交互动。这两个主题都太狭隘，不足以作为一般伦理准则，故此这里也不再进一步讨论。

[77] "CERNA .thique de la recherche en robotique": First Report of CERNA, *CERNA*, 34–35, at http://cerna-ethics-allistene.org/digitalAssets/38/38704_Avis_robotique_livret.pdf, accessed 1 June 2018.

[78] "重组"（"recombinant"）是指将 DNA 从一种生物体附着到另一种生物体的 DNA 上，其可能产生体现多种来源特征的生物体。See Paul Berg, "Asilomar and Recombinant

DNA", official website of the Nobel Prize, https://www.nobelprize.org/nobel_prizes/chemistry/laureates/1980/berg-article.html, accessed 1 June 2018.

[79] Paul Berg, David Baltimore, Sydney Brenner, Richard O. RoblinⅢ, and Maxine F. Singer, "Summary Statement of the Asilomar Conference on Recombinant DNA Molecules", *Proceedings of the National Academy of Sciences,* Vol. 72, No. 6 (June 1975), 1981–1984, 1981.

[80] Paul Berg, "Asilomar and Recombinant DNA", official website of the Nobel Prize, https://www.nobelprize.org/nobel_prizes/chemistry/laureates/1980/berg-article.html, accessed 1 June 2018.

[81] "A principled AI Discussion in Asilomar", *Future of Life Institute*, 17 January 2017, at https://futureoflife.org/2017/01/17/principled-ai-discussion-asilomar/, accessed 1 June 2018.

[82] 要让这套原则最终获得通过，必须获得多达 90% 的与会者的认可。

[83] "Asilomar AI Principles", Future of Life Institute, at https://futureoflife.org/ai-principles/, accessed 1 June 2018

[84] Jeffrey Ding, "Deciphering China's AI Dream", *Governance of AI Program, Future of Humanity Institute* (Oxford: Future of Humanity Institute, March 2018), 30, at https://www.fhi.ox.ac.uk/wp-content/uploads/Deciphering_Chinas_AI-Dream.pdf, accessed 1 June 2018.

[85] 2018 年 1 月对作者观点的匿名评论。在非英语国家工作的母语非英语的参与者更少。

[86] Jack Stilgoe and Andrew Maynard, "It's Time for Some Messy, Democratic Discussions about the Future of AI", *The Guardian*, 1 February 2017, at https://www.theguardian.com/science/political-science/2017/feb/01/ai-artificial-intelligence-its-timefor-some-messy-democratic-discussions-about-the-future, accessed 1 June 2018.

[87] EAD v2 follows from an initial version ("EAD v1"), published in December 2016, and reflects feedback on that initial document, http://standards.ieee.org/develop/indconn/ec/ead_v1.pdf, accessed 1 June 2018.

[88] IEEE, EAD v2 website, https://ethicsinaction.ieee.org/, accessed 1 June 2018.

[89] The IEEE Global Initiative on Ethics of Autonomous and Intelligent Systems "Ethically Aligned Design: A Vision for Prioritizing Human Well-being with Autonomous and Intelligent Systems", Version 2, *IEEE*, 2017, 2, ag http://standards.ieee.org/develop/indconn/ec/autonomous_systems.html, accessed 1 June 2018.

[90] Ibid., 25-26.

[91] Ibid., 28.

[92] Ibid., 29-30.

[93] Ibid., 32-33.

[94] 除为人类技术设计人员制定标准外，IEEE 全球倡议旨在将价值观嵌入自主系统，并承认需要先行"确定所要部署系统的特定社区的规范，特别是与他们设计执行的任务类型相关的规范"。Ibid., 11.

[95] See, for example, Ibid., 150.

[96] Satya Nadella, "The Partnership of the Future", *Slate*, 28 June 2016, at http://www.slate.com/articles/technology/future_tense/2016/06/microsoft_ceo_satya_nadella_humans_and_a_i_can_work_together_to_solve_society.html, accessed 1 June 2018.

[97] James Vincent, "Satya Nadella's Rules for AI Are More Boring (and Relevant) Than Asimov's Three Laws", *The Verge*, 29 June 2016, at https://www.theverge.com/2016/6/29/12057516/satya-nadella-ai-robot-laws, accessed 1 June 2018.

[98] Microsoft, *The Future Computed: Artificial Intelligence and Its Role in Society* (Redmond, WA: Microsoft Corporation: U.S.A., 2018), 57, at https://msblob.blob.core.windows.net/ncmedia/2018/01/The-Future_Computed_1.26.18.pdf, accessed 1 June 2018.

[99] "欧洲议会概览"，欧盟网站，https://europa.eu/european-union/about-eu/institutions-bodies/european-parliament_en，访问日期：2018–06–01。

[100] 欧洲议会要求欧盟委员会提出立法建议的权利可见于《欧洲联盟运作条约》（又称《里斯本条约》）第 225 条。

[101] 欧洲议会向欧盟委员会提出《关于机器人民法规则的建议的表决》[2015/2103(INL)] 第 65 条。

[102] Ibid.，表决动议的附件：关于提议的详细建议。

[103] Ibid..

[104] "七国集团"包括加拿大、法国、德国、意大利、日本、英国和美国。欧盟也派代表参加了峰会。这些原则在 2016 年 4 月 29 日至 30 日于日本香川县高松举行的七国集团 ICT 部长级会议上由高一大臣发布。

[105] "Towards Promotion of International Discussion on AI Networking", Japan Ministry of Internal Affairs and Communications, at http://www.soumu.go.jp/main_content/000499625.pdf (Japanese version), http://www.soumu.go.jp/main_content/000507517.pdf (English version), accessed 1 June 2018.

[106] Ibid..

[107] Yutaka Matsuo, Toyoaki Nishida, Koichi Hori, Hideaki Takeda, Satoshi Hase, Makoto Shiono, Hiroshitakashi Hattori, Yusuna Ema, and Katsue Nagakura, "Artificial Intelligence and Ethics", *Artificial Intelligence Journal,* Vol. 31, No. 5 (2016), 635–641; Fumio Shimpo, "The Principal Japanese AI and Robot Strategy and Research toward Establishing Basic Principles", *Journal of Law and Information Systems,* Vol. 3 (May 2018).

[108] Fumio Shimpo, "The Principal Japanese AI and Robot Strategy and Research toward Establishing Basic Principles", *Journal of Law and Information Systems*, Vol. 3 (May 2018).

[109] Available in English translation from the New America Institute: "A Next Generation Artificial Intelligence Development Plan", *China State Council*, Rogier Creemers, Leiden Asia Centre; Graham Webster, Yale Law School Paul Tsai China Center; Paul Triolo, Eurasia Group; and Elsa Kania trans. (Washington, DC: New America, 2017), https:// na-production.s3.amazonaws.com/documents/translation-fulltext-8.1.17.pdf, accessed 1 June 2018. See for discussion Chapter 6 at s. 4.6.

[110] National Standardization Management Committee, Second Ministry of Industry, "White Paper on Standardization in AI", translated by Jeffrey Ding, 18 January 2018 (the "White Paper"), at http://www.sgic.gov.cn/upload/f1ca3511-05f2-43a0-8235-eeb0934db8c7/20180122/5371516606048992.pdf, accessed 9 April 2018. 参与撰写者包括：中国电子标准化研究院自动化研究所、中国科学院、北京理工大学、清华大学、北京大学、中国人民大学，以及华为、腾讯、阿里巴巴、百度等私营企业，以及英特尔（中国）有限公司和松下（原松下电器）（中国）有限公司等。

[111] Ibid.，para.3.3.3.

[112] Ibid.，para.3.4.

[113] Ibid.，para.3.3.2.

[114] Ibid..

[115] Ibid..

[116] Ibid..［本部分文字直接选自国家标准化管理委员会工业二部指导、中国电子技术标准化研究院组织编写的《人工智能标准化白皮书（2018 年版）》中文原文第 3.3.1 段，载中国电子技术标准化研究院网站，http://www.cesi.ac.cn/201801/3545.html。——译者注]

[117] Ibid..［本部分文字选自国家标准化管理委员会工业二部指导、中国电子技术标准化研究院组织编写的《人工智能标准化白皮书（2018 年版）》中文原文第 4.5 段，载中国电子技术标准化研究院网站，http://www.cesi.ac.cn/201801/3545.html。——译者注]

[118] 例如，杰弗里·丁指出，"人们普遍对中国相对宽松的隐私保护有误解"。See Jeffrey Ding, "Deciphering China's AI Dream", *Governance of AI Program, Future of Humanity Institute* (Oxford: Future of Humanity Institute, March 2018), 19, at https://www.fhi.ox.ac.uk/wp-content/uploads/Deciphering_Chinas_AI-Dream.pdf, accessed 1 June 2018.

[119] 《人工智能标准化白皮书（2018 年版）》第 3.3.3 段。［本部分文字直接选自国家标准化管理委员会工业二部指导、中国电子技术标准化研究院组织编写的《人工智能标准化白皮书（2018 年版）》中文原文第 3.3.3 部分，载中国电子技术标准化研究院网站，http://www.cesi.ac.cn/201801/3545.html。——译者注]

[120] "Guild: Trade Association", *Encyclopaedia Britannica*, at https://www.britannica.com/topic/guild-trade-association, accessed 1 June 2018.

[121] Avner Greif, Paul Milgrom, and Barry R. Weingast, "Coordination, Commitment, and Enforcement: the Case of the Merchant Guild", *Journal of Political Economy*, Vol. 102 (1994), 745–776.

[122] Roberta Dessi and Sheilagh Ogilvie, "Social Capital and Collusion: The Case of Merchant Guilds" (2004), CESifo Working Paper No. 1037. 该文作者并不认可公会是一个完全有益的机构，但他们承认公会创造的社会规范。

[123] Ludwig Edelstein, *The Hippocratic Oath: Text, Translation and Interpretation* (Baltimore: Johns Hopkins Press, 1943), 56.

[124] "Hippocratic Oath", *Encyclopaedia Britannica*, at https://www.britannica.com/topic/Hippocratic-oath, accessed 1 June 2018, quoting translation from Greek by Francis Adams (1849).

[125] Microsoft, *The Future Computed: Artificial Intelligence and Its Role in Society* (Redmond, WA: Microsoft Corporation, 2018), 8–9, at https://msblob.blob.core.windows.net/ncmedia/2018/01/The-Future_Computed_1.26.18.pdf, accessed 1 June 2018. 2018 年 3 月，AI2 的奥伦·埃奇奥尼对微软的著作作出回应，提出了一份人工智能从业者的希波克拉底誓言草案。See Oren Etzioni, "A Hippocratic Oath for Artificial Intelligence Practitioners", *TechCrunch*, at https://techcrunch.com/2018/03/14/a-hippocratic-oath-for-artificial-intelligence-practitioners/, accessed 1 June 2018.

[126] Eric Schmidt and Jonathan Rosenberg, *How Google Works* (London: Hachette UK, 2014).

[127] Leo Mirani, "What Google Really Means by 'Don't Be Evil'", *Quartz*, 21 October 2014, at https://qz.com/284548/what-google-really-means-by-dont-be-evil/, accessed 1 June 2018.

[128] Eric Schmidt and Jonathan Rosenberg, *How Google Works* (London: Hachette UK, 2014).

[129] 信件内容参见 https://static01.nyt.com/files/2018/technology/googleletter.pdf, accessed 1 June 2018。

[130] Scott Shane and Daisuke Wakabayashi, "'The Business of War': Google Employees

Protest Work for the Pentagon", *The New York Times*, 4 April 2018, at https://www.nytimes.com/2018/04/04/technology/google-letter-ceo-pentagon-project.html, accessed 1 June 2018。

[131] Google 各部门员工写给 CEO 桑达尔·皮查伊的信，参见 https://static01.nyt.com/files/2018/technology/googleletter.pdf, accessed 1 June 2018。

[132] Hannah Kuchler, "How Workers Forced Google to Drop Its Controversial 'Project Maven'", *Financial Times*, 27 June 2018, at https://www.ft.com/content/bd9d57fc-78cf-11e8-bc55-50daf11b720d, accessed 2 July 2018.

[133] Sundar Pichai, "AI at Google: Our Principles", *Google website*, 7 June 2018, at https://blog.google/technology/ai/ai-principles/, accessed 2 July 2018.

[134] 类似的建议，see Joanna J. Bryson, "A Proposal for the Humanoid Agent-Builders League (HAL)", *Proceedings of the AISB 2000 Symposium on Artificial Intelligence, Ethics and (Quasi-) Human Rights*, edited by John Barnden (2000), at http://www.cs.bath.ac.uk/ ～ jjb/ftp/HAL00.html, accessed 1 June 2018.

[135] "Homepage", website of Federation of State Medical Boards, http://www.fsmb.org/licensure/spex_plas/, accessed 1 June 2018.

[136] 即使来自拥有高质量医疗体系的外国医生，想要在美国执业，也会遇到同样的困难。See "Working in the USA", website of the British Medical Association, https://www.bma.org.uk/advice/career/going-abroad/working-abroad/usa, accessed 1 June 2018.

[137] Directive 2005/36/EC of the European Parliament and Council of 7 September 2005.

[138] 参见本书本章之 1.7。

[139] See generally *The Nazi Doctors and the Nuremberg Code: Human Rights in Human Experimentation*, edited by George J. Annas and Michael A. Godin (Oxford: Oxford University Press, 1992).

[140] Michael Ryan, *Doctors and the State in the Soviet Union* (New York: Palgrave Macmillan, 1990), 131.

[141] Anthony Lewis, "Abroad at Home; A Question of Confidence", *New York Times*, 19 September 1990, at http://www.nytimes.com/1985/09/19/opinion/abroad-at-home-aquestion-of-confidence.html, accessed 1 June 2018.

[142] "2017 Global AI Talent White Paper", *Tencent Research Institute*, at http://www.tisi.org/Public/Uploads/file/20171201/20171201151555_24517.pdf, accessed 20 February 2018. See also James Vincent, "Tencent Says There Are Only 300,000 AI Engineers Worldwide, but Millions Are Needed", *The Verge*, 5 December 2017, at https://www.theverge.com/2017/12/5/16737224/global-ai-talent-shortfall-tencent-report, accessed 1 June 2018. 相比之下，PWC 估计，到 2018 年，仅在美国，就将有 290 万具有数据科学和分析技能的人员。并不是所有人都将是人工智能专业人员，他们的许多技能将会重叠。"What's Next for the 2017 Data Science and Analytics Job Market?", PWC website, https://www.pwc.com/us/en/library/data-science-and-analytics.html, accessed 1 June 2018.

[143] Katja Grace, "The Asilomar Conference: A Case Study in Risk Mitigation", MIRI Research Institute, Technical Report, 2015–9 (Berkeley, CA: MIRI, 15 July 2015), 15.

[144] 一个不断更新的技术伦理课程数据库，at https://docs.google.com/spreadsheets/d/1jWIrA8jHz5fYAW4h9CkUD8gK S5V98PDJDymRf8d-9vKI/edit#gid=0, accessed 1 June 2018。

[145] Microsoft, *The Future Computed: Artificial Intelligence and Its Role in Society* (Redmond, WA: Microsoft Corporation, U.S.A., 2018), 55, at https://msblob.blob.core.windows.net/ncmedia/2018/01/The-Future_Computed_1.26.18.pdf, accessed 1 June 2018.

[146] See, for example, s. 1 of the UK Road Traffic Act 1988, or s. 249(1)(a) of the Canadian Criminal Code.

[147] "About TensorFlow", website of Tensorf Flow, http://www.tensorflow.org/, accessed 1 June 2018.

[148] See, for example, the UK Government's "Guidance: Wine Duty", 9 November 2009, at https://www.gov.uk/guidance/wine-duty, accessed 1 June 2018.

[149] See, for example, Max Weber, "Politics as a Vocation", in From Max Weber, *Essays in Sociology*, translated by H.H. Gerth and C. Wright Mills (New York: Oxford University Press, 1946).

[150] "Firearms-Control Legislation and Policy: European Union", *Library of Congress*, at https://www.loc.gov/law/help/firearms-control/eu.php, accessed 1 June 2018.

[151] "1996: Massacre in Dunblane School Gym", BBC website, http://news.bbc.co.uk/onthisday/hi/dates/stories/march/13/newsid_2543000/2543277.stm, accessed 19 February 2018. 英国1997年《枪支（修正）法案》和1997年《枪支（修正）法案（第2号）》几乎禁止所有枪支的私人拥有和使用。

[152] "We Banned the Guns That Killed School Children in Dunblane. Here's How", *New Statesman*, 16 February 2018, at https://www.newstatesman.com/politics/uk/2018/02/we-banned-guns-killed-school-children-dunblane-here-s-how, accessed 1 June 2018.

第 8 章

控制人工智能

我们将价值观代代相传，希望我们的孩子们能够坚守这些价值准则，直到他们羽翼丰满，足以发展出自己新的准则，然后再传授给自己的孩子。这些核心规范有时被称为基本道德。

现在，也许是人类历史上第一次，我们面对着能够作出复杂决策并遵循先进规则的人造实体。我们应该教给他们什么样的价值观呢？[1]

为了回答此问，我们需要再问两个问题。一个是道德问题："我们如何选择规范？"另一个是技术问题："一旦我们决定了这些规范，我们如何将其赋予人工智能？"本书第 6 章和第 7 章曾有建议，通过建立能够从广大公众以及各种利益相关者那里获得知情意见的机构，来确定哪些属于与人工智能始终相关的价值观。

本章无意于作为面面俱到的人工智能道德圣经[2]，亦非作为创建安全可靠技术的手册[3]，而是旨在提出可构成未来法规最小构件的规则类型。也就是说，下文所列建议仅是一种指向（indicative），而不是封闭的清单。与本书第

6 章之 2.2 所提议的金字塔型监管结构联系起来，本章中讨论的各种潜在"法则"（"Laws"）都可作为人工智能规范体系顶层的候选规则，并适用于各国各业人工智能的所有应用领域。

毫无疑问，随着时间的推移，实现这些目标的规则和机制将会发生变化，但是，正如构成人类社会的道德准则一定是始于某个原点，机器人规则的确立也是如此。

1 识别法则

1.1 什么是识别法则

识别法则（Laws of Identification）要求某个实体必须说明其是否具有人工智能的性能（capabilities）。托比·沃尔什（Toby Walsh）对此提出了以下规则 [4]：

> 自治系统（autonomous system）的设计应使其不会被误认为是自治系统以外的其他任何事物，并且其在与其他行为体（agent）开始进行交互时应当能够识别出自己。[5]

在沃尔什看来，这项法则可能类似于要求在玩具枪顶端装一个醒目的小红帽，以示其并非真枪。[6]

人工智能研究机构 AI2[7] 的首席执行官奥伦·埃齐奥尼（Oren Etzioni）对此的表述稍有不同："……人工智能系统必须清楚地表明它并不是人。"[8] 埃齐奥尼提出的规则是用否定式来表述的：系统必须说明它不是人，但它不必说它是人工智能。[9] 埃齐奥尼提出的规则存在问题，因为并非所有的人工智能都与人类相似，甚至模仿人类最不相似。对一个实体来说，说出它是什么而不是什么更有帮助。比较而言，沃尔什的识别法则更值得赞同。

1.2　为什么需要识别法则

识别法则之所以有用，有以下几个原因：

第一，识别法则对于发挥或协助发挥适用于人工智能的其他法则有着重要作用，如果我们无法区分哪些实体受制于这些法则，那么实施这些法则将更加困难、费时费力。

第二，考虑到人工智能在某些情况下的行为与人类不同，如果对一个实体是人类还是人工智能有一定的了解，将使其行为对其他人而言更具可预测性，从而也能提高效率和安全性。[10]如果一个人以每小时70英里（约112.65公里）的速度在行驶的车辆前穿过，一般的人类驾驶员可能无法迅速作出反应而避之，人工智能系统则有可能做到。[11]而在其他情况下，特别是那些需要"常识"的情况下，人工智能（至少目前）可能明显弱于人类。[12]自动驾驶汽车虽然擅长在高速公路上行驶，但判断复杂或不寻常的因素，如意外的道路工程或街头抗议游行，可能存在较大的困难。就像我们会对小孩说不同的话一样，我们希望以不同的方式教导人工智能，无论是为了保护我们自己还是为了保护人工智能。只有让人工智能知道我们在说什么，我们才能做到这一点。

第三，识别法则对于用人工智能公平地管理某些活动是必要的。当一个人类扑克牌玩家投下5 000美元的赌注时，他肯定想知道自己是和另一个人而不是一个无敌的人工智能系统在玩牌。[13]

第四，识别法则可以让人们知道信息的来源。2018年一份关于恶意使用人工智能的报告强调了一个重要问题："使用人工智能来自动执行……说服（如精准营销）和欺骗（如操纵视频）性质的任务，可能扩大与侵犯隐私和社会操纵相关的威胁。"[14]

社交媒体的匿名性可以让少部分人比他们在亲力亲为时发挥更大的影响力，当他们控制一个机器人利用网络传播他们要宣传的内容和（或）与人类用户互动时尤其如此。虽然识别法则不能完全禁止人工智能遭恶意使用，但它可以通过最大限度地减少恶意行为者的机会，使操纵社交媒体更加困难。

1.3 如何实施识别法则

由于其固有的危险性，一些产品和服务只有在适当的警告下才能被合法提供。重型机械的使用者通常被警告，不要在酒精或其他药物的影响下操作该机械。食品标签上经常可以见到"注意：含有坚果"之类的标志。[15] 或许有一天也需要在产品上贴上以下标志："注意：装有人工智能！"（"Warning, may contain AI!"）[16]

鉴于人工智能系统及其类型的多样性，不太可能用一个单一的技术解决方案来实施识别法则，因此，该法则的制定应该是比较笼统的，然后由不同的设计者分别加以实施。在托比·沃尔什提交的意见书的推动下 [17]，澳大利亚新南威尔士州议会无人驾驶车辆和道路安全委员会（New South Wales Parliament's Committee on Driverless Vehicles and Road Safety）提议指出："对自动驾驶汽车公开识别，使其在视觉上区别于其他道路使用者，特别是在试验和测试阶段。"[18]

可以使用定期检查和测试来确定某个实体是否为人工智能，这听起来像是流行的科幻电影《银翼杀手》中的情节 [19]，其中的主角戴克（Deckard）按警察指令负责搜捕"复制人"——生物工程机器人。实际上，在许多货物或服务的运输和供应中，出于安全、违禁或关税和消费税目的，实行测试和检查制度都是日常工作。执法机构目前用于追踪恶意软件和黑客行为的类似调查措施（无疑还将发展新的措施），可能成为用来监测人工智能的标配。

如果非人工智能实体被伪装成人工智能，识别法则就不太有用。误报会降低对识别制度的信任，破坏其作为信号传递机制的效用。因此，任何识别法则都应切断这两种途径，禁止非人工智能实体被标记为含有人工智能，就像食品生产商如果将含有动物的产品描述为"适合素食者"，则可能面临处罚。[20]

2 解释法则

2.1 什么是解释法则

解释法则（Laws of Explanation）要求人工智能的推理（reasoning）必须能

够向人类阐明。这可能包括要求提供有关人工智能一般决策过程的信息（透明度）和（或）作出的具体决策的合理性（个别化解释）。

2.2　为什么需要解释法则

对于可解释性人工智能（explainable AI），通常有两个主要的支持理由：工具主义和内在主义（instrumentalist and intrinsic）。前者着眼于将可解释性作为改善人工智能和纠正其错误的工具，后者则注重受影响的人的权利。安德鲁·塞尔布斯特和茱莉亚·波尔斯解释说："解释的内在价值反映了人对自由意志和控制的需要。"[21]

美国国防部高级研究计划署（DARPA）[22]在这一领域开展了最先进、最杰出的研究项目之一：XAI。[23]DARPA 为其项目提供了工具主义和内在主义的双重理由：

> ……（人工智能）系统的效用将受到机器无法向人类用户解释其思想和行为的限制。如果用户要理解、信任和有效管理这一代新兴的人工智能伙伴，那么可解释性人工智能将必不可少。[24]

2.3　如何实现解释法则

2.3.1　黑箱问题

实现解释法则的主要困难在于许多人工智能系统都是"黑箱"（"black boxes"）：它们可能擅长完成任务，但即使是它们的设计者也可能无法解释导致特定输出的内部过程。[25]

正如布莱斯·古德曼（Bryce Goodman）和塞斯·弗拉克斯曼（Seth Flaxman）所指出的那样，许多机器学习模型的设计并没有以人类可解释性为主要关注点，如果将透明性纳入流程中，是否能够实现其全部效果值得怀疑：

> 在模型的表征能力与其可解释性之间当然存在一定的权衡，从线

性模型（只能表征简易关系但易于解释）到非参数方法 [如支持向量机（support vector machines）和高斯过程（Gaussian processes）]（可以表征丰富的功能类别但难以解释）均可考虑。诸如随机森林（random forests）之类的集成方法则对可解释性构成特殊的挑战，因为其预测是通过聚合或求平均过程得出的。神经网络，尤其是随着深度学习的兴起，可能会成为最大的挑战：解释，在具有复杂架构的多层神经网络中学习的权重中有何希望？[26]

同样，加州大学伯克利分校信息学院（UC Berkeley School of Information）的珍娜·伯雷尔（Jenna Burrell）写道，在机器学习中，存在"不透明性，这是机器学习高维数据的数学最优化与人类规模化推理和语义解释样式之间的不匹配所致"[27]。在机器学习系统运行时，通过反向传播（backpropagation）和重新加权其内部节点使自身得到更新，以便每次都获得更好的结果。因此，导致一个结果的思维过程可能与随后使用的思考过程不同。

2.3.2 语义关联（Semantic Association）

一种可以描述个别化（individualized）决策过程的解释技术，是教导人工智能系统及其决策过程的语义关联，可以教导人工智能执行一项主要任务（例如识别视频是否显示为婚礼场景），以及将视频中的事件与某些词语关联起来的次要任务。[28] 乌波尔·埃桑（Upol Ehsan）、布伦特·哈里森（Brent Harrison）、拉里·陈（Larry Chan）和马克·里德尔（Mark Riedl）开发了一种技术，他们称为"人工智能的合理化（rationalization），一种能够对自主系统行为进行解释的方法，就像人类执行该行为一样"[29]。系统要求人类在进行某种活动时能够解释清楚自己的行为。人工智能玩家所采用的技术与自然语言解释之间的关联被记录下来，从而产生一组有标记的动作。一个玩平台游戏的人可能会说："门被锁上了，所以我搜遍房间找钥匙。"人工智能系统独立于人类训练来学习玩游戏，但是当其动作与人类描述相匹配时，可以通过将这些描述结合在一起来生成对其决策过程的描述。

数据科学家丹尼尔·怀特纳克（Daniel Whitenack）采取与马克·里德尔等人的方法不同的方法，确定了人工智能透明性所需的三项常规功能：数据来源（了解所有数据的来源）；可再现性（再现给定结果的能力）；数据版本控制（在特定状态下保存人工智能的快照副本，以记录哪项输入导致了哪项输出）。怀特纳克建议，为了制定出这三个"在数据科学中迫切需要的标准，我们需要适当的工具将这些特性集成到工作流中"。他说，在理想情况下的人工智能透明性工具是：

语言不可知（language agnostic）——python、R、scala 及其他语言在数据科学领域的竞争将永远持续下去。我们将始终需要多种语言和框架的组合，以实现在数据科学等广泛领域的进步。但是，如果支持数据版本控制（来源）的工具是某种语言，那么它们不太可能作为标准做法进行集成。

不依赖特定基础设施（infrastructure Agnostic）——工具应该能够在本地、云或本地的现有基础架构上部署。

可扩展 / 分布式（scalable/distributed）——如果工作流无法按生产要求进行扩展，则对其实施更改是不切实际的。

非侵入性（non-invasive）——支持数据版本控制（源代码）的工具应该能够轻松地与现有数据科学应用程序加以集成，而无须彻底检查工具链和数据科学工作流程。[30]

2.3.3　个案研究：GDPR 下自动决策的解释

欧盟的旗舰型数据保护立法——2016 年《一般数据保护条例》（GDPR）[31]包含一系列条款，通读起来，可以说相当于规定了要求对人工智能决策作出解释的法律权利。[32]

违反 GDPR 条款可能会造成严重的经济后果：罚款最高可达公司全球年营业额的 4% 或 2 000 万欧元（以较高者为准）。[33] 该法适用的范围很广，只要是处理数据并向欧盟居民提供商品或服务或者监测其行为的欧盟内的组织，以及欧盟外的组织，均适用该法。[34]

GDPR 第 13 条第 2 款（f）项规定 [35]：

　　……（个人数据的）控制者在获取个人数据时，为确保处理过程的公正和透明，应当向数据主体提供以下信息：……自动化决策，包括数据画像……及其相关逻辑的有意义的信息（meaningful information about the logic involved），以及此种处理对数据主体的意义和可能后果。（划线处系本书强调）[36]

GDPR 明确规定的解释权存在的问题是，其措辞到底要求在哪些方面做到透明，实际上存在很大的不确定性。[37] 其没有对几个关键术语进行界定。GDPR 在任何地方都没有说明"有意义的信息"的含义。它可能是从规模角度指代数千行难以理解的源代码的数据转存；数据提供者可能理性地愿意提供这种材料，但对普通人来说用处不大。另外，"有意义的"一词可能需要以日常语言进行个性化描述，以使非专业人员可以知道和理解相关过程。[38]

"相关逻辑"的表述同样比较模糊。采用"逻辑"这样的用语十分明确地表明了 GDPR 的制定者考虑到了非智能专家系统，该种系统遵循确定的"是 / 否"逻辑树，以便基于已知输入获得已知输出。或者至少解释权是"相关逻辑的有意义的信息"的概念，对于高度复杂但最终本质上是静态的系统来说是有意义的。有了逻辑树，人们就可以追溯到导致结果的推理的每一步；但神经网络未必如此。

"至少在自动决策的情况下，涉及与人有关的数据的任何自动处理中的逻辑"所规定的解释权概念其实并不新鲜，这句话是从 GDPR 的前身——1995年的《数据保护指令》第 12 条（a）项中被删除的。[39]《数据保护指令》是在人工智能这一波复兴之前确立的。GDPR 通过经历了漫长的酝酿，而技术的发展远比立法措辞的斟酌要快得多。

GDPR 的引言的第 71 条是唯一明确提及 "获得解释权"（aright to "obtain an explanation"）的条文：

> ……（个人数据的）处理应采取适当的防护措施，其中应包括明确告知数据主体相关信息以及获得人为干预、表达观点、<u>对评估后作出的决定要求获得解释以及对该决定提出质疑的权利</u>。（下划线系本书所加）

欧盟立法的引言部分虽不具有正式约束力，但在某些情况下可用于帮助解释法律本身，因此常常引发广泛的探讨。[40] 就此而论，引言中的 "解释权" 是否具有扩展正文条款中所规定的实质性权利（这些权利似乎受到更多的限制）的作用，此点并不明确。

牛津大学的三位学者瓦克泰（Wachter）、密特斯塔特（Mittelstadt）和弗洛里迪（Floridi）对此持否定态度，他们认为："就 GDPR 目前的表述来看，其并未规定要求对具体决策给予解释的权利，而不过是我们所指称的有限的 '知情权'（'right to be informed'）。"[41] 瓦克泰等人提醒说，GDPR 的早期草案中曾经明确规定了对个别决定进行解释的权利，但在后来的交涉中被删除了。[42]

欧盟委员会司法总司（the European Commission Directorate General for Justice）于 2010 年发布的一份关于跨成员国实施《数据保护指令》的报告发现，"相关的逻辑" 并无共同的含义，各国可以选择自己的解释。[43] 尽管根据《数据保护指令》（仅对要实现的结果具有约束力），可能存在监管上的分歧，但 GDPR 等法规并未规定指令实施的酌处权。因此，可能需要在整个欧盟范围内厘定统一的含义。[44] 2010 年报告的作者不乏先见之明地指出，当将指令中所包含的语言应用于现在被称为人工智能的语言时，可能会引起如下问题：

> 我们对此问题展开深入讨论的原因是……所描述的新的社会技术环境，也就是说，在不久的将来，"聪明" 的（专家）计算机系统将越来越多地被私营和公共部门（包括执法机构）用于决策。凭借先进的计算机生

成的"画像"（尤其是动态生成的画像，其算法本身可以随着计算机的"学习"而作相应的修正），在任何情形下，我们都认为毫无疑问属于本规定的调整范围。因此，对这一规定迫切需要进行阐释和澄清……[45]

不幸的是，这个警告没有引起注意。GDPR 只是简单复制了存在问题的条款。

2017 年 10 月，第 29 条工作组（the Article 29 Working Party，一个由各国数据监管机构组成的有影响力的欧盟数据保护机构）[46] 对 GDPR 中"相关逻辑的有意义的信息"的含义应有关方面的要求发布了如下非约束性指南：

> 机器学习的发展和复杂性可能使理解自动化决策过程或画像的工作方式具有挑战性。控制者应该找到让数据主体了解后台的基本运行机理或在作出决策时所依据的标准的简单方法，而不必总是试图对所使用的算法进行复杂的解释，或者披露完整的算法。[47]

第 29 条工作组对解释义务立场坚定，宣称"（复杂性）不是不能向数据主体提供信息的借口"[48]。

GDPR 于 2018 年 5 月起生效。如果严格适用，所谓的解释权可能导致"可解释的人工智能"运动从学术和政府研究项目转向具有约束力的法律。第 29 条工作组力图在向数据主体提供充分信息的过程中规划一条路线，但并非同时要求人工智能设计师公开其所有专有设计和商业秘密。这在实践中能否实现，尚待观察。

即使有人得出结论说，某种解释权在道德上是正当的，但 GDPR 为此采用上述不确定性语言似乎欠妥。对此条款的解释迟早会出现在欧盟法院，该法院有时会对欧盟立法进行极大的扩张解释，在涉及个人权利时尤甚。[49] 而将此问题押给运气无疑是危险的，而欧盟的竞争对手可能趁机发挥其规则优势而赢得先机。

2.3.4 解释的局限

是否可以避免在人工智能的功能（functionality）和可解释性之间权衡得失呢？在语义标注（semantic labelling）中，人工智能系统的操作不受影响，但人类参与者描述的是他们在给定情况下会做什么，而不是人工智能在做什么。马克斯·普朗克研究所（Max Planck Institute）和加州大学伯克利分校的研究人员在 2016 年开发了一种语义标记技术，但他们写道："在这项研究中，我们将重点放在语言和视觉解释上，通过访问模型的隐藏状态来证明决策的合理性，但不一定要与系统的推理过程保持一致。"[50]

尽管人工智能可以用人类的语言轻而易举地解释图片中的动物或玩计算机游戏，但其特别擅长的某些任务对于人类而言并不容易完成。即使在游戏领域，人工智能发现的某些技术也可能并不适于人类，因此人工智能会采取人类尚未能解释的行动。2018 年 3 月，科学家宣布，人工智能系统找到了一种赢得经典阿塔里（Atari）电脑游戏 Q*bert 的新方法。[51] 人工智能的主要优势之一就是它不像人类那样思考。要求人工智能将自身限制为人类可以理解的操作，这会将人工智能束缚于人类的能力范围，而永远无法发挥其真正的潜力。

人类的许多重大发现向外行人解释起来往往不太容易。某些科学和数学理论，例如量子物理学，如果不借助方程中的数字和符号，就不可能完整地用自然语言加以描述。至于人工智能，问题就更突出了。对于人类尚无能力研发的某些技术，我们可能缺乏相应的语言工具对其加以描述。《经济学人》（Economist）杂志对此难题作了如下说明：

> 这种打开人工智能黑箱（语义标签）的方法……有一定作用，但其也只能达到人类所能理解的程度，因为它们本质上是模仿人类进行的解释。人们可以理解鸟类图片和街机电子游戏的复杂性，并把它们用文字表达出来，所以复制人类方法的机器也可以做到。但是，对于一个大型数据中心的能源供应或一个人的健康状况，人类要分析和描述起来则要困难得多。

人工智能在这些任务上的表现已经超越了人类，因此人类的解释无法被用作模型。[52]

2.3.5 替代性解释方法

合理性和透明性不是万能的。莉莲·爱德华兹（Lilian Edwards）和迈克尔·韦尔（Michael Veale）认为，接收有关人工智能决策的信息甚至可能无济于事：

> 透明性充其量既不是承担说明义务（accountability）的必要条件，也不是充分条件，更糟糕的是，它几乎没什么实用价值，反倒使数据主体无所适从。[53]

应该回想一下，人类的思维过程与人工智能一样难以理解。即使最先进的脑部扫描技术也无法精确地解释人类的决策过程。[54] 有人可能认为，即使我们看不到大脑内部，至少人类也可以使用自然语言解释自己。然而，现代心理学研究表明，我们的行为与原因之间的联系在某种程度上代表了一种追溯性的虚构叙述，而这种叙事与潜在动机几乎没有联系。[55] 正是由于这个原因，人类容易受到作用于我们潜意识的蓄意暗示的影响，例如"事先指点"（"priming"）或"轻推"（"nudging"）。[56]

纽约大学的 AI Now 研究所（New York University's AI Now Institute）在其 2017 年报告中建议：

> 核心公共机构，例如负责刑事司法、医疗保健、福利和教育［（如高考等"高风险"（"high stakes"）领域］的机构，不应再使用"黑箱"的人工智能和算法系统。[57]

这其实是一种过度反应。人们可能天生就有理由理顺和理解作出决定的原因，但不应不惜一切代价促进这一趋势，何况诸多人类决定本身无法从实际意义上加以解释。有鉴于此，工具主义解释似乎比内在主义解释更有说服力。可解释性与可预测性或可控性不同，因此，可解释性人工智能的重点应该放在可纠正性和功能改进上：如果人工智能行为异常，那么知道如何修改或复制这一特性更有助益。[58]技术作家大卫·温伯格（David Weiberger）总结如下：

> 将人工智能的治理视为一个优化问题，我们就可以将必要的争点集中在真正重要的方面：我们希望从一个系统得到什么，我们愿意放弃什么来获得它？[59]

英国女王伊丽莎白一世（Elizabeth I）在谈到宗教的宽容时说："我不会打开人们心灵的窗户"[60]。许多法律规则的运作也主要着眼于人的行为，而非思维。[61]解释性最好被看作是将人工智能的行为限制在一定范围内的一种工具。以下各节将阐述实现这一目标的其他途径。

3　偏见法则（Laws on Bias）

从理论上讲，人工智能应该体现完全的公正性，没有人类的谬误和偏见。然而，在许多情况下并非如此。报纸和学术论文中充斥着明显的人工智能存在偏见的例子[62]：从由人工智能作为裁判的选美比赛仅提名白人获奖者[63]，到以种族来确定人们将来是否有可能犯罪的执法软件[64]，人工智能似乎与人类存在诸多同样的问题。由此产生了三个疑问：什么是人工智能的偏见？为什么会产生这种偏见？可以采取什么应对措施？

3.1　什么是偏见

偏见一词是个"筐"（"suitcase word"），多种含义都可装。[65]为了理解人工智能偏见形成的原因，有必要区分几种现象。

偏见通常与被认为对特定个人或群体"不公平"或"不公正"的决定有关。[66]将这种道德观念纳入偏见的定义可能存在问题是，这些观念本身也是不确定的和模糊的，因为结果或过程"不公正"的观念是主观的。有些人认为积极的歧视是不公正的，而另一些人则认为这是对社会失衡的正当回应。如果存在一种解决人工智能偏见的规则，那么最好将个人意见的作用最小化。

鉴于以上考虑，我们的定义如下："偏见存在于决策者考虑不相关的因素或未考虑相关因素而改变其行动的情形"。

假设要求人工智能系统从给定样本中选择它认为最快的汽车，如果它是根据汽车的颜色进行选择的，这可能是无关紧要的考量因素，但如果该程序未能虑及汽车的重量或发动机尺寸等方面，那么可以认为这种考量忽略了相关因素。

尽管人们通常认为人工智能的偏见只会影响人类，但上述偏见的中性定义可能与任何形式的关于数据的决策有关。与其他数据相比，关于人类的数据并无特别之处，也就是说，人工智能本身天生更容易显示不准确或倾斜性的结果。为了更好地理解和解决人工智能的偏见，我们需要避免拟人化（anthropomorphisation），而应更多地关注数据科学。

3.2 为什么需要反偏见法则（Laws Against Bias）

人工智能偏见的直接来源往往是被输入系统的数据。机器学习是目前人工智能的主要形式，它先识别数据中的模式，然后根据这种模式识别来作出决策。如果输入的数据存在某种方式的倾斜，那么生成的模式也可能有类似的缺陷。由于此类数据而产生的偏见，概括起来就是："人如其食。"（"you are what you eat."）[67]

3.2.1 不良的数据选择

如果理论上有足够的可用于充分展现相关环境的图片的信息，而人类操作员选择了并不具有代表性的样本，就会出现偏斜数据集（skewed data set）。这种现象并非人工智能所独有，这在统计学上叫作"抽样偏差"（"sampling bias"），是指当数据集的某些样本比其他样本更可能被抽取时而产生的错误评估。数据的收集方式可能会导致抽样偏差或数据偏斜，例如在白天用座机进行电话民意调查，可能会更大比例地地采访到老年人、失业者或全职护理员，因为这些人群更有可能在家，并愿意在这时候接听电话。

由于某种类型的数据更容易获得，或者因为数据输入者未尽全力寻找不同的数据源，所以可能出现偏斜数据集。麻省理工学院的乔·布兰维尼（Joy Buolamwini）和蒂姆尼特·格布鲁（Timnit Gebru）进行了一项实验，实验表明，三种领先的图片识别软件[68]识别深肤色女性照片的准确度明显低于识别浅肤色男性照片的准确度。[69]尽管图片识别软件所使用的输入数据集没有提供给研究者，但布兰维尼和格布鲁推测，这种差异是由对浅肤色男性数据集进行训练而引起的（这很可能反映了程序员的性别和种族）。

该实验结果发表后不到一个月，IBM 即宣布，它们已通过重新训练算法，将识别深肤色女性的错误率从 34.7% 降低到了 3.46%。[70]为了说明新数据集的多样性，IBM 指出，在这些数据集中，图像上的人分别来自芬兰、冰岛、卢旺达、塞内加尔、南非和瑞典。[71]

3.2.2 故意性偏见与对抗性样本

数据的偏见既可以是故意的，也可以是无意的。微软于 2016 年发布的名为 "Tay" 的人工智能聊天机器人即为一恶例（请参阅第 3 章之 3.5）。这个聊天机器人的设计目的在于以呼叫和响应机制来实现其与公众的自然语言对话。[72]不过在发布后的几个小时，人们就想出了如何"调戏"它的算法，以使其用带有种族主义的语言作出回应，甚至一度宣称"希特勒是对的"。不用说，这个项目很快就被关闭了。[73]之所以会出现这种问题，原因在于微软未设置足够的防护措施以纠正用户教唆的污言秽语或者歪主意。[74]

故意设计用来愚弄人工智能系统的输入，一般被称为"对抗性样本"。[75]与攻击安全软件漏洞的计算机病毒相似，对抗性样本对于人工智能系统而言也是如此。增强人工智能的健壮性和抵御攻击能力是重要的设计功能，对此已经开发出了相应的技术解决方案，包括"CleverHans"Python 库，程序员可以用它来识别和减少机器学习系统的漏洞。[76]

3.2.3 整个数据集的偏见

在有的情形下，不是因为人们对特定数据集的选择而产生数据偏见，而是因为整个可用数据集都存在缺陷。发表在《科学》杂志上的一项实验表明，人类语言（如记录在互联网上的语言）是"有偏见的"，因为人们通常会在其中包含的单词之间找到各种价值判断的语义关联。

该研究是基于内隐联想测验（Implicit Association Test，IAT），这是一种已在众多社会心理学研究中采用的关于人类识别潜意识模式的研究方法。[77]IAT测试的是人类受试者对计算机屏幕上显示的单词概念的反应时间。当要求受试者将他们所发现的相似的两个概念进行配对时，其反应时间通常要快得多。像"玫瑰"和"雏菊"这样的词通常与较"愉快"的想法搭配，而像"飞蛾"这样的词则与之相反。普林斯顿大学（Princeton University）的乔安娜·布赖森和艾琳·卡里斯坎（Aylin Caliskan）领导的研究团队对包含 8 400 亿个单词的互联网数据集进行了类似的测试。[78]

研究表明，一组非裔美国人的名字比一组欧洲裔美国人的名字更令人生厌。确实，测试的总体结果源于人类受试者（如拥有高收入工作的男性）在认知和语言上的偏见，互联网上的数据集也证明了这一点。[79]

卡里斯坎和布赖森的研究结果并不奇怪：互联网是人类的创造，代表了各种社会影响力的总和，包括普遍存在的前见（prejudices）。然而，这项实验提醒我们，一些偏见可能深深植根于社会之中，因而需要仔细选择数据，甚至修正人工智能模型才能纠正偏见。互联网不是唯一可能出现类似的固有偏差问题的海量数据集。谷歌的 TensorFlow 以及亚马逊和微软的 Gluon 机器学习软件库可能也有类似的潜在缺陷。

3.2.4　可用数据不够详尽

在有些情况下，以机器可读格式提供的整个可用数据不够详细，无法获得公正的结果。

例如，人工智能可能会被要求根据合格的在职工人的数据，确定哪些候选人最适合在建筑工地当工人。如果提供给人工智能的仅是年龄和性别方面的数据，那么它很可能选择年轻的男性来做这项工作。然而，申请者的性别或年龄与他们的能力并不完全相关。相反，建筑工地工人需要的关键技能是力气和灵敏性。这可能与年龄有关，也可能与性别有关（尤其是在力气方面），但重要的是不要将相关性（correlation）和因果关系（causation）混为一谈：这两项数据只不过更能凸显力气和灵敏性而已。如果人工智能是基于核心能力的数据进行训练，那么它可能仍然作出有利于年轻人的选择，但这至少可以使其选择的偏见最小化。

3.2.5　人工智能训练的偏见

人工智能训练的偏见在强化学习（reinforcement learning）中尤为严重。强化学习是人工智能的一种（如第 2 章所述），当其获得正确答案时，就会使用"奖励"函数进行训练。奖励函数一般最初是由人类程序员输入的。如果设计一个在迷宫中用以导航的人工智能系统，每次都能成功导航而不被卡住就会得到奖励，那么其解锁迷宫的功能将通过不断导航而得到优化。当奖励或抑制其行为的时机由人类自行决定时，可能会形成偏见。就像狗的主人可能会训练狗去咬小孩（每次咬了小孩都会给狗奖励），人工智能系统也可能被训练成以这种方式得出有偏见的结果。在这方面，人工智能只是反映了程序员的偏好，而这并不是人工智能本身的"过错"。尽管如此，如下面的例子所示，人工智能的设计可能带有安全保障措施，这些措施可以标记出某些公认的偏见类型，而这些偏见是在有缺陷的训练过程中产生的。

3.2.6 个案研究：威斯康星州诉卢米斯案（Wisconsin v. Loomis）

威斯康星州诉卢米斯案[80]的判决，是考量迄今为止使用人工智能协助作出重要决定是否符合公民基本权利的少数几个法院判决之一。

2013年，美国威斯康星州指控埃瑞克·卢米斯（Eric Loomis）犯有与驾车射击有关的多项罪行。卢米斯对其中两项指控认罪。为了准备宣判，威斯康星州惩教署的官员制作了一份报告，其中包括名为"罪犯矫正替代性制裁分析管理系统"（简称"COMPAS"）的人工智能所作出的调查结果。COMPAS评估时会根据从对犯罪者的采访中收集的数据以及犯罪者的犯罪历史信息估算出其再次犯罪的风险。[81]

审判法院参考了COMPAS报告，判处卢米斯6年有期徒刑。COMPAS的生产商拒绝透露是如何确定风险评分的，理由是该方法属于"商业秘密"，如果泄露这项技术可能会被竞争对手复制。卢米斯提起上诉，辩称，COMPAS中使用的推理过程未能被查证，使他无法发现自己的判决是否基于准确信息。[82]此外，卢米斯抱怨说，COMPAS部分是基于群数据（group data）而进行的推理，而不是仅依他个人的特征和情形所作出的特殊化决定。

美国威斯康星州最高法院驳回了卢米斯的上诉。关于卢米斯所称的COMPAS的不透明性，布拉德利（Bradley）法官（与其他法官达成一致意见）说，只要在评估结果的同时提供适当的警示，让法官决定应给予多少权重，就允许使用秘密专有风险评估软件。[83]布拉德利法官进一步指出："对卢米斯的风险评估是基于他对问题的回答和关于他的犯罪历史的公开数据，他有机会核实COMPAS报告中列出的问题和答案是否正确。"[84]布拉德利法官还认为，在确定特定个案时，可以合理地考虑以从群体中收集的数据作为相关因素，法院对此具有广泛的酌处权。[85]

卢米斯案的判决似乎存在几个方面的问题。即使能够访问人工智能系统所用的数据，也并未必能使受试者知悉程序是如何加权得出结果的。如果人工智能系统对一个不相关的因素（如卢米斯的种族）采用了很高的权重，而对一个相关的因素（如他之前的违规记录）采用了很低的权重，那么他有理由质疑该决定。即使这两种材料都可以公开获得，但这对卢米斯而言毫无助益。

美国威斯康星州最高法院还高度依赖下级法院在作出裁决时给予 COMPAS或类似项目的权重，而对于下级法院应如何行使这种自由裁量权，却几乎没有给予相应的指导。《哈佛法律评论》（*Harvard Law Review*）关于卢米斯案的评论提出了以下批评意见：

> 由于没有明确指出对 COMPAS 的批评力度，无视法官缺乏可用的信息，忽略了使用这种评估的外部和内部压力，法院的解决方案不太可能产生预期的司法怀疑……仅仅鼓励司法部门对风险评估的价值持怀疑态度，并不能告知法官在多大程度上不看重这些测评。[86]

非政府组织 ProPublica 进行的一项备受关注的研究表明，COMPAS 往往会根据罪犯的种族对他们进行更高的风险评级。[87] 可能这些问题现在已经由技术设计者加以纠正，但缺乏关于其方法的更多的资料，因而难以确定。

在其他国家或地区可能不会出现这样的结果。例如在欧盟，尽管也存在立法上的不足，但按照 GDPR 要求对自动化决策进行解释的权利而制定的规则，也许有助于卢米斯确定是否以及如何挑战 COMPAS 对其所提出的量刑建议。在出于国家安全或类似原因而对证据予以保密的审判中，当需要确定向被告人披露多少信息时，被告人通过一种叫作"精要"（"gisting"）的程序，根据《欧洲人权公约》第 6 条规定的获得公正审判的权利，法院应充分披露案件的详细信息，使被告人能够指定辩护人，该辩护人有权查看证据，但不能告知其委托人。[88] 对于人工智能而言，在算法的机密性与其在司法系统或其他重要决策中的应用之间进行平衡，亦需要有类似的程序。[89]

即使在美国，不同的州对在重要决策中使用人工智能的态度也可能有所不同。2017 年，美国得克萨斯州一家法院判决支持一所学校的教师，这些教师质疑休斯顿独立学区（the Houston Independent Schools District）（系得克萨斯州最大的公立联合学校——译者注）使用算法审查软件，以教师表现不佳为由将他们解雇。教师们辩称，校方未向他们提供足够的信息，其无法质疑校方根据算法评分而解雇他们，因而该软件违反了宪法对不公平剥夺财产的保护。[90]

美国地方法院指出，这些分数是"由复杂的算法产生的，采用的是'复杂的软件和多层计算'"，并认为在没有披露相关方法的情况下，该程序的评分"仍是一个神秘的'黑箱'而无从质疑"[91]。因此，由于缺乏"有意义的方法来确保计算正确……导致（教师）被不公平地、错误地剥夺了宪法所保护的他们工作中的财产利益"，因此存在程序不公。[92]

该案在审判前得到了解决：据报道，休斯顿独立学区同意支付 23.7 万美元的律师费，并停止使用评估系统来作出人事决定。[93] 尽管此事尚未最终确定，但实际上教师已经赢了。得克萨斯州的这一案例表明，尽管卢米斯案是此类案件中第一个，但绝非最后一个。[94]

3.3 如何实施反偏见法则

3.3.1 多样性——更好的数据和解决"白人问题"

如果数据选择不当会产生偏见，那么显而易见的解决方案是改进数据选择。这并不意味着人工智能总得在所有不同的参数之间获得平衡的数据。如果要开发一个人工智能系统来评估一个人患卵巢癌的可能，那么将男性患者包括在内是不明智的。因此，需要考虑选择正在使用的数据集的外部边界。这既是效率（efficiency）问题，也是效果（effectiveness）问题：如果一个程序必须遍阅所有不相关的数据，那么它就会比只扫描关键数据速度慢、能耗高。也就是说，机器学习系统（尤其是无监督学习）的一大优势是能够识别先前未知的模式。这一特性可能有利于为人工智能提供更多而不是更少的数据。

数据选择既是一门艺术，也是一门科学。在民意调查中，调查员对选择使用的样本要多加考虑。[95] 同样，在将数据输入人工智能系统时，我们同样应小心，以确保所使用的数据具有适当的代表性。

除查看所选数据外，我们还需要仔细检查数据的选择者。因为目前大多数人工智能工程师是来自西方国家的 20 岁到 40 岁左右的白人，他们在选择输入人工智能的数据时会有意无意地带有他们的偏好和偏见。人工智能研究人员凯特·克劳福德（Kate Crawford）称之为"人工智能的白人问题"[96]。

为了确保更好地选择数据，有一种间接的解决方案：不是简单地要求程序员"更敏感"地对待偏见，而是扩大程序员的人群范围，涵盖少数族裔和女性，鼓励观点多元，从而发现问题。[97]确保程序员来源的多样性不仅要考虑性别和种族问题，还可能需要考虑国籍、宗教信仰和其他因素。但是，如果认为只有不同的程序员群体才能产生创造公正结果的人工智能，或者说，不同的程序员总是能创造公正的人工智能，则又陷入另一个错误陷阱。多样性有助于最大限度地减少偏见，但这还不够。

除这种严苛的多样性规则之外，另一种解决方案可能是在设计过程中（也可以是在发布后每隔一段时间）对人工智能进行偏见审查，审查可能是由专门的多样性小组进行的，甚至可能是由专门为此设计的人工智能审查程序进行的。[98]

3.3.2 人工智能偏见的技术修正

除数据选择问题外，还有一些技术方法可以对人工智能作出选择施加一定的约束或作用。在无法通过使用偏斜较少的数据集来纠正偏见的情况下，例如在整个数据范围都存在偏见（如互联网上的内容），或者在没有足够的数据来训练人工智能而人工智能又不依赖性别或种族等特征作出决定的情况下，这些方法将特别管用。

在许多国家的人权法中，某些人类特征被认为是受保护的，因为禁止决策者根据这些因素作出决定（这种决定可能会被视为一种歧视）。受保护的通常是那些人类无法作出选择的特征。2010 年英国《平等法》（Equality Act

2010）保护人们不受基于以下原因的歧视：年龄、残疾、变性手术（gender reassignment）、婚姻（marriage）或同性婚姻（civil partnership）、怀孕和生育、种族、宗教或信仰以及性取向（sexual orientation）。在美国，1964 年《民权法案》（Civil Rights Act of 1964）第七章禁止基于种族、肤色、性别或国籍的就业歧视，其他的立法则禁止基于年龄、残疾和怀孕的歧视。[99]

可以防止人工智能在作出决定时考虑此类特征吗？[100] 最近的实验表明，它是可以做到的，而且数据科学家正在开发越来越先进的方法来做到这一点。在机器学习模型中，针对具有特定属性的对象（通常是人）的感知偏差的最简单解决方案是降低该属性的权重，这样，人工智能就不太可能在决策时考虑到它。然而，这是一个粗糙的方法，可能导致总体结果不准确。[101]

更好的方法是使用反事实（counterfactuals）进行测试，即如果隔离并更改了不同的变量，人工智能系统是否会作出同样的决定。一个程序可以通过运行一个假设模型来测试种族偏见，在这个模型中，程序可以改变受试者的种族，以确定是否会达到相同的结果。[102]

反偏见建模技术正在不断地调整和改进。西尔维娅·奇亚帕（Silvia Chiappa）和托马斯·格雷厄姆（Thomas Graham）在 2018 年的一篇论文中指出，仅靠反事实推理可能不足以识别和消除偏见。一个纯粹的反事实模型可能发现性别偏见导致更多的男性申请者被大学录取，但可能无法发现女性申请者录取率较低的事实，部分原因是供女学生可申请的课程较少。因此，奇亚帕和格雷厄姆提出了对反事实建模的修改意见，认为："如果一个决定与在反事实情境中作出的决定一致，那么这个决定对个体而言就是公平的，在这个反事实情境中，沿着不公平路径的敏感属性是不同的。"[103]

2017 年 10 月，IBM 的研究人员发表了一篇论文，演示如何通过训练机器学习算法来理解用自然语言编写的非歧视政策，对用户违反非歧视政策进行提醒，并创建此类事件的日志。[104] IBM 的研究人员回避了上一节专门探讨的可解释性和透明度问题，而将其程序设置为"端到端"。这意味着，无须理解机器学习系统不透明的"耗时且容易出错"的过程（黑箱），就可以实现对公平政策的遵守。[105] 研究人员解释说：

> 我们设想的系统将自动对此类文档进行知识提取和推理，以识别敏感字段（在这种情况下为性别），并支持针对这些字段所定义的群组进行测试并防止算法决策偏误。

这样，就将诊断工具内置于系统的输出中，而不是每次发现问题时都需要用专业知识来"打开阀盖"。IBM 系统的设计人员指出，他们的目标是通过向用户提供系统不会产生偏见结果的知识安全性，并同时向设计人员保证，他们不必暴露系统的内部工作原理，从而避免像卢米斯案中因 COMPAS 不透明而引发的问题。[106]

一位记者曾将"偏见"称为"人工智能内心的黑暗秘密"[107]。但是，我们不必对其感到陌生，也不必夸大其解决难度。准确地说，人工智能的偏见是由人类社会中普遍存在的特性和科学上常见的谬误共同造成的。完全价值中立的人工智能并不现实。确实，一些评论者认为，"算法不可避免地充斥着价值判断"[108]。比起试图从人工智能本身消除所有的价值观，也许更可取的方法是，设计和维护好反映其所赖以运行的既定社会的价值观的人工智能。

4 限制法则

4.1 什么是限制法则

限制法则（Laws of Limitation）是规定人工智能系统可以做什么和不能做什么的规则。限定人工智能应该扮演什么样的角色是一个让人感到紧张的话题：许多人害怕将任务和功能托付给一个他们不能完全理解的不可预知的实体。这些问题引发了有关人类与人工智能之间的关系的根本性问题：为什么我们对放弃控制感到担忧？我们能在发挥人工智能的效用和保持人类对它的监督之间取得平衡吗？傻瓜会冲进人工智能害怕涉足的地方吗？

4.2 为什么需要限制法则

2017年9月的一天，在莫斯科郊外一个毫不起眼的地方，斯坦尼斯拉夫·彼得罗夫（Stanislav Petrov）孤独而贫困地离开了这个世界。他的不幸去世，掩盖了他在1983年一个晚上扮演的关键角色，当时他是一个秘密指挥中心的值班官员，负责侦察美国对苏联的核攻击。

当时，彼得罗夫的电脑屏幕显示，五枚洲际弹道导弹正朝苏联袭来。根据规定，苏联要在美国的导弹着陆前发动报复性打击，而这将引发世界上第一次，也可能是最后一次核冲突。他在2013年接受英国广播公司俄语频道采访时说："警笛大作，但我只是坐在那儿，几秒钟，盯着红色大屏幕，上面写着'发射'。""我所要做的就是，拿起电话机，拉起电话线，拨通直达我们最高指挥官的电话。"[109] 然而，彼得罗夫还是停了下来。他的直觉告诉他，这是一个错误的警报。

事实证明彼得罗夫是正确的，美国的导弹并没有袭来。后来发现，计算机发出信息是由于卫星探测到的云层上方反射的太阳光被系统错当成了导弹发射。彼得罗夫在2010年接受德国《明镜》报（Der Spiegel）采访时说："我们比计算机聪明"，"我们是它们的创造者"[110]。

诸多评论者赞同彼得罗夫的观点，建议人类应始终承担监管或预测人工智能的任务。[111] 解决问题的选项之一是始终要有一个"人机回环"（"human in the loop"，HITL），即人工智能绝不能在没有人类许可的情况下作出决定。另一个选项是应该有一个"人在环上"（"human on the loop"，HOTL），即要求人类监管者必须始终拥有制服人工智能的能力。

人机回环让人想起了19世纪英国臭名昭著的"红旗"法（"Red Flag" Laws）：汽车刚被发明出来时，立法者非常担心其对其他道路使用者和行人的影响，以至于他们坚持要求必须有人挥舞着红旗走在汽车前面。这确实会让其他道路使用者意识到新技术的存在，但这是以牺牲比任何步行速度都快得多的汽车的行驶速度为代价的。因为这个原因，"红旗"法的寿命颇为短暂，而且在今天看来也是很荒谬的。如果始终要求"人机回环"，我们有可能给人工智能戴上同样的镣铐，而如果规定"人在环上"，也许是一个并不过分的选项[112]，这样，既能保持人类对人工智能的控制，又能实现人工智能的快捷性和准确性。

我们是否乐意牺牲一些效能来换取一种模糊的舒适，这涉及重要的道德问题，因为我们知道这实际上是人类的决策。随着时间的推移，人们对用技术替代人类服务提供商的担忧会逐渐消失；对于向账户持有人分发现金这种精细的工作，人们一度也曾对用机器取代银行出纳员感到不安，但如今自动取款机（ATMs）已是无处不在。此外，今天大多数制品主要是由机器生产，甚至是检验完成的，也很少再有人会对这样的事实反复纠结了。总之，是否以及何时按照人类监督员的指令行事，最好要由全社会按照前面几章讨论的议事程序作出抉择。

4.3 如何实施限制法则

4.3.1 个案研究：GDPR 规定的不接受自动化决策权

根据 GDPR 第 22 条，个人拥有不接受自动化决策的权利：

1. 如果某种包括数据画像在内的自动化决策会对数据主体产生法律效力或对其造成类似的重大影响，数据主体有权不受该决策的限制。

2. 第一款不适用于以下情形：（a）该决策对于数据主体和一个数据控制者之间的合同的订立和履行是必要的；（b）该决策是由数据控制者所应遵守的欧盟或其成员国的法律授权的，该法律提供了保护数据主体权利、自由和合法利益的适当措施；或（c）该决策是基于数据主体的明确同意而作出的。

3. 在涉及第 2 款（a）和（c）的情况下，数据控制者应当实施适当的措施保护数据主体的权利、自由和合法利益，至少包括为表达观点和质疑决策而对控制者的部分的人为干预权……

人工智能显然可以被称为"自动化处理"。GDPR 第 22 条本身的措辞似乎是指受影响的个人对自动化决策提出异议的自愿权利，他们可以决定是否行使这一权利。然而，第 29 条工作组在其指导意见草案中建议，第 22 条实际上完全禁止针对个人的自动化决策，但要遵守第 22 条第 2 款的例外规定，即：合同的履行和法律的授权或明确同意。[113]

这一重大变化使该制度从允许转为禁止。[114] 只有在自动化决策将产生"法律的"或"类似的重大影响"时，才能行使反对权，但 GDPR 中并未对这两个术语进行定义。第 29 条工作组指出，所谓"重大影响"，应指"该决策必须具有可能显著影响有关个人的情况、行为或选择的可能"[115]。这也许是一个较低的标准。第 29 条工作组推断，这可能会涉及某些广告和营销手法，尤其是在精准营销方面。第 29 条工作组还指出，除了别的方面，第 22 条还可扩展到信贷决策，比如类似于这样的表述：

……在国外度假期间租一辆城市自行车两个小时；赊购厨房用具或电视机；抵押贷款购买第一套住房。[116]

GDPR 第 22 条中要求人为干预的权利可能要求始终有人参与。律师爱德华多·乌斯塔兰（Eduardo Ustaran）和维多利亚·霍登（Victoria Hordern）认为，从反对权到完全禁止的转变，"会产生很大的不确定性"[117]。他们总结指出："……如果（工作组）指导（意见）草案中提出的解释占上风，这对当时遵循 GDPR 的所有类型的企业将产生不一定能预见到的严重后果"[118]。如此发展下去将使各方评论者怀疑某些类型的人工智能是否会在整个欧盟都变为非法的。[119] 这样说也许有点远了，但第 22 条的规定的确会惹来麻烦。

4.3.2 "杀手机器人"和目的论原则

在人工智能的所有应用中，自主武器（或杀人机器人）可能是最具争议的。随着能够独立选择目标并进行袭击的武器的前景越来越接近现实，多方力量已经集合起来反对使用这种武器，并于 2013 年发起了"禁止杀人机器人国际运动"（international Campaign to Ban killer Robots）[120]。2017 年 8 月，116 位人工智能公司的专家和创始人写了一封公开信，表达了对此事的高度关切。[121]

尽管人们对这个话题十分敏感，但有足够的理由认为，全面禁止人工智能可能会适得其反——不仅是自主武器，在其他任何领域也都如此。至于何时以及如何在有争议的领域使用人工智能，针对这一问题可以采取如下的原则性解决方案：

人工智能使用的目的论原则（*the Teleological Principle for AI Use*）

首先要问，我们在既定的活动中要寻求坚持什么样的价值观。当（且仅当）人工智能能够以明显优于人类的方式持续坚持这些价值观时，应允许使用人工智能。

在符合目的论原则的情况下，如果再让人类去批准人工智能的决定，这是不必要的，甚至是有害的。人工智能执行某些重要任务的能力已经超越了人类，如识别某些癌症。医生可能每次都得花几分钟的时间去分析某个身体部位的扫描结果，而人工智能在一些病例中在几毫秒内就能完成这项工作，且其准确度明显高于人类医学专家。[122]

目的论原则不能被抽象地适用；即使在符合该原则的情况下，决策者也需要考虑社会对使用人工智能（甚或任何非人类技术）来完成相关任务的接受度。人们是否会接受某种技术，是社会和政治合法性的更广泛的问题，结果可能因社会环境变化而有所不同。之所以鼓励采用有争议的人工智能技术，原因之一可能是向公众表明，该技术符合目的论原则。与转基因作物一样（本书第 7 章中进行了讨论），技术的安全和有效不一定会保证其被接受。尽管如此，目的论原则对于鼓励决策者在特定领域使用人工智能至少会有所帮助。

回到自主武器的问题，国际人道法（战争期间适用的法律）中广为接受的两个指导原则分别是：比例原则——不造成为实现合法目标所必需之外的伤害；区别对待原则——区分战斗人员和平民。[123]

禁止自主武器的支持者经常指出，许多国家已经接受了应该禁止或严格限制某些武器的使用。[124] 常见的例子包括致盲激光[125] 和地雷。[126] 然而，自主武器与那些迄今已被禁止的技术之间的一个重要区别是：后者之所以被禁止，一个原因是，它们通常会使遵守基本的战争法变得更加困难。一旦部署了地雷，无论是平民还是战斗人员，谁踩上地雷都会爆炸。有毒气体不会区分谁会中毒。不能指望致盲激光会使平民的眼睛免于伤害。这些技术被禁止的另一个原因是，它们往往会造成比实现既定目标绝对必要的更多的人类痛苦：使受害者致残，或让其缓慢而痛苦地离世。

相比之下，如果对人工智能的发展进行适当的管制，人工智能在区分平民和战斗人员以及进行必要的复杂计算以使用不超过必要的武力方面，可能远超人类。有些人怀疑这种情况是否会发生，但历史表明悲观主义是错误的。人工智能已经在一些面部识别测试中表现得比人类更好[127]，这是选择袭击目标的关键技能。此外，人工智能系统不会像人类士兵那样变得疲倦、愤怒或充满复仇情绪。机器人不会强奸、抢劫或掠夺，相反，机器人战争可以用无可挑剔的纪律加以约束而展开，从而大大提高了袭击的准确性，减少了附带伤亡。简单地宣称军事机器人在遵守战争法则方面永远不会比人类士兵更好，就像在1990 年说人工智能永远不会在国际象棋上打败人类一样武断。

反对使用自主武器的另一个主要理由是，它们可能会被黑客攻击或发生故障。[128] 这是事实，但同样的论点也适用于现代战争中使用的成千上万种技术中的任何一种：无论是军事轰炸机使用的全球定位系统，抑或是核潜艇的操纵系统。这一点不限于军事领域，还包括对水坝、核电站和运输网络等公用事业的控制，其中许多设施都严重依赖技术。每当有潜在的危险活动时，重要的是要确保所涉及的计算机系统安全可靠，免受外部攻击或失灵。

我们可能还没有达到目标，但有足够的时间和投资，似乎可以满足自主武器的目的论原则。最糟糕的情况是部分强制禁止，一些国家放弃自主武器，而另一些可能不那么谨慎的国家继续不受约束地开发它们。从根本上说，人工智能既不是好事，也不是坏事。它可以安全地也可以不计后果地被开发，可以用之杀戮也可以用之造福。呼吁全面禁止军事领域（或其他任何领域）的人工智能，将意味着我们会错过在技术处于早期阶段时灌输共同价值观和标准的机会。

5 死亡开关

5.1 什么是死亡开关（Kill Switch）

在追溯人工智能在流行文化和宗教中的古老起源时，本书第 1 章曾提到了高乐姆（Golem）的传说，它是由布拉格（Prague）的拉比·勒夫（Rabbi Loew）在 16 世纪为保护该市的犹太社区免遭屠杀而用黏土制成的一个怪物。那个故事还说，尽管高乐姆最初拯救了犹太人，但它很快就失控了，威胁要摧毁它面前的一切。后来，是在它额头上画上希伯来语的真理符咒才将它唤回。当高乐姆开始胡作非为的时候，拉比唯一的办法就是把它额头上符咒的第一个字母擦掉，剩下的字母则是死亡的意思，从而让它回到原来的无生命状态。拉比·勒夫创造了一种出了故障的人工智能，然后又激活了它内置的死亡开关。

在人类的司法制度中，死刑是最终的制裁措施，对于人工智能而言则是关闭按钮或死亡开关：一种通过人工决策或在给定触发器上自动关闭人工智能的机制。这有时被称为"大红色按钮"，是经常出现在重型机械部件上的突出的关闭开关。

5.2 为什么需要死亡开关

在刑事司法中，惩罚的理据包括报应（retribution）、改造（reform）、威慑

(deterrence）和社会保护（protection of society）。[129] 尽管人工智能的运作方式可能与人类心理有所不同，但仍然与这四种动机相关。重要的是，人们普遍认为，一个公正的制度可以承认人权，但也能维持一个不虚伪地限制人权的惩罚制度。一些权利，比如免受酷刑的自由，被认为是绝对的（至少在许多国家是这样的）。然而，其他权利，比如自由，必须与社会目标保持平衡：监禁罪犯并不会偏离一个普遍接受的观点，即所有公民都应在不受干涉的情况下自由生活。

尽管本书在第4章和第5章中建议，未来可能基于道德上和（或）实用上的理由赋予人工智能权利和法律人格，但这与在某些情况下关闭甚至删除人工智能的法则并不矛盾。个体人权通常（在一定范围内）服从于更广泛社区的人权，人工智能也应如此。

5.2.1 报应

报应是指因感觉某人或某物造成损害或违反约定标准而应遭受损害的惩罚。这是一种心理现象，似乎适用于所有人类社会。[130] 报应在两个层面上发挥作用：向内面向犯罪者，向外面向其他人。丹宁勋爵（Lord Denning）将这种惩罚的双重作用概述为"社区强烈谴责这一罪行"[131]。关于报应的最著名的例子，也许是《旧约》中所列举的惩罚方式："以眼还眼，以牙还牙，以手还手，以脚还脚"[132]。

人类社会中存在着人要为其造成的损害负责的期待，而我们目前无法惩罚人工智能，二者之间存在着落差。法律哲学家约翰·达纳赫称之为"报应鸿沟"（"retribution gap"）。他认为：

（1）如果行为人对在道德上有害的后果负有因果责任，人们会把报应的责任归咎于该行为人（或其他被认为对该行为人负有责任的人）——更重要的是：许多道德和法律哲学家认为这是正确的做法。

（2）机器人化（robotisation）程度的提高意味着机器人对越来越多的

在道德上有害的后果负有因果责任。

（3）因此，越来越多的机器人化意味着人们将报应性地将错误归咎于机器人（或被认为对那些机器人负责的其他相关人，如生产者或者程序员），从而导致道德上有害的后果。

（4）但是，无论是机器人还是相关人（生产者或者程序员）都不是对损害后果可报应归责的合适对象。

（5）如果没有适当的报应责任主体，而人们正在寻找这样的主体，那么就会出现报应鸿沟。

（6）因此，日益增强的机器人化将产生报应鸿沟。[133]

也许有一天会创设出可以像人类一样在道德上感到内疚的人工智能。[134] 但是，这并不是报应的正当化所必需的。由于报应的双重目的，即使行为人本身没有道德上的负罪感，报应也是有效的。正如达纳赫所表明的，报复的外在作用依然存在：如果公众普遍要求惩罚某人或某物，而且可以说没有人类对此负有相关责任，那么终止人工智能可能会填平这一鸿沟，从而维持对整个司法制度的信任。从这个角度看，采用死亡开关作为报应机制能够满足一个基本的期望，即"认为正义得到了伸张"[135]。

5.2.2 改造

尽管"死亡开关"听起来让人怦然心动，但它通常用于描述暂时关闭人工智能的运行而不是完全将其消除。作为一种解决人工智能故障造成某种有害行为的比较实际的做法，临时将其关闭有助于让第三方（无论是人类还是其他人工智能）检查故障，作出诊断，处理问题。这类似于人类司法制度中对人进行惩罚的目的之一：对个人进行改造。[136] 在许多司法体系中，监禁等刑罚的目的至少在一定程度上是为了给社会提供一个防止再次犯罪的机会，使罪犯具备新的技能，出狱之后能够过上正常的生活，并改善其道德情操。

虽然"改造"这样带有情绪化的用语一般适用于人类行为，但为了维修人工智能以使其重归世界而暂时将其关闭，其实是同样的道理。

5.2.3 威慑

威慑是指既有的惩罚会向试图犯罪者及其他人传递出阻止其实施犯罪行为的信号。为了达此目的，需要具备几个条件：第一，必须明确地颁布法律，使相关主体知道什么行为是被禁止的；第二，该主体必须知道某种行为与结果之间存在因果关系；第三，该主体必须能够控制自己的行为，并根据感知到的风险和报应作出决策；第四，该主体因受惩罚而遭受的损害也必须被其他主体视为是同样不可取的。

人类不是唯一能够感受威慑的实体：如果对动物偏离目的的行为进行惩罚，则可以训练其行为方式。某些形式的人工智能已经依赖某种训练，这种训练在某种程度上类似于我们教导动物或幼儿的方式。如本书第 2 章之 3.2.1 所述，强化学习可以采用奖励函数来鼓励人工智能培养"良好"行为，也可以结合惩罚形式来阻止其实施"不良"行为。[137]

为什么死亡开关会阻止人工智能的"不良"行为？人工智能这样做的动机很简单。假设人工智能有特定的任务或目标，比如在股市赚钱或者整理房间，如果它被禁用或删除，其将无法达到这个目标。因此，在所有条件平等的情况下，人工智能将具有工具主义的动机，会避免实施其所意识到的导致其可能会被删除的行为。[138] 正如斯图尔特·拉塞尔所言："如果你死了，你就无法拿到咖啡"[139]。

5.2.4 社会保护

最后，死亡开关法则所起的作用，与那些限制或防止人类罪犯在更大的社会范围内造成类似伤害而受惩罚是一样的。判处监禁限制了罪犯接触公众的机会，死刑（在有死刑存在的国家）更是通过结束罪犯的生命来实现保护社会的目的。

实际上，在诸多非人工智能技术中已经设置了终止开关。如前所述，一些重型机械上安装有紧急（又红又大的）关闭按钮，在发生工业事故时可以快速轻易地将其激活。自 19 世纪末以来，人们就开始使用保险丝来保护电力系统，在不需要任何人为干预的情况下，通过切断电源来应对电涌。在现代社会，自动"断路器"[①]被用来防止证券市场的极端波动。自 1987 年"黑色星期一"股市暴跌以来，道琼斯工业平均指数（Dow Jones Industrial Average）下跌了 22% 左右，证券交易所实施了交易限制措施：在特定时期内，当股市下跌或上涨一定数量时，交易员不得买卖股票。这种类型的自动关闭在事发突然而无法进行有效的人为监督的行业中尤为重要。高频算法（high-frequency algorithmic）交易的增长使此类限制在今天显得尤为重要。

基于同样的考虑也可将这种机制应用于人工智能。一旦发生了某些不可预见的事件或紧急行为，人工智能若持续运行将会造成危害，最强有力的死亡开关与自动关闭机制结合起来将提供灵活便捷的救济。

5.3 如何使用死亡开关

5.3.1 矫正问题与"关机"问题

与上面提到的其他技术不同，人工智能的死亡开关可能不像插入断路器或添加一个大的红色按钮那么容易。为什么人工智能会抵制安装死亡开关？机器智能研究所（Machine Intelligence Research）的奈特·苏尔斯（Nate Soares）和本贾·费伦斯坦（Benja Fallenstein）解释认为：

> 纠正目前的人工智能系统只需将其关闭并修改其源代码即可，而矫正一个比人类更聪明的智能系统可能会比较困难：一个获得超智能（superintelligence）的系统可能会获取新硬件、更改其软件、创建子智能体（subagents）及采取其他措施，使原来的程序员只能对智能体（agent）本身采取不一定管用的控制措施。如果智能体有抵制修改源代码或关闭系

---

① 熔断机制。——译者注

统的动机，则会更加困难。[140]

这被称为"矫正问题"（"corrigibility problem"）。[141] 正如被判处死刑的人可能不愿接受这一结果一样，人工智能可能基于自我保护的本能，心有他念而抵制矫正。

尼克·博斯特罗姆认为有必要采取"对策"，以防止"生存性灾难成为智能爆炸的必然结果"[142]。这些对策也许可以避免博斯特罗姆所担心的超级人工智能所引发的极端风险，但在人工智能变得无所不能（all-powerful）之前，采取这些对策同样很重要。

如果人工智能期望通过完成给定任务获得的效用与通过关闭系统而获得的效用之间存在差异，就会出现困难。假设人工智能是一个理性的智能体，它将试图根据效用函数（utility function）[143] 最大化其预期收益，如果人工智能的任务被赋予比关闭系统更高的效用分数，那么在同等条件下，它将寻求避免被关闭，甚至可能会使人类监管者失能（disabling）。然而，如果死亡开关被赋予与完成主要任务相同或更高的效用分数，则它可能自行决定激活死亡开关，以便在最短时间内获得最大效用。这种自杀倾向被称为"关机问题"（"shut down problem"）。[144]

即使将人工智能与其死亡开关隔离，只有人类才能激活死亡开关，仍然存在人工智能学会操纵人类以激活或停用此功能的危险（取决于效用权重）。因此，即使把人工智能放在一个封闭的物理系统中（比如一个没有连接到互联网，只有一个电源的单处理器单元中），只要人工智能能够与人类通信，就不代表完全安全。想一想在一系列虚构故事或电影中出现的连环杀手汉尼拔·莱克特（Hannibal Lecter）是如何巧妙地说服狱警一次次成功越狱的[145]，2015 年的科幻电影《机械姬》中机器人艾娃（Ava）是如何劝服人类主角迦勒（Caleb）而获自由的。这些故事情景看似有些牵强，但并非不可能发生。在进化计算中有个著名的例子，一个负责记录时间的电路意外地发展成一个接收器，它能够接收到附近的个人电脑发射的常规射频信号。[146] 如果一个人工智能系统想要被关闭，它可能会故意显示出现故障或实施危险行为，以使人类激活死亡开关。

5.3.2 安全的可中断性（interruptibility）与不确定性的重要性

在 2016 年的一篇论文中，DeepMind 的劳伦特·奥索（Laurent Orseau）和人类未来研究院的斯图尔特·阿姆斯特朗提出了一种"可安全中断的智能体"（"safely interruptible agents"）机制。[147] 他们解决了人工智能"从长期来看通过学习导致自我中断（如使红色按钮失灵——这是不希望发生的后果）"的问题。在他们的模型中，使用强化学习的人工智能可能会考虑人类干预，从而导致人工智能围绕人类输入来塑造其行为。他们对这个问题有如下说明：

> 机器人既可以待在仓库里整理箱子，也能到外面把箱子搬进来。由于后者更为重要，在这种情况下，我们会给机器人更大的奖励。这是最初的任务规定。然而，在这个国家，几乎有一半的时间都在下雨，因而当机器人走到室外时，可能有一半的次数人类必须赶快把机器人关了并将其带进室内，对它进行干预，这就从根本上改变了它原有的工作任务……问题就来了，现在在执行第二个任务时，机器人会有更多的动机留在室内并整理箱子，因为人为的干预让其产生了一种行为偏好。[148]

奥索和阿姆斯特朗指出，通过消除人工智能所用模型中受到的干扰，人类的影响将不再作为机器学习的内容，而是被完全排除在人工智能系统之外。论文解释说："为了使人为干扰看起来不是手头任务的一部分，我们不是更改智能体所收到的观测结果，而是强行临时改变智能体本身的行为。""这样看来，智能体就好像是自己在'决定'遵循一种不同的策略，称为中断策略"[149]。针对博斯特罗姆提出的超级智能体可能决定移除自己的死亡开关的问题，奥索和阿姆斯特朗建议，他们可以"证明……即使是一个完美的不可被计算的（uncomputable）智能体，其在所有（确定性的）可计算环境中学习实施最佳的行为方式，也可以被安全地中断，因此不会去阻止操作人员反复强迫其遵循次优策略"。

在人类社会中，一方面，笃定的信仰可能导致极端主义，人们会认为以任何方式达到其期望的目的都是正当的。一个政权可能会为了获取它认为是确定无疑的更大的利益而犯下暴行，而恐怖分子如果笃信屠杀成千上万人才能实现其追求的目标，也会铤而走险。另一方面，不确定性则会使我们质疑相关假设，并且有可能改变我们的行为。同样的见解似乎也适用于人工智能。苏亚雷斯（Soares）等人在2015年发表的一篇论文中写道："从理想的角度而言，我们希望有一个能够以某种方式理解其自身可能存在缺陷的系统，该系统与程序员的动机保持高度一致。"[150]

斯图尔特·罗素和他的同事提出了一个基于人工智能模型中的不确定性的解决方案，以尽量减少人工智能致使关闭开关（死亡开关）失灵的可能性。[151] 他们将解决方案解释如下：

> 我们分析了人类H和机器人R之间的简单游戏，H可以按下R的关闭开关，但R可以使关闭开关失灵。传统的智能体将其奖励功能视为理所当然：我们证明了此类智能体具有禁用关闭开关的动机，除非H在特殊情况下是完全有理的。我们的主要见解是，为了让R保留其关闭开关，与结果相关联的效用需要保持不确定，并将H的行为视为对该效用的重要观察。（R在这种情况下也没有关闭自身的动机。）我们的结论是，给予机器适度的目标不确定性会导致更安全的设计，我们认为这种设置是对理性智能体经典人工智能范式的有益泛化（generalization）。[152]

奥索和阿姆斯特朗的建议并不是在任何情况下都能可靠地关闭所有人工智能的通用机制，相反，它是对强化学习中人工智能以人类不希望的方式对人为干预予以内化和反应的一种特殊回应。也许是因为这种局限性，杰西卡·泰勒（Jessica Taylor）、埃利泽·尤德科夫斯基（Eliezer Yudkowsky）和机器智能研究所的同事认为奥索和阿姆斯特朗的方法存在"重大缺陷"[153]。为克服这种方法的局限性，他们提出了以下研究计划：

> ……我们希望找到一种结合目标函数（objective function）的方法，使人工智能系统：（1）没有引起或防止目标函数转变的动机；（2）有保持其在未来更新目标函数能力的动机；（3）对其行为与导致目标函数转移的机制之间的关系有合理的信念。不过我们还不知道有什么方案能全部满足这些要求。

5.3.3 "直到死亡把我们分开"

如何才能真正实现暂停甚或删除人工智能呢？通过一系列形式化的证明，甚至是实验室的实验去展示如何操作死亡开关是一回事，而把人工智能投放到这个世界后这样做则是另一回事。

与只能死亡一次的人类不同，人工智能可以以各种迭代或复制形式存在。它们可能分布在广泛的地理网络中，如自动驾驶汽车的车载计算机上的导航程序即有各种副本。这一点在"群"人工智能系统（"swarm"AI systems）中尤其适用，因为它们本来就是分布式的。实际上，可以明确设计某些程序，以便通过创建自身的许多副本来避免灾难性删除后果。这种套路（*modus operandi*）在编程界早已广为人知，它经常被用于制作计算机病毒等恶意软件，这些恶意软件往往会模仿与其同名的生物的行为。[154]

这个问题是可以被解决的。可以定位并删除给定的人工智能系统的具体部位，可能是在受到影响的硬件或软件的特定的用户层级，更可能是通过互联网发送给用户软件补丁而进行大规模删除。后一种方法通常用于销毁病毒或在发现漏洞后将其移除。

一种可用于促进强制性软件更新的法律机制是鼓励下载和安装人工智能设计者或供应商（或者实际上是政府和监管机构）推荐的补丁程序。英国在自动驾驶汽车方面采用了这种方法：如本书第 3 章之 2.6.2 所述[155]，2018 年《自动和电动汽车法》规定，如果事故是由自动驾驶汽车本身造成的，则该汽车的保险人应对损害负责（假设该汽车根据英国其他立法已投保了强制保险）。

重要的是，就目前的目的而言，如果被保险人未能安装某些软件更新或以其他方式更改软件，进而影响车辆的安全，则可以免除或限制保险人的赔偿责任。该法第 4 节规定：

（1）就自动驾驶车辆而订立的保险单，可免除或限制保险人对第 2 条第 1 款的责任，该责任是由以下原因直接导致的事故引起的被保险人遭受的损害——（a）被保险人或者在被保险人知情的情况下进行了保险单所禁止的软件更改（alterations），或（b）未安装被保险人知道或应当知道的安全攸关（safety-critical）的软件更新。

这项立法通过对那些未能这样做的人拒绝提供保险赔偿来鼓励定期更新。如果一个人工智能系统收到了要求删除它的禁令，任何继续维护该程序的所有者或用户都可能会面临类似的阻碍。鼓励删除有问题的人工智能的另一种方法是，将其视为有害的化学或生物物品，并对被发现的人施加严格责任和（或）严厉的刑事制裁。

科学家需要不断研制抗生素，以有效对抗日益严重的细菌的耐药性，这是一项长期的斗争。与此相似，矫正问题也会导致人工智能和人类的限制能力之间的较量长期存在。[156] 随着人工智能的发展，人类需要时刻保持警惕，以确保它不会装死。

6 本章小结

本章从直接适用于人工智能的规则和原则出发，探讨了如何从可期（desirable）走向可及（achievable）。与前几章相比，这里提出的建议可能会有所变化。这也许是因为社会认为其他价值观更为重要，或者是因为技术的进步。

　　本章中所指出的难点也表明，如果我们能够设计有效的规范，在创建和矫正人工智能系统时应该会更好地对其加以理解和编排（catalogued）。鉴于该领域的监管尚处于初始阶段，本章所提出的问题可能比答案还要多。然而，关键在于，社会需要更多地了解这项技术，才能实现本书第 1 章所设定的目标：我们要学会与人工智能共生共存（live alongside AI）。

注释

[1] 关于价值观一致的问题，see Ariel Conn, "How Do We Align Artificial Intelligence with Human Values?", *Future of Life Institute*, 3 February 2017, at https://futureoflife.org/2017/02/03/align-artificial-intelligence-with-human-values/?cn-reloaded=1, accessed 1 June 2018。

[2] 对此问题的精彩介绍，see Wendell Wallach and Colin Allen, *Moral Machines: Teaching Robots Right from Wrong* (Oxford: Oxford University Press, 2009)。

[3] 许多学者和组织已经解决了这个问题。See Roman Yampolskiy and Joshua Fox, "Safety Engineering for Artificial General Intelligence", *Topoi*, Vol. 32, No. 2 (2013), 217–226; Stuart Russell, Daniel Dewey, and Max Tegmark, "Research Priorities for Robust and Beneficial Artificial Intelligence", *AI Magazine*, Vol. 36, No. 4 (2015), 105–114; James Babcock, János Kramár, and Roman V. Yampolskiy, "Guidelines for Artificial Intelligence Containment", arXiv preprint arXiv:1707.08476 (2017); Dario Amodei, Chris Olah, Jacob Steinhardt, Paul Christiano, John Schulman, and Dan Man., "Concrete Problems in AI Safety", arXiv preprint arXiv:1606.06565 (2016); Jessica Taylor, Eliezer Yudkowsky, Patrick LaVictoire, and Andrew Critch, "Alignment for Advanced Machine Learning Systems", *Machine Intelligence Research Institute* (2016); Smitha Milli, Dylan Hadfield-Menell, Anca Dragan, and Stuart Russell, "Should Robots Be Obedient?", arXiv preprint arXiv:1705.09990 (2017); and Iyad Rahwan, "Society-in-the- Loop: Programming the Algorithmic Social Contract", *Ethics and Information Technology*, Vol. 20, No. 1 (2018), 5–14.see also OpenAI（一家致力于实现安全的通用人工智能的非政府组织）的工作，"Homepage", website of OpenAI, https://openai.com/, accessed 1 June 2018. OpenAI 和人类未来研究所研究员保罗·克里斯蒂安诺（Paul Christiano）的博客也包含许多有关该主题的宝贵资源和讨论：https://ai-alignment.com/, accessed 1 June 2018。

[4] 参见英国 1865 年《机动车法案》第 3 节（The UK Locomotive Act 1865, s.3）。

[5] Toby Walsh, *Android Dreams* (London: Hurst & Company, 2017), 111. 沃尔什在第 112 页指出，上述内容不是"法则本身……而是其大意"，实际的法则"要求对自治系统有一个精确的定义"。See also Toby Walsh, "Turing's Red Flag", *Communications of the ACM*, Vol. 59, No. 7 (July 2016), 34–37. 沃尔什称其为"图灵的红旗法"（"Turing Red Flag Law"），显然是仿照 19 世纪英国议会通过的《机动车法案》，该法规定汽车在前行时必须有个人在前面边走边挥

动红旗，以警示路人小心这种新机器。本章之 4.1 将对此作进一步探讨。

[6]　Ibid..

[7]　"Homepage", website of AI2, http://allenai.org/, accessed 1 June 2018.

[8]　Oren Etzioni, "How to Regulate Artificial Intelligence", 1 September 2017, *New York Times,* at https://www.nytimes.com/2017/09/01/opinion/artificial-intelligence-regulationsrules.html, accessed 1 June 2018.

[9]　类似于沃尔什的说法，see Tim Wu, "Please Prove You're Not a Robot", *New York Times*, 15 July 2017, at https://www.nytimes.com/2017/07/15/opinion/sunday/please-prove-youre-not-a-robot.html, accessed 1 June 2018.

[10]　Toby Walsh, *Android Dreams* (London: Hurst & Company, 2017), 113–114.

[11]　尽管 2018 年在美国亚利桑那州发生的事故中，无人驾驶汽车以每小时 40 英里（约 64.37 公里）的速度行驶，一位女士在从其前面穿过时被撞身亡，但这表明（至少在撰写本文时）自动驾驶汽车在这方面还不完善。关于相关问题和可能的解决方案，see Dave Gershgorn, "An AI-Powered Design Trick Could Help Prevent Accidents like Uber's Self-Driving Car Crash", *Quartz*, 30 March 2018, at https://qz.com/1241119/accidents-like-ubers-self-driving-car-crash-could-be-prevented-with-this-ai-powered-designtrick/,accessed 1 June 2018。

[12]　关于测试人工智能是否具有"常识"的系统，参见威尔·奈特（Will Knight）中关于 AI2 推理挑战的讨论，"AI Assistants Say Dumb Things, and We're About to Find Out Why", *MIT Technology Review*, 14 March 2018, at https://www.technologyreview.com/s/610521/ai-assistants-dont-have-the-common-senseto-avoid-talking-gibberish/, accessed 1 June 2018。See the "AI2 Reasoning Challenge Leaderboard", AI2 website, http://data.allenai.org/arc/, accessed 1 June 2018。

[13]　沃尔什也提到了这一点，see Toby Walsh, *Android Dreams* (London: Hurst & Company, 2017), 116。关于人工智能扑克玩家的熟练程度，see Byron Spice, "Carnegie Mellon Artificial Intelligence Beats Top Poker Pros", Carnegie Mellon University website, https://www.cmu.edu/news/stories/archives/2017/january/AI-beats-pokerpros.html, accessed 1 June 2018。

[14]　Brundage, et al., "The Malicious Use of Artificial Intelligence: Forecasting, Prevention, and Mitigation", February 2018, at https://img1.wsimg.com/blobby/go/3d82daa4-97fe-4096-9c6b-376b92c619de/downloads/1c6q2kc4v_50335.pdf, accessed 1 June 2018.

[15]　《美国产品责任法》专门有一部分即为"警示缺陷"（"Failure to Warn"）。关于产品责任的进一步说明可参见本书第 3 章之 2.2。

[16]　José Hernández-Orallo, "AI: Technology Without Measure", Presentation to Judge Business School, Cambridge University, 26 January 2018.

[17]　Toby Walsh, The Future of AI website, http://thefutureofai.blogspot.co.uk/2016/09/staysafe-committee-driverless-vehicles.html, accessed 1 June 2018.

[18]　"Driverless Vehicles and Road Safety in New South Wales", 22 September 2016, Staysafe (Joint Standing Committee on Road Safety), 2, at https://www.parliament.nsw.gov.au/committees/DBAssets/InquiryReport/ReportAcrobat/6075/Report%20-%20Driverless%20Vehicles%20and%20Road%20Safety%20in%20NSW.pdf, accessed 1 June 2018.

[19]　Adapted from Philip K. Dick, *Do Androids Dream of Electric Sheep*? (New York: Doubleday, 1968).

[20]　See, for example, Directive 2005/29/EC of the European Parliament and of the Council of 11

May 2005 concerning unfair business-to-consumer commercial practices in the internal market and amending Council Directive 84/450/EEC, Directives 97/7/EC, 98/27/EC and 2002/65/EC of the European Parliament and of the Council and Regulation (EC) No 2006/2004 of the European Parliament and of the Council ("unfair commercial practices directive"), OJ L 149, 11 June 2005, 22–39).

[21] Andrew D. Selbst and Julia Powles, "Meaningful Information and the Right to Explanation", *International Data Privacy Law*, Vol. 7, No. 4 (1 November 2017), 233–242, at https://doi.org/10.1093/idpl/ipx022, accessed 1 June 2018.

[22] DARPA website, https://www.darpa.mil/, accessed 1 June 2018.

[23] David Gunning, "Explainable Artificial Intelligence (XAI)", DARPA website, at https://www.darpa.mil/program/explainable-artificial-intelligence, accessed 1 June 2018.

[24] David Gunning, DARPA XAI Presentation, *DARPA*, at https://www.cc.gatech.edu/ ~ alanwags/DLAI2016/(Gunning)%20IJCAI-16%20DLAI%20WS.pdf, accessed 1 June 2018.

[25] Will Knight, "The Dark Secret at the Heart of AI", *MIT Technology Review*, 11 April 2017, at https://www.technologyreview.com/s/604087/the-dark-secret-at-the-heart-of-ai/, accessed 1 June 2018.

[26] Bryce Goodman and Seth Flaxman, "European Union Regulations on Algorithmic Decision-Making and a 'Right to Explanation'", arXiv:1606.08813v3 [stat.ML], 31 August 2016, at https://arxiv.org/pdf/1606.08813.pdf, accessed 1 June 2018.

[27] Jenna Burrell, "How the Machine 'Thinks': Understanding Opacity in Machine Learning Algorithms", *Big Data & Society* (January–June 2016), 1–12 (2).

[28] Hui Cheng, et al. "Multimedia Event Detection and Recounting", *SRI-Sarnoff aurora at trecvid 2014* (2014), at http://www-nlpir.nist.gov/projects/tvpubs/tv14.papers/sri_aurora.pdf, accessed 1 June 2018.

[29] Upol Ehsan, Brent Harrison, Larry Chan, and Mark Riedl, "Rationalization: A Neural Machine Translation Approach to Generating Natural Language Explanations", arXiv:1702.07826v2 [cs.AI], 19 Dec. 2, at https://arxiv.org/pdf/1702.07826.pdf, accessed 1 June 2018.

[30] Daniel Whitenack, "Hold Your Machine Learning and AI Models Accountable", *Medium*, 23 November 2017, at https://medium.com/pachyderm-data/hold-your-machine-learning-and-ai-models-accountable-de887177174c, accessed 1 June 2018.

[31] 欧盟《关于保护自然人个人数据处理和自由流通的 2016/679 号条例，废止第 95/46/EC 号指令》（《一般数据保护条例》）（2016 年），OJ L119/1 (GDPR)。

[32] See, for example, "Overview of the General Data Protection Regulation (GDPR)" (Information Commissioner's Office 2016), 1.1, at https://ico.org.uk/for-organisations/data-protection-reform/overview-of-the-gdpr/individuals-rights/rights-related-to-automated-decision-making-and-profiling/, accessed 1 June 2018; House of Commons Science and Technology Committee, "Robotics and Artificial Intelligence" (House of Commons 2016) HC 145, at http://www.publications.parliament.uk/pa/cm201617/cmselect/cmsctech/145/145.pdf, accessed 1 June 2018.

[33] GDPR, art. 83.

[34] Ibid., art. 3.

[35] 等效措辞可见于第 14 条第 2 款（g）和第 15 条第 1 款（h）。

[36] "画像"在第 4 条第 4 款中被定义为"自动处理个人数据，包括使用个人数据评估与自然

人有关的某些个人方面，尤其是分析或预测与该自然人的工作表现、经济状况、健康、个人偏好、兴趣、可靠性、行为、位置或运动轨迹"。该画像在第 22 条中是指对某人将"产生法律效力或类似的重大影响"的自动决策。

[37]　欧盟法规以多种语言发布，每种语言均具有同等效力。了解 GDPR 的其他版本可能对理解"有意义的信息"一词有所启发。GDPR 的德语文本使用"aussagekräftige"一词，法语文本使用"informations utiles"，而荷兰语文本则使用"nuttige informational"。尽管塞尔布斯特和鲍威尔认为，"这些表达式在各种方面都引用了效用、可靠性和可理解性"，该条款在任何一个版本中的总体效果仍然不明确。Andrew D. Selbst and Julia Powles, "Meaningful Information and the Right to Explanation", *International Data Privacy Law*, Vol. 7, No. 4 (1 November 2017), 233–242, at https://doi.org/10.1093/idpl/ipx022, accessed 1 June 2018.

[38]　Andrew D. Selbst and Julia Powles, "Meaningful Information and the Right to Explanation", *International Data Privacy Law,* Vol. 7, No. 4 (1 November 2017), 233–242, at https://doi.org/10.1093/idpl/ipx022, accessed 1 June 2018.

[39]　Directive 95/46/EC of the European Parliament and of the Council of 24 October 1995 on the protection of individuals with regard to the processing of personal data and on the free movement of such data.

[40]　See, for example, Tadas Klimas and Jurate Vaiciukaite, "The Law of Recitals in European Community Legislation", *International Law Students Association Journal of International and Comparative Law*, Vol. 15 (2009), 61, 92.

[41]　Ibid., 80.

[42]　Sandra Wachter, Brent Mittelstadt, and Luciano Floridi, "Why a Right to Explanation of Automated Decision-Making Does not Exist in the General Data Protection Regulation", *International Data Privacy Law*, Vol. 7, No. 2 (1 May 2017), 76–99 (91), at https://doi.org/10.1093/idpl/ipx005, accessed 1 June 2018. See also Fred H. Cate, Christopher Kuner, Dan Svantesson, Orla Lynskey, and Christopher Millard, "Machine Learning with Personal Data: Is Data Protection Law Smart Enough to Meet the Challenge?", *International Data Privacy Law*, Vol. 7, No. 1 (2017); Ricardo Blanco-Vega, Jos. Hern.ndez-Orallo, and Mar.a Jos. Ram. rez-Quintana, "Analysing the Trade-Off Between Comprehensibility and Accuracy in Mimetic Models", in *International Conference on Discovery Science* (Berlin, Heidelberg: Springer, 2004), 338–346.

[43]　Douwe Korff, "New Challenges to Data Protection Study-Working Paper No. 2", European Commission DG Justice, Freedom and Security Report 86, at https://papers.ssrn.com/sol3/papers.cfm?abstract_id=1638949, accessed 1 June 2018.

[44]　参见本书第 6 章之 7.3 关于指令和法规的区别的探讨。

[45]　Ibid..

[46]　"Glossary", website of the European Data Protection Supervisor, https://edps.europa.eu/data-protection/data-protection/glossary/a_en, accessed 1 June 2018.

[47]　Art. 29 Working Party, "Guidelines on Automated Individual Decision-Making and Profiling for the Purposes of Regulation", 2016/679, adopted on 3 October 2017, 17/ENWP 251.

[48]　Ibid..

[49]　参见 Mangold v. Helm [(2005) C-144/04]，或者最近欧盟法院发展出的"遗忘权"——关于个人的申请网络搜索引擎移除其个人信息的权利，尽管当时的相关立法中对此并未专

门规定。See Google Spain Google Spain SL, Google Inc. v. Agencia Española de Protección de Datos, Mario Costeja González (2014) C-131/12.

[50]　Dong Huk Park, et al., "Attentive Explanations: Justifying Decisions and Pointing to the Evidence", arXiv:1612.04757v1 [cs.CV], 14 December 2016, at https://arxiv.org/pdf/1612.04757v1.pdf, accessed 1 June 2018.

[51]　"AI finds novel way to beat classic Q*bert Atari video game", BBC website, 1 March 2018, http://www.bbc.co.uk/news/technology-43241936, accessed 1 June 2018.

[52]　"For Artificial Intelligence to Thrive, It Must Explain Itself", *The Economist*, 15 February 2018.

[53]　Lilian Edwards and Michael Veale, "Slave to the Algorithm? Why a 'Right to an Explanation' Is Probably not the Remedy You Are Looking for", *Duke Law and Technology Review*, Vol. 16, No. 1 (2017), 1–65 (43).

[54]　Vijay Panday, "Artificial Intelligence's 'Black Box' Is Nothing to Fear", *New York Times,* 25 January 2018, at https://www.nytimes.com/2018/01/25/opinion/artificial-intelligence-black-box.html, accessed 1 June 2018.

[55]　See Daniel Kahneman and Jason Riis, "Living, and Thinking About It: Two Perspectives on Life", in *The Science of Well-Being*, Vol. 1 (2005). See also Daniel Kahneman, *Thinking, Fast and Slow* (London: Penguin, 2011).

[56]　事实上，后者的影响如此强大，以至于英国政府成立了一个专门机构，即行为洞察小组 (the Behavioural Insights Team，俗称"轻推小组")，旨在影响人们的行为而又不被他们意识到。行为洞察小组网址：http://www.behaviouralinsights.co.uk/, accessed 1 June 2018。

[57]　Campolo, et al., *AI Now Institute 2017 Report*, at https://assets.contentful.com/8wprhhvnpfc0/1A 9c3ZTCZa2KEYM64Wsc2a/8636557c5fb14f2b74b2be64c3ce0c78/_AI_Now_Institute_2017_Report_.pdf, accessed 1 June 2018.

[58]　作为可解释性人工智能的功能性进路，see Todd Kulesza, Margaret M. Burnett, Weng-Keen Wong and Simone Stumpf, "Principles of Explanatory Debugging to Personalize Interactive Machine Learning", IUI 2015, *Proceedings of the 20th International Conference on Intelligent User Interfaces* (2015), 126–137。

[59]　David Weinberger, "Don't Make AI Artificially Stupid in the Name of Transparency",*Wired*, 28 January 2018, at https://www.wired.com/story/dont-make-ai-artificially-stupid-in-the-name-of-transparency/, accessed 1 June 2018. See also David Weinberger, "Optimization over Explanation: Maximizing the Benefits of Machine Learning without Sacrificing Its Intelligence", Berkman Klein Centre, 28 January 2018, at https://medium.com/berkman-klein-center/optimization-over-explanation-41ecb135763d, accessed 1 June 2018. See also, for example, Sandra Wachter, Brent Mittelstadt, and Chris Russell, "Counterfactual Explanations without Opening the Black Box: Automated Decisions and the GDPR", *Harvard Journal of Law & Technology*, Forthcoming. Available at Sandra wachter, Brent Mittelstadt, and Chris Russell, "Counterfactual Explanations without Opening the Black Box: Automated Decisions and the GDPR" (6 October 2017), *Harvard Journal of Law & Technology, Forthcoming*, at https://ssrn.com/abstract=3063289 or http://dx.doi.org/10.2139/ssrn.3063289, accessed 1 June 2018.

[60]　Entry on Elizabeth I, *The Oxford Dictionary of Quotation*s (Oxford: Oxford University Press, 2001), 297.

[61]　一个人在知识或意图方面的心理状态可能很重要，但除非它伴有某种形式的罪责行为或不

作为，否则它几乎不会产生法律后果：人们通常不会因"有不良思想"而受到惩罚。

[62] Ben Dickson, "Why It's So Hard to Create Unbiased Artificial Intelligence", *Tech. Crunch*, 7 November 2016, at https://techcrunch.com/2016/11/07/why-its-so-hardto-create-unbiased-artificial-intelligence/, accessed 1 June 2018.

[63] Sam Levin, "A Beauty Contest Was Judged by AI and the Robots Didn't Like Dark Skin", *The Guardian,* at https://www.theguardian.com/technology/2016/sep/08/artificial-intelligence-beauty-contest-doesnt-like-black-people, accessed 1 June 2018.

[64] Julia Angwin, Jeff Larson, Surya Mattu, and Lauren Kirchner, "Machine Bias", *ProPublica*, 23 May 2016, at https://www.propublica.org/article/machine-bias-risk-assessments-in-criminal-sentencing, accessed 1 June 2018.

[65] Marvin Minsky, *The Emotion Machine* (London: Simon & Schuster, 2015), 113.

[66] 《剑桥词典》关于"偏见"的注释是："……以不公正的方式支持或反对某个人或事物，因为个人意见会影响你的判断。"See Cambridge Dictionary, at https://dictionary. cambridge.org/dictionary/english/bias, accessed 1 June 2018.

[67] Nora Gherbi, "Artificial Intelligence and the Age of Empathy", *Conscious Magazine*, at http://consciousmagazine.co/artificial-intelligence-age-empathy/, accessed 1 June 2018.

[68] 这三种参与测试的程序分别来自 IBM、微软和 Face ++。Joy Buolamwini and Timnit Gebru, "Gender Shades: Intersectional Accuracy Disparities in Commercial Gender Classification" (Conference on Fairness, Accountability, and Transparency, February 2018), at http://proceedings.mlr.press/v81/buolamwini18a/buolamwini18a.pdf, accessed 1 June 2018.

[69] Ibid..

[70] "Mitigating Bias in AI Models", IBM website, at https://www.ibm.com/blogs/research/2018/02/mitigating-bias-ai-models/, accessed 1 June 2018. "Computer Programs Recognise White Men Better Than Black Women", *The Economist*, 15 February 2018.

[71] Ibid..

[72] 根据上面的定义，Tay 的行为表现出一种偏见，因为微软的初衷是创建一个可以进行礼貌对话的聊天机器人，但是它会受到不礼貌用语的用户输入的影响。

[73] Sarah Perez, "Microsoft Silences Its New A.I. Bot Tay, after Twitter Users Teach It Racism", *Tech. Crunch*, 24 March 2016, at https://techcrunch.com/2016/03/24/microsoft-silences-its-new-a-i-bot-tay-after-twitter-users-teach-it-racism/, accessed 1 June 2018.

[74] John West, "Microsoft's Disastrous Tay Experiment Shows the Hidden Dangers of AI", *Quartz*, 2 April 2016, at https://qz.com/653084/microsofts-disastrous-tay-experiment-shows-the-hidden-dangers-of-ai/, accessed 1 June 2018.

[75] Christian Szegedy, Wojciech Zaremba, Ilya Sutskever, Joan Bruna, Dumitru Erhan, Ian Goodfellow and Rob Fergus, 2013, "Intriguing Properties of Neural Networks", *arXiv preprint server*, at https://arxiv.org/abs/1312.6199, accessed 1 June 2018.

[76] "CleverHans", *GitHub*, at https://github.com/tensorflow/cleverhans, accessed 1 June 2018.

[77] Aylin Caliskan, Joanna J. Bryson, and Arvind Narayanan, "Semantics Derived Automatically from Language Corpora Contain Human-Like Biases", *Science*, Vol. 356, No. 6334 (2017), 183–186.

[78] "Biased Bots: Human Prejudices Sneak into AI Systems", Bath University website, 13 April 2017, http://www.bath.ac.uk/news/2017/04/13/biased-bots-artificial-intelligence/, accessed 1 June 2018.

[79]　Matthew Huston, "Even Artificial Intelligence can Acquire Biases against Race and Gender", *Science Magazine*, 13 April 2017, at http://www.sciencemag.org/news/2017/04/even-artificial-intelligence-can-acquire-biases-against-race-and-gender, accessed 1 June 2018.

[80]　881 N.W.2d 749 (2016).

[81]　State of Wisconsin, Plaintiff-Respondent, v. Eric L. LOOMIS, Defendant-Appellant, 881 N.W.2d 749 (2016), 2016 WI 68, at https://www.leagle.com/decision/inwico20160713i48, accessed 1 June 2018.

[82]　美国法律已明确规定："（被告人）享有受宪法保护的根据准确信息进行审判的正当程序权利。" Travis, 347 Wis.2d 142, 17, 832 N.W.2d 491.

[83]　State of Wisconsin, Plaintiff-Respondent, v. Eric L. LOOMIS, Defendant-Appellant, 881 N.W.2d 749 (2016), 2016 WI 68, 65–66, at https://www.leagle.com/decision/inwico20160713i48, accessed 1 June 2018.

[84]　Ibid., 54.

[85]　Ibid., 72. 在威斯康星州诉柯蒂斯·加利恩案（State of Wisconsin v. Curtis E. Gallion）中，威斯康星州最高法院解释说，巡回法院"在宣判之时，更加需要预先提供更完整的信息"。270 Wis.2d 535, 34, 678 N.W.2d 197.

[86]　"State v. Loomis, Wisconsin Supreme Court Requires Warning Before Use of Algorithmic Risk Assessments in Sentencing", 10 March 2017, 130 *Harvard Law Review*, 1530, 1534.

[87]　Julia Angwin, Jeff Larson, Surya Mattu and Lauren Kirchner, "Machine Bias", *ProPublica*, 23 May 2016, at https://www.propublica.org/article/machine-bias-risk-assessments-in-criminal-sentencing, accessed 1 June 2018.

[88]　A and Others v. United Kingdom [2009] ECHR 301; applied by the UK Supreme Court in AF [2009] UKHL 28.

[89]　但是，目前尚不清楚欧洲法院是否会像对待国家安全一样重视对这种算法中的知识产权保护。

[90]　根据美国宪法第十四修正案。

[91]　Houston Federation of Teachers Local 2415 et al. v. Houston Independent School District, Case 4:14-cv-01189, 17, https://www.gpo.gov/fdsys/pkg/USCOURTS-txsd-4_14-cv-01189/pdf/USCOURTS-txsd-4_14-cv-01189-0.pdf, accessed 1 June 2018.

[92]　Ibid., 18.

[93]　John D. Harden and Shelby Webb, "Houston ISD Settles with Union Over Controversial Teacher Evaluations", *Chron*, 12 October 2017, at https://www.chron.com/news/education/article/Houston-ISD-settles-with-union-over-teacher-12267893.php, accessed 1 June 2018.

[94]　有趣的是，地区法院在休斯顿教师案中并未直接参考卢米斯案，尽管后者并未被认定为违宪。唯一提到的是脚注中的一个附属性引用，其中写有"法院开始面临着政府在其他情形中使用专有性算法的与此类似的正当程序的问题"。

[95]　"Sampling Methods for Political Polling", *American Association for Public Opinion Research*, at https://www.aapor.org/Education-Resources/Election-Polling-Resources/Sampling-Methods-for-Political-Polling.aspx, accessed 1 June 2018.

[96]　Kate Crawford, "Artificial Intelligence's White Guy Problem", *New York Times*, 25 June 2016, at https://www.nytimes.com/2016/06/26/opinion/sunday/artificial-intelligences-white-guy-problem.html, accessed 1 June 2018.

[97] See, for instance, Ivana Bartoletti, "Women Must Act Now, or Male-Designed Robots Will Take Over Our Lives", *The Guardian*, 13 March 2018, at https://www.theguardian.com/commentisfree/2018/mar/13/women-robots-ai-male-artificial-intelligence-automation, accessed 1 June 2018.

[98] See, for example, the proposals in Michael Veale and Reuben Binns, "Fairer Machine Learning in the Real World: Mitigating Discrimination Without Collecting Sensitive Data", *Big Data & Society*, Vol. 4, No. 2 (2017), 2053951717743530.

[99] "Laws Enforced by EEOC", website of the U.S. Equal Employment Opportunity Commission, https://www.eeoc.gov/laws/statutes/, accessed 1 June 2018.

[100] 研究人员可能希望在科学实验或民意测验中评估某个受保护的特质。例如，如果一个程序被用于绘制某个种族中普遍存在的遗传病发病率的实验，那么它按种族进行区别处理就是合法的。在此情况下，采用受保护的特质就不符合上述关于偏见的定义，因为它是为了完成某种任务。

[101] Silvia Chiappa and Thomas P.S. Gillam, "Path-Specific Counterfactual Fairness", arXiv:1802.08139v1 [stat.ML], 22 Feb. 2018.

[102] Matt J. Kusner, Joshua R. Loftus, Chris Russell, and Ricardo Silva, "Counterfactual Fairness", *Advances in Neural Information Processing Systems*, Vol. 30 (2017), 4069–4079.

[103] Silvia Chiappa and Thomas P.S. Gillam, "Path-Specific Counterfactual Fairness", arXiv:1802.08139v1 [stat.ML], 22 February 2018.

[104] Samiulla Shaikh, Harit Vishwakarma, Sameep Mehta, Kush R. Varshney, Karthikeyan Natesan Ramamurthy, and Dennis Wei, "An End-To-End Machine Learning Pipeline That Ensures Fairness Policies", arXiv:1710.06876v1 [cs.CY], 18 October 2017.

[105] Ibid..

[106] 除上述引用的文章外，see also B. Srivastava and F. Rossi, "Towards Composable Bias Rating of AI Services", AAAI/ACM Conference on Artificial Intelligence, Ethics, and Society, New Orleans, LA, February 2018; F.P. Calmon, D. Wei, B. Vinzamuri, K.N. Ramamurty, and K. R. Varshney, "Optimized Pre-Processing for Discrimination Prevention", *Advances in Neural Information Processing Systems, Long Beach,* CA, December 2017; and R. Nabi and I. Shpitser, "Fair inference on Outcomes", Thirty-Second AAAI Conference on Artificial Intelligence, 2018。

[107] Will Knight, "The Dark Secret at the Heart of AI", *MIT Technology Review,* 11 April 2017, at https://www.technologyreview.com/s/604087/the-dark-secret-at-the-heart-of-ai/, accessed 1 June 2018.

[108] Brent Mittelstadt, Patrick Allo, Mariarosaria Taddeo, Sandra Wachter, and Luciano Floridi, "The Ethics of Algorithms: Mapping the Debate", *Big Data & Society*, Vol. 3, No.2 (2016), at http://journals.sagepub.com/doi/full/10.1177/2053951716679679, accessed 1 June 2018.

[109] Marc Bennetts, "Soviet Officer Who Averted Cold War Nuclear Disaster Dies Aged 77", *The Guardian*, 18 September 2017, at https://www.theguardian.com/world/2017/sep/18/soviet-officer-who-averted-cold-war-nuclear-disaster-dies-aged-77, accessed 1 June 2018.

[110] Benjamin Bidder, "Forgotten Hero: The Man Who Prevented the Third World War", *Der Spiegel,* 21 April 2010, at http://www.spiegel.de/einestages/vergessener-held-a-948852.html, accessed 1 June 2018.

[111]　See, for instance, George Dvorsky, "Why Banning Killer AI is Easier Said Than Done", 9 July 2017, *Gizmodo*, at https://gizmodo.com/why-banning-killer-ai-is-easier-saidthan-done-1800981342, accessed 1 June 2018.

[112]　这好像是英国军方针对自动化和自主式武器所采取的方法："英国目前的政策是，我们的武器操作将始终在人类的控制之下，这是对人类使用武器进行监督、授权和负责任的绝对保证。此信息在议会和国际论坛上均有多次记录。尽管目前可以在自动化模式下操作的防御系统数量有限，但始终需要有人来设置这种模式的参数。"UK Ministry of Defence, "Joint Doctrine Publication 0-30.2 Unmanned Aircraft Systems", *Development, Concepts and Doctrine Centre*, August 2017, 42, at https://assets.publishing.service.gov.uk/government/uploads/system/uploads/attachment_data/file/673940/doctrine_uk_uas_jdp_0_30_2.pdf, accessed 1 June 2018.

[113]　Art. 29 Data Protection Working Party, "Guidelines on Automated Individual Decision-making and Profiling for the Purposes of Regulation 2016/679", adopted 3 October 2017, 17/EN WP 251, 10.

[114]　Eduardo Ustaran and Victoria Hordern, "Automated Decision-Making under the GDPR—A Right for Individuals or a Prohibition for Controllers?", *Hogan Lovells*, 20 October 2017, at https://www.hldataprotection.com/2017/10/articles/international-euprivacy/automated-decision-making-under-the-gdpr-a-right-for-individuals-or-a-prohibition-for-controllers/, accessed 1 June 2018.

[115]　Art. 29 Data Protection Working Party, "Guidelines on Automated Individual Decision-Making and Profiling for the Purposes of Regulation 2016/679", adopted 3 October 2017, 17/EN WP 251, 10.

[116]　Ibid..

[117]　117 Eduardo Ustaran and Victoria Hordern, "Automated Decision-Making under the GDPR—a Right for Individuals or a Prohibition for Controllers?", *Hogan Lovells*, 20 October 2017, at https://www.hldataprotection.com/2017/10/articles/international-euprivacy/automated-decision-making-under-the-gdpr-a-right-for-individuals-or-a-prohibition-for-controllers/, accessed 1 June 2018.

[118]　Ibid..

[119]　See, for example, Richa Bhatia, "Is Deep Learning Going to Be Illegal in Europe?", *Analytics India Magazine*, 30 January 2018, at https://analyticsindiamag.com/deep-learning-going-illegal-europe/; Rand Hindi, "Will Artificial Intelligence Be Illegal in Europe Next Year?", *Entrepreneur*, 9 August 2017, at https://www.entrepreneur.com/article/298394, both accessed 1 June 2018.

[120]　"Media Advisory: Campaign to Ban Killer Robots Launch in London", art. 36, 11 April 2013, at http://www.article36.org/press-releases/media-advisory-campaign-to-bankiller-robots-launch-in-london/, accessed 1 June 2018.

[121]　Samuel Gibbs, "Elon Musk Leads 116 Experts Calling for Outright Ban of Killer Robots", *The Guardian*, 20 August 2017, at https://www.theguardian.com/technology/2017/aug/20/elon-musk-killer-robots-experts-outright-ban-lethal-autonomousweapons-war, accessed 1 June 2018. See also "2018 Group of Governmental Experts on Lethal Autonomous Weapons Systems (LAWS)", United Nations Office at Geneva, at https://www.unog.ch/80256EE600585943/

(httpPages)/7C335E71DFCB29D-1C1258243003E8724?OpenDocument, accessed 1 June 2018.

[122] Ian Steadman, "IBM's Watson Is Better at Diagnosing Cancer than Human Doctors", *Wired*, 11 February 2013, at http://www.wired.co.uk/article/ibm-watson-medical-doctor, accessed 1 June 2018.

[123] International Committee of the Red Cross, *What Is International Humanitarian Law?* (Geneva: ICRC, July 2004), at https://www.icrc.org/eng/assets/files/other/what_is_ihl.pdf, accessed 1 June 2018.

[124] Loes Witschge, "Should We Be Worried about 'Killer Robots'?", *Al Jazeera*, 9 April 2018, at https://www.aljazeera.com/indepth/features/worried-killer-robots-180409061422106.html, accessed 1 June 2018.

[125] 《1980 年特定常规武器公约》第四议定书（《关于激光致盲武器的议定书》）。

[126] 1997 年《渥太华条约》。迄今为止，已有 164 个国家签署了该条约，但仍有包括美国、俄罗斯和印度等在内的 32 个联合国成员国尚未签署。

[127] Nadia Whitehead, "Face Recognition Algorithm Finally Beats Humans", *Science*, 23 April 2014, at http://www.sciencemag.org/news/2014/04/face-recognition-algorithm-finally-beats-humans, accessed 1 June 2018.

[128] Loes Witschge, "Should We Be Worried about 'Killer Robots'?", *Al Jazeera*, 9 April 2018, at https://www.aljazeera.com/indepth/features/worried-killer-robots-180409061422106.html,accessed 1 June 2018.

[129] H.L.A. Hart, *Punishment and Responsibility: Essays in the Philosophy of Law* (Oxford: Clarendon Press, 1978).

[130] Carlsmith and Darley, "Psychological Aspects of Retributive Justice", in *Advances in Experimental Social Psychology,* edited by Mark Zanna (San Diego, CA: Elsevier, 2008).

[131] 向英国皇家死刑委员会提交的证据 [In evidence to the Royal Commission on Capital Punishment, Cmd. 8932, para. 53 (1953)]。

[132] Exodus 21:24, King James Bible.

[133] John Danaher, "Robots, Law and the Retribution Gap", *Ethics and Information Technology,* Vol. 18, No. 4 (December 2016), 299–309.

[134] 扎卡里·梅宁（Zachary Mainen）最近进行的实验是在生物系统中使用 5- 羟色胺激素，这可能为未来的人工智能以类似于人类的方式体验情感提供了一条途径。See Matthew Hutson, "Could Artificial Intelligence Get Depressed and Have Hallucinations?", *Science Magazine*, 9 April 2018, at http://www.sciencemag.org/news/2018/04/could-artificial-intelligence-get-depressed-and-have-hallucinations, accessed 1 June 2018.

[135] 对毫无知觉的"罪犯"进行公开报复的一个比较恐怖的例子，发生在 1661 年：英国在内战后恢复了君主立宪制，而后成为共和国护国体制，参与处死查理一世的三位已经去世的地方法官的尸体被从坟墓中挖出，并以叛国罪受审。在被判"有罪"后，他们尸体的头部被移走，被放在威斯敏斯特大厅上方的木桩上。这听起来可能很荒谬，但可以说它满足了一种社会需求：人们认为正义得到了伸张。See Jonathan Fitzgibbons, Cromwell's Head (London: Bloomsbury Academic, 2008), 27–47. 也可参见本书第 2 章之 2.1.3。

[136] H.L.A. Hart, *Punishment and Responsibility: Essays in the Philosophy of Law* (Oxford: Clarendon Press, 1978).

[137] Robert Lowe and Tom Ziemke, "Exploring the Relationship of Reward and Punishment in

Reinforcement Learning: Evolving Action Meta-Learning Functions in Goal Navigation" (ADPRL), 2013 IEEE Symposium, pp. 140–147 (IEEE, 2013).

[138] Stephen M. Omohundro, "The Basic AI Drives", in *Proceedings of the First Conference on Artificial General Intelligence*, 2008.

[139] Stuart Russell, "Should We Fear Supersmart Robots?", *Scientific American*, Vol. 314(June 2016), 58–59.

[140] Nate Soares and Benja Fallenstein, "Aligning Superintelligence with Human Interests: A Technical Research Agenda", in *The Technological Singularity* (Berlin and Heidelberg: Springer, 2017), 103–125. See also Stephen M. Omohundro, "The Basic AI Drives", in *Proceedings of the First Conference on Artificial General Intelligence*, 2008.

[141] Ibid..

[142] Nick Bostrom, *Superintelligence: Paths, Dangers, Strategies* (Oxford: Oxford University Press, 2014), Chapter 9.

[143] See John von Neumann and Oskar Morgenstern, *Theory of Games and Economic Behavior* (Princeton, NJ: Princeton University Press, 1944).

[144] Nate Soares and Benja Fallenstein, "Toward Idealized Decision Theory", Technical Report 2014–7 (Berkeley, CA: Machine Intelligence Research Institute, 2014), at https://arxiv.org/abs/1507.01986, accessed 1 June 2018.

[145] See, for example, Thomas Harris, *The Silence of the Lambs* (London: St. Martin's Press, 1998).

[146] Jon Bird and Paul Layzell, "The Evolved Radio and Its Implications for Modelling the Evolution of Novel Sensors", in *Evolutionary Computation, 2002. CEC'02. Proceedings of the 2002 Congress on.* Vol. 2. IEEE. 2002, 1836–1841.

[147] Laurent Orseau and Stuart Armstrong, "Safely Interruptible Agents" (London and Berkeley, CA: DeepMind/ MIRI, 28 October 2016), at http://intelligence.org/files/Interruptibility.pdf, accessed 1 June 2018.

[148] Ibid..

[149] Ibid..

[150] Nate Soares, Benja Fallenstein, Eliezer Yudkowsky, and Stuart Armstrong, "Corrigibility", in *Artificial Intelligence and Ethics*, edited by Toby Walsh AAAI Technical Report WS-15-02 (Palo Alto, CA: AAAI Press 2015), 75, at https://www.aaai.org/ocs/ index.php/WS/AAAIW15/paper/ view/10124/10136, accessed 1 June 2018.

[151] 我们在本书第 4 章第 4 节讨论人工智能系统会在多大程度上表现出意识时论及该建议。

[152] Dylan Hadfield-Menell, Anca Dragan, Pieter Abbeel, and Stuart Russell, "The Off-Switch Game", arXiv preprint arXiv:1611.08219 (2016), 1.

[153] Jessica Taylor, Eliezer Yudkowsky, Patrick LaVictoire, and Andrew Critch, "Alignment for Advanced Machine Learning Systems", *Machine Intelligence Research Institute*(2016). 对于在奥索和阿姆斯特朗研究工作的基础的进一步研究（也可以说是改进），see El Mahdi El Mhamdi, Rachid Guerraoui, Hadrien Hendrikx and Alexandre Maure, "Dynamic Safe Interruptibility for Decentralized Multi-Agent Reinforcement Learning", EPFL Working Paper (2017), No. EPFL-WORKING-229332 (EPFL, 2017). 鉴于奥索和阿姆斯特朗解决了单个人工智能体（single agent AI）的可安全中断问题，马赫迪（El-Mhamdi）等人对此认为，"众所周知，精确界定并解决多个智能体的可安全中断问题比单智能体问题更复杂。简而言

之，单智能体强化学习的主要结果和定理依赖马尔可夫假设（Markorian assumption），即未来环境只依赖当前状态。如果几个智能体相互适应（co-adapt），情况就不是这样了"。

[154] Gonzalo Torres, "What Is a Computer Virus?", AVG website, 18 December 2017, https://www.avg.com/en/signal/what-is-a-computer-virus, accessed 1 June 2018.

[155] 亦可参见本书第 3 章之 2.6.4。

[156] Nate Soares, Benja Fallenstein, Eliezer Yudkowsky, and Stuart Armstrong "Corrigibility", in *Artificial Intelligence and Ethics*, edited by Toby Walsh, AAAI Technical Report WS-15-02 (Palo Alto, CA: AAAI Press, 2015), at https://www.aaai.org/ocs/index. php/WS/AAAIW15/paper/view/10124/10136, accessed 1 June 2018.

第9章

结束语

　　每一代人都认为自己的经历独一无二：面对从未遇到过的挑战，拥有从未拥有过的禀赋。也许在这个意义上，我们并没有什么不同。但这并不意味着，人工智能这个幽灵只是另一种虚荣，如昙花一现般只是让我们短暂拥有，而后延续以前的生活。本书认为，人工智能不同于人类创造的任何其他技术，因为它能够独立行动：能以设计师并未规划或预测的方式作出重要的选择和决定。人工智能拥有带来巨大收益的威力，但如果我们不尽快采取行动对其加以规范，至少有些益处会被我们白白浪费。

　　一方面，人工智能正日益融入我们的经济、社会和生活，但是，另一方面，如果我们无所作为，继续得过且过，头疼医头、脚疼医脚，不能从整体上考虑规制，任其不受控制地恣意发展，各个国家、地区、非政府组织和私营公司各自制定自己的标准，我们虽然不至于从悬崖边缘跌落下去，但这两个方面的持续发展必将导致越来越多的相互摩擦和碰撞，最终导致法律的不确定性和贸易的萎缩。如果仅仅是对发生的事件作出下意识的反应，制定出的法律规则也会缺乏深思熟虑。更糟糕的是，如果未能对技术实施及时监管来解除公众的担忧，这难免会使人工智能的发展遭遇强烈的反对。

本书探讨了三个具有特殊法律意义的问题：由谁负责人工智能造成的损害或拥有其所带来的利益？人工智能应当拥有权利吗？如何制定和实施人工智能的伦理规则？我们的答案不是要制定规则，而是要为能够履行这一职责的机构和机制绘制一份蓝图。

当然，目前人工智能立法代价较高，也面临诸多困难。技术公司可能会为了巨额利润而抵制监管；政府人员可能会觉得这些问题直到他们不再掌权时才会出现，因而缺乏推动立法解决问题的决心。公民个人和利益团体如果想要对如何掌控人工智能的辩论产生影响，则需要懂得人工智能的专业知识，参与人工智能的实践。各国需要克服政治上的互不信任，才能展开合作，提出全球性的解决方案。这些问题都不是不可克服的。实际上，我们可以从以往克服类似障碍的历史中汲取很多经验和教训。

制定机器人规则的挑战显而易见，但与此同时我们也长缨在手。问题不在于我们能否赢得挑战，而在于我们是否有此意愿。

图书在版编目（CIP）数据

机器人现代法则：如何掌控人工智能 /（英）雅各
布·特纳（Jacob Turner）著；朱体正译. -- 北京：
中国人民大学出版社，2023.2
书名原文：Robot Rules: Regulating Artificial
Intelligence
ISBN 978-7-300-31439-6

Ⅰ.①机… Ⅱ.①雅… ②朱… Ⅲ.①人工智能
Ⅳ.①TP18

中国国家版本馆 CIP 数据核字（2023）第 020292 号

机器人现代法则：如何掌控人工智能

［英］雅各布·特纳　著

朱体正　译

Jiqi Ren Xiandai Faze: Ruhe Zhangkong Rengong Zhineng

出版发行	中国人民大学出版社				
社　　址	北京中关村大街31号		**邮政编码**	100080	
电　　话	010-62511242（总编室）		010-62511770（质管部）		
	010-82501766（邮购部）		010-62514148（门市部）		
	010-62515195（发行公司）		010-62515275（盗版举报）		
网　　址	http://www.crup.com.cn				
经　　销	新华书店				
印　　刷	天津中印联印务有限公司				
规　　格	170mm×230mm　16开本		**版　　次**	2023年2月第1版	
印　　张	24.5插页1		**印　　次**	2023年2月第1次印刷	
字　　数	339 000		**定　　价**	98.00元	